EGMONT COLERUS

VOM PUNKT
ZUR VIERTEN
DIMENSION

GEOMETRIE FÜR JEDERMANN

D1670146

PAUL ZSOLNAY VERLAG
WIEN · HAMBURG

VOM PUNKT
ZUR VIERTEN
DIMENSION

INHALT

Vorwort

Vor fast genau einem Jahre schrieb ich mit einem gemischten Gefühl, in dem sich Sorge und Optimismus die Waage hielten, das Vorwort zu meinem Buch „Vom Einmaleins zum Integral". Was mir damals mein Optimismus zuflüsterte, ist überreichlich in Erfüllung gegangen. Die deutsche Ausgabe hat inzwischen die vierte Auflage (das zehnte bis vierzehnte Tausend) erreicht und einige Übersetzungen in fremde Sprachen werden demnächst erscheinen.

Doch auch die Sorge hat mich nicht verlassen. Trotz des günstigen Votums Sachverständiger, trotz eines weiteren Jahres angestrengten Studiums, fühle ich mich heute ebensowenig als Fachmann wie vor einem Jahre. Und darum lag es mir neuerlich ob, auch diesmal nur mein Erlebnis der Geometrie aufzuzeichnen, wobei ich alle Verpflichtungen eines wissenschaftlich Arbeitenden nach Kräften auf mich zu nehmen suchte, ohne dessen Berechtigungen zu beanspruchen.

In einem Punkte jedenfalls wurde ich in beispielloser Art bestätigt. In meinem Glauben nämlich, daß mein Wahlspruch, der Mensch sei im tiefsten gescheit, eine Tatsachengrundlage besitze. Ich zweifelte nie an kulturellen Möglichkeiten und überlasse es getrost gewissen „geistigen" Produzenten, ihre eigene Lüsternheit nach Talmi-Erzeugnissen mit der Lüsternheit des Publikums zu verwechseln. Ein bedeutender Mathematiker, der schon vor mehr als vierzig Jahren als Hörer des berühmten Lampe in Charlottenburg ähnliche Ansichten vertrat, schrieb mir, der Erfolg meines Buches sei ihm ein Symptom, daß die „mathematische Morgenröte" anbreche. Von allen Altersstufen und aus allen Kreisen der Bevölkerung mehrerer Länder erreichten mich verstehende und ermunternde Worte, und es ist nicht zuletzt den Wünschen der Kritik und meiner Leser zuzuschreiben, daß ich diese „Geometrie für jedermann" dem ersten Buche so rasch folgen lasse. Aber auch andere Generalurteile, deren Berechtigung ich stets bezweifelt hatte, wurden zuschanden. Die berufensten Beurteiler meines ersten Versuches, die mathematischen Pädagogen, sahen in beispielhafter Großzügigkeit und Einmütigkeit über die auch mir genau bewußten Schwächen meiner Darstellung hinweg und ließen meine gute Absicht im Interesse des uns allen gemeinsamen Wahrheitswillens gelten.

Ich selbst bin, wie gesagt, der letzte, der sich an diesem Verhalten der Mitwelt übertriebene Verdienste beimißt. Ich wollte es nur nicht versäumen, allen zu danken, da ja eine Enttäuschung für mich, weit über das Persönliche hinaus, zum kosmischen Symbol geworden wäre, und ich dann den gewissen Produzenten der Talmi-Erzeugnisse hätte recht geben müssen.

Die Absicht des vorliegenden Buches ist die gleiche wie die des ersten. Es soll allen jenen, die sich mit Geometrie befassen wollen, die aber bisher keinen rechten Zugang zu den strengen und daher auch schwierigeren Fachwerken fanden, ein erster Führer und ein Orientierungsplan sein. Nach einem Ausspruch des großen Leibniz ist die Philosophie erst das Vorzimmer der Weisheit. Wenn ich diesen Spruch variieren darf und auf mein Buch anwende, wäre es gleichsam das „Vorzimmer der Geometrie". Drinnen, in der heiligen Halle, thronen all die Großen, ein Pythagoras, ein Euklid, ein Archimedes, Napier, Descartes, Legendre, Poncelet, Lobatschefskij, Gauß, Riemann, Beltrami, Veronese, Poincaré, Hilbert. Und der Sekretarius im Vorzimmer gibt den ehrfürchtig Harrenden und Sehnenden Ratschläge, wie sie sich den Großen nähern können, ohne sofort hinausgewiesen zu werden.

Aber das ist nicht allein der Zweck dieses Buches.

Viele leiden unter dem von mir schon seinerzeit geschilderten „mathematischen Minderwertigkeitskomplex" und kommen sich geistig ausgestoßen vor, weil insbesondere durch die neueste Physik Formen der Geometrie ihren Einzug in das öffentliche Wissenschaftsleben gefunden haben, zu denen von vornherein jeder Zugang versperrt schien.

Nun wäre es auch möglich, daß manche es begrüßen, Längstvergessenes aus der Schule aufzufrischen, dabei aber doch die Geometrie in ihrer Gesamtheit unter einem weiteren als dem schulmäßigen Gesichtswinkel (der in der Schule sicher notwendig und berechtigt ist) überblicken möchten.

Es kann aber — ich sage es wieder sehr ängstlich — auch Schüler geben, die neben dem Unterricht sich meines Buches als Kommentars oder Hilfsmittels bedienen wollen. Neuerlich muß ich anmerken, daß meine Darstellung niemals sich anmaßt, den berufenen Lehrer zu korrigieren, und daß bei allfälligen Widersprüchen stets und an jeder Stelle nicht mein Wort, sondern das Wort des Lehrers gilt.

Ich habe, um alle die von mir vorausgesehenen und als sicher erwarteten Bedürfnisse auf eine gemeinsame Plattform zu bringen, den Rahmen des Buches sehr weit gespannt. Deshalb habe ich von vornherein auf Überblick mehr Gewicht gelegt als auf Erörterung von Einzelheiten. So habe ich sowohl die „neue" oder „projektive" Geometrie stark berücksichtigt, als auch die heute schon in Vergessenheit geratenden Proportionensätze der alten Griechen wieder heraufgeholt, wo es anging. Trotzdem wollte ich aber nicht mehr erreichen, als — in einer zweiten Variation des Leibniz-Wortes — überall nur ins Vorzimmer der Weisheit zu führen und all das besonders zu erläutern, was mir selbst als Schüler seinerzeit besondere Schwierigkeiten bereitet hatte oder wo mir damals jeder Zusammenhang unklar geblieben war. In dieser Beziehung fühle ich mich als einflüsternden Mitschüler all meiner Leser und Freunde.

Ich will nicht verschweigen, daß ein kleiner Unterschied in den Voraussetzungen besteht, die Anfänger für mein „Vom Einmaleins zum Integral" im Verhältnis zu dieser „Geometrie für jedermann" mitbringen müssen. Während es möglich war, die Arithmetik und Algebra gleichsam aus dem Nichts aufsteigen zu lassen, können gewisse elementare algebraische und arithmetische Vorkenntnisse, wenn der Umfang des Buches nicht allzusehr belastet werden sollte, hier nicht entbehrt werden. Sie gehen aber kaum über das hinaus, was ein Absolvent der unteren drei Klassen einer Mittelschule von der Arithmetik wissen muß, und Leser meines ersten Buches werden für diesen zweiten Teil überreichlich gewappnet sein. Geometrisch wird nichts vorausgesetzt, weshalb ich hoffe, daß der Untertitel von niemandem als Irreführung empfunden werden kann.

Die Geometrie hat seit dem Beginn des 19. Jahrhunderts einige grundstürzende Revolutionen erlebt wie vielleicht keine andere Wissenschaft. Daß ich an diesen Ereignissen nicht vorbeigehen durfte, erklärt sowohl den Titel des Buches als seine Anlage. Und ich wünschte, im Leser das Gefühl zu erwecken, daß wir noch durchaus nicht am Schlußpunkt der geometrischen Entwicklung angelangt sind, was für lebendige Menschen stets ein Trost und Ansporn zugleich ist.

Ich dankte aus vollem Herzen schon am Beginn des Vorwortes. Dieser Dank trug allgemeinen Charakter und klang damit aus, daß ich mich durch den Widerhall der Öffentlichkeit noch stärker in die Gemeinschaft eingegliedert fühle als bisher. Nun habe ich aber im Zusammenhang mit dieser vorliegenden Arbeit noch mehrere angenehme Verpflichtungen zu speziellem Dank.

Wieder war es mein verehrter Lehrer, der ausgezeichnete und universale Mathematiker Dr. Walther Neugebauer, der mich sowohl in einige mir noch unbekannte Kapitel der Geometrie einführte als auch mich bei manchem Handgriff durch rastloses Herbeischaffen der besten Quellenwerke unterstützte.

Und der zweite, schon beim „Einmaleins zum Integral" erprobte Mitstreiter, das Mitglied des Wiener Künstlerhauses, Herr Maler Hans Strohofer, hat diesmal ein übriges getan, um die sehr zahlreichen Abbildungen sowohl künstlerisch als wissenschaftlich zu einer selbständigen Bereicherung des Buches zu machen.

Aber auch mein Freund und Verleger Paul von Zsolnay und sein Mitarbeiter, mein Freund Direktor Felix Costa, haben im Verein mit der vortrefflich geführten Herstellungsabteilung des Verlages mit wahrer Begeisterung alle „Tücken des Objektes" bekämpft, die das freundliche Gesicht eines so komplizierten Druckwerkes bedrohen.

Ein seltener Fall: Ich habe allen, ohne die kleinste Ausnahme, zu danken. Und ich hoffe nur, daß dieses Buch all jene, die mir vertrauen, nicht zu sehr enttäuschen wird.

Nun aber wollen wir munter an die Arbeit gehen und dem Sieg der bewiesenen Wahrheit größeren Kredit einräumen als dem Autor. Denn nur so werden wir echte Geometriker werden!

Wien, 20. September 1935.

EGMONT COLERUS

Die Figuren 166—168 wurden durch Herrn Strohofer aus Hans Mohrmann, „Einführung in die nichteuklidische Geometrie" abgezeichnet.

Erstes Kapitel

Die ganze Welt ist Geometrie

Herbert Lorenz, ein junger Mann von achtzehn Jahren, hatte eben die Reifeprüfung zu großer allseitiger Zufriedenheit bestanden. Die von den Eltern als Siegespreis ausgesetzte Reise war Wirklichkeit geworden, besser, sie näherte sich leider schon wieder der Unwirklichkeit, das heißt ihrem Ende. Aber Herbert Lorenz wäre kein Achtzehnjähriger gewesen, wenn nicht hinter der versinkenden Welt seiner Sommerreise schon ein neues glitzerndes, spannendes Reich aufgetaucht wäre: die Wahl des Studiums, das Beziehen der Universität, und all die anderen schönen Dinge, die mit Freiheit und Gebundenheit, mit Vorwärtssturm und Verantwortung zusammenhingen.

Es soll aber hier nicht der Roman des höchst sympathischen, jedoch durchaus nicht außergewöhnlichen Abiturienten Lorenz geschrieben werden. Gerade das Durchschnittliche, Schlichte, Allgemeinmenschliche an ihm erweckt für unseren Zweck unser Interesse.

Wir sagten schon, daß ihn nur mehr wenige Tage von der Heimkehr trennten. Er war aber ein tüchtiger junger Mann, nützte die ihm bleibenden schönen Ferialtage gründlich aus und hatte eben heute schon eine Bergpartie gemacht, von der er sich am durchsonnten Spätnachmittag auf der Terrasse seiner Quartiergeber bei einem kräftigen Vesperbrot erholte.

Auch über diese Quartiergeber muß zur Verdeutlichung der Gesamtlage ein wenig gesprochen werden. Es waren zwei ältere, kinderlose, behäbige Landleute von ausgezeichnetem Verstand. Eben deshalb, weil nämlich ihr ganzes bisheriges Leben, ihr Aufstieg zu

Wohlhabenheit und ihre unerschütterliche Gesundheit den zwingenden Beweis dafür geliefert hatten, daß man auch jenseits der Wissenschaft gut wegkam, sahen sie alle wissenschaftlichen Bestrebungen ein wenig mitleidig an und hielten sie, subjektiv mit Recht, für Schrullen, für Störungen des Wohlbefindens, wenn nicht gar für Vermessenheit und Entfernung von der klaren Wahrheit und Einfachheit des Lebens.

Sinnvoller erschien ihnen die Tätigkeit des zweiten Gastes, der noch bei ihnen wohnte: eines Malers, der unbeschwert durch die Gegend strich und ihnen — das Sinnvollste — ein nettes Bild ihres Anwesens geschenkt hatte.

Bevor wir jedoch zu der sonderbaren Kontroverse vordringen, die uns in eigentümlicher Art direkt in unseren Gegenstand einführen wird, wollen wir uns ein Bild der ganzen Situation körperlich vor Augen stellen, wie sie an jenem Nachmittag in dem kleinen idyllischen Örtchen auf der Terrasse des Gasthofes bestand.

Also, unser Abiturient tat sich gerade an Schinken und Käse gütlich. Dabei erzählte er dem Wirt, daß er beim Anstieg einen Gemsbock gesehen habe. Der Wirt hielt es für glaubwürdig, da er selbst schon durch sein Fernrohr Gemsen auf den Wänden beobachtet hatte. Nur sei, sagte er, es noch niemals vorgekommen, daß sich Gemsen in die Nähe des gewöhnlichen Touristensteiges verirrt hätten. „Ich bin auch nicht den gewöhnlichen Steig gegangen", erwiderte Lorenz. „Wo haben Sie dann die Gemsen gesehen?" prüfte die Frau des Wirtes. Lorenz blickte ein wenig unschlüssig zu den Bergen. Gut, er fand die Stelle ziemlich schnell. Wie aber sollte er sie den Wirtsleuten zeigen? Die Hänge der Berge waren in der gerade herrschenden Beleuchtung ziemlich einförmig gefärbt, und Kennzeichen waren so spärlich, daß man beim besten Willen keine präzisen Marken angeben konnte. Das Zeigen mit dem Finger aber war viel zu grob. Lorenz erwiderte also:

Fig. 1

„Einen Augenblick Geduld", rückte seinen Sessel hin und her, bis er endlich das Gewünschte gefunden hatte. Er stand auf. „So, Herr Gevatter," sagte er lachend, „setzen Sie sich einmal an meinen Platz. Und dann blicken Sie an der linken Kante des Kirchturmes vorbei. Und zwar dort, wo oben das Gesims läuft. Und nun verlängern Sie diese Linie, dann treffen Sie genau die Stelle, die ich meinte."

„Werden wir gleich sehen", brummte der Wirt, setzte sich auf den Sessel und betrachtete prüfend die ihm angegebene Richtung. Nach kurzer Zeit nickte er befriedigt. „Natürlich, ganz richtig", sagte er. „Dort ist ja gerade der Wechsel. Dort sind immer Gemsen. Jetzt glaub ich Ihnen alles, junger Herr. Aber leicht ist dort der Anstieg nicht."

„Sollte er auch nicht sein", erwiderte Lorenz. Dann aber wollte er plötzlich seinen Triumph noch erweitern und fügte bei: „Ich habe Ihnen jetzt nicht nur die Gemsen bewiesen, Herr Gevatter, sondern auch den Wert der Geometrie, über die Sie so geringschätzig denken."

„Was hat das mit Geometrie zu tun?" Der Wirt stand unwillig auf.

„Mehr als Sie glauben", beharrte der Abiturient.

„Versteh ich nicht. Wollen Sie nicht lieber noch ein Bier, junger Herr?" Der Wirt versuchte abzulenken.

„Auch, Herr Gevatter, auch. Aber nur unter der Bedingung, daß Sie auch für sich eines bringen und sich zu mir setzen. Wir werden die schöne Gegend betrachten, nichts als die Gegend und werden untersuchen, wieviel Geometrie überall steckt. Der Maler wird sich auch zu uns setzen. Und ich zahle für jeden Gegenstand ein Glas Bier, in dem nichts von Geometrie enthalten ist."

„Da könnens nimmer nach Haus fahren, junger Herr. Und ich verkauf mein ganzes Bier", lachte der Wirt auf und ging die Gläser holen.

In den nächsten Stunden entwickelte sich ein beängstigendes Gespräch, von dem wir nur eine kleine Anzahl von Proben geben wollen, da sonst der Leser in denselben fast psychopathischen Zustand fallen könnte, in dem sich schließlich unsere Tischgesellschaft befand. Denn die blühende, lachende Welt hatte sich in dieser Zeit in ein Gewirre von Linien, Kurven, Größen, Abmessungen, Winkeln, Proportionen und Lehrsätzen verwandelt. Und der Abiturient Lorenz fand wenig Gelegenheit, Bier zu zahlen, obgleich er es zur Belebung der Stimmung ab und zu gerne tat, auch wenn er noch etwas hätte sagen können.

Wir wollen aber jetzt, wie angekündigt, aufzählen. Da war zuerst das Bier selbst. Was heißt ein Liter, ein halbes Liter, ein Hektoliter? Das Liter ist ein Raummaß. Und zwar die Flüssigkeitsmenge oder die Kornmenge oder überhaupt irgendeine Menge, die einen Würfel erfüllt, dessen Kanten je einen Dezimeter lang sind. Also je zehn Zentimeter. Was aber ist wieder ein Zentimeter? Wohl nichts anderes als der hunderte Teil des Meters. Was aber ist der Meter? Der Meter ist der zehnmillionte Teil des Erdmeridianquadranten. Was ist dieser Erdmeridianquadrant? Nun, etwas höchst Bekanntes. Auf jedem Globus gibt es Linien, die am Nordpol und am Südpol einander schneiden, etwa wie die Begrenzungen von Orangenspalten. Diese „Größtkreise" auf der Kugel heißen Meridiane. Und ein Viertel davon ist der Meridianquadrant. Also etwa die Linie vom Nordpol bis zur Stadt Singapur an der Südspitze Hinterindiens, die ungefähr am Äquator liegt. Der Meter ist also ein sogenanntes natürliches Maß, da er aus der Natur genommen ist. Und das Liter ist auch ein natürliches Maß, da es gleichsam mit dem Meter gekoppelt oder fest verbunden ist.

Und erst die Bierfässer! Hu, hier beginnt die Geometrie besonders gefährlich zu werden, lieber Herr Gevatter! Im Jahre 1624 war in Oberösterreich eine besonders reiche Weinernte. Man fürchtete, die Fässer könnten nicht langen. Zumindest wollte man Fässer haben, die nicht unnötig teuer kämen. Es ist nämlich durchaus nicht so, daß gleichgroße, das heißt, inhaltsgleiche Fässer gleich teuer sein müssen. Man könnte sich ein Hektoliterfaß ungeheuer dünn und lang vorstellen wie eine Röhre. Oder wieder mit riesigem Durchmesser und geringer Dicke wie ein Rad oder wie eine Scheibe. Dann kommt es aber auch noch auf die Bauchung an. Und in jedem Fall braucht man ein anderes Quantum Holz. Und Faßholz ist sehr teuer, da es Jahre lang trocknen muß, und Faßbinderarbeit ist auch nicht die billigste. Im Gegenteil. Sie gehört zu den höchst entlohnten Handarbeiten. Die oberösterreichischen Weinbauern wußten sich also im Jahre 1624 keinen Rat. Es lebte aber damals der große Mathematiker und Astronom Johannes Kepler in Linz. Und der nahm sich der Sache an und konnte die Weinbauern insofern trösten, als er mathematisch bewies, daß die übliche Faßform ohnedies nur wenig von der denkbar günstigsten abwich. Dieses Problem der Weinfässer gehört aber schon zur höchsten Geometrie und wir können jetzt nicht einmal andeutungsweise näher darüber sprechen.

Doch lassen wir den verderblichen Alkohol. Wandern wir mit den Augen zum Kirchturm. Er ist so einfach und schmucklos und steht, wie die Leute sagen, schon gut ein Jahrtausend. Ob das wahr ist, können wir nicht prüfen. Uns interessiert auch jetzt nur seine Form. Er ist unten ebenso breit wie oben. Man sagt, seine Kanten liefen einander parallel. Mit diesem Begriff wollen wir uns erst gar nicht einlassen. Er ist seit zweitausend Jahren das wahre Kreuz der Geometrie. Wir werden im Verlauf unserer gemeinsamen Bemühungen noch genügend Kostproben für das Problem des Parallelen erhalten. Wir begnügen uns mit einer viel schlichteren Frage: Wie haben die Werkmeister es zustande gebracht, daß die Kanten des Turmes parallel zueinander laufen? Jedes Kind sagt, daß der Maurer dies mit dem Senkblei oder Lot erzielt. Wohin aber weist das Lot? Auch das kann jeder beantworten: Das Senkblei stellt sich so ein, daß seine Spitze zum Erdmittelpunkt zeigt. Dann, o Schrecken, haben wir sofort ein neues geometrisches Problem, nämlich die Tatsache, daß die Kanten des Kirchturmes einander nicht genau parallel sind. Der Kirchturm, der nach dem Lot erbaut ist, muß an der Grundfläche schmäler sein als oben. Denn er ist der Stutz einer Pyramide, deren Scheitelpunkt mit dem Erdmittelpunkt zusammenfällt. Natürlich merkt man die Abweichung von der Parallelität in der Praxis nicht. Denn die Höhe des Kirchturmes (etwa 50 Meter) ist im Verhältnis zum Erdhalbmesser (nahezu 6,400.000 Meter) verschwindend klein. Aber auch dieser Umstand geht vorläufig weit über unsere Fähigkeiten. Denn es handelt sich dabei um das sogenannte „unendlich-schmale Dreieck", das wir erst viel später kennenlernen werden. Dazu behauptet, um die Verwirrung voll zu machen, der Maler, daß, selbst unter der Voraussetzung vollständig paralleler Kanten des Kirchturmes, noch kein Mensch auf der Welt diesen Parallelismus wirklich gesehen habe. Stehe man unten am Fuß des Kirchturmes und blicke hinauf, dann erscheine der Turm oben schmäler. Betrachte man ihn von oben, etwa aus einem Flugzeug, dann sei er oben breiter als unten. Versetze man sich aber außerhalb in die halbe Höhe des Turmes, dann sei er gar wie eine Tonne geformt, was aber etwas übertrieben ausgedrückt sei. Es solle nur heißen, daß er für das betrachtende Auge nach oben und unten schlanker werde. Wie also ist der Kirchturm „wirklich"? Was heißt überhaupt „wirklich" in diesem Zusammenhang? Ist das, was man sieht, „unwirklich"?

Lassen wir den Kirchturm. Ruhen wir uns von den Problemen bei der Kette der fernen Berge aus. Dort in der Mitte trägt die Spitze des einen Berges ein Kreuz. Es sei kein Kreuz, behauptet unser Wirt, sondern eine dreieckige „Holzkraxe". Holen wir also das Aussichtsfernrohr. Schade, denkt der Abiturient Lorenz, daß er nicht mit dem Wirt ausgemacht hatte, daß dieser bei jeder geometrischen Angelegenheit ein Glas Bier gratis ausschenken müßte. Jetzt wäre es zugleich eine ganze Runde. Denn die „Holzkraxe" ist eine sogenannte Triangulierungspyramide. Und wir stehen sofort vor drei Problemen. Zuerst das Triangulierungszeichen selbst. Triangel (triangulum) heißt zu deutsch Dreieck. Denn die Vorsilbe „Tri" bedeutet drei und „Angulum" heißt Winkel oder Ecke. Und diese Zeichen werden auf Bergspitzen und anderen markanten Stellen aufgerichtet, um mit ihrer Hilfe die Landkarten zu entwerfen. Wie das geschieht, muß für uns noch Geheimnis bleiben. Jedenfalls spielen dabei Dreiecke, wie der Name sagt, eine große Rolle. Aber noch etwas interessiert uns außer der Flächentreue unserer Landkarte, die schon auf dem Wirtshaustisch liegt. Gut, da haben wir unser Triangulierungszeichen, unsere „Holzkraxe" als niedliches Dreieckchen auf der Bergspitze eingezeichnet. Es ist jedoch noch etwas Zweites eingezeichnet. Nämlich die Angabe, wie hoch der Berg ist. Es steht 1732 dabei. Das sind 1732 Meter über dem Meeresspiegel, wie jeder weiß. Wie nun in aller Welt mißt man diese Höhe? „Geometrisch", grinst satanisch der Abiturient. Er begnügt sich aber nicht mit der einen Bosheit. Er fügt sogleich eine zweite hinzu: „Wir hätten ohne das Fernrohr gar nicht feststellen können, ob wir ein Kreuz, eine Wettertanne oder ein Triangulierungszeichen vor uns haben. Was aber ist das Fernrohr?" „Wahrscheinlich ein Instrument", meint der Wirt unsicher. „Gewiß", antwortet der Abiturient. „Es ist ein Instrument. Aber im tiefsten ist es eine durch und durch geometrische Angelegenheit. Ohne Geometrie keine Optik, ohne Optik kein Fernrohr."

Die Sonne ist untergegangen. Wie zum Hohn auf die Überwissenschaftlichkeit unseres Abiturienten spielt die Natur einen Trumpf aus. In violetten Tönen beginnen die Gipfel zu glühen. Man erfreut sich des herrlichen Anblickes. Bis endlich, diesmal allerdings etwas schüchtern, der Abiturient wieder mit der gotteslästerlichen Geometrie beginnt. Denn ohne die Gesetze der Spiegelung, die in letzter Linie nichts sind als geometrische Gesetze, läßt es sich nicht erklären, daß die Sonne nach ihrem Untergang indirekt das sogenannte Alpenglühen auf den Bergspitzen erzeugt.

Wir wollen aber die geometrische Folter nicht zu weit treiben. Nicht weiter, als es vorläufig für unsere Absicht genügt. Und wollen daher nur mehr andeuten: Unten über eine Brücke rattert ein Zug. Er erschien zuerst winzig wie ein schwarzes Schlänglein, wurde größer als er näherkam. Die Lokomotive pfiff, als sie vor der Brücke angelangt war. Der Pfiff veränderte seine Höhe, als der Zug auf uns zukam. Schon diese wenigen Tatsachen bedeuten ein geometrisches Wespennest, wobei gar nicht von der Fülle der Geometrie gesprochen werden soll, die notwendig ist, eine Lokomotive überhaupt zu konstruieren. Ebensowenig ist eine Schienenspur und eine Eisenbahnbrücke ohne Geometrie möglich. Die scheinbar kleinere Geschwindigkeit des weiter entfernten Zuges ist ein Problem der sogenannten Winkelgeschwindigkeit, die Veränderung der Pfiffhöhe betrifft das Dopplersche Prinzip, das zuletzt auf geometrische Sätze hinausläuft. Und ob auf den Waggons Kohle, Holz, Kartoffeln oder Kalk geladen ist, ob der Zug Lebendvieh oder Kanonenrohre transportiert, ob er Personen befördert, ob er über Weichen rattert, Steigungen nimmt, ob sich Bremsklötze anpressen und Bremsspindeln drehen, ob Wildbäche verbaut werden oder Böschungen von Dämmen richtig angelegt werden sollen, ob Semaphore die Verkehrssicherheit gewährleisten und in der Bahndirektion die sogenannten graphischen Fahrpläne gezeichnet werden: der Geometrie werden wir in keiner Phase, in keinem Augenblick entgehen können.

Es wird Nacht werden. Mond und Sterne werden über unserer Landschaft schimmern. Und es wird damit das größte, das unbedingteste Reich der Geometrie vor uns auftauchen. Das Reich, das uns wieder auf geometrische Art unsere Zeitmaße, unseren Kalender, unsere geschichtlichen Epochen schenkt. Und wenn im Osten die Sonne aufsteigen wird und wir über den Seespiegel blicken werden, wird sich uns eine neue geometrische Welt offenbaren. Der gekrümmte Horizont der Wasserfläche, die eigentümlichen Verkürzungen, das Emporkommen von Mastspitzen und Schloten über die Himmelslinie wird uns Gelegenheit zu Überlegungen über die Geometrie auf der Kugel bieten und wir werden sehr genau prüfen müssen, wie wir steuern sollen, um ferne Lande auf dem kürzesten Weg zu erreichen. Denn „Gerade", wie wir sie verwendeten, um die Stelle des Gems-Wechsels anzuvisieren, gibt es auf der Kugel nicht.

Aber darüber hinaus zeigen uns Grenzen und Gemarkungen von Feldern, Hausdächer, Brunnen, Gefäße, Möbelstücke, die Terrasse mit ihren Fließen, die Bienenwaben, die Kristalle, die Maße und Gewichte, kurz, fast alles, was wir ins Auge fassen, Spuren und Einflüsse der Geometrie. Und das Auge selbst ist gleichsam ein Zentrum der Geometrie.

Wir fühlen unseren braven Wirtsleuten nach, daß sie verwirrt sind. Wir sind selbst verwirrt und wollen es sein, um den Dingen desto sicherer auf den Grund zu kommen. Denn es scheint uns, als ob unser Abiturient in seinem Übereifer die Welt auf den Kopf gestellt und allerlei gar nicht zusammengehörige Dinge miteinander in Beziehung gebracht habe, um recht zu behalten und um möglichst wenig Bier zu zahlen. Gleich danach aber scheint es uns wieder, als ob er doch nicht so unrecht gehabt hätte und die ganze Welt tatsächlich nichts sei als verkappte Geometrie, wobei es noch besonders auffiel, daß nicht nur die Gegenstände, die wir selbst erzeugen, mit der Geometrie zu tun haben, sondern auch die Dinge der Natur wie der Seespiegel, das Alpenglühen und die Gestirne.

Wir wollen aber vorläufig noch nicht zu tief philosophieren, sondern die Ereignisse des folgenden Vormittags auf unserer Gasthausterrasse schildern, die uns neues Material zur Erforschung und zum Nachdenken geben werden. Dann erst wollen wir uns schlüssig werden, in welcher Art wir den verschlungenen Knoten, den wir geschürzt haben, in möglichst vorteilhafter Art für uns entwirren, um uns ein wenigstens vorläufiges Urteil über das Wesen der Geometrie bilden zu können. Sind wir einmal so weit, dann werden wir uns vorsichtig, Schritt vor Schritt, die Kenntnisse anzueignen suchen, die uns in den Stand setzen, alle Fragen, die uns bisher beunruhigen, auch wirklich zureichend zu beantworten.

Zweites Kapitel

Der Entfernungsmesser des Thales von Milet

Am nächsten Vormittag hatte sich bei allen Beteiligten eine merkwürdige geistige Wandlung vollzogen. Unser Abiturient hatte seine geometrischen Propagandareden vollständig vergessen und dachte an eine Segelpartie, die er nach dem Mittagessen unternehmen würde. Ganz anders der Maler und der Wirt. Der Maler half sich aus der seelischen Bedrängnis, indem er dem Wirt die alte Kindergeschichte vom Herrn „Kannitverstan" erzählte. Jene Geschichte, in der ein Fremder nach Amsterdam kommt und sich durchfragen will; erforschen will, wem dieses Haus, dieser Garten, dieses Schiff, dieses Geschäft, diese Karosse gehöre, und stets die Antwort erhält: „Kann nit verstan." Bis er endlich zur Überzeugung gelangt, daß halb Amsterdam dem rätselhaften Herrn „Kannitverstan" gehöre. Und schließlich nicht glauben will, daß ihm jeder Holländer auf seine Frage nur die Worte: „Ich kann Sie nicht verstehen" geantwortet habe. Ähnlich, behauptete der Maler, sei es mit der Geometrie. Nur laute hier die Antwort: „Kann verstan." Wo man auch hinsehe und wo man frage, höre man, daß es sich um Geometrie handle.

Und erst durch Geometrie könne man anscheinend alle Dinge verstehen. Die Geometrie sei der allmächtige und allgegenwärtige Herr „Kannverstan" auf dieser Welt.

Der Wirt war, wie alle einfachen, schlichten Leute, in deren Leben etwas umwälzend Neues eingebrochen ist, geradezu trübsinnig geworden. Er hatte für Scherze kein Ohr, da er nicht voll begriff, daß der Scherz des Malers eigentlich sehr aufschlußreich war. Dabei verloren sich seine Grübeleien auf allerhand Nebengeleise. Teils wollte er sofort praktische Auswirkungen dieser unheimlichen, allgegenwärtigen Wissenschaft sehen, teils beängstigten ihn die Fachausdrücke, von deren Übersetzung er sich allerlei Erlösungen erhoffte. Er setzte sich also, als der Abiturient erschien, kurzerhand an dessen Frühstückstisch und fragte ihn über die Bedeutung und sprachliche Herkunft einiger Ausdrücke, die er sich von gestern gemerkt hatte.

Wir wollen aber dieses Gespräch nicht genau wiedergeben, sondern über Ausdrucksfragen für unsere Zwecke Betrachtungen anstellen. Geometrie ist eine Zusammensetzung der Worte Ge und Metron, die beide griechisch sind und soviel wie Erde und Maß bedeuten. Danach wäre Geometrie die Kunst der Erdvermessung oder Erdausmessung. Wir werden bald sehen, daß nach dem ganzen Entwicklungsgang der Geometrie als Wissenschaft die Bezeichnung speziell im Ursprungsland, bei den Griechen, merkwürdig falsch gewählt war. Sie dürfte schon in Griechenland ein Überbleibsel aus alter Zeit gewesen sein. Denn die griechische Geometrie der Glanzzeit hatte weder mit der Erde noch mit der Messung sonderlich viel zu tun. Diese beiden „Zwecke" oder „Anwendungen" der Wissenschaft waren sogar in der Geometrie streng verpönt. Und die Nutzanwendung war einer ganz anderen Wissensrichtung, der sogenannten Geodäsie vorbehalten. Auch heute heißt die eigentliche Erdvermessungskunde, die die Grundlagen für Karten, Atlanten, Globen, überhaupt für geographische Zwecke liefert, die Geodäsie.

Wir halten also vorläufig fest, daß der Ausdruck Geometrie sich, rein sprachlich untersucht, durchaus nicht mit dem Gegenstand deckt, den die „Wissenschaft Geometrie" zu behandeln hat. Um aber über diese Dinge Klarheit zu gewinnen, werden wir uns jetzt wieder einem neuen Ereignis auf der Terrasse zuwenden.

Ziemlich weit draußen im See war eine sogenannte Leuchtboje verankert, die man von der Terrasse genau sehen konnte. Der Wirt, den, wie wir schon schilderten, die geometrische Krankheit befallen hatte, behauptete plötzlich, es müsse leicht sein, die Entfernung der Boje von der Terrasse auf geometrische Art zu bestimmen. Denn es sei das nicht viel anders als die Bestimmung der Höhe eines Berges.

Es sei sogar leichter, erwiderte der Abiturient. Denn die Tatsache, daß man den Wasserspiegel als Fläche betrachten könne, nehme dem Problem viel von seiner Schwierigkeit. Allerdings müsse man eine Größe oder Strecke kennen. Nämlich die genaue Höhe der Terrasse über dem Seespiegel. Der Wirt behauptete, diese Höhe von der Anlage eines Brunnens genau zu kennen. Sie betrage, teilte er mit, nachdem er aus dem Hause Berechnungen und Aufzeichnungen geholt hatte, aufs Haar 37 Meter und 49 Zentimeter. Jeder Zentimeter Brunnenarbeit sei nämlich in klingender Münze zu bezahlen gewesen.

Die folgenden Stunden waren für den Maler und die Wirtsleute von großer wissenschaftlicher Erregung erfüllt. Sie erlebten nämlich dasselbe Staunen, das die Bewohner Milets im sechsten vorchristlichen Jahrhundert überkommen hatte, als der eine der sieben Weisen Griechenlands, der Mathematiker und Astronom Thales von Milet, an einem überhöhten Punkte des Hafens von Milet seinen Entfernungsmesser aufstellte.

Wir werden nun dieses Instrument, wie es der Maler und der Abiturient „frei nach Thales" zusammenbastelten, beschreiben. Und es wird uns sofort in eine Fülle von grundlegenden geometrischen Problemen einführen.

Wie man sieht, benützten unsere Künstler als Sockel

des Instrumentes das Stativ eines photographischen Apparates. Vorgreifend sei erwähnt, daß alle Instrumente, bei denen man auf eindeutig stabiles Stehen Gewicht legt, auf drei Füßen oder drei Ruhepunkten stehen müssen. Durch drei Punkte ist nämlich auf jeden Fall eine Ebene vollständig bestimmt, wenn diese drei Punkte nicht zufällig auf einer und derselben Geraden liegen. Daher hat man auch scherzweise gesagt, der Schusterstuhl sei infolge seiner Dreibeinigkeit die theoretisch vollkommenste Sitzgelegenheit. Er kann nicht wackeln und wird nur sehr selten kippen. Nimmt man einen vierten Stützpunkt dazu, dann muß dieser durchaus nicht in der durch drei Punkte eindeutig bestimmten Ebene liegen. Er kann es, muß es aber nicht, wie bei drei Stützpunkten. Jeder Mensch weiß das übrigens aus Erfahrung, wenn er sich schon einmal über das Gewackel eines Speisetisches oder eines Kastens geärgert hat und sich schließlich nur dadurch helfen konnte, daß er durch Unterlegen von Holzplättchen oder Pappeschichten alle vier Füße in eine einzige Ebene brachte.

Für skrupelhafte Mathematiker sei an dieser Stelle bemerkt, daß wir vorläufig noch durchaus nicht Wissenschaft treiben. Wir befinden uns ebenfalls auf Ferien auf unserer Wirtshausterrasse, betrachten die Geschehnisse und erörtern sie miteinander in der gewöhnlichen Sprache des Alltages. Wir sprechen daher, ohne noch etwas genauer festzulegen, von Punkten, Linien, Ebenen, Geraden, Winkeln und setzen dabei voraus, daß jeder Mensch mit diesen Worten irgendeine halbwegs zutreffende Vorstellung verbindet. Meinethalben sei ein Punkt vorläufig ein feinster Nadelstich oder ein winziges Tüpfelchen, eine Linie sei ein Bleistiftstrich oder ein gespannter Zwirnfaden, eine Ebene die glatte Bodenfläche, ein Winkel das Gebilde, das aus den zwei Schneiden einer Schere und ihrer Drehungsachse entsteht. Das ist aber alles absichtlich noch höchst ungenau. Wir wollen uns in diesem Stadium unserer

gemeinsamen Plauderei noch gar nicht festlegen. Zum
Teil deshalb, weil allzu begriffliches Denken abschrecken
würde, teils aus einem viel gewichtigeren Grunde: Wir
wollen uns für unsere späteren Untersuchungen möglichst wenig binden. Wir werden nämlich sehen, daß
starre Bindung in den Grundbegriffen uns beim Aufstieg in die höheren Bereiche der neuzeitlichen Geometrie ein kaum zu überwindendes Hindernis wäre.

Kehren wir aber zu unserem Entfernungsmesser
zurück, von dem wir bisher nur verraten haben, daß
er auf einem photographischen Stativ ruht. Wir wollen
ihn jetzt im Bilde fix und fertig zeigen.

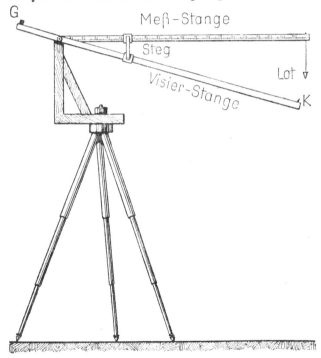

Fig. 2

Hauptbestandteile unseres Gerätes sind zwei Stangen. Die eine ist starr mit der Unterlage verbunden und liegt genau horizontal, was durch ein freihängendes Lot mit Hilfe eines Zeichendreiecks jederzeit überprüft werden kann. Die zweite Stange ist um eine Achse beweglich und trägt wie ein Gewehr eine Visiervorrichtung, bestehend aus dem Visier G und dem Korn K. Statt dieser Visierstange könnte bei verfeinerter Ausführung mit großem Vorteil ein Fernrohr mit Fadenkreuz verwendet werden, wie es Jägern von den Zielfernrohren her bekannt ist. Nun ist aber noch ein wichtiger Bestandteil zu erörtern, nämlich das Verbindungsstück oder der Steg. Dieser Steg hat zwei Hülsen, von denen die obere die horizontale Stange, die untere die Visierstange umgreift. Um nun die Entfernung zu messen, haben wir weiters nichts zu tun, als mit der Visierstange möglichst genau auf den Gegenstand, in unserem Fall auf die Leuchtboje, zu zielen. Wegen des Steges kann ich die Visierstange nicht beliebig bewegen. Ich mache das in unserem Fall so, daß ich den Steg solange hin und her rücke, bis ich das Ziel, die Leuchtboje, haarscharf anvisiert habe. Dann habe ich nichts mehr zu tun, als abzulesen, bei welcher Entfernung sich der Mittelpunkt der Hülse auf der oberen Stange befindet. Nehmen wir an, wir hätten gefunden, diese Ablesung habe 12·4 ergeben. Wenn wir nun weiters diese 12·4 mit der Höhe des Standortes, von der wir hörten, sie sei 37·49 Meter, multiplizieren, dann erhalten wir als Entfernung der Boje $37·49 \times 12·4 = 464·876$, die Boje ist also etwa 465 Meter weit entfernt.

Unsere Freunde maßen das Ergebnis mit dem Zirkel auf der Landkarte nach, in der die Boje und das Gasthaus eingezeichnet waren, und fanden, daß sich eine gute Übereinstimmung dieser beiden Messungen ergab. Der Entfernungsmesser des Thales von Milet beruhte also sicherlich auf einem richtigen und brauchbaren Prinzip. Dieses Prinzip jedoch werden wir nicht nur andeuten, sondern im folgenden bis zum letzten Grund erörtern.

Dazu vorerst eine schematische Zeichnung:

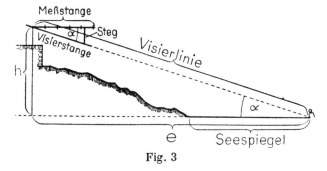

Fig. 3

Geometrisch gesprochen, sind zwei Dreiecke entstanden, wenn wir unsere Visierstange genau auf den Mittelpunkt der Boje gerichtet haben. Das „große" Dreieck wird gebildet aus der Höhe h, die der Standort des Instrumentes über der Seefläche hat, aus der Visierlinie von der Achse bis zur Mitte der Boje und schließlich aus der Entfernung e. Das zweite „kleine" Dreieck besteht aus dem Steg, aus der Visier-Stange von der Achse bis zum Steg und aus der Meßstange von der Achse bis zum Steg. Dabei ist, wie schon der erste Anblick lehrt, das kleine Dreieck ein verkleinertes getreues Abbild des großen Dreiecks, gleichsam sein Modell. In der Geometrie nennt man diese Eigenschaft von Figuren, diese formmäßige Abbildhaftigkeit ohne Übereinstimmung der Größe, die Ähnlichkeit. Also das große Dreieck ist dem kleinen „ähnlich" und umgekehrt. Wenn aber Figuren einander ähnlich sind, dann müssen wohl alle Beziehungen zwischen den Stücken in beiden Figuren die gleichen sein. Hätte ich etwa ein genaues winziges Modell von einem Menschen angefertigt, dessen gesamte Körpergröße 7 Kopflängen beträgt, dann muß auch im Modell die Körpergröße siebenmal die Kopflänge betragen. Sonst wäre das Modell dem Original nicht „ähnlich". Denn man kann ja die ganze Angelegenheit umkehren und behaupten: Wenn in zwei Figuren je zwei entsprechende Teile durchgängig dieselben Verhältnisse zueinander aufweisen, dann sind die beiden Figuren einander ähnlich. Weiters wollen wir uns gleich den grundlegenden Folgesatz aus diesen Überlegungen merken, daß somit das Verhältnis zweier Dinge augenscheinlich vollkommen unabhängig von deren wirklicher (absoluter) Größe ist. Nebenbei bemerkt, kann ich diesen letzten Satz auch als perspektivischen Satz und als Voraussetzung richtigen Sehens bezeichnen. Wenn der Schlot einer Schnellzugslokomotive ein Zehntel der Höhe der Lokomotive beträgt, dann ist er ein Zehntel der Höhe auf 20 Meter Entfernung und ebenso auf 2 Kilometer Entfernung, wo mir die Lokomotive bereits ganz winzig erscheint.

Wir werden auf all dies noch genauestens zurückkommen. Vorläufig stellen wir fest, daß unsere beiden Dreiecke einander „ähnlich" sind und daß sich daher die Begrenzungsgeraden (Seiten) der Dreiecke im großen Dreieck ebenso zueinander verhalten wie im kleinen. Wenn dem aber so ist, dann folgt daraus, daß sich etwa die Höhe h zur Entfernung e ebenso verhält wie der Steg zum Teil der Meßstange von der Achse bis zum Steg.

Nun mache ich einen Kunstgriff, den wir in ähnlicher Art in der Geometrie stets wieder antreffen werden. Ich setze nämlich die Höhe des Steges „gleich eins". Ich könnte sie auch gleich 3 setzen. Oder gleich 254·937. Oder gleich irgendeiner Zahl. Aber es ist am praktischesten, sie „gleich eins" zu setzen, da in dieser Setzung das eigentliche Wesen des Messens beschlossen liegt. Messen heißt nämlich nichts anderes, als eine noch unbestimmte Größe in irgendeiner Beziehung mit der Einheit vergleichen. Dabei ist die Wahl der Einheit frei. Henri Poincaré bemerkt geistreich, es wirke grotesk, wenn man behaupten wolle, das Messen in

Metern sei „richtiger" als das Messen in Zoll, Yards oder Ellen. Wenn man überhaupt von „richtig" in diesem Zusammenhang sprechen darf, dann ist es „richtig", in „Einheiten" zu messen. Womit wir wieder auf den Satz zurückkommen, daß das Messen das Feststellen des Verhältnisses einer Größe zur Einheit ist.

Wenn wir also, wie ich hoffe, diese Voraussetzungen jetzt einigermaßen verstehen, dürfen wir einen Schritt weitergehen. Wir haben, rein willkürlich oder verabredungsgemäß, oder wie man das sonst ausdrücken will, die Höhe des Steges als „Einheit" gewählt. Es ist dann natürlich, daß wir unser neues Maß („Steglängen") oben auf der Meßstange abtragen. Wie einen Meter- oder Zollstab, erhalten wir dadurch gleichsam einen „Steglängenstab".

Nun verhält sich — das ist jetzt wohl kaum mehr näher zu erklären — der Steg zum Teil der Meßstange von der Achse bis zum Steg so wie eins zur Zahl, die wir auf der Meßstange ablesen können. In unserem Beispiel fanden wir 1 zu 12·4. Nun müssen sich im „ähnlichen" großen Dreieck aber die entsprechenden Stücke (hier die „Seiten") ebenso verhalten. Welche Seite entspricht nun dem Steg? Wohl die Höhe des Standortes h. Und welche Seite entspricht der Meßstange? Wohl die Entfernung e. Mit dieser Erkenntnis aber haben wir unsere Aufgabe gelöst. Denn jetzt sind wir imstande, eine sogenannte Proportion anzusetzen, deren Behandlung jedem Elementarschüler geläufig ist. Diese Proportion lautet:

$$1 \text{ zu } 12·4 \text{ wie } h \text{ zu Entfernung, oder}$$
$$1 : 12·4 = h : e.$$

Da aber weiters h gleich ist 37·49 Meter, dürfen wir auch schreiben

$$1 : 12·4 = 37·49 \text{ m} : e.$$

Gesucht aber ist die Entfernung e. Dieses e ist, rein rechnerisch gesprochen, ein äußeres Glied der Proportion. Und man berechnet es, indem man die beiden inneren Glieder miteinander multipliziert und dieses Produkt durch das andere äußere Glied dividiert. Schon jetzt sieht der blicksichere Leser, wie praktisch es war, den Steg als Einheit anzusetzen. Denn wir brauchen dadurch bei unserem Entfernungsmesser stets nur zu multiplizieren. Dividiert wird ja immer nur durch 1 und das heißt nichts anderes, als daß wir es bei der Multiplikation bewenden lassen können. Das Ergebnis, nämlich e = 464·876 m, haben wir schon oben festgelegt. Es bliebe nur noch zu erörtern, wieso ich berechtigt war, ohneweiters zwei verschiedene Maße (hier Meter und Steglängen) miteinander zu multiplizieren. Jeder weiß, daß es nicht angeht, fünf Äpfel mit sieben Birnen zu multiplizieren. Meter und Steglängen entsprechen aber mathematisch den Äpfeln und Birnen genau, denn es sind auch nichts anderes als „Benennungen" von Zahlen. Jetzt sind wir plötzlich sehr verwirrt, obwohl wir anderseits an der Richtigkeit des Ergebnisses kaum zweifeln können. Wir verraten aber, daß die Angelegenheit nicht sehr schlimm steht. Denn wir haben ganz korrekt ein Maßsystem ins andere umgerechnet. Das war ja geradezu das Prinzip unseres Entfernungsmessers. Wenn wir unseren Fall anders ausdrücken, werden wir gleich beruhigt sein. Wir dürfen nämlich auch sagen, daß sich 37·49 Meter zu der uns noch unbekannten Meteranzahl der Entfernung e so verhalten, wie eine Steglänge zu 12·4 Steglängen. Daher müssen wir gleichsam für „eine Steglänge" stets das neue Maß 37·49 Meter setzen, um die Proportion richtig zu erhalten. Die andere Seite, die der Meßstange entspricht ist aber 12·4 Steglängen lang oder sie enthält 12·4 Steglängen. Wenn aber nun eine Steglänge im neuen Maß der Länge von 37·49 Metern entspricht, dann entsprechen eben 12·4 Steglängen einer Länge von 12·4 mal 37·49 Metern. Das sogenannte „Maß" ist ja das Verhältnis der jeweils gewählten Einheit zu der zu messenden Größe. Und daher — dies nur angedeutet — ist die Umrechnung eines Maßsystems ins andere nichts anderes als eine Behauptung oder Forderung, daß dieselbe Beziehung oder dasselbe Verhältnis im andren Maßsystem auch weiterbestehen möge. Allerdings ausgedrückt in anderen Einheiten.

Drittes Kapitel

Messungsfehler

Ich wage es auszusprechen, daß uns an unserem Entfernungsmesser kaum etwas unklar geblieben ist. Natürlich können wir unsere „Meßgenauigkeit" noch bedeutend verfeinern. Das ist aber eigentlich nicht mehr Gegenstand der Geometrie, sondern Gegenstand der Physik oder gar der Technik und der Praxis. Gleichwohl mögen auch darüber einige Worte gesagt werden. Wenn wir etwa von der Fehlerhaftigkeit des Instrumentes selbst absehen, wenn wir es unberücksichtigt lassen, daß die Stangen sich verbiegen, das Stativ schwankt, die Achse nicht genau zentrisch sitzt und die Einteilung der Meßstange nach „Steglängen" durch die notwendige Breite der Einteilungsstriche auch eine Fehlerquelle bildet, dann bleibt trotzdem noch eine weitere, viel gefährlichere Fehlerquelle zurück, die um so gefährlicher wird, je weiter unser Gegenstand von uns entfernt ist: nämlich der sogenannte Visierfehler. Jeder Schütze weiß, was gemeint ist. Und jedem, der einmal beim Militär eine höhere Ausbildung genoß, wird die Übung des „Fehlerdreiecks" in Erinnerung sein, die als Unterweisung zur Vermeidung des Visierfehlers in allen Armeen eingeführt ist. Wir wollen sie kurz schildern. Das Gewehr oder die Kanone ist fix auf eine größere weiße Scheibe eingestellt. Bei einem Geschütz ist diese Feststellung leicht zu erzielen, da hier die Richtung durch mit Schrauben oder Zahnkränzen verbundene Handräder festgelegt wird. Bei Gewehren muß man einen sogenannten Bock benützen, in den das Gewehr unverrückbar eingespannt wird. Nun tritt der Schütze an die Waffe und visiert. Bei der Scheibe steht ein Mann mit einem sogenannten Löffel, der nichts anderes ist als eine schwarze Scheibe an einem Stiel. Außerdem hat der „Löffel" in der Mitte ein kleines Loch, eben groß genug, mit einem Bleistift oder Farbstift durchzugelangen. Der Mann hält nun den Löffel willkürlich irgendwo an die Scheibe. Der visierende Schütze gibt ihm je nach der Distanz, auf die geübt wird, entweder durch Zeichen oder telephonisch Anweisung, wohin er den Löffel rücken soll. Also etwa: „Weiter nach rechts", „noch weiter", „etwas nach oben", „noch eine Löffelbreite hinauf", „zuviel", „ein wenig hinunter", „gut", „Schluß". Das heißt, daß nach Ansicht des Schützen ein wirklich abgefeuerter Schuß jetzt dort treffen müßte, wo der Löffel steht. Der Bedienungsmann (Zieler) macht nach der letzten Weisung, nach dem Schlußkommando, mit dem Stift einen deutlichen Punkt durch das Loch des Löffels auf die weiße Scheibe. Dann hebt er sofort und möglichst rasch den Löffel ab. Nach einigen Sekunden legt er ihn wieder willkürlich an und erhält vom Schützen neuerliche Anweisungen, bis alles wieder soweit gediehen ist, daß er den Punkt notieren kann. Hierauf wird die ganze Prozedur noch ein drittesmal wiederholt.

Man sollte denken, es wäre möglich (da ja die Kanone oder das Gewehr seine Lage nicht verändert hat), daß alle drei Punkte gleichsam in einem Punkt zusammenfallen. Dies wäre ja eigentlich eine, wenn auch ideale, so doch selbstverständliche Forderung. Dieses Ergebnis tritt jedoch selbst bei den besten Schützen so gut wie niemals ein. Stets bilden die drei Punkte ein mehr oder weniger großes Dreieck, das sogenannte „Fehlerdreieck". Und die Qualität des Schützen wird danach beurteilt, wie weit es ihm gelingt, das Dreieck möglichst klein zu erzielen. Eine höchst einfache Überlegung, die wir durch eine Zeichnung unterstützen wollen, belehrt uns aber noch über etwas anderes:

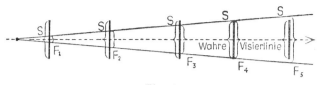

Fig. 4

Der „Visierfehler" entsteht durch eine Winkelabweichung der Blickrichtung von der richtigen Visierlinie, hier der Mittellinie. Wenn man unter S sich die
Höhe der Scheibe vorstellt, sieht man deutlich, daß
der aus derselben Winkelabweichung hervorgegangene
Fehler mit zunehmender Entfernung wächst, und zwar
von F_1 bis F_5. Der Fehler F_4 ist aber schon so groß
wie die halbe Scheibenhöhe. In noch weiterer Entfernung würde dieser Fehler zur Behauptung genügen,
das Gewehr sei überhaupt nicht auf die Scheibe eingestellt, obgleich es in Wirklichkeit auf den Mittelpunkt
der Scheibe gerichtet ist.

Für diesen Tatbestand wurden von verschiedenen
Mathematikern, insbesondere von C. F. Gauß (1777 bis
1855), weitreichende und tiefgründige „Fehlertheorien"
aufgestellt. Man kann sich ungefähr vorstellen, was Visierfehler in der Astronomie bedeuten, wo Entfernungen
von Hunderten, Tausenden und noch mehr Lichtjahren[1])
in Betracht kommen. Wir haben hier leider weder den
Raum noch die Aufgabe, diese höchst interessanten
Theorien näher zu erörtern. Es sei nur angedeutet, daß
man zwei Arten von „Fehlern" unterscheidet. Erstens
zufällige und zweitens sogenannte systematische. Ein
systematischer Fehler ist daran erkennbar, daß er sich
stets in derselben Richtung äußert. So würde etwa die

---

[1]) Ein Lichtjahr ist die Entfernung, die der Lichtstrahl
in einem Jahre zurücklegt. Die Geschwindigkeit des Lichtes ist 300.000 km pro Zeitsekunde. Folglich ist das Lichtjahr 300.000 · 31,536.000 km oder 9,,460.800,000.000 km.

Tatsache, daß bei einem Schützen die Punkte des Fehlerdreiecks stets auffallend weit rechts von allen anderen Punkten anderer Schützen liegen, darauf schließen lassen, daß unser Schütze entweder einen Fehler im Auge hat oder konsequent schief über das Visier blickt. Systematische Fehler können aus einem Meßresultat nur dadurch entfernt werden, daß man sie erforscht, mißt und beim Ergebnis dann eine entsprechende Gegenkorrektur anbringt. Anders bei den zufälligen Fehlern. Diese zeigen bei einer größeren Reihe von Beobachtungen stets das Bild einer Regellosigkeit, eines chaotischen Zustandes, der nur dadurch wieder etwas Regelmäßiges erhält, daß sich die Fehler nach allen Seiten ungefähr gleich häufig ereignen. Diese Eigenschaft der zufälligen Fehler gibt es uns aber wieder an die Hand, sie fast gänzlich auszuschalten. Und zwar dadurch, daß wir einen Durchschnitt, einen Mittelwert aus allen Beobachtungen bilden. Dabei werden sich dann die verschiedenen Abweichungen (in unserer Figur etwa die oberhalb und die unterhalb der Scheibenmitte) untereinander aufheben, wodurch wir zum Schluß ein der Wirklichkeit angenähertes Bild erhalten.

Auf den Entfernungsmesser des Thales von Milet angewendet, hätten etwa der Abiturient, der Maler und die beiden Wirtsleute eine ganze Serie von Anvisierungen der Boje vorgenommen und dabei auf der Meßstange die Werte 13·1, 12·8, 12·7, 12·5, 12·3, 12·2, 12·1, 12 und 11·9 erhalten. Bildet man aus diesen Ablesungen das sogenannte arithmetische Mittel, indem man die Zahlen addiert und die Summe durch die Anzahl der Ablesungen dividiert, dann erhält man 111·6 : 9 = 12·4, also zufällig genau die Zahl, die wir vorhin als die richtige angesehen haben[1]).

---

[1]) Dazu wird bemerkt, daß wir in unserem Fall, um den Zufallscharakter zu wahren, die Zahlenserie ohne Überlegung rein willkürlich hingeschrieben haben, wobei wir uns nur von vornherein auf ein Intervall von 11·9 bis 13·1 festlegten.

Viertes Kapitel

Vorläufige Bemerkungen über Parallele und Dreiecke

Wir müssen leider diesen hochinteressanten Gegenstand schon verlassen, weil ein weit grundlegenderes Problem der Geometrie durch unseren Distanzmesser aufgetaucht ist. Wir wollen es diesmal von der arithmetischen Seite her anpacken. Wann, so fragen wir, ist eine Proportion richtig oder erfüllt? Diese Frage ist alles eher als überflüssig. Das bloße Hinschreiben von $a : b = c : d$ genügt durchaus nicht. Denn die allgemeine Form müßte jederzeit durch Einsetzen konkreter Werte zu verwirklichen sein. Wenn ich aber etwa $3 : 7 = 2 : 4$ behaupte, ist das schon auf den ersten Blick ein offensichtlicher Unsinn. Denn 3 verhält sich zu 7 wie 2 zu $4^2/_3$ und niemals wie 2 zu 4. Mit dem bloßen Verlangen ist es also nicht getan. Das a muß sich zum b nicht nur forderungsgemäß, sondern tatsächlich so verhalten wie c zu d. Man definiert daher auch die Proportion so, daß sie die Gleichsetzung zweier Verhältnisse sei, wobei diese Gleichheit wirklich bestehen muß, oder kürzer als „die wirkliche Gleichheit zweier (oder mehrerer) Verhältnisse".

Nun haben wir uns bei unserem Entfernungsmesser getrost der Denkmaschine, dem „Algorithmus" der Proportion anvertraut und haben nach ihren Regeln das Ergebnis berechnet. Wir zweifeln durchaus nicht an den Regeln zur Berechnung eines Außengliedes (bei uns des e) oder eines Innengliedes aus einer Proportion. In dieser Hinsicht verlassen wir uns vollkommen auf unsere schon anderwärts überprüfte Rechen- oder Denkmaschine. Wir sind lediglich verängstigt, da wir gesehen haben, daß nicht jede geforderte Proportion auch wirklich eine Proportion sein muß. Was ist aber dazu notwendig, daß unser Ansatz $1 : 12 \cdot 4 = h : e$ eine wirkliche Proportion ist? Offenbar nichts weiter als der Umstand, daß sich die entsprechenden Seiten im kleinen Dreieck ebenso verhalten wie jene im großen Dreieck. Denn dann haben wir zwei gleiche, zwei tatsächlich identische Verhältnisse, die der strengsten Definition einer Proportion genügen. Wann aber sind entsprechende (homologe) Seiten zweier Dreiecke einander ähnlich? Etwa dann, wenn homologe Seiten zueinander im gleichen Verhältnis stehen? So geht der Beweis nicht. Das ist offensichtlich. Denn wir haben uns soeben in einem wunderbaren Zirkelschluß gefangen. Wir müssen uns als Kennzeichen der Ähnlichkeit ein anderes Kriterium suchen als jenes, das wir aus der Ähnlichkeit folgern. Es gäbe da verschiedene Möglichkeiten. Insbesondere könnten wir wieder die Perspektive heranziehen und uns eine dreiseitige Pyramide vorstellen, die durch zwei parallele Ebenen in verschiedener Höhe geschnitten wird. Als Schnittfiguren entständen zwei ähnliche Dreiecke. Wir können aber auch anders vorgehen, was auf nichts wesentlich anderes hinausläuft: Wir können nämlich behaupten, daß zwei Dreiecke dann ähnlich sind, wenn in ihnen alle drei Winkel je paarweise gleich sind.

Unsere gemeinsame Forschungsreise beginnt aufregend zu werden. Und ich will gleich das düstere Ergebnis vorwegnehmen: Wir werden uns nämlich in den nächsten Minuten noch tiefer in den Sumpf der Verwirrung hineinstrampeln. Aber das soll so sein. Denn dann werden wir mit um so größerem Genuß die Führerhand all der erleuchteten Geometer der letzten Jahrtausende ergreifen dürfen, die uns aus dem Sumpf wieder auf die Blumenwiesen und in die Kristallgrotten wahrer Geometrie leiten werden. Versuchen wir also an der Hand halbvergessener Schulkenntnisse getrost zu strampeln, wenn der Sumpf auch gefährlich ist. Zu-

erst zeichnen wir uns unser Schema noch einmal hin;
jetzt aber ganz nackt als System geometrischer Linien:

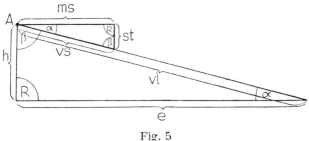

Fig. 5

Das große Dreieck hat die Winkel R, α und β. Der
Winkel R muß ein rechter sein, denn es liegt im Wesen
einer Höhe h, daß sie als Senkrechte oder, wie man auch
sagt, als Lot gezogen wird. Unserem rechten Winkel
entspricht im kleinen Dreieck der Winkel, den der Steg
und die Meßstange miteinander bilden. Daß auch
dieser Winkel ein rechter sein muß, folgt daraus, daß
wir unseren Steg rechtwinklig angesetzt haben. Wir
wollten ja gleichsam die Höhe h durch den Steg
,lagemäßig entsprechend' verkleinert abbilden. Da wir
nun weiters durch unser Senkblei ängstlich darauf
achteten, daß die Meßstange mit der Entfernung e
parallel sei, folgt weiter, daß der Winkel zwischen der
Meßstange und der Visierstange mit dem Winkel
zwischen der Entfernung e und der Visierlinie als
sogenannter Wechselwinkel gleich ist. Werden nämlich
zwei Parallele durch eine dritte Linie, die sogenannte
Transversale, geschnitten, dann sind die Wechselwinkel einander gleich.

Nun haben wir in unseren Dreiecken schon zwei je
paarweise gleiche Winkel, nämlich die Winkel R und
die Winkel α. Da aber bekanntlich in jedem Dreieck die
Winkelsumme 2 R oder 180° (180 Grad) beträgt, bleibt
in beiden Dreiecken für den dritten Winkel nur [180° —

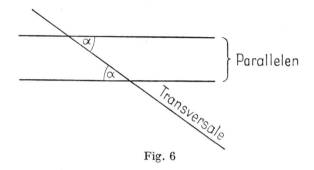

Fig. 6

— (R + a)] übrig, was in beiden Dreiecken das gleiche
Ergebnis liefern muß. Denn Gleiches von Gleichem
subtrahiert ergibt unbedingt Gleiches. Daher hat dieses
[180° — (R + a)] in beiden Fällen den gleichen Wert β.
Wir haben also zwar mühsam aber zwingend den Beweis geführt, daß alle drei Winkel in beiden Dreiecken
je paarweise gleich sind. Wenn nun weiters die Gleichheit aller drei Winkel Bedingung der Ähnlichkeit zweier
Dreiecke ist (was tatsächlich der Fall ist und weshalb
auch in der Geometrie der WWW-Satz oder Winkel-
Winkel-Winkel-Satz als fundamentaler Ähnlichkeitssatz
angeführt wird), dann sind auf unsere zwei Dreiecke
auch alle Folgen der Ähnlichkeit, insbesondere der Satz
von der Gleichheit des Verhältnisses je zweier entsprechender Dreieckseiten anwendbar. Und damit wieder
hätten wir die beruhigende Sicherheit gewonnen, daß
die Aufstellung unserer Proportion richtig und berechtigt war. Wo ist also jetzt der Sumpf, den wir ankün-
digten? Ein wenig Geduld. Wir werden ihn gleich in
erschreckender Deutlichkeit wahrnehmen.

Wenn wir in Gedanken alle unsere Schlußfolge-
rungen noch einmal durchgehen, werden wir finden,
daß wir mit einer Reihe von Begriffen und Feststellungen gearbeitet haben, wobei sich die eine geometrische
Wahrheit zwingend aus der anderen ergab. An zwei
Obersätzen hängt unser ganzer Beweis der Richtigkeit

des Entfernungsmessers. Erstens an den Eigenschaften paralleler Gerader und zweitens an der Winkelsumme im Dreieck, die angeblich 180 Grade beträgt. Erörtern wir zuerst den zweiten Satz. In der Schule wird der Beweis für diesen Satz gewöhnlich in folgender Art geführt: Man ziehe eine Parallele zu einer beliebigen Seite des Dreiecks, worauf nach den Sätzen über die Winkel an der „Transversale" alle drei Winkel des Dreiecks gleichsam um den gegenüberliegenden Scheitel versammelt werden können. Das heißt, ich kann dort Winkel finden, die den Dreieckswinkeln unbedingt gleich sein müssen. Daß aber diese Winkel zusammen 180 Grad oder zwei Rechte ergeben, dazu bedarf es keines Beweises mehr, da die Parallele eine Gerade sein muß und eine Gerade, in der man einen Punkt feststellt, der sie in zwei Halbstrahlen zerlegt, eben nach der Definition ein gestreckter oder 180 grädiger Winkel ist.

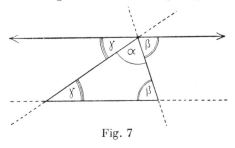

Fig. 7

Kurz, der Winkel a bleibt an seinem Platz, und β und γ werden als „Wechselwinkel" (von denen wir schon oben sprachen) an die Parallele hinaufgesetzt, die ich wieder zugleich als zwei Halbstrahlen betrachte. Zwei Halbstrahlen aber sind ein völlig aufgeklappter oder gestreckter Winkel. In der Sprache der Tänzerinnen nennt man ein Kunststück, bei dem die Tänzerin die Füße rechts und links auf dem Boden abgleiten läßt, bis endlich beide Beine eine horizontale Linie bilden, „Spagat". Beide Beine gleichen jetzt einer gespannten

Schnur, einem Bindfaden oder Spagat. Unsere Halbstrahlen sind nichts anderes, als ein Winkel, der „Spagat" gemacht hat.

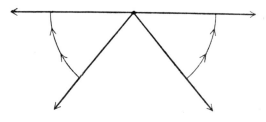

Fig. 8

Es gibt aber noch eine zweite sehr einfache Art, die 180 grädige Winkelsumme des Dreiecks, allerdings an einem sogenannten „Grenzfall", zu zeigen. Aus einem Grenzfall kann man es nie sicher entnehmen, ob der aus ihm abgeleitete Satz auch ganz allgemein gilt. Einwandfrei ist nur der Beweis dafür erbracht, daß unser Satz in diesem besonderen Fall Geltung hat. Wir wollen aber gleichwohl unseren Grenzfall untersuchen. Niemand zweifelt also wohl daran, daß die Winkelsumme in einem sogenannten Rechteck vier rechte Winkel oder 360 Grade (= zweimal 180 Grade) beträgt. Das folgt aus der Definition des Rechtecks. Denn ein Rechteck ist eben ein Viereck mit vier rechten Winkeln. Wenn wir unser Rechteck nun durch eine sogenannte Diagonale in zwei Dreiecke teilen, dann müssen diese beiden Dreiecke kongruent sein. Kongruent aber heißt nicht nur ähnlich, sondern noch mehr. Nämlich gestaltmäßig u n d größenmäßig gleich. Kongruente Figuren lassen sich durch Verschieben in der Ebene oder durch Umklappen zur vollkommenen Deckung bringen, woraus folgt, daß je zwei entsprechende (homologe) Stücke dieser Figuren, etwa je zwei Winkel oder je zwei Seiten, einander gleich sind, weil sonst ein vollkommenes Decken der ganzen Figuren unmöglich wäre.

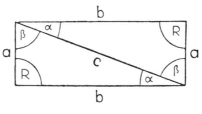

Fig. 9

Daher muß die Winkelsumme in jedem der beiden Dreiecke ebenfalls gleich sein. Wenn aber zwei Dreiecke gleicher Winkelsumme zusammen dieselbe Winkelsumme aufweisen wie das Rechteck, dann hat jedes Dreieck die halbe Winkelsumme des Rechtecks, also 360 Grade dividiert durch zwei, folglich 180 Grade, was zu beweisen war. Wie ich aber die Sache im früheren Beweis oder im jetzigen beim Rechteck auch wende, werde ich irgendwie auf den Parallelensatz stoßen. Denn um die Kongruenz der beiden Dreiecke zu beweisen, muß ich sagen, das Rechteck sei ein Spezialfall des Parallelogramms, besitze also paarweise parallele Seiten und Parallele zwischen Parallelen seien gleich lang. Daher sei a gleich a, b gleich b und c falle für beide Dreiecke zusammen. Wenn aber in zwei Dreiecken alle drei Seiten beziehungsweise gleich seien, dann seien die Dreiecke eben kongruent. Woraus dann weiter die Gleichheit homologer Winkel folgt usf. Will ich aber die Kongruenz nicht nach dem SSS-Satz, dem sogenannten Seiten-Seiten-Seiten-Satz feststellen, dann muß ich etwa außer der gemeinsamen Seite c und dem ersichtlich homolog-identischen Winkel R noch die anderen Winkel prüfen. Üblicherweise brauchte ich nur einen der anderen Winkel zu untersuchen. Dabei würde ich aber die zu beweisende 180grädige Winkelsumme im Dreieck schon voraussetzen. Nun schön! Prüfen wir also α und β, die zusammen sichtlich 90 Grade betragen. Wieder müssen wir den Parallelensatz herbeirufen und diese Winkel als Wechselwinkel an der „Transversale", die hier durch die Diagonale vertreten wird, betrachten. Wir entkommen also dem Parallelensatz in keiner Art. Deshalb hat man auch stets gesagt, daß unter der Voraussetzung der Gleichheit aller rechten Winkel, der Parallelensatz äquivalent sei dem Satze von der 180 grädigen Winkelsumme im Dreieck. „Äquivalent" und das daraus gebildete Hauptwort „die Äquivalenz" ist nicht leicht in seiner ganzen Bedeutung und Tragweite zu übersetzen. „Aequus" heißt gleich und „valēre" heißt etwas vermögen, wobei noch der Nebensinn der Kraft oder des Kräftigen in diesem „Vermögen" steckt. Man könnte also das Wort mit „gleich wuchtig", „gleich wichtig", „gleich geltend", „gleich bedeutungsvoll" oder noch anders übersetzen. Umschrieben heißt das Wort, daß etwa ein geometrischer Satz mit gleicher Kraft, gleichem Inhalt, gleicher Gültigkeit und gleichen Folgewirkungen an die Stelle eines anderen Satzes treten könne, obgleich es auf den ersten Blick gar nicht so aussehen muß. Äquivalente Dinge sind verschiedene Form-Offenbarungen einer und derselben Grundtatsache. Etwa ist in der Physik die Wärme der Energie „äquivalent". Ich glaube aber, daß wir uns auch hier nicht allzusehr festlegen sollen. Wir werden unseren Ausdruck „äquivalent" durch den Gebrauch langsam erschöpfend kennenlernen.

Auf jeden Fall haben wir durch unsere Bemühungen erfahren, daß wir stets wieder unmittelbar oder mittelbar irgendwie zum Parallelensatz zurückgeführt werden, der in seiner ursprünglichsten Form etwa so lautet: „Durch einen Punkt außerhalb einer Geraden ist zu dieser Geraden immer eine Parallele und stets nur eine Parallele möglich. Parallel aber sind zwei Gerade, wenn sie einander trotz beliebiger Verlängerung nach beiden Seiten niemals schneiden."

So einfach dies nun zu sein scheint und so selbstverständlich es jedem vorkommt, daß man etwa ein gerades Schienengeleise, soweit man will, in die Unendlichkeit hinaus in einer Ebene legen kann, wobei sich die beiden Schienen einander niemals nähern oder einander nie schneiden werden, so unmöglich war es bisher durch die Jahrtausende, die wirkliche Gültigkeit dieses Satzes zu beweisen oder auch nur seinen notwendigen Zusammenhang mit den anderen grundlegendsten Sätzen der Geometrie aufzuzeigen.

Im Laufe der Zeit ist dieser Satz geradezu zum „Skandal der Mathematik" geworden. Stets wieder glaubte man, ihn felsenfest verankert zu haben, stets wieder stellte sich jeder versuchte Beweis als Scheinbeweis oder als Trugschluß heraus. Bis sich schließlich am Beginn des neunzehnten Jahrhunderts, in mehreren genialen Köpfen gleichzeitig emporblitzend, die große Revolution der Geometrie vollzog, die den endgültigen Nachweis von der Unbeweisbarkeit und Nichtallgemeinheit des Parallelensatzes erbrachte.

Doch es ist noch viel zu früh für uns, die letzten Probleme der Geometrie, die Frage der sogenannten „nichteuklidischen" Geometrien zu erörtern. Wir wollten nur die Tiefen des Sumpfes von der einen Seite zeigen. Sofort aber werden wir andere Seiten enthüllen.

Vor allem haben wir mit Recht schon ein großes Gefühl von Unsicherheit. Wir haben mit allerlei Begriffen operiert, haben geometrischen Gebilden allerlei Eigenschaften beigelegt, die wir gar nicht weiter prüften, haben gefordert, man solle sich unter Punkt, Gerade, Ebene usf. „etwa" das und das vorstellen, haben Dinge gezeichnet, die es in Wirklichkeit gar nicht gibt, wie etwa die Visierlinie, haben einmal behauptet, noch niemand habe Parallele „wirklich" gesehen, worauf wir den Grundsatz der Parallelität wieder gleichsam zum letzten Orakel der Geometrie avancieren ließen. Dann wieder haben wir den Glauben an die Parallelität mit dunklen historischen Andeutungen zum zweitenmal zersetzt, haben sogar den Sturz des Parallelensatzes verkündet. Und schließlich haben wir an zahlreichen Stellen den Eindruck gewonnen, daß auch dort, wo wir Beweise brachten, ununterbrochen die Gefahr auftaucht, in ergebnislose Zirkelschlüsse zu geraten. Dabei wissen wir noch gar nicht, was „beweisen" überhaupt heißt. Dürfen wir, so müssen wir als ehrliche Menschen fragen, dürfen wir also ohne weitere Prüfung unsere Logik auf Dinge der Geometrie anwenden? Was geht da vor? Das, was man mit klaren Augen sieht? Oder das, was man bloß logisch erschließt? Dann haben wir wieder gerechnet, haben eine Proportion aufgestellt, sind von der Arithmetik zur Geometrie und von der Geometrie zur Arithmetik übergesprungen. Wann darf man das, wann darf man das nicht? Sind Geometrie und Arithmetik stets „äquivalent"? Gut, angeblich war die ganze Welt nichts als Geometrie. Was aber um Himmels willen heißt das wieder? Ist die ganze Welt der Geometrie äquivalent oder die Geometrie der ganzen Welt? Ist vielleicht Geometrie gar nur ein menschliches Bemühen? Etwa eine Meßkunst? Und wie kommen wir dazu, die Allgemeingültigkeit unserer geometrischen Erkenntnisse zu behaupten? Sind geometrische Erkenntnisse aus der Erfahrung gewonnen oder vom Menschen erzeugt? Oder dem Menschen irgendwie angeboren?

Der Sumpf wird bei jeder unserer Fragen zäher und unergründlicher. Wir haben jede, aber auch jede Sicherheit verloren. Wir haben auch anscheinend ohne irgendeine Methode gearbeitet, ohne Ziel und Überblick. Sonst könnten wir nicht schon beim Entfernungsmesser des Thales von Milet, der doch wirklich höchst einfach ist, in ein derartiges Gestrüpp von Schlingpflanzen geraten. Wie soll es uns da erst bei den verwickelten Problemen ergehen? Und dazu sind wir noch auf etwas gestoßen, als wir intensiver an unseren Entfernungsmesser dachten, was auch das wenige, das wir zu besitzen glaubten, vernichtet. Wir haben uns nämlich unsere Konstruktion des Entfernungsmessers zudem gleichsam noch erschwindelt. Praktisch wird unser Schwindel nicht zum Vorschein kommen, da er wahrscheinlich von viel gröberen Verstößen, größeren „Fehlern" überdeckt wird. Aber wir wollen ja nicht praktische Geodäsie, sondern Geometrie treiben, und Geometrie ist eine Wissenschaft. Eine Wissenschaft aber ist Theorie, somit das genaue Gegenteil von Praxis, wenn sie auch auf die Praxis angewendet werden kann und angewendet wird.

Nun aber werden wir nicht mehr weiter grübeln, sondern den „Schwindel" aufdecken. Wir haben nämlich bei unserem Entfernungsmesser kühn angenommen, der Seespiegel sei eine durchaus ebene Fläche. Das stimmt in Wirklichkeit nicht. Die Wasseroberfläche hat, abgesehen von Störungen, unter dem Einfluß der Schwerkraft der Erde genaue Kugelgestalt bzw. die Gestalt von Teilen der Kugelfläche. Wenn wir jetzt das Schema unseres Entfernungsmessers zeichnen, erhalten wir ein ganz anderes Bild. Dazu ist noch zu bemerken, daß wir den Entfernungsmesser selbst mit einem Lot oder Senkblei ausgerichtet haben. Auch die Terrasse ist von den Maurern seinerzeit mit dem Senkblei lagemäßig ausgerichtet worden. Weiters bemerken wir, daß wir die Krümmung der Erde sehr übertrieben zeichnen werden. Das ändert zwar manches an der Größe des entstehenden Fehlers, nichts dagegen an der Tatsache seines Vorhandenseins.

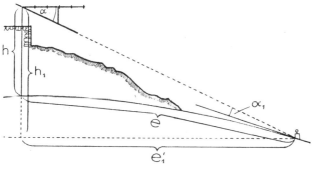

Fig. 10

Wir sehen aus der Figur sofort, daß von unseren seinerzeitigen geometrischen Voraussetzungen nichts übrig geblieben ist, wenn wir mit der gemessenen Höhe h, dem einzigen bekannten Bestimmungsstück, das wir haben, operieren wollen. Es existieren jetzt weder Parallele, denn die Entfernung e ist ein Kreisbogen geworden, noch auch die Ähnlichkeit von Dreiecken, da die eine Seite des „großen" Dreickes eben dieser Kreisbogen ist. Weiters sieht es mit dem Winkel bei der Boje höchst windig aus. Ein Winkel zwischen einer Geraden und einem Kreisstück paßt nicht in unsere bisherigen Begriffe. Man könnte ihn, wie es in der Geometrie tatsächlich geschieht, höchstens als Winkel zwischen einer Geraden und zwischen der Tangente des betreffenden Punktes des Kreisumfanges feststellen. Also in folgender Art:

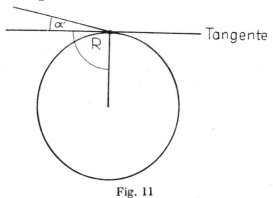

Fig. 11

Dieser so gewonnene Winkel α_1 an der Boje ist aber durchaus wieder nicht mit dem Winkel α des Entfernungsmessers identisch, sondern sicherlich kleiner. Zeichnen wir uns jetzt unser Schema noch einmal auf:

Wir werden dadurch zur Vermutung geführt, daß die Winkel α und α_1 desto mehr der Gleichheit zustreben, je flacher der Kreisbogen wird, was wieder

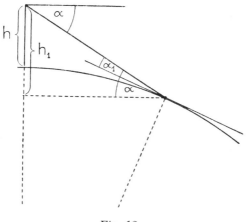

Fig. 12

eine Folge größeren Halbmessers ist. Als Präzisions-
instrument von theoretischer Genauigkeit aber können
wir unseren Entfernungsmesser nach unseren letzten Erkenntnissen nicht mehr ansehen. Bei ganz genauer
Messung und Visierung müßten wir stets einen Unterschied zwischen unserer Ablesung und zwischen der
tatsächlich über dem Erdboden bzw. Seespiegel gemessenen Entfernung finden. Wie groß dieser Unterschied ist, kann natürlich auch mathematisch festgestellt werden. Wir besitzen aber durchaus noch nicht
die Kenntnisse, uns an diese Aufgabe heranzuwagen.
Wir werden vielmehr für einige Zeit wieder alle Skrupel
und Bedenken beiseiteschieben, werden uns auf den
Standpunkt stellen, wir hätten unsere Distanzmessung
in einer tatsächlich idealen Ebene durchgeführt und
werden aus unserem Instrument und seiner Behandlung
und aus all dem, was wir nebenbei erörterten, zuerst
einmal die Einsicht zu gewinnen trachten, was die
Zwecke, Aufgaben und Mittel der Geometrie sind.
Dann aber werden wir noch einmal alles vergessen,
was wir bisher gehört haben, und werden unsere Wissen-

schaft aus den Ursprüngen aufzubauen trachten, wobei
wir bewußt und ausdrücklich die geniale Geistesarbeit
mehrerer Jahrtausende benützen werden.

Fünftes Kapitel

Geometrie der Lage, Maßgeometrie, Raum, Dimension

Zuerst war es auffallend, daß wir zwei grundverschiedene Verfahrensweisen, ich möchte fast sagen zwei
Welten der Betrachtung und Behandlung unserer Probleme, verwendeten. Das eine Mal sahen wir von der
Größe unserer geometrischen Gebilde vollkommen ab
und betrachteten nur ihre Gestalt und vor allem ihre
gegenseitige Lage oder Anordnung. Dann interessierte
uns plötzlich wieder, auch im Zusammenhang mit den
Gestalten, die Größe gewisser Gebilde, etwa die Größe
der Winkel. Oder das Verhältnis der Seiten der Dreiecke
zueinander. Wir führten Einheitsstrecken, etwa den
Steg oder das Meter ein und fragten uns, wieviel solche
Einheiten in anderen Strecken enthalten seien, aus wieviel
solcher Einheiten man sich eine andere Länge oder
Strecke entstanden oder zusammengesetzt denken
könne. Diese Bemühung nannten wir dann das Messen.
Und indem wir maßen, verschwisterten wir die Geometrie mit der Arithmetik und wandten unbekümmert
Rechnungsverfahren wie die Proportion, die nichts
anderes als eine Art von Gleichung ist, auf die geometrischen Gebilde an. Gar nicht fiel uns ein derartiges Vorgehen bei der Frage des Parallelismus ein.
Dort wurden nur allgemeine Lagebeziehungen, höchstens noch Gleichheiten oder Ungleichheiten (wie etwa
bei den Wechselwinkeln) behauptet. Gemessen wurde
dort nichts. Denn die Tatsache des gestreckten Winkels,
der angeblich 180 Grade groß ist, kann man nicht als
Messung auffassen, da ich einen gestreckten Winkel

auch definieren und erkennen kann, wenn ich über die Messung der Winkel durch Winkelgrade überhaupt nichts weiß.

Wir vermuten also, daß sich die Geometrie mit zweierlei Problemen zu befassen hat: Mit der Erörterung und Festsetzung der gegenseitigen Lage von Gebilden und zweitens mit der Messung der Größe dieser Gebilde.

Wir wollen diese Einteilung strenge festhalten. Es gibt tatsächlich eine „Geometrie der Lage" und eine „Maßgeometrie". Eben die Vermengung dieser zwei Aufgabenkreise und die einseitige Hervorkehrung des einen auf Kosten des anderen hat im Laufe der Geschichte ungeheure Verwirrung und großes Unheil in der Geometrie gestiftet. Erst Leibniz (1646—1716) hat in einer von seinen Zeitgenossen kaum verstandenen kleinen Schrift[1]) in leuchtender Klarheit die Idee der Geometrie der Lage entwickelt. Es währte aber noch mehr als hundert Jahre, bis man seinem Gedankengang wirklich folgen konnte. Und es mußten erst De Monge, Poncelet, Graßmann und andere erstehen, um diesen Zweig der Geometrie in aller Reinheit herauszuarbeiten: Wodurch erst das stolze und geschlossene Gebäude der neuzeitlichen Geometrie und damit der neuen Physik und Astronomie errichtet werden konnte.

Aber auch hier müssen wir nähere und tiefere Erörterungen verschieben. Denn wir sitzen in anderer Art noch mächtiger im Sumpf. Wir haben nämlich absichtlich bisher allerlei blasse und landläufige Ausdrücke wie „geometrische Dinge" oder „geometrische Gebilde" gebraucht und müssen uns jetzt doch einigermaßen festlegen, um weiterarbeiten zu können. Dabei stürzen aber sofort wieder alle Probleme von allen Seiten über uns zusammen. Da wir nur einführen und nicht strenge Wissenschaft treiben wollen, sind wir dabei in einer vergleichsweise günstigen Lage. Wir brauchen nicht auf subtile Systematik zu achten, sondern dürfen einfach

---

[1]) Zur Analysis der Lage (Math. V., 178 ff.).

irgendwo beginnen. Auf welchem Weg und mit welchen Mitteln wir schließlich aus dem Sumpf kommen, ist einerlei. Sind wir dann noch allzu befleckt vom Schlamm der Systemlosigkeit und geometrischen Unkorrektheit, dann steht es uns ja frei, die strengsten Meister unserer Wissenschaft zu Rate zu ziehen und uns von ihnen reinwaschen zu lassen. Man muß aber allem Anschein nach auch in der Geometrie sündigen, um ein geometrischer Gerechter zu werden.

Sprechen wir also getrost vorerst über unsere geometrischen Gebilde.

Dabei legen wir aber eine Verwahrung ein. Wir wollen mit unseren Erörterungen vorläufig auch noch keine streng wissenschaftlichen Definitionen bringen, sondern uns die Dinge, von denen wir später fortwährend sprechen werden, gemächlich von allen Seiten betrachten.

Dazu aber müssen wir noch eine Vorfrage klären, die wir jetzt mutig stellen. Warum, so fragen wir, ist unsere ganze Welt mit Geometrie durchsetzt? Das muß einen tieferen Grund haben. Und zwar einen Grund, der sich angeben läßt. Gewiß, es hat einen Grund. Geometrie ist nämlich die Wissenschaft vom Raum. Und alle Dinge sind im Raum oder, anders gesagt, der Raum ist in allen Dingen. Wie sich das mit dem Raum genau verhält, ob wir ganz einfach nicht anders können, als alle Dinge durch eine uns eigene „Anschauungsform" räumlich zu erblicken und zu denken, oder ob wir den Raum und das Räumliche (das Ausgedehnte) als Wesenheit aus der Natur und den Dingen durch Erfahrung erkennen, ist eine rein philosophische Angelegenheit und Streitfrage, die die Philosophie der letzten Jahrtausende von den alten Indern an, über Platon und Aristoteles, Descartes und Kant bis zur Gegenwart, bis Poincaré und Carnap beschäftigt. Wir als Geometer interessieren uns nicht für die Erkenntnisbeziehung, so interessant sie sein mag, sondern behaupten den Raum als eine gegebene Tatsache.

Was ist nun der Raum? Sehr ungefähr erklären wir ihn als „das Ausgedehnte". Und da wir Geometer sein wollen, geben wir dem Raum schlechthin den Namen „R". Wir werden ihn also künftighin stets als den „Groß R" bezeichnen. Es sieht dies vielleicht überflüssig aus, man weiß aber seit Leibniz, daß die ganze Mathematik im tiefsten Grund eine „Cabbala vera", eine wahre Kabbalistik, also ein Symbolzauber ist. Und daß ein gut Teil des Siegeszuges der Mathematik dieser abgekürzten Schreibweise zu danken ist, die nicht nur Abkürzung bedeutet, sondern plötzlich eine Art Eigenleben als Denk- und Rechenmaschine gewinnt. Unser Raum, unser R ist also gleichsam das umfassende Betätigungsfeld der Geometrie. Alles Sichtbare, alles Körperliche, alles materiell Existierende ist im Raum, ist Stück oder Beziehung räumlicher Tatsachen. Und die Geometrie ist deshalb überall in der dinglichen Welt, weil die dingliche Welt eine räumliche Welt ist.

Nun, da wir dies einmal wissen, müssen wir uns von einer alltäglichen Vorstellung losmachen, um wissenschaftlich freie Hand zu bekommen. Unter Raum stellen wir uns im Alltagsleben etwa ein Zimmer, eine Küche, eine Turnhalle vor. Ein Mensch macht raumgreifende Schritte und der Lebensraum eines Volkes umfaßt Städte, Berge, Ebenen, Bergwerke und die Luft oberhalb des Landes. Wir sind, kurz gesagt, seit unserer Jugend gewohnt, unter Raum eine Räumlichkeit zu verstehen, in der wir uns nach rechts und links, nach vorne und zurück und nach oben und womöglich auch nach unten frei bewegen können. Unser Lebensraum hat mehrere „Freiheitsgrade". Wir könnten uns aber ganz gut auch Wesen denken, die vollständig flach wären und die in einer dickelosen Fläche lebten. Diese Wesen hätten weniger Freiheitsgrade als wir. Sie könnten ihre Bewegungen bloß nach rechts und links und vor und zurück ausführen. Und diese Wesen, denen es für ewig verwehrt wäre, ihre Bewegungen nach oben und unten zu vollführen, würden unter Raum etwa ein Dreieck oder ein Quadrat oder einen Kreis verstehen. Lassen wir jetzt unserer Phantasie noch weiter die Zügel schießen. Es gäbe, nehmen wir es ruhig an, noch armseligere Wesen, die auf einer Linie als Strecken leben und sich bloß vor und zurück bewegen können. Diesen Gefesselten, Eingeklemmten wird gar nur ein Linienstück als Raum erscheinen.

Wir treffen nun eine Festsetzung, eine Vereinbarung. Wir werden unseren Begriff vom R, vom Raum, verallgemeinern. Und werden die Anzahl der „Freiheitsgrade" neben den Buchstaben R rechts unten als sogenannten „Index" anfügen. Somit wäre ein R_0 ein Raum ohne Bewegungsmöglichkeit, ein R_2 ein Raum mit zwei prinzipiellen Bewegungsrichtungen und ein R_n ein solcher von n Freiheitsgraden, wobei n eine beliebige Zahl bedeuten kann.

Man ist gewohnt, die Anzahl der Freiheitsgrade die Dimensionenanzahl des betreffenden Raumes oder kurzweg „die Dimension" zu nennen. Und man spricht deshalb vom nulldimensionalen, vom ein-, zwei-, drei-, vier-, fünf- und vom n-dimensionalen Raum. Ob es diese Raumformen alle auch wirklich gibt, bleibt dabei vorläufig außer Betracht. Wir werden uns mit diesen Fragen, die gleichsam unser Endziel darstellen, am Schluß unseres Buches noch eingehend beschäftigen. Jetzt ist es für uns nur wichtig, den Übergang von unseren „Dimensionen" zu den geometrischen Gebilden zu gewinnen. Und wir werden zu diesem Zwecke gleichsam aufsteigend, von der untersten Stufe, von der geringsten Anzahl von Freiheitsgraden, beginnen. Wie also muß ein R_0, ein Gebilde aussehen, in dem eine Bewegung überhaupt nicht möglich ist. Das also keinerlei Dimension hat. Es wird, so vermuten wir, das sein, was wir gemeinhin einen Punkt nennen. Punkt ist das denkbar kleinste räumliche Element. Es hat in ihm, da es das kleinste Element ist, nichts anderes Platz als wieder ein Punkt. Da aber dieser zweite Punkt den ersten vollständig erfüllt, so hat er innerhalb des Punktes keinen Freiheitsgrad. Wir haben somit im Punkt tatsächlich das nulldimensionale Gebilde, den R_0 vor uns. Lassen wir jetzt etwa den zweiten Punkt aus dem ersten auswandern, dann wird er sich auf einer Linie bewegen oder durch seine Bewegung die Spur einer Linie hinterlassen. Nehmen wir weiters an, es gäbe auf der Welt nichts anderes als diese Linie, dann kann unser Punkt jetzt beliebig wieder zurückwandern. Er hat, wie man sagt, e i n e n Freiheitsgrad, er kann nämlich wandern, allerdings nur in der Linie, also in e i n e r Dimension, gleichsam nur nach einem Prinzip. Das Vor und Zurück gilt als positive und negative Richtung, es sind dies aber nicht zwei Dimensionen, ebensowenig wie ein Bahngeleise, auf dem eine Lokomotive vor und zurück fahren kann, mehrere Bahnstrecken darstellt. Gehen wir weiter, nachdem wir die Linie als den R_1, den Raum einer Dimension festgestellt haben. Unser Punkt könnte jetzt plötzlich die Linie verlassen und rechts und links aus der Linie austreten. Seine Bindung würde nur mehr darin bestehen, daß er eine Fläche nicht verläßt, also ein Gebilde, das man sich aus der Bewegung der ganzen Linie entstanden denken kann. Wir haben jetzt einen Freiheitsgrad mehr gewonnen, und es wäre jetzt sogar unter gewissen Voraussetzungen möglich, daß sich ganze Flächenstücke in der Fläche bewegen. Wir befinden uns damit im R_2 oder im zweidimensionalen Raum. Nun hätte aber unser Punkt noch weitere Ansprüche. Er will gleichsam nicht stets am Boden kleben, sondern bekommt Lust, sich wie ein Staubkorn in die Luft zu erheben, seinen R_2, seine Fläche, einen neuen Freiheitsgrad gewinnend, zu verlassen. Er trennt sich also entweder nach oben oder nach unten von seiner Fläche und verläßt sie in senkrechter oder in schräger Richtung. Er tritt dadurch in den R_3, in den Raum von drei Freiheitsgraden, in den sogenannten dreidimensionalen Raum, in den Raum, den wir seit Kindheit gewohnt sind als Raum schlechtweg anzusprechen. Man kann diesen R_3 sich dadurch entstanden denken, daß sich eine Fläche in einer Richtung bewegt, die von den zwei ihr selbst innewohnenden Freiheitsgraden abweicht.

Wie sieht es nun mit den weiteren Freiheitsgraden aus, die zu einem R_4, R_5, R_6 usw. bis zum R_n führen würden? Darauf wollen wir vorläufig keine Antwort geben, da unser Vorstellungsvermögen und unsere wissenschaftliche Fähigkeit zu solchen Erwägungen noch nicht geübt genug sind. Die irdische Erfahrung hat bisher auch noch nicht verlangt, sich mit höheren Räumen als dem R_3 zu beschäftigen. Betrachten wir also inzwischen eine andere Eigenschaft der von uns bisher erörterten Räume R_0, R_1, R_2 und R_3, die wir sehr ungenau als „Geradheit" oder „Ebenheit" charakterisieren wollen. Daß im R_0, also beim Punkt, diese Eigenschaft nicht in Frage kommt, leuchtet ein. Jeder Punkt gleicht dem anderen so wie ein Ei dem anderen, welch letztere Identität zwar tatsächlich nicht stimmt, aber als Volksspruch eine gewisse Gleichheitsforderung enthält. Anders sieht es schon beim R_1 aus, den wir als Linie entlarvt haben. Innerhalb des R_1 wird das streckenförmige Wesen den Unterschied zwischen den Linien nicht ohneweiters feststellen können. Aber im R_2, in der Fläche, kann man schon konstatieren, daß nicht alle Linien gleichartig sind. Die einen Linien sind „gerade", die anderen „krumm" oder „gekrümmt". Was ist nun eine Gerade? Wenn wir an unsere Terrasse denken und uns erinnern, in welcher Art der Abiturient den Wirtsleuten gezeigt hatte, wo sich die Gemsen befanden, könnte man behaupten, eine gerade Linie sei ein und dieselbe Sache mit einem Sehstrahl oder mit der Visierlinie. Sie sei dadurch ausgezeichnet, daß gleichsam, vom Auge aus, sich ein Punkt deckend (daher der Name Deckpunkt) hinter den anderen lege, bis endlich der letzte Punkt das Ziel treffe. Damit wäre auch der Punkt sozusagen als Querschnitt der Geraden gekennzeichnet. Natürlich ist der Punkt Querschnitt jeder Linie an jeder Stelle. Nun erinnern wir uns aber dunkel aus der Physik, daß allerhand optische Täuschungen möglich sind. Die Lichtbrechung führt uns manchmal sehr in die Irre. Und wir glauben in einer Geraden zu sehen, während wir in Wirklichkeit in einer gebrochenen oder gar in einer krummen Linie schauen. Wenn wir mit einer Harpune auf einen unter Wasser schwimmenden Fisch zielen und die Harpune dann in einer Geraden gegen den Fisch, der voraussetzungsgemäß stille steht, schleudern, dann schießen wir ordentlich daneben. Was also ist eine Gerade? Man hat seit Jahrtausenden versucht, diesen Begriff eindeutig festzulegen. Übrig geblieben ist von allen Bemühungen eigentlich nur die Definition, daß eine Gerade die kürzeste linienartige Verbindung zwischen zwei Punkten sei. In welch ungeheure Verwirrung uns später diese Definition stürzen wird, werden wir sehen. Wir werden aber auch sehen, daß sich diese Verwirrung plötzlich zu einem wahren Zauberreich neuer allgemeiner Erkenntnisse verwandelt. Auf jeden Fall aber haben wir ein bestimmtes Gefühl: Die Gerade ist unter allen anderen möglichen R_1 irgendwie ausgezeichnet. Sie hat etwa die Eigenschaft, daß sich jede Gerade deckend auf eine andere Gerade legen läßt und daß es weiters möglich ist, eine Gerade ohne Verbiegung (Deformation) in einer Geraden zu verschieben. Weiters vermuten wir, daß sich etwa der Parallelismus nur auf Gerade erstreckt.

Was entspricht nun im R_2 wohl den Geraden? Was hat dort gleichsam das Stigma der Geradheit? Wir glauben nicht fehlzugehen, daß es sich dabei nur um die sogenannte Ebene handeln kann. Wir stellen auch sofort einen Zusammenhang zwischen Geraden und Ebenen her. Sicherlich kann man auf allerlei gekrümmten Flächen auch Gerade ziehen. Etwa auf dem Mantel eines Kegels oder eines Kreiszylinders. Man kann sich geradezu den Kegelmantel als ein sogenanntes zentrisches Bündel von lauter Geraden und den Zylindermantel als eine Unendlichkeit aneinanderstoßender paralleler Gerader vorstellen. Man kann aber auf einer krummen Fläche nicht in beliebiger Richtung Gerade ziehen. In einer Ebene dagegen können wir in jeder beliebigen Richtung Gerade ziehen. Und eine Ebene kann dadurch entstehen, daß eine Gerade sich um einen ihrer Endpunkte dreht, bis sie wieder in die ursprüngliche Lage zurückkehrt. Man nennt die so entstandene Ebene auch ein Strahlenbüschel. Davon aber werden wir später sprechen. Jedenfalls haben Ebenen, ebenso wie die Geraden, auch ihre ausgezeichneten, besonderen Eigenschaften. Zwei Ebenen oder mehrere Ebenen kann man stets, gleichsam zwischenraumlos, aufeinanderlegen, man kann eine Ebene in der anderen verschieben, und da wir im R_2 einen Freiheitsgrad mehr haben, kann man eine Ebene in der anderen auch drehen. Oder verschieben und verdrehen zugleich.

Was entspricht nun dem Charakteristikum der Geradheit und Ebenheit im eigentlichen körperlichen Raum, im R_3? Diese Frage ist auf unserer Stufe nicht leicht zu beantworten. Denn wie wir die Krümmung der Linie erst merken konnten, als wir in die Fläche aufstiegen und wie wir die Krümmung einer Fläche wirklich und unter allen Umständen erst vom Raum R_3 wahrnehmen können, da wir etwa in einer Kugelfläche allerlei Dinge erfahren würden, die uns eine Ebene vorgaukelten, so müßte ich, um die „Geradheit" oder „Ebenheit" des R_3 zu prüfen, mich in die nächsthöhere Dimension, in den R_4 begeben können. Das aber wäre, man erschrecke nicht allzusehr, leibhaftig die „vierte Dimension", also nach landläufiger Meinung der Aufenthaltsort der Geister und die Stätte okkulten Spukes. Um hier Beruhigung zu schaffen, wollen wir vorläufig festsetzen, daß der R_3, der unserem Ideal der Geradheit entspricht, der sogenannte euklidische Raum ist, und daß wir ihn durch eine einfache Probe feststellen können, die der große Geometer Bernhard Riemann in seiner Schrift „Die Hypothesen, welche der Geometrie zugrundeliegen" im Jahre 1854 angegeben hat. Wenn nämlich ein Dreieck innerhalb unseres Raumes genau die Winkelsumme von 180 Graden zeigt, dann müssen alle Dreiecke diese Winkelsumme aufweisen. Dann aber ist der Raum ein euklidischer. Diesen Raum R_3 kann man auch infolge seiner „Geradheit", richtiger infolge seiner euklidischen Struktur, beliebig in sich verschieben und infolge seiner drei Freiheitsgrade auch beliebig in sich verdrehen, ohne daß eine Deformation oder Verkrümmung der Gebilde nötig wäre. Das auch ist der vielen Menschen rätselhafte Grund, warum man Körper, also räumliche Gebilde, ruhig innerhalb des Raumes nach allen Translations- (Vorrückungs-) und Drehrichtungen bewegen kann. Wenn sich die Körper deformierten, dann wäre bewiesen, daß unser Raum R_3 gekrümmt, also kein euklidischer Raum ist. Nun könnte man dies leider kaum beweisen. Denn alle Maßstäbe wären ja auch Körper und würden sich entsprechend deformieren, verkürzen, verlängern, so daß die Beziehungen und Verhältnisse dieselben blieben. Wir haben also zur Kontrolle nichts übrig als unser Dreieck mit 180 Graden Winkelsumme. Wir wissen aber, daß diese 180 Grade Winkelsumme nicht ein alleinstehendes Dogma sind, sondern daß vielmehr hinter dieser Maßbeziehung eine weit allgemeinere Lagebeziehung lauert. Und diese Lagebeziehung ist der Parallelismus. Wir dürfen also ohne die geringste Ungenauigkait, im Gegenteil sogar mit einer gewissen Vertiefung unserer Einsicht, behaupten, daß ein R_3 dann ein euklidischer Raum ist, wenn in ihm ausnahmslos der Satz von den Parallelen gilt. Oder umgekehrt: Die volle und ausnahmslose Geltung des Parallelensatzes bezeugt. daß wir uns in einem euklidischen R_3 befinden. In der Praxis ist diese Probe auf die Raumkrümmung nicht sehr leicht. Wir müssen betonen, daß noch kein Mensch auf der Welt genau 180 Grade Winkelsumme des Dreiecks gemessen hat und daß es erst die Überlegungen der Fehlertheorie höchst unwahrscheinlich machten, daß, soweit wir den Raum kennen, eine merkbare Krümmung sich aus diesem Kriterium ergibt. Allerdings käme noch immer die Möglichkeit hinzu, daß die zur Messung verwendeten Lichtstrahlen auf große und größte Entfernungen gar nicht geradlinig, sondern auch gekrümmt sind. Dadurch aber würden wir die letzte Kontrollmöglichkeit verlieren. Auf jeden Fall hat Gauß, der um all diese Tatbestände und um die sich daraus ergebenden Folgerungen wußte, das Dreieck Hohenhagen—Brocken—Inselsberg (mit den Seitenlängen 69, 85 und 107 Kilometer) genau ausgemessen, um den euklidischen Charakter unseres Raumes zu kontrollieren. Er hat dabei eine irgendwie Verdacht erregende Abweichung der Winkelsumme dieses Riesendreiecks von 180 Graden nicht festgestellt, obgleich nach später zu erörternden Gesetzen der Geometrie die Abweichung der Winkelsumme von 180 Graden genau im Verhältnis der vergrößerten Dreiecksfläche sich vergrößern müßte. Daß man aber den Satz der Parallelen nicht zur Prüfung unserer Raumstruktur heranziehen kann, leuchtet wohl ein. Denn der Parallelensatz fordert ja, daß sich parallele Gerade, so weit man sie auch verlängert, nie schneiden dürfen. Daher könnte ich den Abstand zweier Paralleler voneinander in noch so großer Entfernung messen und ich hätte gleichwohl noch die volle Unendlichkeit zur wirklich beweiskräftigen Prüfung vor mir.

Wir werden aber jetzt unsere bisherigen Untersuchungen wieder verlassen und nur noch kurz und schematisch feststellen, was wir bisher fanden. Dabei muß noch ab und zu ein Wort der Verdeutlichung beigefügt werden, da wir uns den Aufbau der Dimensionen oder Räume nicht durch allzuviel Beiwerk stören lassen wollten.

Vorerst eine grundsätzliche Bemerkung: Sowohl der Punkt, als die Linie, als die Fläche, also R_0 bis R_2 sind für unsere am R_3 geschulten Begriffe höchst luftige Dinge. Einen Punkt, der, nach allen Richtungen gemessen, ausdehnungslos sein soll, könnte man, streng genommen, überhaupt nicht sehen. Man kann ihn eigentlich nicht einmal denken. Daher erklärt sich auch der Schülerscherz, ein Punkt sei ein Winkel, dem man beide Schenkel ausgerissen hat. Man könnte ebensogut einem Dreieck alle Seiten ausreißen und hätte dann drei Punkte. Aber auch die Seiten des Dreiecks oder die Schenkel der Winkel sind unsichtbar. Denn eine Gerade, die ja eine Linie ist, hat weder Breite noch Dicke. Sie ist bloß eine gedachte Verbindung von Punkten, gleichsam eine unsichtbare Schnur. Nicht anders steht es mit der Fläche. Wenn ich keine Begrenzungslinien zeichne, dann könnte ich die Existenz einer geometrischen Fläche niemals feststellen außer wieder in Gedanken. Die Fläche gewinnt erst Wirklichkeit als Begrenzung eines materiellen Körpers, etwa eines Würfels oder einer Kugel. Rein geometrisch ist aber auch der Körper bloß ein luftiges Nichts. Er ist ein gedachter, geformter Ausschnitt oder ein Stück des R_3.

Wenn man also die Begriffe theoretisch streng betrachtet, dann „gibt“ es in „Wirklichkeit“ überhaupt nur Körper. Denn der dünnste Bleistiftstrich auf dünnstem Papier ist eine Anhäufung körperlicher Farbpartikeln auf einer körperlichen Unterlage.

Der berühmte Geometer M. Pasch, der eine sogenannte empiristische Richtung der Geometrie vertritt, was so viel sagen will, als daß er der Ansicht ist, alle geometrischen Erkenntnisse leiteten ihren Ursprung zunächst aus der Erfahrung her, hat, um alle diese Begriffe zu verdeutlichen, diverse Prüfungsinstrumente erdacht. Vor allem die sogenannte „Punktzange“, das ist eine Zange mit ideal spitzigen Backen. Wenn ich nun mit dieser Zange ein Gebilde von allen Seiten abtaste und finde, daß in jeder Richtung die Spitzen aufeinanderstoßen, ohne daß sich etwas zwischen ihnen befindet, dann habe ich einen Punkt abgetastet. Ähnlich kann ich die Linie, die Fläche und den Körper prüfen. Wir erwähnen diese Veranschaulichungsmethode der Vollständigkeit halber und verweisen für nähere Studien auf das Buch von M. Pasch „Mathematik am Ursprung".

Allerdings soll nicht verschwiegen werden, daß sehr gewichtige Gründe gegen eine erfahrungsgemäße Deutung der Geometrie sprechen. Wie kamen wir dazu, gleichsam ein Netz von Formen über die Welt zu legen, die uns diese Formen in voller Reinheit niemals bietet? Jede Ansicht, jede Behauptung, es gebe in der Welt nirgends einen wirklichen Kreis, eine wirkliche Pyramide, ein wirkliches Dreieck, eine wirkliche Kugel, ist unwiderlegbar. Alle geometrischen Formen sind eigentlich pure Gedankendinge, die wir uns zur Festhaltung und zur Mitteilung an andere Menschen gleichsam nur symbolisch notieren. Und zwar durch das Hilfsmittel der sogenannten Zeichnung. Das Wort „zeichnen" ist schon an und für sich in seiner tiefsten Sprachbedeutung höchst verräterisch. Durch das Zeichnen werden eben Zeichen, das ist aber nichts anderes als Symbole geschaffen.

Wir sind noch lange nicht aus dem Sumpf. Wir ahnen gar nicht, was für Rätsel wir noch vor uns haben. Um diesen Rätseln aber an den Leib zu rücken, werden wir, nunmehr im Besitze einiger ungefährer Grundbegriffe, versuchen, die ganze Angelegenheit von einer anderen Seite zu untersuchen. Wir werden uns nämlich fragen, wie wir, rein psychologisch betrachtet, überhaupt auf den Gedanken gekommen sind, Geometrie zu treiben.

Sechstes Kapitel

Probleme des Auges

Nach einhelliger Ansicht aller maßgebenden Geister sind an unserem geometrischen Denken von vornherein zwei Sinne beteiligt. Zuerst das Auge, dann der Tastsinn. „Geometrie am Ursprung" ist nichts anderes als der Versuch dieser zwei Sinne, die Welt räumlich zu ordnen und zu begrenzen. Von einer Messung ist in diesem Stadium noch keine Spur. Der große Leibniz hat in der schon einmal zitierten Schrift über die Geometrie der Lage eine ungeheuer aufschlußreiche Bemerkung über die Ähnlichkeit von Figuren gemacht. Er definiert nämlich all das als ähnlich, was der Form nach nicht voneinander unterschieden werden kann. Um diesen Gedankengang zu erfassen, muß man sich noch weiter vorstellen, daß auch der Tastsinn ausgeschlossen bleibt. Der schauende Mensch hätte eigentlich keinen Körper und all sein Wesen wäre im schauenden Auge vereinigt. Dieses gleichsam „absolute Auge" würde nun das einemal in einen größeren, das anderemal in einen kleineren Tempel geführt, die aber beide ansonst durchaus gleich wären. Beide hätten die gleichen Proportionen, Säulen, Standbilder, und beständen überdies aus dem gleichen Parischen Marmor. Wenn diese wandelnden Augen nun außerdem erst im Tempel geöffnet und vor Verlassen der Tempel wieder geschlossen würden, dann würden sie die beiden Tempel trotz des Größenunterschiedes durchaus nicht unterscheiden können. Denn Formunterschiede bestehen ja nicht.

Leibniz bemerkt dann weiter, daß, wenn man die „Ähnlichkeit" als das formmäßig Nichtzuunterscheidende definiere, sich dann alle bezüglichen Eigenschaften ähnlicher Gebilde von selbst ergäben. Das Nichtzuunterscheidende setze etwa Winkelgleichheit, gleiche Proportionen, kurz, die relative Gleichheit entsprechender (homologer) Bestimmungsstücke voraus.

Auf den ersten Blick sieht diese Leibnizsche Auffassung wie ein Zirkelschluß aus. Und zwar wie der Schluß, auf den wir schon beim Entfernungsmesser des Thales von Milet stießen. Im Zusammenhang der Ausführungen Leibnizens schwindet jedoch dieser Eindruck. Denn er setzt ganz einfach den Anfang der Geometrie gleichsam an eine andere Stelle. Wir dürfen uns aber nicht in philosophische Dickichte verlieren, sondern fügen nur noch bei, daß auch die Hypothese des absoluten Auges durchaus nicht gewaltsam ist. Die Wirklichkeit stellt manchmal Tatbestände her, die von dieser Hypothese kaum abweichen. Es ist zum Beispiel eine altbekannte Erfahrungstatsache, daß man die „wirkliche Größe" von reichhaltigeren Gemälden nie angeben kann. Wenn wir etwa ein Gemälde von Van Dyck im Museum gegen eine nicht allzu vergrößerte oder verkleinerte Kopie austauschten, so würde sicherlich jeder Durchschnittsmensch darauf schwören, daß er an der betreffenden Stelle stets ein und dasselbe Bild gesehen hat.

Wir wollen aber unsere psychologische Studie noch weiter vertiefen. Wir machten die Bemerkung, daß noch kein Mensch in „Wirklichkeit" parallele Gerade, etwa die Kanten des Kirchturmes, als Parallele erblickt habe. Man kann diese Behauptung sehr einfach erklären: Wir sehen eben alles auf der Welt „perspektivisch". Das liegt im Wesen unseres Auges. Gut, zugegeben, daß dem so ist. Wie sind wir aber dann auf die von diesem Standpunkt aus naturwidrige Idee verfallen, etwa parallele Gerade zu behaupten und den Parallelismus geradezu zum Mittelpunkt unserer, der sogenannten euklidischen Geometrie zu machen? Wobei wir durchaus nicht behaupten wollen, daß die perspektivische Geometrie den Gesetzen Euklids nicht folge. Wir bemerkten ja bloß, daß man Parallele nicht sehen könne.

Wir müssen also jetzt, um weiterzukommen, das menschliche Auge einer näheren Betrachtung unterziehen. Sehen ist an und für sich keine mystische Fähigkeit, sondern ein Abbildungsprozeß, der der Geometrie zugänglich ist. Der Einfachheit halber betrachten wir bloß ein Auge, da wir noch nicht vom Tiefenunterscheidungsvermögen sprechen. Wir dürfen es als nicht ganz unbekannt voraussetzen, daß sich die von allen Richtungen ins Auge eintretenden Strahlen, die wir als geradlinig behaupten wollen, alle durch die sam-

melnde Tätigkeit der Augenlinse im Inneren des Auges
in einem Punkte schneiden. Wir haben also gleichsam
einen Strahlenkegel, ein zentrisches Bündel von Strahlen
vor uns. Nun kreuzen sich diese Strahlen im erwähnten
Schnittpunkt und werfen, grob gesprochen, ein Abbild
der Grundfläche des Kegels auf die Rückwand des
Auges, wie wir dies der Fig. 13 entnehmen können.

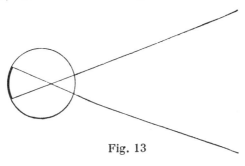

Fig. 13

Es ist nun weiters klar, daß jedem Punkt außerhalb
des Auges, der einen Lichtstrahl aussendet, ein Punkt
des Abbildes zugeordnet ist. Das Abbild ist eine Fläche,
die wir der Einfachheit halber nicht als Kugelfläche,
sondern als Ebene betrachten. Auf jeden Fall müssen
wir erkennen, daß wir unter diesen Voraussetzungen
niemals etwas anderes „sehen" können als wieder
Flächen. Und zwar eigentlich irgendwelche Kegelschnitte des ursprünglichen, ins Auge eindringenden
Strahlenkegels. Auf dieser Eigenschaft des Auges beruht es ja auch, daß die Malerei, die Abbildung der
ganzen Welt, auf der Fläche der Leinwand möglich ist.
Ebenso ist die Photographie nichts anderes als eine
Nachahmung des Abbildungsvorganges im Auge. Daher
hat man auch parodox gesagt, das Auge sei eine photographische Kamera. Richtiger müßte man es umgekehrt
ausdrücken, etwa: die photographische Kamera ist ein
verabsolutiertes, selbständig gewordenes Auge.

Wir haben also schon ganz eigentümliche Dinge,

allerdings unter der unnachläßlichen Voraussetzung der Geradlinigkeit der Lichtstrahlen, erkannt. Zuerst sahen wir, daß rein perspektivisch ein einzelner Lichtstrahl einem Punkt oder besser einer ganzen Unendlichkeit von Deckpunkten entsprach. Ohne Zuhilfenahme anderer Sinne oder anderer Gefühle können wir zwar die Richtung genau angeben, in der ein Punkt liegt, niemals aber dessen Entfernung. Es ist speziell im Gebirgskrieg häufig vorgekommen, daß ein genau gerichtetes Geschütz auf eine feindliche Stellung schoß, deren Entfernung man nicht wußte, und daß die Schrapnells mehrere Kilometer vor dem Ziel tempiert waren und wirkungslos in der Luft verpufften. Man schoß eben im guten Glauben nicht auf den Zielpunkt, sondern auf einen viele Kilometer näheren Deckpunkt.

Weiters haben wir erkannt, daß Kegel und Fläche oder besser Kegel und Ebene miteinander in nahem Zusammenhang stehen. Man könnte etwas überspitzt behaupten, die ganze Welt, das heißt unsere Welt des reinen Auges, sei eine Kegelwelt oder eine Ebenenwelt. Unser sogenanntes „Gesichtsfeld", das ist eben alles, was wir überhaupt sehen, ist nichts anderes als die auf die Rückwand des Auges geworfene Grundfläche eines sogenannten zentrischen Strahlenbündels, also eines Kegels. Wir müssen aber noch etwas beifügen, um vollständig korrekt zu bleiben. Diese Dinge gelten natürlich nur unter der Voraussetzung, daß man den ganzen Vorgang des Sehens von außen betrachtet. Für den sehenden Einzelmenschen gibt es überhaupt nichts anderes als ein einheitliches, vorläufig flächenhaftes Abbild der Außenwelt.

Der Raum, der R_3, das Körperhafte, Plastische oder wie man es nennen will, wurde psychologisch erst durch drei weitere Umstände in das flache Bild getragen. Zuerst durch den Muskeltastsinn des Auges selbst, durch das sogenannte Anpassungsgefühl oder das Akkommodationsgefühl, das jede Veränderung der Linsenkrümmung im Menschen erzeugt. Auch mit nur einem Auge ist durch diese Veränderung der sich der Entfernung anpassenden Augenlinse ein beschränktes Tiefenunterscheidungsvermögen vorhanden. Allerdings nur auf nähere Distanz. Denn von einer gar nicht so weit abliegenden Entfernung an stellt sich unsere Augenlinse auf „unendlich" ein und verändert ihre Krümmung nicht mehr. Das zweite Werkzeug des Tiefenunterscheidungsvermögens ist die Zweiäugigkeit oder das sogenannte binokulare oder stereoskopische Sehen. Die Plastik aller Gegenstände hängt vom Augenabstand ab, da sie auf dem „Sehen unter verschiedenen Winkeln" beruht. Je größer die Entfernung, desto größer muß der Augenabstand sein, um dieselbe Plastik hervorzurufen. Wer einmal aus dem Flugzeug auf die Erde hinuntergeblickt hat, oder wer das Scherenfernrohr kennt, bei dem man den „Augenabstand" künstlich durch Vergrößerung des Objektivabstandes erhöhen kann, wird sofort zugeben, daß unsere Behauptung richtig ist. Es ist ja das wahre Kreuz des Fliegers, daß er aus größerer Höhe alles rein flächenhaft sieht und oft nicht einmal ansehnliche Berge von Ebenen unterscheiden kann.

Das dritte, sicherste Hilfsmittel der Tiefenunterscheidung ist der Tastsinn und die Bewegung. Kleinere „Körper", also Teile des R_3, kann man mit den Händen abtasten, um größere kann man herumgehen und kann sie unter den verschiedensten Winkeln betrachten. Um etwa von einem menschlichen Antlitz und Kopf eine genaue Vorstellung zu geben, die an flächige Darstellung gebunden wäre, müßte man diesen Kopf aus möglichst vielen Winkelrichtungen photographieren: So stellt auch das sogenannte „Erkennungsverfahren" Bertillons, die allbekannte Verbrecherphotographie, jeden Verbrecherkopf photographisch mindestens von zwei Seiten, nämlich von vorne und vom Profil, dar.

Wir wollen nicht verschweigen, daß unser Sehvermögen doch weitaus mystischer ist, als wir ursprünglich aus pädagogischen Gründen behaupteten. Ein Teil des

Sehens ist nämlich durchaus nicht bloß eine geometrische Angelegenheit, sondern eine verwickelte seelische und geistige Tätigkeit. Die sogenannte „Übung des Auges", die jeder Sportsmann, Handwerker und Zeichner kennt, läßt sich bis zu ansehnlichen Graden vortreiben. Oft sogar bis zu beinahe unerklärlichen. Darauf hat schon vor mehr als einem halben Jahrhundert der große Physiker und Mathematiker Helmholtz hingewiesen. Da wir nun aber weder Psychologen noch Sinnesphysiologen sind, begnügen wir uns mit der Erwähnung solcher Tatsachen und fügen bei, daß dem Leben überhaupt ja stets ein durch den Verstand nicht mehr faßbarer irrationaler Rest anhaftet. Wir aber wollen und müssen vorläufig eben das Rationale untersuchen.

Siebentes Kapitel

Projektive Geometrie

Zu diesem Zweck machen wir einen gewaltigen Schritt vorwärts, den wir vorerst mit einem geschichtlichen Rückblick begleiten wollen: Es ist beinahe ein historisches Rätsel, daß die perspektivische Betrachtung der Geometrie, besser die Untersuchung der ganzen Geometrie als perspektivische Angelegenheit, so spät einsetzte. Denn eine natürliche Geometrie, die das Beiwort „natürlich" wirklich verdient, müßte stets perspektivische Züge tragen, wie wir dies bei der Betrachtung des Abbildungsvorganges im Auge gesehen haben. Aus begreiflichen Gründen haben sich Maler und Architekten, insbesondere in der Renaissance, mit perspektivischen Problemen befaßt und sowohl Leonardo da Vinci als Albrecht Dürer besaßen nachweisbar große Kenntnisse dessen, was wir heute als „darstellende" oder „deskriptive" Geometrie bezeichnen. Ich glaube aber, daß das historische Rätsel weniger rätselhaft wird, wenn wir bedenken, daß sich Maler und Architekten infolge ihrer höheren intuitiven Fähigkeiten und infolge des Zwanges ihrer Beschäftigung mit Perspektive befassen konnten und mußten. Die andere Welt, auch die Welt gelehrter Geometriker, besaß weder einen sicheren Einblick in die Natur des Auges noch des Lichtes. In dieser Beziehung aber wurde der Weg erst durch die Fortschritte der Optik seit Galilei, Huygens und Newton und durch die Fortschritte der Anatomie und der Naturwissenschaften überhaupt im siebzehnten Jahrhundert frei. Es währte allerdings noch fast ein Jahrhundert, bis dieser Weg betreten wurde. Gaspard de Monge (1746 bis 1818), ein französischer Marineingenieur und Mathematiker, dessen wechselvolles Schicksal ihn unter anderem als Marineminister dazu bestimmte, das berüchtigte Todesurteil an Ludwig XVI. vollstrecken zu lassen, begründete im Jahre 1799 in aller Größe und Systematik die „darstellende Geometrie". Seinem ebenso genialen Schüler Poncelet aber war es vorbehalten, einen noch größeren Schritt der Neubegründung der Geometrie zu tun. Als er nach dem Rückzug Napoleons aus Moskau im Jahre 1812 in russische Gefangenschaft geriet und aller wissenschaftlichen Hilfsmittel entblößt in Saratow an der Wolga schmachtete, legte er den Grund zur damals sogenannten „projektivischen" Geometrie, die heute als projektive, neue oder als Geometrie der Lage bezeichnet wird und auch manchmal synthetische Geometrie heißt. Im Entdeckungsfieber glühend, kehrte Poncelet im Jahre 1814 aus Saratow nach Metz zurück. Seine Landsleute verkannten jedoch seine Leistung derart gründlich, daß die französische Akademie die Veröffentlichung seiner Arbeiten ablehnte, so daß er sie in Deutschland, in Crelles Journal erscheinen lassen mußte. Diese Tatsache aber wurde für die weitere Entwicklung der Geometrie schicksalhaft. Denn in Deutschland fiel die neue Entdeckung sogleich auf fruchtbaren Boden und sie wurde auch von deutschen Gelehrten und Forschern wie

Staudt, Pasch und anderen auf ihre heutige beherrschende Höhe gebracht, wobei der Name Graßmann, der an Leibniz anknüpfte, nicht unerwähnt bleiben darf.

Was ist nun diese als große Entdeckung angekündigte projektive Geometrie? Wir müssen noch nachtragen, daß schon wichtige, allerdings isolierte Erkenntnisse dieser Art von Geometrie aus dem siebzehnten Jahrhundert, von Desargues und Pascal herrühren, auf die wir auch später zurückkommen werden. Jetzt wollen wir die Historie verlassen und dem Beinamen dieser Geometrie gemäß, rein synthetisch, das heißt rein aufbauend, vom Einfachsten zum Höheren aufsteigend vorgehen. Wir verraten nur noch, daß es sich bei der projektiven Geometrie um eine reine Geometrie der Lage handelt. Und weiters um eine natürliche, also aus dem Auge abgeleitete Geometrie, deren Begriffe wir schon oft einschmuggelten und zwanglos verwendeten. Ich weise nur, um jede Verwirrung zu vermeiden, darauf hin, daß die projektive Geometrie sehr stark von all dem abweicht, was wir in der Schule als Geometrie lernten. Sie ist aber nicht etwa nur ein Teil oder eine Spielart der Geometrie, sondern eine der möglichen Arten, die Geometrie überhaupt zu untermauern. So hat auch etwa Pierre Boutroux richtig bemerkt, daß die ganze projektive Geometrie nichts anderes sei als eine Reaktion gegen die Vorherrschaft der durch die analytische Geometrie großgewordenen Maßgeometrie. Sie stelle bis zu einem gewissen Grad bloß eine Rückkehr zur altgriechischen klassischen Proportionengeometrie dar. Diese Bemerkung können wir aber vorläufig nur sehr unvollständig verstehen. Deshalb werden wir jetzt ohne weitere Überleitung den Sprung ins Geheimnis der projektiven Geometrie wagen.

Wir haben uns von den verschiedensten Seiten her bemüht, geometrische Grundbegriffe wie Dimension, Punkt, Gerade usw. zu definieren oder wenigstens zu erläutern. Wir werden auch all das, was wir dort lernten, nicht vergessen, sondern genau im Gedächtnis

behalten. Nur wenden wir jetzt alles noch weiter ver-
einfacht und mit anderen Absichten an.

Noch eine allerletzte Vorbemerkung: Die projektive
Geometrie hat ihre feststehende Sprache und ihre feststehende Bezeichnungsweise, von der wir unter keinen
Umständen abweichen wollen. Ihre Stärke und ihr
Erkenntniswert liegt zum guten Teil in dieser Sprache,
die wir wohl oder übel erlernen müssen, um uns stets
verständigen zu können. Der Gewinn wird aber sehr
groß sein. Denn gerade die projektive Geometrie ver-
schafft uns eine Art von Algorithmus oder selbsttätiger
Denkmaschine, die uns in Gebieten, in denen unsere
Vorstellungskraft versagt oder in die sie nicht mehr hin-
reicht, sicher und verhältnismäßig einfach führen kann.

Achtes Kapitel

Projektive Grundgebilde und der unendlich ferne Punkt

Die projektive Geometrie bedient sich ausschließlich
der sogenannten Grundgebilde, aus denen sie alles
weitere aufbaut. Zuerst haben wir die Grundgebilde
erster Stufe zu betrachten. Diese Grundgebilde erster
Stufe sind:

a) Der Punkt oder das Strahlenbüschel. Schon hier
fällt uns das „oder" auf. Dieses „oder", diese Zweiheit,
ist eine der Eigentümlichkeiten der ganzen projektiven
Geometrie. Ein Punkt kann nämlich sowohl als mög-
liches Ausgangszentrum von verschiedenen Strahlen
als auch als Vereinigungs- oder Schnittpunkt von
Strahlen betrachtet werden. Punkt und Strahlenbüschel
sind im Ergebnis dasselbe. Sie sind nur entstehungs-
gemäß verschieden.

Den Punkt in dieser Betrachtungsart nennen wir S.
Es kann auch geschehen, daß der Punkt unendlich
weit entfernt liegt. Dann nehmen wir nur die von ihm

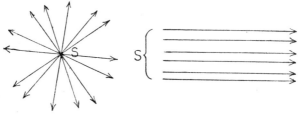

Fig. 14

ausgehenden Strahlen als parallele Gerade wahr.
Schließlich definieren wir: Der Punkt oder das Strahlenbüschel ist der Inbegriff aller Strahlen der Ebene, die
durch ein Zentrum gehen.

b) **Das zweite Grundgebilde erster Stufe ist die Gerade oder die Punktreihe.** Diese Punktreihe, die mit s
bezeichnet wird, ist der Inbegriff aller Punkte einer
Geraden. Als Träger der Punktreihe aber wird umgekehrt wieder die Gerade bezeichnet. Also wieder eine
anscheinend im Kreis laufende Definition, die aber in
Wahrheit nichts ist als eine wechselseitige Koppelung
zweier nicht mehr weiter definitionsfähiger An-
schauungstatsachen.

c) Als drittes Grundgebilde erster Stufe stellen wir
die Ebene fest, die hier in der Bedeutung vorzustellen
ist, die wir ihr bisher stets gaben.

d) Schließlich wird noch zu den Grundgebilden erster
Stufe das sogenannte Ebenenbüschel gerechnet, das
man sich etwa so vorzustellen hat, wie ein aus glatten
Holzbrettchen zusammengefügtes Kindermühlenrad.
Definiert wird es als Inbegriff aller Ebenen durch eine
Gerade, wodurch man umgekehrt wieder einen anderen
Begriff der Geraden als Schnittlinie beliebig vieler
Ebenen gewinnen könnte.

Zu diesen Grundgebilden erster Stufe müssen wir
noch eine wichtige Bemerkung anfügen. Beim Punkt
oder Strahlenbüschel behaupteten wir, es wäre auch

74

möglich, sich vorzustellen, daß der Schnittpunkt der
Strahlen (Geraden) so weit entfernt liege, daß uns die
Strahlen als Parallele erschienen. In einer gewissen Annäherung kennen wir diese Erscheinung von den Sonnenstrahlen. Stellen wir uns den „Punkt" als den Mittelpunkt der Sonne vor und machen wir weiters die
sicherlich mögliche und gestattete Festsetzung, daß
wir durch die Sonne eine Schnittebene legen. Die

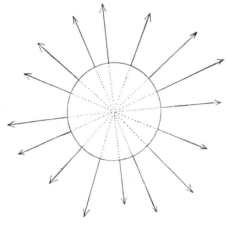

Fig. 15

Sonne wird nun in dieser Ebene nach allen Seiten
Strahlen aussenden. Es handelt sich also hier um den
typischen Fall eines Strahlenbüschels in einer Ebene.
Nun träfe diese strahlende Ebene einen sehr weit von
der Sonne entfernten Gegenstand, etwa die Erde. Man
kann sich vorstellen, daß wir hier auf der Erde genau
die Lage dieser strahlenden Ebene kennen und daß wir
sie durch einen besonders dünnen Spalt eines sonst
lichtdicht geschlossenen Fensters in ein verdunkeltes
Zimmer eintreten lassen. Nun würde der Spalt in der
Mitte überdeckt und wir würden untersuchen, wie sich

die im oberen Teil eintretenden Strahlen lagemäßig zu den im unteren Teil eintretenden Strahlen verhalten. Genau genommen müßten die Strahlen auseinanderlaufen, divergieren, da sie ja Strahlen eines Büschels sind und da sich die Sonne in einer endlichen, genau meßbaren Entfernung befindet. Wir werden aber gleichwohl die Strahlen unbedingt für parallel ansehen, was jeder, der einmal den durchstrahlten Sonnenstaub betrachtet hat, bestätigen wird. Insbesondere wenn er Strahlen oder Strahlengruppen beobachtet hat, die durch

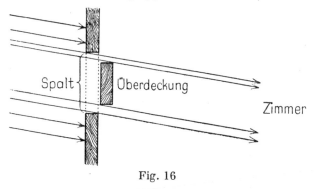

Fig. 16

die Brettchen eines Rouleaus getrennt waren. Wenn es uns nun also — und in der Physik und Optik wird das so gehandhabt — schon erlaubt ist, Strahlen, die aus zwar großer aber vergleichsweise noch sehr greifbarer Entfernung kommen, praktisch als parallel anzusehen, obwohl sie Strahlen eines zentrischen Büschels sind, so kann man sich mit Fug und Recht diesen Gedanken bis zu den äußersten Folgerungen ausgesponnen denken. Wir können Fixsternentfernungen denken, darüber hinaus Spiralnebelentfernungen, zu denen sich die Entfernung der Sonne von der Erde verhält wie ein Mikromillimeter zum Erddurchmesser, und wir dürfen auch diese Entfernungen noch als vergleichsweise klein und durchaus als endlich betrachten; wenn auch kein Meßinstrument der Gegenwart und Zukunft imstande wäre, den Parallelismus von Strahlen, die aus einem dort gelegenen Zentrum zu uns kommen, zu widerlegen. Wir sind aber theoretisch korrekt und fordern für wirkliche Parallelität der Strahlen eines Büschels die wirkliche Unendlichkeit der Entfernung des Zentrums, den sogenannten unendlich fernen Punkt.

Nun ergab sich aber schon für Poncelet die Frage, wo dieser unendlichferne Punkt liegt, wenn wir auf einem Blatt Papier zwei Parallele vor uns haben. Es wäre sehr naheliegend, zu behaupten, es gäbe zwei unendlichferne Punkte, und zwar müsse ich nur die Parallelen nach beiden Richtungen ins Unendliche verlängern.

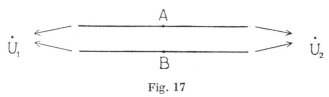

Fig. 17

Gut, wir könnten so etwas behaupten, denn es ist von vornherein nicht einzusehen, warum sich die Parallelen nach der einen Seite anders verhalten sollen als nach der anderen, wenn sie im endlichen Bereich wirklich und hundertprozentig parallel sind. Jede andere Annahme verletzt gleichsam unser Gefühl für Regelmäßigkeit und Symmetrie. Wir müssen uns aber jetzt erinnern, wovon wir ausgegangen sind. Wir wollten doch behaupten, daß wir Parallele ansehen könnten, als ob sie Strahlen eines unendlich fernen Strahlungszentrums wären. Wir würden also diesen Gedanken, von dem wir begannen, sofort aufgeben müssen. Denn daß zwei Parallele Strahlen zweier unendlichferner Strahlungsmittelpunkte seien, ist ein sehr verwickelter und mit allerlei Voraussetzungen belasteter Gedanke, der uns den Begriff unserer Grundgebilde vollständig verwischt, wenn nicht gar über den Haufen wirft. Aber noch eine zweite Schwierigkeit taucht auf. Wir können nicht gut die wichtigste Eigenschaft einer Geraden, daß sie nämlich durch zwei Punkte eindeutig bestimmt sei, schlankweg aufgeben. Wenn wir aber zwei unendlichferne Punkte behaupten würden, dann wäre jede der beiden Parallelen eindeutig nur durch die beiden unendlichfernen Punkte U_1 und U_2 und durch einen dritten Punkt im Endlichen, den wir A oder B nennen wollen, bestimmt: Also eine derart ins Gewicht fallende Schwierigkeit, daß wir unsere ganze Geometrie zuliebe dieser Zweiheit unendlichferner Punkte umstellen müßten.

Wir halten deshalb an der Vorstellung fest, daß parallele Gerade nichts anderes seien als Strahlen aus einem unendlichfernen Strahlungsmittelpunkt. Diese Annahme ist zudem sehr naturgemäß, da wir ja eine der Annahme im höchsten Maße angenäherte Wirklichkeit bei den Sonnenstrahlen gesehen haben. Und es würde sicherlich niemandem einfallen, zu behaupten, daß die parallel eintretenden Sonnenstrahlen von zwei Sonnen herrührten.

Wir können vorläufig die ganze Tragweite unserer neuen Festsetzung des unendlichfernen Punktes noch nicht überblicken. Wir stellen nur fest, daß wir durch sie zwei Dinge gewonnen haben. Erstens sind wir in unserer projektiven Geometrie die uns schon mehrmals äußerst lästigen Parallelen überhaupt gleichsam losgeworden. Es gibt für uns nur mehr zwei Arten von Geraden: Solche, die sich schneiden, und solche, die sich nicht schneiden. Zu den sich nichtschneidenden Geraden zählen aber die Parallelen durchaus nicht mehr. Denn sie schneiden sich ja im unendlichfernen Punkt. Nichtschneidende Gerade sind die einander kreuzenden oder windschiefen Geraden, wie wir vorgreifend bemerken. Natürlich ist dieses „Kreuzen" in der Ebene unmöglich. Dazu müssen wir den R_3 heranziehen, wie man im Bilde deutlich sieht. (Fig. 18.)

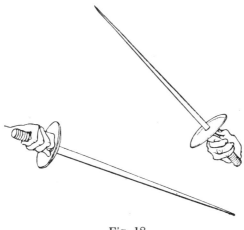

Fig. 18

Also noch einmal: In der Ebene schneiden einander
alle Geraden, wenn man sie nur beliebig weit verlängert.
Auch die Parallelen. Und daher ist jede Gerade gleichsam Angehörige eines möglichen Strahlenbüschels und
darf als solche behandelt werden. Aber auch der Satz,
daß eine Gerade durch zwei Punkte eindeutig bestimmt
ist, bleibt unbedingt erhalten. Denn in dieser Betrach-
tungsweise ist jede Gerade durch irgendeinen ihrer
Punkte und durch ihre Richtung bestimmt. Richtung
heißt aber, in die Sprache der projektiven Geometrie
zurückübersetzt, nichts anderes als gedachte oder ver-
wirklichte Verbindung mit einem endlich oder unendlich fernen Strahlungsmittelpunkt.

Wir wollen uns jetzt mit den Grundgebilden zweiter
Stufe befassen, die zum synthetischen Aufbau der
projektiven Geometrie verwendet werden. Es sind dies:

a) Das sogenannte „ebene Feld". Dieses ebene Feld
ist nun nichts anderes als der Inbegriff aller Punkte und
Geraden einer Ebene. Symbolisch wird das ebene Feld
gewöhnlich mit dem kleinen griechischen Buchstaben η

(Eta) oder mit einem anderen kleinen griechischen Buchstaben bezeichnet[1]).

b) Das zentrische Bündel, das der Inbegriff aller Geraden und Ebenen des Raumes ist, die durch einen Punkt gehen. Man hat sich also unter einem zentrischen Bündel etwa alle Strahlen vorzustellen, die von der Sonne nach allen Seiten (diesmal nicht bloß in einer Schnittebene) ausgestrahlt werden. Banal gesprochen, ist das zentrische Bündel ein zusammengerollter Igel, dessen Stacheln die Strahlen sind. Es kann aber natürlich auch unter kleinerem „Öffnungswinkel" seine Strahlen aussenden. So ist etwa ein Punkt in der Ebene, der bloß nach oben strahlt, dessen Strahlen also gleichsam eine Halbkugel dicht oder weniger dicht erfüllen, ebenfalls ein zentrisches Bündel. Weiters, wenn wir den „Öffnungswinkel" noch mehr verengen, überhaupt jeder Strahlenkegel, etwa der Strahlenkegel, der ins Auge oder in den photographischen Apparat tritt, oder der Strahlenkegel, den ein Scheinwerfer oder eine Taschenlampe aussendet. Damit ist aber der Begriff des zentrischen Bündels noch nicht erschöpft. Das zentrische Bündel, dessen konventionelle Bezeichnung Z ist, liegt auch dann vor, wenn Ebenen durch einen Punkt gehen. Jede nach unten offene und beliebig verlängerbare Pyramide beliebiger Flächenanzahl ist also auch ein zentrisches Bündel. Ebenso eine Vielzahl

---

[1] Zur Erleichterung sei hier das griechische Alphabet angefügt:

A	α	Alpha	a	I	ι	Jota	i	P	ϱ	Rho	rh
B	β	Beta	b	K	$\varkappa$	Kappa	k	Σ	σ	Sigma	s
Γ	γ	Gamma	g	Λ	λ	Lambda	l	T	τ	Tau	t
Δ	δ	Delta	d	M	μ	My	m	Y	υ	Ypsilon	y
E	ε	Epsilon	ĕ	N	ν	Ny	n	Φ	φ	Phi	ph
Z	ζ	Zeta	z	Ξ	ξ	Xi	x	X	χ	Chi	ch
H	η	Eta	ē	O	o	Omikron	ŏ	Ψ	ψ	Psi	ps
Θ	ϑ	Theta	th	Π	π	Pi	p	Ω	ω	Omega	ō

Dazu wird bemerkt, daß wir später nicht bloß Ebenen, sondern auch Winkel mit kleinen griechischen Buchstaben bezeichnen werden.

von Ebenen, die durch einen Punkt gehen, wie etwa das, was man in der analytischen Geometrie als „räumliches Koordinatensystem" bezeichnet und das man sich etwa vorstellen kann als acht zu je vier in zwei Stockwerken übereinanderliegende, allerdings auf mehreren Seiten offene Zimmer. Oder als Schnitt dreier Ebenen in einem Punkt und dergleichen.

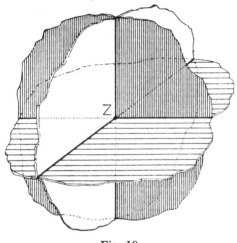

Fig. 19

Schließlich hätten wir, bevor wir uns unsere ganzen Grundgebilde noch einmal schematisch zusammenstellen, noch das Grundgebilde dritter Stufe zu erwähnen, das man als das „räumliche System" bezeichnet. Darunter versteht man den Inbegriff aller Punkte, Geraden und Ebenen des Raumes, also die Gesamtheit sämtlicher im R_3 möglicher und vorkommender Grundgebilde.

Wir haben nunmehr alle Bausteine beisammen, um die ganze Geometrie nach der projektiven Methode in synthetischer Art aufbauen zu können. Bevor wir aber weitergehen, stellen wir uns jetzt die projektiven

Grundgebilde ohne weitere Erläuterung noch einmal zusammen:

A. Grundgebilde erster Stufe oder Elemente:
  a) Punkt oder Strahlenbüschel.
  b) Gerade oder Punktreihe.
  c) Ebene.

B. Grundgebilde zweiter Stufe:
  a) Das ebene Feld.
  b) Das zentrische Bündel.

C. Grundgebilde dritter Stufe:
  a) Das räumliche System.

Anfängern macht die Unterscheidung des Bündels und des Büschels oft Schwierigkeiten, das heißt, diese Bezeichnungen geben zu Verwechslungen Anlaß. Es ist dies bis zu einem gewissen Grad verständlich. Denn im gewöhnlichen Sprachgebrauch sind Bündel und Büschel beides räumliche Gebilde. Daher wollen wir uns eine Gedächtniskrücke zimmern. Das Bündel, so merken wir uns in Anlehnung an ein Bündel Stroh oder einen Bund Spargel, ist das räumliche Gebilde. Zusammenbinden kann man nur körperliche Dinge. Das andere, das Büschel, ist dagegen ein ebenes Gebilde. Wir prägen uns, da andere Gedächtnishilfen nicht zu finden sind, ein, daß wir etwa ein Haarbüschel glatt auf eine Ebene, ein Blatt Papier ausbreiten. Nach kurzem Gebrauch werden wir ja ohnedies solcher primitiver Gedächtnishilfen entraten können, und es wird uns nicht einfallen, das Büschel als ein räumliches Gebilde zu betrachten.

Nachdem wir nun die Grundgebilde der projektiven Geometrie oder der Geometrie der Lage besprochen haben, wollen wir uns einige Grundbegriffe einprägen, die für den weiteren Aufbau notwendig sind. Zuerst folgt aus dem Namen, daß diese Art von Geometrie etwas mit Projektion zu tun hat. Das lateinische Wort

projicere entspricht etwa unserem Wort „entwerfen",
„hinwerfen". Wir dürften es aber auch, um seine Bedeutung vollkommen richtig wiederzugeben, mit Abbildung übersetzen. Jeder weiß, was eine Laterna
magica oder was ein Kinovorführungsapparat ist. Diese
beiden Apparate nennt man auch „Projektions"-
apparate. Sie entwerfen ein Bild auf die Wand oder
werfen dieses Bild auf die weiße Fläche. Projektion ist
also „werfendes Abbilden" und das Abbild, die Projektion, kann man auch als den „Schnitt" des Pro-
jektionskegels bezeichnen. Man kann auch jeden Punkt
oder jedes Stückchen der Projektion als den Schnitt
des betreffenden Lichtstrahles oder des Strahlenbündels
benennen. Dabei möchten wir ganz allgemein darauf
aufmerksam machen, daß unsere Sprache sehr oft dadurch ungenau ist, daß sie den erzeugenden Vorgang
und das erzeugte Ergebnis mit dem gleichen Wort
bezeichnet. So versteht man etwa unter Wurf sowohl
die Tätigkeit des Werfens als das Ergebnis des Werfens.
Man sagt, es sei ein großer Wurf, also das Ergebnis
des Werfens, gelungen. Man spricht auch vom Wurf,
wenn es sich um die schon vorhandene Nachkommen-
schaft eines Säugetieres, etwa eines Schweines oder
Hundes handelt, obwohl man präziser „das Geworfene"
sagen müßte. Ebenso ist es hier. Auch hier wird gleichsam die statische und die dynamische Bedeutung des
Wortes Projektion nicht streng voneinander getrennt,
und man nennt Projektion sowohl die Tätigkeit des
Abbildens als das fertige Abbild. Daher ist das Wort
Abbild eigentlich bedeutend eindeutiger. Denn darunter
kann man niemals die Tätigkeit, sondern stets nur das
vollendete Ergebnis verstehen. Ebenso ist es bei einem
zweiten wichtigen Grundbegriff der projektiven Geometrie, beim sogenannten Schnitt. Wir bringen zwei
Gerade oder zwei Ebenen zum Schnitt, zur Durchdringung, zur Durchschneidung. Schnitt ist aber auch
wieder die schon erfolgte Durchdringung. Etwa, wenn
wir sagen, daß der Schnitt zweier Geraden stets einen

Punkt als Ergebnis liefere. Nun hätten wir nur noch einen Grundbegriff, nämlich die Inzidenz zu erörtern. Wir werden dann alle Grundbegriffe durch entsprechende Beispiele illustrieren. Also Inzidenz heißt (vom lat. incidere) eigentlich der Zusammenfall, das Zusammenfallen, Zusammentreffen. Und man spricht von Inzidenz in folgenden, aus der reinen Anschauung ohneweiters vorstellbaren Fällen. Inzidenz liegt z. B. vor, oder inzident sind zwei Gebilde, wenn

a) bei einem Punkt und einer Geraden der Punkt auf der Geraden liegt.

b) Bei Punkt und Ebene, wenn der Punkt in der Ebene liegt.

c) Bei einer Geraden und einer anderen Geraden, wenn sie einander schneiden.

d) Bei einer Geraden und einer Ebene, wenn die Gerade in der Ebene liegt.

Damit hätten wir die wichtigsten Fälle der Inzidenz erschöpft. Wenn zwei Gerade nicht inzident sind, dann sind sie gekreuzt oder windschief, was man auch umgekehrt ausdrücken kann. Nämlich: Windschiefe oder einander kreuzende Gerade sind nicht inzident.

Somit wären die zum Aufbau der Geometrie der Lage notwendigen Grundgebilde und Grundbegriffe erörtert. Wenn wir näher zusehen, werden wir zu unserer Überraschung finden, daß an elementaren Begriffen überhaupt nur folgende verwendet werden müssen: Punkt, Gerade, Ebene, Inzidenz, Getrenntsein. Alle übrigen Begriffe lassen sich aus diesen Begriffen herleiten. So etwa sämtliche sogenannten graphischen und deskriptiven Eigenschaften der Figuren, die nichts anderes sind als Beziehungen zwischen den Elementen der Figuren. Zur Angabe dieser Beziehungen wird aber, wie wir sehen werden, niemals etwas anderes notwendig sein als die oben erwähnten Begriffe. Daraus folgt auch für die zeichnerische Darstellung eine geradezu ungeheuer wichtige Konsequenz. Da wir projektiv alle

Arten von Figuren aus obigen Elementen gewinnen
können, ist zum Zeichnen nichts anderes notwendig als
die Zeichenebene und höchstens noch ein Lineal zum
Ziehen der Geraden. Alles Weitere muß nach unserer
Ankündigung überflüssig sein. Man hat deshalb auch
die Geometrie der Lage, bzw. ihre zeichnerischen
Folgewirkungen schon mehrfach als die Konstruktions-
methode oder Zeichenkunst „ohne Zirkel" oder als
die Zeichenkunst „nur mit dem Lineal" benannt.

Neuntes Kapitel

Das Dualitätsprinzip

Nun wollen wir uns wieder in das Jahr 1812 nach
Saratow an die Wolga zurückversetzen. Der uns schon
bekannte Genieoffizier Poncelet hatte dieses Saratow
als Kriegsgefangener eben unter den furchtbarsten Ent-
behrungen erreicht. Es war ja jener selbst für Rußland
ungewöhnlich harte Winter, der dem großen Napoleon
zum Verderben geworden war; ein Winter, in dem nach
der Aussage Poncelets sogar das Quecksilber im Thermo-
meter einfror. Poncelet war von all den Strapazen
schwer erkrankt. Sein Geist aber war bewunderungs-
würdigerweise ungebrochen. Und von den wenigen
Kopeken, die ihm zu seiner Verpflegung zur Verfügung
standen, schaffte er sich grobes Papier an, während er
sich die Tinte der Ersparnis halber — wahrscheinlich
aus Ofenruß — selbst erzeugte. Mit diesen erschütternd
großartigen Hilfsmitteln nun bearbeitete und entdeckte
er, wie wir schon an früherer Stelle erwähnten, die
projektive Geometrie. Und innerhalb dieser Geometrie
ein Gesetz oder Prinzip, das sowohl in seiner Einfachheit als Fruchtbarkeit den Vergleich mit allen anderen
Großtaten der Mathematik aushält. Es wurde durch
Poncelet im Jahre 1822 und durch Gergonne unabhängig davon im Jahre 1826 veröffentlicht. Und heißt

seither das Dualitätsprinzip oder das Gesetz der Dualität oder das Reziprozitätsprinzip. Verdeutschen könnte man den Namen etwa mit „Gesetz gegenseitiger Beziehung" oder „Zweiheitsprinzip" oder „Gegenseitigkeitsprinzip" oder „Wechselseitigkeitsgesetz" oder dergleichen.

Unserer schon oft gehandhabten Methode gemäß werden wir es zuerst an einem Einzelfall darstellen, der uns zugleich in zwei der wichtigsten Sätze der Geometrie einführt. Zuerst aber noch eine kleine Vorbemerkung. Wir haben früher von Projektion und Schnitt gesprochen oder von Schein und Schnitt, was dasselbe ist. Wir haben dabei den Begriff der Projektion zu erläutern versucht. Wir fügen noch bei, daß man rein zeichnerisch unter Projektion eigentlich nichts anderes versteht als eine gewissen Regeln folgende „Verbindung" durch Gerade, durch die sogenannten Projektionsstrahlen. Hier ist das Wort Projektion dynamisch, also als die Tätigkeit des Projizierens aufzufassen. Nun beruht das Dualitätsprinzip im Tiefsten auf nichts anderem als auf der naturgemäßen Doppelseitigkeit des Projektionsvorganges, den wir schon erwähnten. Die Vertauschung der Begriffe Schnitt und Schein (Projektion) erzeugt also eine Art von Wechselseitigkeit, Zweiseitigkeit, Reziprozität oder Dualität. Wir werden dies an einem der einfachsten Fälle zeigen.

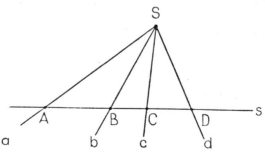

Fig. 20

Wir sehen in unserer Figur die Punktreihe s mit den Punkten A, B, C, D als „Schnitt" des Strahlenbüschels S, das aus den die Punkte auf der Geraden s erzeugenden Strahlen a, b, c, d besteht. Wir dürften aber mit demselben Recht sagen, daß das Strahlenbüschel der „Schein" der Punktreihe ist. Wenn wir also die Begriffe Schnitt und Schein vertauschen, dann vertauschen sich automatisch die Begriffe Punktreihe und Strahlenbüschel. Dieses Beispiel gibt uns aber noch durchaus keinen richtigen Vorgeschmack von der wahren Großartigkeit des Dualitätsprinzips. Wir wollen daher, wie schon angekündigt, ein weit aufschlußreicheres und verblüffenderes Beispiel bringen, das auch in der Geschichte der Mathematik einen auffallenden Platz einnimmt. Der große Mathematiker Blaise Pascal veröffentlichte als Sechzehnjähriger im Jahre 1640 seinen berühmten sogenannten „Sechsecksatz" über die Kegelschnitte, von dem wir einen besonderen Fall gleich zu sehen bekommen werden. Hätte Pascal das Dualitätsprinzip gekannt, dann hätte er auch sofort den zu seinem Satz dualen Satz aussprechen können, ohne weiter nachdenken zu müssen. So aber dauerte es volle 166 Jahre, bis dieser duale Satz, der Satz von Brianchon, im Jahre 1806 entdeckt wurde.

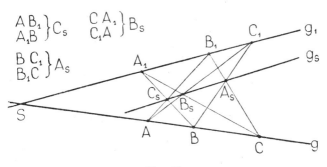

Fig. 21

Wir hätten zwei einander schneidende Gerade (wozu nach unseren Feststellungen über unendlichferne Punkte auch Parallele zu rechnen sind). Die Geraden heißen g_1 und g. Auf der Geraden g_1 liegen drei vollkommen willkürliche Punkte A_1, B_1 und C_1. Und auf der Geraden g die drei ebenfalls willkürlichen Punkte A, B und C. Nun „verbinden" wir A mit B_1 und A_1 mit B und bringen diese beiden Verbindungslinien zum Schnitt. Es entsteht dadurch der Punkt C_s. Dann verbinden wir B mit C_1 und B_1 mit C, wodurch der Schnittpunkt A_s entsteht. Wenn wir schließlich noch C mit A_1 und C_1 mit A verbinden und aus diesen beiden Verbindungslinien den Schnittpunkt B_s gewinnen, dann werden wir zu unserer Überraschung bemerken, daß die drei gewonnenen Schnittpunkte A_s, B_s und C_s auf einer Geraden g_s liegen. Es sei hier beigefügt, daß bei der praktischen Durchführung solcher Aufgaben in einer Zeichnung eine gewisse Übersicht und Routine notwendig ist. Gewiß, der Satz muß unter allen Umständen gelten. Aber praktisch kann es vorkommen, wenn ich die Punkte ungeschickt wähle, daß mir zur Gewinnung der Schnittpunkte die Zeichenfläche nicht ausreicht und dadurch die Zeichnung höchst unübersichtlich wird. Dies hat man manchmal auch gegen die projektive Geometrie ins Treffen geführt und gesagt, diese Geometrie mache ruhig die Voraussetzung, daß jeder „Schnitt" auch wirklich durchgeführt werden könne, wobei man unter „wirklich" wohl die zeichnerische Möglichkeit zu verstehen hat. Wenn ich aber Linien ziehen muß, die etwa erst nach 150 Metern den erforderlichen Schnittpunkt liefern, kann ich solche Konstruktionen nicht gut für die Praxis brauchen.

Wir wollen uns aber jetzt durch diese an sich nicht unberechtigte Kritik nicht abschrecken lassen und auch unsere Bewunderung nicht verkleinern, wenn wir schon in den nächsten Minuten das Dualitätsprinzip gleichsam die Kluft von 166 Jahren werden überspringen sehen. Wir müssen zu diesem Behuf nur die Begriffe „ver-

binden" und „schneiden" und die Begriffe „Punkt"
und „Gerade" vertauschen, um sofort den „dualen"
Satz zum Pascalschen Satz, den Satz von Brianchon,
aussprechen zu können. Theoretisieren wir nicht lange,
sondern machen wir einfach die praktische Probe.
Unser neuer Satz müßte lauten: Wir haben zwei
Punkte P_1 und P. Denn beim „Pascal" hatten wir zwei
Gerade g_1 und g. Die Geraden beim „Pascal" „ver-
banden" je drei „Punkte" A, B, C bzw. A_1, B_1, C_1.
Deshalb müssen wir jetzt die Worte Pascals in die
Sprache Brianchons übersetzen. Also in unseren zwei
„Punkten" P_1 und P „schneiden" sich je drei „Gerade"
a_1, b_1, c_1 und a, b, c. Nun müssen wir weiter forschen.
Beim „Pascal" haben wir die drei „Punkte" „ver-
bunden". Also müssen wir beim „Brianchon" die drei
„Geraden" paarweise zum „Schnitt" bringen, und zwar
nach demselben System wie beim „Pascal". Also a
mit b_1, a_1 mit b, b mit c_1, b_1 mit c und schließlich c
mit a_1 und c_1 mit a. Dadurch aber haben wir erst die
duale Konstruktion zu den Verbindungslinien beim
„Pascal" durchgeführt. Was haben wir beim „Pascal"
weiter gemacht? Nun, wir haben „Verbindungsgerade"
zum „Schnitt" gebracht. Was müssen wir also beim
„Brianchon" machen? Wohl „Schnittpunkte" „verbinden". Nun ergibt die Verbindung der Schnittpunkte der Geraden a mit b_1 und a_1 mit b die Gerade c_S.
Die Schnittpunkte der Geraden b mit a_1 und b_1 mit c
ergeben die Gerade a_S. Und die Schnittpunkte der
Geraden c mit a_1 und c_1 mit a liefern schließlich die
Verbindungsgerade b_S. Wir haben also konsequent und
streng dual, nur einem Spiel der Gedanken folgend,
statt der drei „Schnittpunkte" A_S, B_S und C_S des „Pascal", drei „Verbindungsgerade" a_S, b_S und c_S des
„Brianchon" gewonnen. Nun können wir die letzte
Folgerung auf Grund des Dualitätsprinzips ziehen.
Wenn nämlich beim „Pascal" die drei „Schnittpunkte"
auf einer und derselben „Geraden" liegen müssen, dann
müssen wohl die drei „Verbindungsgeraden" des „Brian-

chon" durch einen und denselben „Schnittpunkt" P_S gehen. Und in der Tat: Wir zeichnen die Figur und überzeugen uns mit staunender Verwunderung von der unfehlbaren Sicherheit unserer neu gewonnenen Denkmaschine.

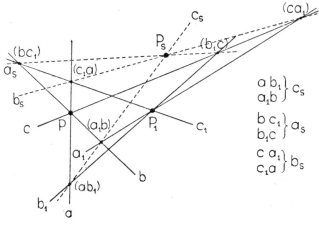

$$\left.\begin{array}{c} a\,b_1 \\ a_1 b \end{array}\right\} c_s$$

$$\left.\begin{array}{c} b\,c_1 \\ b_1 c \end{array}\right\} a_s$$

$$\left.\begin{array}{c} c\,a_1 \\ c_1 a \end{array}\right\} b_s$$

Fig. 22

Nun ist dieses Dualitätsprinzip noch viel großartiger, als wir es in diesem Falle zeigen konnten. Denn nicht nur „Punkt" und „Gerade" sind einander in der Ebene dual verkoppelt. Sondern unsere Zaubermaschine erstreckt sich noch viel weiter, wovon wir sofort einige Beispiele geben werden. So lautet etwa einer der Hauptsätze der Dualitätstheorie folgendermaßen: „Jede ebene Figur ist ein Schnitt einer zentrischen Figur und jede zentrische Figur ist der Schein einer ebenen Figur." Wir müssen diesen sehr präzise formulierten Satz ein wenig sinnfälliger machen. Er heißt nicht mehr und nicht weniger, als daß sich die Ebene und das Strahlenbündel gegenseitig „dual" entsprechen. Das aber ist eine der Grundwahrheiten, der tiefsten Urgründe der ganzen Geometrie des Auges. Denn der Strahlenkegel unseres Auges (zentrisches Bündel) kommt gleichsam überall, wohin er trifft, zum „Schnitt" mit einer Ebene, mit der auf eine Ebene bezogenen Welt. Und wenn ich jetzt die Richtung von dieser „Abbildwelt" dieser „Schnittebene" wieder zurück ins Auge wähle, dann ist der zentrische Strahlenkegel, das „Bündel" eben nichts anderes als der „Schein" dieser Welt, die Projektion der „Abbildwelt" in mein Auge. Hinter dem Schnittpunkt der Sehstrahlen innerhalb des Auges aber spielt sich der „duale" Vorgang noch einmal ab. Denn jetzt ist das Netzhautbild an der Rückwand des Auges der Schnitt mit dem Strahlenbündel und das Strahlenbündel selbst nichts als der Schein der Schnittpunkte.

Daher und nur aus diesem Grunde ist es möglich, auf jeder beliebigen Ebene gleichsam das Abbild der sichtbaren Welt herzustellen. Denn das Auge selbst „zeichnet" oder „malt" nach den Gesetzen der sogenannten Zentralperspektive, worunter man eine Art der Projektion versteht, bei der die Projektionsstrahlen alle einem zentrischen Bündel angehören. Daher stimmt auch weiters nur eine in sogenannter Zentralperspektive hergestellte Abbildung wirklich mit dem überein, was wir als Abbild der Welt durch unser Auge zu sehen gewohnt sind. Es ist also jede in sogenannter „Parallelperspektive" hergestellte Figur mehr oder weniger unnatürlich. Und hier haben wir auch die Lösung des Rätsels, warum wir „in Wirklichkeit" keine Parallelen sehen können. Denn die Zentralperspektive schließt die Parallelität aus. Streng genommen überhaupt. In der Praxis für jede größere Länge der Parallelen, wie sie etwa der Verlauf der Kanten unseres Kirchturmes oder der Anblick eines Eisenbahngeleises, das sich in der Ferne verliert, darstellt. Nun sind wir es aber im Gegensatz zu dieser theoretischen Einschränkung in der Praxis gewohnt, alle technischen Pläne, Risse und schließlich auch den Großteil aller geometrischen Figuren in Parallelperspektive zu zeichnen. Das rührt davon her, daß wir unserer Vorstellung des Raumes rein parallelperspektivische Verhältnisse zugrunde legen und vom Standpunkt des Auges und von seinen projektiven Eigenschaften dabei vollständig absehen. Wir müssen uns aber stets klar darüber sein, daß wir dabei bewußt von einer anderen „Wirklichkeit", nämlich von der Wirklichkeit des Schauens abstrahieren, diese Wirklichkeit dabei also vollständig ausschalten. Wozu noch etwas zweites kommt, das hier erwähnt sein möge: Bei geometrischen Figuren aller Art legen wir noch eine andere Annahme unter, die eigentlich nur aus der Erfahrung in u n s e r e r Welt geschöpft ist. Wir denken nämlich sämtliche geometrischen Figuren gleichsam als starre Körper. Wenn wir nicht Kugeln, Würfel, Dreiecke, Kegel, Pyramiden, Oktaeder und dergleichen aus Holz, Metall oder Stein herstellen könnten, wenn wir etwa Dreiecke und Quadrate nur aus nassem Löschpapier und Körper nur aus Streusand oder gar aus Flüssigkeiten formen könnten, würden wir unsere Art von Geometrie kaum erworben haben. Denn dann würde uns die Geradlinigkeit der Lichtstrahlen allein kaum zu einem solchen mächtigen Denkgebäude geführt haben. Diese von H. Poincaré und Hugo Dingler angestellten Erörterungen müssen uns nachdenklich stimmen. Sie dürfen aber anderseits wieder durchaus nicht als Beweis dafür gelten, daß Geometrie rein a u s der „Erfahrung" entstanden sei. Zwischen dem Entstehen von Begriffen und Anschauungen „aus" der Erfahrung und „an Hand" der Erfahrung ist ein mächtiger Unterschied, den schon der große Kant klargestellt hat. Wir sind also höchstens dazu berechtigt zu sagen, daß unsere Art, Geometrie zu treiben, sich unter dem Einfluß der Denkmöglichkeit und des tatsächlichen Vorhandenseins starrer Körper in unserer Welt gerade in dieser Form entwickelt habe, woraus auch sicher unsere vorwiegend parallelperspektivische, mit dem wirklichen Sehen nicht übereinstimmende Vorstellung des „wirklichen" Raumes und seiner körperlichen Inhalte folgt.

Doch wir haben jetzt durch unsere Abschweifung die Untersuchung des Dualitätsprinzips in sträflicher Weise unterbrochen. Wir sagten, daß wir zur Gewinnung des Brianchonsatzes aus dem Pascalsatz eigentlich nichts anderes brauchten als die Dualität zwischen Punkt und Gerader. Natürlich hätten wir, da es sich ja bei der Dualität um eine umkehrbare, sogenannte eineindeutige Zuordnung handelt, auch den Pascalsatz mit demselben Rüstzeug aus dem Brianchonsatz ableiten können. In plastischer Art werden oft duale Sätze als „Spiegelsätze" bezeichnet. Ein Satz ist gleichsam das Spiegelbild seines dual zugeordneten Satzes. Nur wäre es besser, dieses „Spiegeln" nicht allzu wörtlich zu nehmen. Denn unser dualer Spiegel ist in gewissem Sinne ein Zerrspiegel. Er formt um und verkehrt die Grundgebilde ins Gegenteil. Man sollte also richtiger von „Zauberspiegelsätzen" sprechen. Dazu noch ein Wort: Es ist selbstverständlich, oder besser, es sollte selbstverständlich sein, daß man den Lehrsatz, von dem man ausgeht, um den dazu dualen zu finden, bewiesen haben muß. Man darf sich nicht für einen Entdecker halten, wenn man zu irgendeiner ganz unbegründeten geometrischen Behauptung im Wege des Dualitätsprinzips das Zauberspiegelbild, den dualen Satz, aufstellt. Der Pascalsatz war bewiesen, folglich hätte Brianchon, wenn er das Dualitätsprinzip gekannt hätte, seinen Satz weder selbständig entdecken müssen, noch hätte er ihn irgendwie gesondert zu beweisen brauchen. Wir formulieren also vorläufig folgendes: Wenn ein Satz der projektiven Geometrie einmal stichhältig und zureichend bewiesen ist, dann kann man mittels des Dualitätsprinzips nicht nur sofort den Zauberspiegelsatz, den dazu dualen Satz aussprechen, sondern man braucht ihn auch nicht mehr abgesondert zu beweisen. Vorausgesetzt, daß das Dualitätsprinzip richtig gehandhabt wurde, und daß alle Vertauschungen korrekt durchgeführt wurden. Dazu aber dient am besten eine klare und übersichtliche Schreibweise. Wir werden

Punkte stets mit großen lateinischen, Gerade mit kleinen lateinischen und Ebenen mit kleinen griechischen Buchstaben bezeichnen. Wenn wir Entsprechungen (Homologien) markieren wollen, dann benützen wir am besten die Indizierung. Also etwa vier Punkte A, B, C, D der Geraden d entsprechen vier Punkten A_1, B_1, C_1, D_1 der Geraden g_1, vier Punkten A_7, B_7, C_7, D_7 der Geraden g_7 und etwa vier Punkten A_n, B_n, C_n, D_n der Geraden g_n. Durch ein solches Symbolsystem, durch eine solche Bezeichnungsart, sagt schon die Bezeichnung selbst allerlei über Zuordnung, Entsprechung und über das Wesen des Bezeichneten aus und wird dadurch leicht, da auch die Bezeichnung etwas gleichsam Figürliches enthält, auf der einen Seite als Anschauungshilfe, auf der anderen Seite als gelenkige selbsttätige Denkmaschine, als Algorithmus. Und gerade die projektive Geometrie mit ihrem Wirrsal von Schnittpunkten, Strahlenbüscheln und Entsprechungen hat durch diesen Algorithmus selbst für den Durchschnittsmenschen Erschließungsmöglichkeiten geschaffen, wo keine oder nur noch die genialste Anschauungskraft hingelangen könnte. Sie bildet aber dadurch umgekehrt auch wieder die räumliche Vorstellungskraft in hohem Maße aus, was jeder, der uns bisher gefolgt ist, bald aus eigener Erfahrung wird bestätigen können. Nur hielte ich es pädagogisch für sehr erwünscht, wenn mein Leser nicht nur die Figuren im Buche betrachten, sondern sie, womöglich in anderem Maßstabe, selbst zeichnen würde. Das Interessante und im fertigen Bilde nicht Wiederzugebende ist bei der projektiven Geometrie die Entstehung der Zeichnung. Projizieren und Schneiden aber sind Tätigkeiten, nicht bloß Ergebnisse. Und um ganz tief in das Wesen dieser Art der Geometrie einzudringen, soll man sich am besten zuerst die Reihenfolge der Tätigkeiten in der von uns erwähnten Schreibweise mit Buchstaben notieren, worauf man dann an Hand dieser „Gebrauchsanweisung" die Zeichnung anfertigen kann. Dabei wird man auch auf die von uns schon erwähnten Marotten und Widerstände von Geraden stoßen, die sich erst in der nächsten Gasse wirklich schneiden wollen. Durch diese Schwierigkeiten aber wird man nur zulernen und die Vorstellungskraft neuerlich betätigen und üben. Dies ist um so notwendiger, als es seit einigen Jahrzehnten in der höchsten Wissenschaft Mode geworden ist, dicke Bücher über Geometrie zu schreiben, in denen nicht eine einzige Zeichnung vorkommt. Wir verkennen nicht, daß in solchem Beginnen eine Art sportlichen Reizes liegt. Und daß es weiters eben eine schon vorhandene riesenhafte Vorstellungskraft voraussetzt. Wir werden aber, soweit es sich um elementaren Unterricht handelt, diese Methode durchaus nicht mitmachen, sondern eher das Gegenteil anstreben, das jede bildliche Darstellung in der Geometrie als das Erste und die Erläuterung als das Zweite betrachtet.

Wir irren fortwährend vom Dualitätsprinzip ab. Der Leser darf jedoch damit getröstet sein, daß auch in diesem Abirren Methode liegt. Wir wollen nämlich nicht einen Wust von Dingen, Sätzen, Definitionen und Ratschlägen anhäufen, die wir infolge ihres mangelnden Zusammenhanges weder voll begreifen noch behalten können. Unsere ganze Absicht ist es vielmehr, alles zwanglos an seiner Stelle zu besprechen, wenn dadurch auch der streng wissenschaftliche und synthetische Vorgang leidet. Wir sind gemeinsame Wanderer, wir pflücken die Blumen am Wege und sprechen unter blauem Himmel über ihren Bau, über ihre Stengel und Staubgefäße. Wenn wir zu Hause die ganze Botanik gebüffelt hätten, würden wir vielleicht am Wege einiges feststellen können, würden aber sehr oft danebengreifen, uns nicht mehr erinnern, und hätten vor allem wahrscheinlich weniger Interesse für die Eindrücke des Augenblickes.

Wie schon mehrfach angedeutet, besteht eine duale Beziehung durchaus nicht nur zwischen Punkt und Gerader. Auch nicht nur zwischen der Ebene und dem Bündel, was wir bei der Untersuchung des Sehvorganges und der Abbildung behauptet haben. Um aber nicht ins Uferlose zu schweifen, werden wir uns jetzt die dualen Beziehungen schön systematisch zusammenstellen und uns dabei der Einteilung der Grundgebilde erinnern. Es besteht also Dualität

A. Im Raum:

    a) zwischen Punkt (Bündel) und Ebene (Feld),

    b) zwischen Gerade (Ebenenbüschel) und Gerade (Punktreihe).

B. Im Feld:

    a) zwischen Punkt (Büschel) und Gerade (Punktreihe).

C. Im Bündel:

    a) zwischen Gerade (Ebenenbüschel) und Ebene (Strahlenbüschel).

Wenn wir nun, wie wir es beim „Pascal" und „Brianchon" schon praktisch handhaben, dazu noch stets die Begriffe „verbinden" und „schneiden" vertauschen, dann können wir schon bei den elementarsten Sätzen unsere neue Zaubermaschine handhaben und uns an ihrem wunderbaren Funktionieren erfreuen. Wir stellen im folgenden, wie es üblich ist, die dualen Sätze links und rechts auf der Seite des Buches nebeneinander. Dabei bezeichnen wir die Sätze mit arabischen einfachen, die dualen mit gestrichenen Ziffern:

1. Eine Gerade ist die Verbindung zweier Punkte eines Feldes.	1'. Ein Punkt ist der Schnitt zweier Geraden des Feldes.
2. Eine Ebene ist die Verbindung zweier Geraden eines Bündels.	2'. Eine Gerade ist der Schnitt zweier Ebenen eines Bündels.
3. Eine Ebene ist die Verbindung dreier Punkte eines Raumes (Schusterstuhl!).	3'. Ein Punkt ist der Schnitt dreier Ebenen eines Raumes.

4. Eine Ebene ist die Verbindung eines Punktes und einer Geraden des Raumes (die mit diesem Punkt nicht inzident ist).	4'. Ein Punkt ist der Schnitt einer Ebene und einer Geraden des Raumes (wobei die Gerade mit der Ebene nicht inzident ist).

Wir können schon aus diesen wenigen und vergleichsweise noch sehr primitiven Sätzen entnehmen, welche ungeheure Verbreiterungsmöglichkeit die Geometrie durch das Dualitätsprinzip gewonnen hat. Jeder bewiesene Satz trägt in sich sofort einen zweiten, und die dualen Beziehungen selbst vervielfältigen diese Menge noch im Raum, im Feld und im Bündel.

Nun wieder eine historische Reminiszenz, die für uns der Ausgangspunkt sein soll, neues Material für die Geometrie überhaupt, für die projektive Geometrie im besonderen und ganz speziell für das Dualitätsprinzip herbeizuschaffen. Etwa zur Zeit des großen Staatsmannes und Kardinals Richelieu, also in der ersten Hälfte des siebzehnten Jahrhunderts, lebte in Lyon der Sohn eines Notars namens Desargues. Dieser Mann war ein durchaus genialer Architekt und Geometriker, aber eine etwas exzentrische, wenn nicht sogar schrullenhafte Erscheinung. So ließ er, als das wahre Gegenteil eines für die Öffentlichkeit Geltungssüchtigen, seine Hauptwerke mit mikroskopisch kleinen Lettern auf lose Blätter drucken und verteilte sie nur an die allernächsten Freunde. Ja, noch mehr. Selbst diese stolze Zurückhaltung war ihm noch nicht genug. Er gebrauchte auch in diesen ohnehin fast unzugänglichen „Fliegenden Blättern" eine höchst unmathematische, der Botanik entlehnte Chiffernsprache, indem er stets nur von Wurzeln, Zweigen, Stämmen, Blüten und dergleichen sprach, wenn er geometrische Gebilde meinte. Seine Zeitgenossen hielten ihn mit subjektivem Recht für einen Schwärmer oder Narren. Nur ganz große Mathematiker wie Fermat und Pascal waren anderer Meinung über den Weisen von Lyon. Und sie hatten damit vollkommen recht. Denn Desargues war der eigentliche Begränder der projektiven Geometrie, und der heute allgemein nach ihm benannte Satz hat für den Aufbau der neuen Geometrie eine so ungeheure Bedeutung, daß sie hinter der Wichtigkeit etwa des pythagoräischen Satzes sicher kaum zurücksteht. Wir sind darüber unterrichtet, daß Poncelet von der Existenz des Desargues gewußt hat. Ob er seine Lehren sehr genau kannte, steht dahin, da Poncelet es ausdrücklich beklagt, daß gerade das wichtigste Hauptwerk des Desargues verlorengegangen sei.

Nun wollte es aber der Zufall, daß ein anderer Mann, der nach Poncelet für den weiteren Ausbau der projektiven Geometrie Grundlegendes leistete, nämlich der große französische Geometriker Chasles, einmal bei einem Antiquar am Seine-Ufer in Paris umherstöberte. Und daß gerade dieser berufenste Fachmann und Mathematikhistoriker das verlorengegangene Hauptwerk des Desargues[1] somit im Jahre 1845 wieder auffand. Wir wissen also über Desargues heute besser Bescheid als die Mathematiker der zwischenliegenden zwei Jahrhunderte.

Der grundlegende Satz des Desargues, von dem wir sprachen und den wir in der Figur darstellen, lautet für die Ebene folgendermaßen:

„Wenn zwei ganz beliebige Dreiecke, deren Eckpunkte wir mit A_1, B_1, C_1 bzw. A_2, B_2 und C_2 bezeichnen, so liegen, daß die Verbindungsstrahlen entsprechender Eckpunkte (also $A_1 A_2$, $B_1 B_2$ und $C_1 C_2$) sich in einem gemeinsamen Punkt S schneiden, dann liegen auch die drei Schnittpunkte der entsprechenden, genügend weit verlängerten Seiten der beiden Dreiecke auf einer und derselben Geraden."

---

[1] Das Hauptwerk des Girard Desargues (1593—1662) hieß etwa: „Vorläufiger Entwurf zur Untersuchung dessen, was geschieht, wenn ein Kegel und eine Ebene einander begegnen."

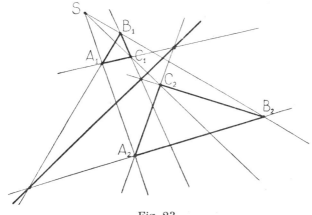

Fig. 23

So unscheinbar dieser Satz klingt und so wenig
mysteriös er anmutet, so grundlegend ist er für die
ganze Geometrie. Denn neben dem Pascalsatz kann nur
aus ihm ein wirklich strenger Übergang von der Geometrie der Lage zur Maßgeometrie gefunden werden,
was aber die wichtigste Voraussetzung für jede eigentlich aufbauende, synthetische Behandlung der Geometrie ist. Dabei gilt dieser Satz nicht bloß in der Ebene,
sondern er hat zwei weitere Spielarten im Bündel und
im Raum, mit denen wir uns jedoch nicht befassen
wollen. Wir bemerken nur, daß der Satz des Desargues
im Raum sowohl für die Perspektive als für die darstellende Geometrie von grundlegender Wichtigkeit ist.

Nun haben wir aber im Satz des Desargues einen
Satz der projektiven Geometrie vor uns, für den das
Dualitätsprinzip gelten muß. Wir wollen also mittels
unseres Chiffernschlüssels versuchen, den zum Satz des
Desargues dualen Satz zu bilden. Wir überlegen fol-
gendermaßen: Wir hatten zwei Drei„ecke", die wir nur
dual durch Drei„seite" ersetzen müssen, damit die
Verbindungsgeraden durch Schnittpunkte ersetzt sind.

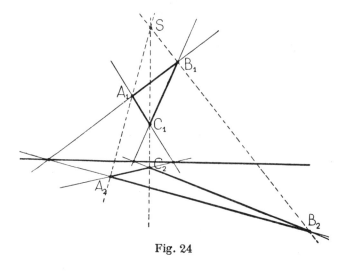

Fig. 24

Wenn ich nun durch die Schnittpunkte der zwei Drei-
seite entsprechende Verbindungsgerade ziehe, müssen
sich diese auf jeden Fall in einem einzigen Punkt, dem
Punkt S, schneiden. Folglich lautet die duale Umkehrung des Satzes von Desargues:

„Wenn die Schnittpunkte homologer Seiten auf einer
Geraden liegen, dann laufen die drei Verbindungslinien
homologer Punkte stets durch einen Punkt."

Hier ist das Wirken des Dualitätsprinzips etwas
weniger durchsichtig als bei den Sätzen von Pascal und
Brianchon. Es mag daher zum Verständnis noch hinzugefügt werden, daß der Kernpunkt der Dualität hier
in folgendem liegt: drei Gerade schneiden sich im
Punkt S. Und drei Punkte liegen auf der Geraden g.
Daher ändert sich die Figur nicht und es wird nur der
Ausgangspunkt, gleichsam der Aufbau der Figur ein
anderer. Beim Pascal dagegen hatten wir je drei
Punkte auf zwei Geraden, wodurch dann infolge der
dualen Umkehrung zwei Punkte, die durch je drei

Gerade als Schnitt erzeugt wurden, entstanden. Durch die weiteren Operationen erhielten wir dann, wie schon gezeigt, als Endresultat beim Pascal drei Punkte, verbunden durch eine Gerade, und beim Brianchon einen Punkt als Schnitt dreier Geraden.

Zehntes Kapitel

Vollständige geometrische Figuren

Bevor wir nun die Sätze von Pascal, Brianchon und Desargues zur Gewinnung geradezu zauberhafter Übergänge in die Maßgeometrie weiter untersuchen, wenden wir uns jetzt einem leichteren und sinnfälligeren Gebiet zu. Diese Erholungspause wird uns dazu dienen, aus unseren bisher erörterten Grundgebilden systematisch Figuren zu erzeugen. Und zwar vorläufig sogenannte projektive Figuren, die sicherlich die allgemeinsten und voraussetzungslosesten sind, da wir wieder von Größen vollkommen absehen und auch in keiner Weise an Regelmäßigkeiten denken. Wir werden auch im Auge behalten, daß unsere Figuren, ohne ihre Eigenschaften, die ja bloß Lagebeziehungen sind, irgendwie einzubüßen, in jeder Verzerrung gelten, inzident werden und degenerieren können.

Bevor wir unsere Figuren näher untersuchen, eine Vorbemerkung: Man sieht, ohne viel nachzudenken, wohl ein, daß man unter einer Figur stets irgendwie etwas Abgegrenztes zu verstehen hat. Dazu aber kommt noch etwas Weiteres. Die Grundgebilde selbst, soweit sie Elemente sind, also Punkt, Gerade und Ebene werden selbst nicht als Figuren, sondern gleichsam als Bausteine und Grundbestandteile von Figuren betrachtet. Höchstens dürfen sie als Grenzfälle von Figuren, gleichsam als degenerierte, zusammengeschrumpfte Figuren aufgefaßt werden. Davon aber später. Es gäbe jedoch im R_1 einen Fall, der bis zu einem gewissen Grad als Figur be-

zeichnet werden könnte, nämlich die Strecke, das ist ein
Stück einer Geraden, das von zwei Punkten begrenzt wird.
Wir kommen jedoch vorläufig überein, daß wir auch die
Strecke noch nicht als Figur betrachten. Wir müssen
also den R_2, die Ebene (Fläche) heranziehen, um Figuren
bilden zu können. Was ist nun die mindeste Anzahl
von Elementen, die eine Figur in unserem Sinn bilden
können? Aus einer Geraden und einer beliebigen Anzahl von Punkten gewinne ich keine Figur, auch nicht
aus zwei Geraden. Deshalb werden wir es mit drei
Geraden versuchen.

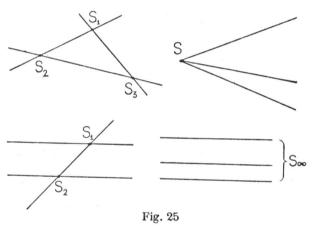

Fig. 25

Dieser Versuch gelingt. Allerdings nur unter der Bedingung, daß nicht zwei oder gar alle drei Geraden
zueinander parallel sind oder daß sie einander nicht
alle drei in einem einzigen Punkt schneiden. Wir haben
also die einfachste Figur in der Ebene gefunden, die
wir ein Dreiseit nennen wollen, weil sie aus drei Geraden
(Seiten) erzeugt wurde. Diese drei Seiten schneiden
einander in drei Punkten, die wir als Ecken oder Eckpunkte bezeichnen wollen, wie wir es bisher schon oftmals taten. In unserer Figur ist also die Zahl der Seiten

und die Zahl der Ecken gleich. Das Dreiseit ist „dual"
dieselbe Figur wie das Dreieck. Wir nennen solche
Figuren einfache oder Simplex-Figuren, fügen aber
gleich eine Warnung hinzu. In der projektiven Geometrie ist ein Viereck oder ein Fünfeck durchaus nicht
das, was man in der gewöhnlichen Schulgeometrie so
nennt. Denn die projektive Geometrie bildet stets sogenannte vollständige Figuren, indem sie aus einer
gewissen Anzahl von Seiten stets alle möglichen Eck-
(Schnitt-)Punkte gewinnt und dual aus jeder Anzahl

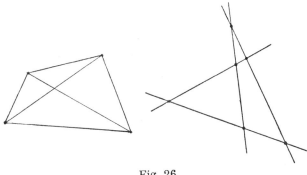

Fig. 26

von Ecken alle möglichen Seiten (Verbindungsgeraden)
herstellt. Ein Viereck in der projektiven Geometrie
hat sechs Seiten und ein Vierseit sechs Ecken (Schnitte).
Man nennt diese Art von Figuren die vollständigen
Figuren, und wir werden jetzt ihre Stammtafel nach
Carnot aufzubauen versuchen, wobei wir gleichzeitig gewisse Gesetzmäßigkeiten (Lage-Gesetze) angeben werden.
Zuerst sprechen wir von den vollständigen Figuren
in der Ebene. In der Ebene kann es nur zweierlei Typen
von Figuren geben, die sich aus Punkten und Geraden
zusammensetzen, nämlich n-Ecke und n-Seite, wobei
n eine beliebige Anzahl bedeutet, die größer als zwei ist.
Nach den Gesetzen der Kombinatorik müssen n-Ecke

stets n Punkte und $\binom{n}{2}$ Verbindungsgerade haben, da ich ja stets zwei Punkte durch je eine Gerade verbinden kann. Umgekehrt (oder dual) müssen bei n-Seiten je n Gerade vorliegen, die wiederum $\binom{n}{2}$ Schnittpunkte miteinander bilden können. Da wir schon festgestellt haben, daß n mindestens drei betragen muß, weil sonst keine Figur zustande kommt, haben wir als Simplexfiguren das Dreieck und das Dreiseit. Das Dreieck hat also, was ja seine Definition ist, drei Ecken und $\binom{3}{2} = \frac{3 \cdot 2}{1 \cdot 2} = 3$ Ecken. Das Dreiseit hat drei Seiten und $\binom{3}{2} = \frac{3 \cdot 2}{1 \cdot 2} = 3$ Eckpunkte. Dreiseit und Dreieck sind also einander äquivalent, müssen es sein, was schon aus der Anschauung erhellt, da ja bei dieser Simplexfigur wegen mangelnder Möglichkeit, irgendwelche Diagonallinien zu ziehen, die Anzahl der Ecken mit der der Seiten stets übereinstimmen muß.

Anders ist es schon beim Viereck und bei allen weiteren n-Ecken (wobei n > 4). Das vollständige Viereck hat 4 Ecken und $\binom{4}{2} = \frac{4 \cdot 3}{1 \cdot 2} = 6$ Seiten. Das Vierseit dagegen 4 Seiten und $\binom{4}{2} = \frac{4 \cdot 3}{1 \cdot 2} = 6$ Ecken oder Schnittpunkte. Und ein 10-Eck etwa hätte 10 Ecken und $\binom{10}{2} = \frac{10 \cdot 9}{1 \cdot 2} = 45$ Seiten, während wieder das 10-Seit sicherlich $\binom{10}{2} = \frac{10 \cdot 9}{1 \cdot 2} = 45$ Ecken hätte.

Nun sind wir mit diesem Ergebnis noch nicht zufrieden und weiten unsere Kenntnisse der vollständigen Figuren noch aus. Zu diesem Zweck zeichnen wir uns ein vollständiges Viereck. Wir sehen die vier Eckpunkte A_1, A_2, A_3 und A_4 und die sechs Seiten a_1, a_2, a_3, a_4, a_5, a_6, die wir zu drei Paaren Gegenseiten a_1a_3, a_2a_4 und a_5a_6 gruppieren können. Nun bilden aber je zwei Gegenseiten wieder einen neuen Schnittpunkt, den sogenannten Diagonalpunkt. In unserer Figur D_1, D_2 und D_3.

Der duale Fall ist beim Vierseit zu sehen. Hier haben wir vier Seiten (in Fig. 28 ausgezogen) und drei Paare von

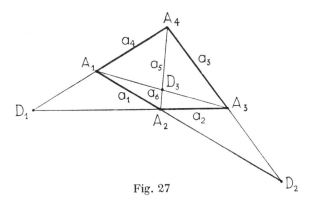

Fig. 27

Gegenpunkten A_1A_3, A_2A_4 und A_5A_6, die zu je zwei eine Nebenseite (Diagonale), also d_1, d_2 und d_3 zur Verbindung haben.

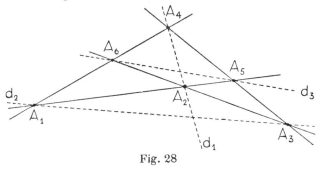

Fig. 28

Damit hätten wir alle Möglichkeiten vollständiger Figuren in der Ebene erschöpft. Wir steigen deshalb zum zentrischen Bündel auf und untersuchen dort die Figuren. Ein Bündel ist, wie bekannt, eine räumliche Schnittfigur von Strahlen (Geraden) oder von Flächen (Ebenen). Im Zusammenhang mit den Figuren nennen wir die Geraden Kanten und die Ebenen Flächen oder

Seitenflächen. Man unterscheidet also wohl n-Kante und n-Flache (oder n-Flächner). Da wir uns nun solch einen n-Kant, also, grob gesprochen, eine nach unten offene Pyramide, stets durch eine Ebene geschnitten vorstellen können (und zwar in einer zu keiner Seite parallelen Richtung), so werden dann die Strahlen in der Schnittebene sich als Punkte und die Flächen sich als Gerade abbilden. Der Schnitt des Bündels durch die Ebene erzeugt also n-Ecke und n-Seite. Aus der Dualität zwischen Bündel und Ebene dürfen wir aber schließen, daß die Beziehungen zwischen den Flächen und Strahlen im Bündel dieselben sein müssen wie zwischen den Geraden und Punkten in der Schnitt-ebene. Wir wissen also sofort, daß ein n-Kant aus n Kanten (Strahlen) und $\binom{n}{2}$ Verbindungsebenen, und daß ein n-Flach aus n Ebenen und $\binom{n}{2}$ Schnittgeraden bestehen muß, wobei wieder n eine beliebige Anzahl bedeutet, die mindestens drei beträgt. Denn aus zwei Flächen oder zwei Kanten kann niemals ein Bündel entstehen. Wir wissen auch sofort weiter die Äquivalenz vom Dreikant und Dreiflach, und wir können es uns schließlich aus unserem dualen Wörterbuch aus der Ebene ins Bündel übersetzen, daß etwa ein Vierkant drei Paare von Gegenflächen haben muß, die sich in drei Nebenkantstrahlen oder Diagonalstrahlen schnei-den. Ebenso muß anderseits ein Vierflach drei Paare von Gegenschnittgeraden oder Gegenkanten haben, die zu drei Neben- oder Diagonalflächen verbunden werden können. Wir fügen noch bei, daß auch im Bündel eine einfache oder Simplexfigur existiert, die sich durch Gleichheit der Elemente auszeichnet. Es ist das schon erwähnte Dreikant und sein Spiegelbild das Dreiflach.

Nun hätten wir, soferne wir den R_3 nicht verlassen wollen, also bloß im dreidimensionalen Raum bleiben, noch die Figuren im Raume als Abschluß zu bringen. Auch im Raum können natürlich Punkte nie anders durch Gerade verbunden werden, als je zwei solcher

Eckpunkte durch eine Gerade. Daher haben wir bei einem n-eckigen Körper oder einem sogenannten räumlichen n-Eck nichts anderes zu erwarten, als daß zwischen den n Punkten $\binom{n}{2}$ Verbindungsgerade möglich sind. Mit den die Punkte bildenden Flächen oder Ebenen steht es anders. Wir wissen schon, daß wir durch je drei Punkte eine Ebene bestimmen können. Folglich sind auch $\binom{n}{3}$ Verbindungsebenen im räumlichen n-Eck möglich, wobei diese drei Punkte nicht auf einer Geraden liegen dürfen. Im räumlichen n-Flach dagegen existieren, wie der Name sagt, n Flächen, die zusammen aus naheliegenden Gründen $\binom{n}{2}$ Schnittgerade und $\binom{n}{3}$ Schnittpunkte bilden können. Die Simplexfigur im Raume ist das räumliche Viereck oder der Tetraeder. Er hat vier Eckpunkte, $\binom{4}{2} = 6$ Verbindungsgerade oder Kanten und $\binom{4}{3} = \frac{4 \cdot 3 \cdot 2}{1 \cdot 2 \cdot 3} = 4$ Verbindungsebenen. Sein Spiegelbild, das räumliche Vierflach, hat 4 Flächen, $\binom{4}{2} = 6$ Schnittgerade und $\binom{4}{3} = \frac{4 \cdot 3 \cdot 2}{1 \cdot 2 \cdot 3} = 4$ Schnitt- oder Eckpunkte. Ein vollkommener Würfel etwa, der bekanntlich ein räumliches Achteck ist, muß also $\binom{8}{2} = \frac{8 \cdot 7}{1 \cdot 2} = 28$ mögliche Verbindungsgerade und $\binom{8}{3} = \frac{8 \cdot 7 \cdot 6}{1 \cdot 2 \cdot 3} = 56$ Verbindungsebenen aufweisen. Zum deutlichen Verständnis merken wir an, daß die duale Figur zum räumlichen Achteck, also zum Würfel durchaus nicht das räumliche Sechsflach, sondern selbstverständlich das räumliche Achtflach, also das vollständige Oktaeder ist. Dieses aber hätte nach unseren Formeln 28 Schnittgerade der Flächen und 56 Schnittpunkte oder Eckpunkte[1]).

---

[1]) Bei wirklichen Würfeln oder Oktaedern werden eine große Anzahl von Ebenen inzident, d. h. sie fallen zusammen. Wir müßten die Eckpunkte, um alle Flächen wirklich zu gewinnen, so im Raum verteilen, daß niemals 4 Punkte in einer und derselben Ebene liegen.

Wir geben gerne zu, daß man sich die vollständigen
Figuren im Raume sehr schwer vorstellen kann. Wir
dürfen uns aber auf unseren Algorithmus, auf unsere
selbsttätige Denkmaschine blind verlassen. Und das ist
eben der ungeheure Vorteil der projektiven Darstellung.

Nun wollen wir uns, bevor wir uns die bisher erörterten vollständigen Figuren in einer Art von Über-
sichtstabelle zusammenstellen, einen kleinen, genäschi-
gen Ausblick auf höhere Dimensionen gestatten, der
sich hier öffnet. In der von uns befolgten Art wird es
nämlich möglich, auf die Eigenschaften vollständiger
Figuren in höheren Räumen als dem R_3 rein rechnerisch zu schließen. So hätten wir etwa als „Simplex"
im vierdimensionalen Raum das „Fünfzell" anzusprechen, ein sogenanntes „Polytop", das heißt einen
„Vielkörperer", also eine Überfigur, die von Körpern
begrenzt wird. Der Schluß ist plausibel. Im R_2 wurden
Figuren von Geraden begrenzt, im R_3 von Flächen.
Im R_4 werden sie eben von Körpern begrenzt, im R_5
von solchen „Polytopen" und so fort. Da aber der R_4
einen Freiheitsgrad mehr hat, so geschieht natürlich
punkto „Schnitt" und „Verbindung" mehrerlei in ihm.
Wir haben sicherlich noch kein „Fünfzell" gesehen,
werden es auch in „Wirklichkeit" nie sehen, das heißt
in vierdimensionaler Art. Aber seine Projektion in
den dreidimensionalen Raum können wir aus Draht
abbilden, wie wir ein Tetraeder des R_3 auf ein Blatt
Papier zeichnen können. Beziehungsweise, wie reine
Flächenwesen den nie gesehenen Tetraeder in ihrer
Fläche zeichnen würden. Darüber aber werden wir uns
noch ausführlich unterhalten. Jetzt sei nur angemerkt,
daß unser mystischer Fünfzell nach projektiven Gesetzen aus 5 Zellen oder Begrenzungskörpern, $\binom{5}{2}$ Ebenen, $\binom{5}{3}$ Geraden und $\binom{5}{4}$ Punkten bestehen muß. Also
5 Zellen, 10 Ebenen, 10 Geraden und 5 Punkten. Die
perspektivische Abbildung unseres Fünfzells aus dem
R_4 in den R_3 und von dort in den R_2 ist als Muster

auf dem Umschlag dieses Buches zu sehen, wo es neben den „Punkten", die als Scheibchen gezeichnet sind, die „vierte Dimension" repräsentieren soll. Doch, wie gesagt, von all diesen schönen Dingen später. Denn wir haben noch viel aufzubauen. Allerdings werden wir auch in dieser Arbeit schon bei den nächsten Schritten wieder große Wunder erleben. Doch wir wollen nicht vorgreifen, sondern zuerst die angekündigte Zusammenstellung anfertigen:

A. Vollständige Figuren in der Ebene.

a) Allgemein

n-Eck	n-Seit
[n Punkte und $\binom{n}{2}$ Verbindungsgerade.]	[n Gerade und $\binom{n}{2}$ Schnittpunkte.]

b) Speziell

3-Eck $\equiv$ Simplex der Ebene $\equiv$ 3-Seit[1])

4-Eck	4-Seit
(Besitzt 4 Ecken und 6 Seiten; Gegenseiten sind je zwei Seiten, die keinen Eckpunkt gemeinsam haben. Drei Paare Gegenseiten. Daher auch drei Neben-Eckpunkte oder Diagonalpunkte, das sind die Schnittpunkte je zweier Gegenseiten.)	(Besitzt 4 Seiten und 6 Ecken; Gegenpunkte sind je zwei Ecken, die keine Seite gemeinsam haben. Drei Paare Gegenpunkte. Daher auch drei Nebenseiten oder Diagonalen, das sind die drei Verbindungslinien je zweier Gegenpunkte.)

B. Vollständige Figuren im Bündel.

a) Allgemein

n-Kant	n-Flach
[n Strahlen (Kanten) und $\binom{n}{2}$ Verbindungsebenen.]	[n Ebenen und $\binom{n}{2}$ Schnittgerade.]

---

[1]) Das Kongruenzzeichen $\equiv$ wird hier ausnahmsweise als Äquivalenzzeichen benützt.

b) Speziell

3-Kant = Simplex des Bündels = 3-Flach
4-Kant   4-Flach

(Besitzt drei Paare Gegenflächen und drei Nebenkantstrahlen oder Diagonalstrahlen.)	(Besitzt drei Paare Gegenkanten und drei Nebenflächen oder Diagonalflächen.)

C. Vollständige Figuren im Raum (R_3).

a) Allgemein

Räumliches n-Eck	Räumliches n-Flach
[n Punkte, $\binom{n}{2}$ Verbindungsgerade und $\binom{n}{3}$ Verbindungsebenen].	[n Ebenen, $\binom{n}{2}$ Schnittgerade und $\binom{n}{3}$ Schnittpunkte].

b) Speziell

Räumliches 4-Eck = Simplex des Raumes = Räum-
                                         [liches 4-Flach.

(Besitzt 4 Ecken, 6 Verbindungsgerade und 4 Verbindungsebenen.)	(Besitzt 4 Ebenen, 6 Schnittgerade und 4 Eckpunkte.)

D. Vollständige Figuren im Raum (R_4).

a) Allgemein

n-Zell

[Besitzt n Zellen, $\binom{n}{2}$ Ebenen, $\binom{n}{3}$ Gerade, $\binom{n}{4}$ Punkte.]

b) Speziell

Simplex des R_4 ist das sogenannte Fünfzell.
(Besitzt 5 Zellen, 10 Ebenen, 10 Gerade, 5 Punkte.)

Elftes Kapitel

Axiome der Geometrie
Das Axiomensystem Hilberts

Wir haben zwar schon allerlei Schönes und Ver-
blüffendes gelernt, haben auch schon einen hoffentlich
recht deutlichen Begriff vom Wesen der projektiven
Geometrie gewonnen, haben aber dabei gleichwohl auf
Sand gebaut. Denn wir haben bisher nur sehr flüchtig
über die sogenannten Axiome gesprochen, über die
ehernsten Grundsockel jeder wirklich wissenschaftlichen Geometrie. Wenn wir uns nun diesen letzten
Instanzen zuwenden, vor deren Richterstuhl wir schließlich gelangen, wenn wir bei irgendeiner geometrischen
Frage stets weiter das „Warum" erforschen, so verlassen wir scheinbar unsere projektive Geometrie. Es
scheint allerdings nur so. Denn wir werden stets wieder
in irgendeiner Weise zu ihr zurückkehren. Sie war uns
neu und fremd, da sie in der Schule kaum gelehrt
wird. Aber sie ist uns interessant und lieb geworden.
Und auch vertraut. Und sie wird uns ihre ganz große
Legitimation erst noch abgeben, wenn es sich darum
handeln wird, von der Geometrie der Lage zur Maßgeometrie den zwanglosesten Übergang zu finden.
Was sind nun diese rätselhaften Axiome? Man sagt
manchmal, es seien allererste Grundsätze, Fundamentalsätze, die sich weiter nicht beweisen lassen und die aus der
Anschauung genommen sind und durch die Anschauung
bestätigt werden müssen. Ein solches Axiom wäre etwa
die Behauptung, daß es in einer Geraden stets wenigstens zwei Punkte und in einer Ebene stets wenigstens
drei nicht auf einer Geraden gelegene Punkte geben
müsse. Man könnte nun bei derartigen Beispielen be-

haupten, daß Axiome neben ihrem anschaulichen Gehalt auch gewisse logische Elemente enthalten. Die Ebene ist ja ein Gedankending, das ich mir selbst zurechtgemacht habe. Und ich hole jetzt durch das Axiom eigentlich nur die Begriffsmerkmale wieder heraus, die ich selbst in den Begriff legte.

Wir wollen aber die philosophische Frage, ob die ganze Mathematik nur Verabredung oder gar nur eine sogenannte „Tautologie", das heißt gleichsam ein in sich selbst zurücklaufender und sich stets um seine Achse drehender Kreis von Schlüssen sei, nicht weiter erörtern, da über diese Fragen die auch dem Laien zugängliche Literatur genügend Aufschlüsse gibt[1]). Wir wollen vielmehr, wie wir es einmal gewohnt sind, uns wieder in der Geschichte ein wenig umsehen.

Und da bemerken wir etwas ebenso Erstaunliches wie in der Wissenschaftsgeschichte Einzelhaftes: Schon im dritten Jahrhundert vor Christi Geburt hat der Riesengeist des Euklid ein Axiomensystem geschaffen und an die Spitze seiner „Elemente" („Stoicheia") gestellt, das aller Kritik von mehr als zwei Jahrtausenden standhielt. Gewiß, es gab auch vor Euklid „Elemente" der Geometrie. So aber wie die Euklids können sie nicht ausgesehen haben. Denn, ungeachtet mancher Zufälle, sind die Standardwerke der Antike, wenn man so sagen darf, alle auf uns gekommen. Die wichtigsten Dinge gehen eben nicht so leicht verloren, da sie gewöhnlich schon zu Lebzeiten des Verfassers oder kurz nach seinem Tode in entsprechender Menge vervielfältigt wurden. Und unser Euklid wird auch heute noch gedruckt. Denn er dient in fast unveränderter Gestalt der englischen Schuljugend als Lehrbuch der Elementargeometrie.

Wenn wir gleichwohl davon Abstand nehmen, das Axiomengebäude Euklids ausführlich wiederzugeben,

---

[1]) Vaihinger, die Philosophie des „Als ob"; H. Poincaré, Wissenschaft und Hypothese; Pierre Boutroux, Das Wissenschaftsideal der Mathematiker usf.

so hat dies zwei sehr triftige Gründe: zuerst wollen wir es, wo es nur halbwegs angeht, vermeiden, mehrere Systeme oder Aufzählungen über dasselbe Thema zu bringen. Der Vergleich verschiedener Systeme ist eine Beschäftigung für Fortgeschrittene und eine Art von Forschertätigkeit. Im Unterricht gilt nur ein eindeutiger „Katechismus" und kein Kompendium verschiedener Lehrmeinungen. Dieser Grund allein würde uns aber vielleicht doch nicht bewegen können, eine Titanenleistung wie die Euklids so stiefmütterlich zu behandeln. Es kommt noch als zweites wichtiges Motiv für uns die Tatsache hinzu, daß gerade das letzte Jahrhundert die Geometrie auf allen Gebieten gründlich revolutioniert hat. Wir haben in der projektiven Geometrie schon ein Beispiel dieser Umwälzung kennen gelernt. Andere werden wir noch kennen lernen. Dadurch aber haben sich die Anforderungen, die man heute an ein Axiomensystem stellt, sehr geändert, verbreitert und verschärft. Man hat sowohl neuen Tatbeständen zu genügen als auch Erkenntniserweiterungen aus bisher unbekannten Gebieten ihre entsprechende Stelle anzuweisen.

Aus diesen Gründen entschließen wir uns, eines der modernsten und dabei heute schon klassischen Axiomensysteme als Beispiel und als Anleitung unseren weiteren Erörterungen zu unterlegen: und zwar das Axiomensystem des großen, noch lebenden deutschen Geometrikers David Hilbert, ehemals Professor der berühmten Mathematiker-Universität Göttingen, wie es in dessen „Grundlagen der Geometrie" (vierte Auflage 1913) veröffentlicht ist.

Naturgemäß ist dieses System nicht aus sich selbst geboren. Wir finden darin mehr als ein Axiom, das auch schon Euklid aufgestellt hat. Denn das „griechische Wunder", dieses schmiegsame Zusammentreffen von höchster Anschauungskraft und logischer Korrektheit, hat ja vieles Endgültige geschaffen, das wir Nachgeborene weder umstoßen wollen, noch zu verbessern brauchen. Gleichwohl muß man die Taten Hilberts und anderer neuer Geometriker als selbständige Taten gelten lassen. Denn nur Eingeweihte können es ermessen, welche logische Schärfe und welch kaum vorstellbarer Überblick über das Gesamtgebiet der Mathematik dazu gehört, um nur ein halbwegs brauchbares Axiomensystem aufzustellen, in dem die einzelnen Axiome „unabhängig" voneinander sein müssen, da sie sonst ihren Axiomcharakter verlieren würden. Außerdem dürfen die Axiome einander nicht „widersprechen". Dazu aber muß noch eine weit schwerere Forderung, nämlich die „Vollständigkeit" des Axiomensystems erfüllt sein. Streng genommen müßte man, um diese Vollständigkeit sicherzustellen, jeden irgendwann und irgendwo aufgestellten Satz der Geometrie prüfen, ob er nicht noch weitere allerletzte Voraussetzungen mache, als eben unsere Axiome.

Wir müssen also die nun folgenden „selbstverständlichen" Sätze doch mit etwas mehr Ehrfurcht ansehen, als sie sie auf den ersten Blick zu verdienen scheinen. Denn gerade „Selbstverständlichkeit" kann unter Umständen das Allerallerschwerste sein, kann bis zur göttlichen Offenbarung oder Vollendung reichen.

Hilbert sagt nichts weiter über das Wesen eines Axioms. Er führt nur in einer vorangeschickten „Erklärung" folgendes aus, nachdem er von drei Systemen von „Dingen" gesprochen hat, die wir als Punkte, Gerade und Ebenen bezeichnen und die die Elemente der linearen, der ebenen und der Geometrie des Raumes seien:

Wir denken, sagt er, die Punkte, Geraden, Ebenen in gewissen gegenseitigen Beziehungen und bezeichnen diese Beziehungen durch Worte wie „liegen", „zwischen", „parallel", „kongruent", „stetig"; die genaue und für mathematische Zwecke vollständige Beschreibung dieser Beziehungen erfolgt durch die Axiome der Geometrie.

Die Axiome der Geometrie können nach Hilbert in

fünf Gruppen geteilt werden. Jede einzelne dieser Gruppen drückt gewisse zusammengehörige Grundtatsachen unserer Anschauung aus. Diese Gruppen von Axiomen benennt Hilbert in folgender Weise, wobei die römische Ziffer die Gruppennummer und die danebengestellten arabischen Ziffern die Axiomnummern bedeuten.

I. 1—8 Axiome der Verknüpfung,
II. 1—4 Axiome der Anordnung,
III. 1—5 Axiome der Kongruenz,
IV.　　　 Axiom der Parallelen,
V. 1—2 Axiome der Stetigkeit.

Es gibt somit nach Hilbert insgesamt 20 Axiome.

An dieser Stelle möge angemerkt werden, daß andere Axiomensysteme, wie z. B. die von Schur oder Pasch, nicht drei Elemente (Punkt, Gerade, Ebene) zugrundelegen, sondern die ganze Geometrie aus einem Element, dem Punkt, aufbauen. Solche Axiomensysteme sind dann unter Umständen, wie die soeben erwähnten, nicht nur für die Euklidische, sondern auch für die Nichteuklidische Geometrie in ihrer Gesamtheit gültig.

Zwölftes Kapitel

Axiome der Verknüpfung
und Axiome der Anordnung

Als erste Axiomengruppe stellen die Axiome der Verknüpfung diese Verknüpfung zwischen Punkten, Geraden und Ebenen her und lauten:

I. 1. „Zwei voneinander verschiedene Punkte A und B bestimmen stets eine Gerade a."

(Statt des Wortes „bestimmen" werden auch andere Wendungen gebraucht. Etwa, die Gerade a „geht." durch die Punkte A und B oder sie „verbindet" A mit B usw.)

I. 2. „Irgend zwei voneinander verschiedene Punkte einer Geraden bestimmen diese Gerade."

I. 3. „Auf einer Geraden gibt es stets wenigstens zwei Punkte, in einer Ebene gibt es stets wenigstens drei nicht auf einer Geraden gelegene Punkte."

I. 4. „Drei nicht auf ein und derselben Geraden liegende Punkte A, B, C bestimmen stets eine Ebene a."

I. 5. „Irgend drei Punkte einer Ebene, die nicht auf ein und derselben Geraden liegen, bestimmen diese Ebene."

I. 6. „Wenn zwei Punkte A, B einer Geraden a in einer Ebene a liegen, so liegt jeder Punkt von a in der Ebene a."

(In diesem Falle sagt man auch, daß die Gerade a in der Ebene a liege.)

I. 7. „Wenn zwei Ebenen a und β einen Punkt A gemeinsam haben, so haben sie wenigstens noch einen weiteren Punkt B gemeinsam."

I. 8. „Es gibt wenigstens vier nicht in einer Ebene gelegene Punkte."

Selbstverständlich folgen aus diesen Axiomen eine große Anzahl von weiteren Sätzen. Wir wollen uns jedoch vorläufig zur Erhöhung der Übersichtlichkeit auf die Axiome beschränken und gehen deshalb zur zweiten Gruppe, zu den Axiomen der Anordnung über.

Die Axiome dieser Gruppe definieren den Begriff „zwischen" und ermöglichen auf Grund dieses Begriffes die Anordnung der Punkte auf einer Geraden, in einer Ebene und im Raume. Sie lauten:

II. 1. „Wenn A, B und C Punkte einer Geraden sind, und B zwischen A und C liegt, so liegt B auch zwischen C und A."

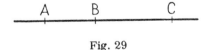

Fig. 29

II. 2. „Wenn A und C zwei Punkte einer Geraden sind, so gibt es stets wenigstens einen Punkt B, der zwischen A und C liegt, und wenigstens einen Punkt D, so daß C zwischen A und D liegt.

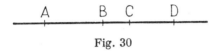

Fig. 30

II. 3. „Unter irgend drei Punkten einer Geraden gibt es stets einen und nur einen Punkt, der zwischen den beiden anderen liegt."

(Wir betrachten auf einer Geraden a zwei Punkte A und B. Der von diesen beiden Punkten begrenzte Teil heißt eine Strecke und wird als Strecke AB oder BA bezeichnet. Die Punkte zwischen A und B heißen Punkte der Strecke oder auch Punkte, die innerhalb der Strecke liegen. Die Punkte A und B heißen die Endpunkte der Strecke. Alle übrigen Punkte auf der Geraden a heißen außerhalb der Strecke AB gelegen.)

II. 4. „Es seien A, B, C drei nicht in gerader Linie gelegene Punkte und a eine Gerade in der Ebene ABC, die keinen dieser drei Punkte trifft; wenn dann die Gerade a durch einen Punkt der Strecke AB geht, so geht sie gewiß auch entweder durch einen Punkt der Strecke BC oder durch einen Punkt der Strecke AC (sogenanntes ‚Axiom von Pasch')."

Nun folgen aus den Axiomengruppen I und II wieder eine große Anzahl von Sätzen, als deren für uns wichtigsten wir bloß den Satz anführen, daß es zwischen zwei Punkten einer Geraden stets unendlich viele Punkte geben müsse. Da nämlich zwei Punkte stets eine Gerade bestimmen und da es weiters stets einen Punkt gibt, der zwischen zwei Punkten einer Geraden liegt, so komme ich durch Wiederholung zu folgendem Schluß:

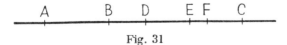

Fig. 31

Zwischen A und C muß ein Punkt B liegen. Nun ist durch B und C eine Gerade unabhängig von A bestimmt. Daher muß zwischen B und C wieder ein Punkt D liegen, der mit C unabhängig von B eine Gerade bestimmt. Daher gibt es weiters den Punkt E zwischen D und C. Nun bestimmen E und C wieder eine Gerade, auf der F zwischen E und C liegt. Wie man sieht, kann man, ohne den Bereich zwischen A und C zu verlassen, diesen Vorgang bis ins Unendliche wiederholen, wodurch man bereits unendlich viele Punkte erhalten muß. Man könnte jederzeit aber auch noch zwischen A und B oder zwischen B und D einen Punkt wählen, wodurch man neuerlich zu weiteren Unendlichkeiten von Punkten gelangte.

Dreizehntes Kapitel

Axiome der Kongruenz, Dreiecks-Kongruenzen

Nun zur dritten Axiomgruppe, den Axiomen der Kongruenz, die den Begriff der Kongruenz und damit auch den der Bewegung feststellen. Unter „kongruent" versteht man in der Geometrie eine besondere Art der Gleichheit. Kongruenz liegt nämlich nur dann vor, wenn gleiche geometrische Gebilde tatsächlich zur vollständigen Deckung gebracht werden können. Wir wollen diese scheinbare Spitzfindigkeit schon an dieser Stelle erörtern. Zwei Handschuhe etwa sind sicherlich gleich, wenn alle ihre Größenabmessungen bezüglich gleich sind. Also wenn die Handschuhe demselben Paar angehören. Trotzdem lassen sich die Handschuhe nicht zur „Deckung" bringen. Man kann sie nur deckend ineinander stecken, wenn man den einen „umdreht". Dieses Umdrehen ist nun zufällig bei Handschuhen möglich. Wenn ich aber zwei Ritterhandschuhe aus Stahlblech hätte, könnte ich die Deckung trotz aller Versuche nie erzielen. Die Handschuhe sind eben gleich aber nicht kongruent, sondern symmetrisch. Symmetrie gibt es aber nicht nur bei räumlichen, sondern auch bei flächenhaften und sogar bei linienhaften Gebilden. Das Original und das Spiegelbild, die Druckplatte und die gedruckte Seite sind zueinander symmetrisch. Kongruent können symmetrische Figuren der Ebene nur werden, wenn man sie aus der Ebene, dem R_2 in den R_3 herausnimmt und „umklappt". In der Ebene könnte man sie in aller Ewigkeit herumdrehen und würde sie nie zur Kongruenz, zur Deckung bringen. Wir deuten hier nur an, daß das Problem von „Rechts" und „Links" mit der Symmetrie zusammenhängt. Und wir notieren vorläufig als Grundsatz, daß in jedem R_n ein symmetrisch liegendes Gebilde von n Dimensionen nur dann zur Deckung, zur Kongruenz gebracht werden kann, wenn man einen weiteren Freiheitsgrad eines R_{n+1} zur Verfügung hat. Aber selbst bei nichtsymmetrischer Lage ist die Kongruenz nur festzustellen, wenn man die Gebilde bewegt. Daher die Behauptung der Geometriker, daß mit der Kongruenz auch der Begriff der Bewegung definiert und eingeführt sei.

Wir wollen aber die weiteren Folgerungen der Symmetrie für die Dimensionsfrage einstweilen vertagen, um uns jetzt der dritten Gruppe von Axiomen, den sogenannten Axiomen der Kongruenz zuzuwenden. Sie lauten:

III. 1. „Wenn A und B zwei Punkte auf einer Geraden a und ferner A′ ein Punkt auf derselben oder einer anderen Geraden a′ ist, so kann man auf einer gegebenen Seite der Geraden a′ von A′ stets einen und nur einen Punkt B′ finden, so daß die Strecke A B der Strecke A′B′ kongruent oder gleich ist, in Zeichen

$$A B \equiv A' B'.$$

Jede Strecke ist sich selbst kongruent, das heißt es ist stets:

$$A B \equiv A B \quad \text{und} \quad A B \equiv B A."$$

(Man drückt diesen Tatbestand auch kürzer aus, indem man sagt, daß eine jede Strecke auf einer gegebenen Seite einer gegebenen Geraden von einem gegebenen Punkte in eindeutig bestimmter Weise „abgetragen" werden könne.)

III. 2. „Wenn eine Strecke AB sowohl der Strecke A'B' als auch der Strecke A"B" kongruent ist, so ist auch die Strecke A'B' der Strecke A"B" kongruent, das heißt wenn AB $\equiv$ A'B' und AB $\equiv$ A"B", so ist auch A'B' $\equiv$ A"B"."

III. 3. „Es seien AB und BC zwei Strecken ohne gemeinsame Punkte auf der Geraden a und ferner A'B' und B'C' zwei Strecken auf derselben oder einer anderen Geraden a' ebenfalls ohne gemeinsame Punkte; wenn dann AB $\equiv$ A'B' und BC $\equiv$ B'C', so ist auch stets AC $\equiv$ A'C'."

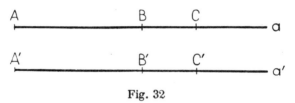

Fig. 32

Bevor wir zu den weiteren Kongruenz-Axiomen vordringen, müssen wir eine grundlegende Erklärung einschalten. Wir haben es nämlich bisher stets nur mit Punkten, Geraden, Strecken oder Ebenen zu tun gehabt. Für unsere weiteren Schritte müssen wir ein neues Gebilde, den Winkel, einführen. Für unsere jetzigen Zwecke muß dies in möglichst wissenschaftlich einwandfreier Form geschehen, denn wir dürfen ja als Axiomatiker noch in keiner Art darüber im klaren sein, was solch ein Winkel sei. Wir müssen diesen Begriff also Stück für Stück aufbauen.

Wir hätten eine beliebige Ebene a vor uns, in der zwei verschiedene Halbstrahlen von einem Punkte 0 ausgingen. Diese Halbstrahlen gehörten außerdem verschiedenen Geraden an:

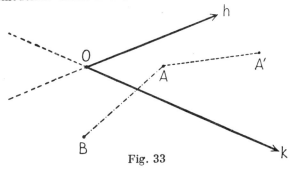

Fig. 33

Das System dieser beiden Halbstrahlen nennen wir nun einen Winkel und bezeichnen es mit ∢ (h, k) oder ∢ (k, h). Aus den Axiomen II 1—4 kann geschlossen werden, daß die Halbstrahlen h und k (zusammen mit dem Punkte 0) die übrigen Punkte der Ebene α in zwei Gebiete von folgender Beschaffenheit teilen: Ist A ein Punkt des einen und B ein Punkt des anderen Gebietes, so geht jeder Streckenzug, der A mit B verbindet, entweder durch 0 oder er hat mit h oder k wenigstens einen Punkt gemeinsam. Sind dagegen A und A′ Punkte desselben Gebietes, so gibt es stets einen Streckenzug, der A mit A′ verbindet und weder durch 0 noch durch einen Punkt der Halbstrahlen h oder k hindurchläuft. Eines dieser Gebiete ist vor dem anderen ausgezeichnet, indem jede Strecke, die irgend zwei Punkte dieses ausgezeichneten Gebietes verbindet, stets ganz in demselben liegt; dieses ausgezeichnete Gebiet heißt das Innere des Winkels ∢ (h, k) zum Unterschiede von dem anderen Gebiete, welches das Äußere des Winkels ∢ (h, k) genannt werden möge. Die Halbstrahlen h und k aber heißen die Schenkel des Winkels und der Punkt 0 heißt der Scheitel des Winkels.

Nun stehen auch die Winkel in gewissen Beziehungen zueinander, zu deren Bezeichnung uns ebenfalls die Worte „kongruent" oder „gleich" dienen.

III. 4. „Es sei ein Winkel $\measuredangle$ (h, k) in einer Ebene α und eine Gerade a' in einer Ebene α', sowie eine bestimmte Seite von a' auf α' gegeben. Es bedeute h' einen Halbstrahl der Geraden a', der vom Punkte 0' ausgeht; dann gibt es in der Ebene α' einen und nur einen Halbstrahl k, so daß der $\measuredangle$ (h, k) kongruent oder gleich dem Winkel $\measuredangle$ (h', k') ist und zugleich alle inneren Punkte des Winkels $\measuredangle$ (h', k') auf der gegebenen Seite von a' liegen, in Zeichen: $\measuredangle$ (h, k) $\equiv$ $\measuredangle$ (h', k'). Jeder Winkel ist sich selbst kongruent, das heißt es ist stets $\measuredangle$ (h, k) $\equiv$ $\measuredangle$ (h, k) und $\measuredangle$ (h, k) $\equiv$ $\measuredangle$ (k, h). Wir sagen dafür auch kurz, daß ein jeder Winkel in einer gegebenen Ebene nach einer gegebenen Seite an einen gegebenen Halbstrahl auf eine eindeutig bestimmte Weise abgetragen werden könne."

Um den nächsten Satz zu gewinnen, muß eine Erklärung vorangeschickt werden. Es sei ein Dreieck ABC vorgelegt; wir bezeichnen die beiden von A ausgehenden, durch B und C laufenden Halbstrahlen mit h und k. Der Winkel $\measuredangle$ (h, k) heißt dann der von beiden „Seiten" AB und AC eingeschlossene, oder der der Seite BC gegenüberliegende Winkel des Dreiecks ABC; er enthält in seinem Inneren sämtliche inneren Punkte des Dreiecks ABC und wird mit $\measuredangle$ BAC oder $\measuredangle$ A bezeichnet.

III. 5. „Wenn für zwei Dreiecke ABC und A'B'C' die Kongruenzen

$$AB \equiv A'B', \quad AC \equiv A'C', \quad \measuredangle BAC \equiv \measuredangle B'A'C'$$

gelten, so sind auch stets die Kongruenzen

$$\measuredangle ABC \equiv \measuredangle A'B'C' \text{ und } \measuredangle ACB \equiv \measuredangle A'C'B'$$

erfüllt."

Dieses letzte Axiom der Kongruenz wird für uns die Überleitung zu einer grundlegenden Betrachtung über die Kongruenz von Dreiecken bilden. Wir müssen nur noch in aller Eile einige Begriffe über Winkel nachtragen. Wir nennen zwei Winkel, die einen Schenkel und den Scheitel gemeinsam haben und deren andere beiden Schenkel eine gerade Linie bilden, Nebenwinkel.

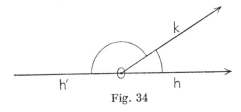

Fig. 34

Die Winkel ∢ (h, k) und ∢ (h′, k) sind also Nebenwinkel. Sind aber zwei Nebenwinkel einander kongruent, dann handelt es sich um zwei rechte Winkel. Oder man kann auch sagen, daß ein rechter Winkel dann vorliegt, wenn dieser Winkel seinem Nebenwinkel kongruent ist.

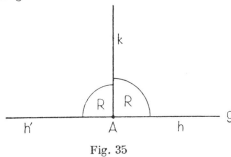

Fig. 35

Man sagt weiters, die Gerade k stehe „senkrecht" auf der durch die beiden Halbstrahlen h und h′ gebildeten Geraden g. Oder k sei „normal" oder „die Normale" zur Geraden g. Nach Hilbert folgt die Existenz rechter Winkel aus den Axiomen III. 1., III. 4. und III. 5. Wenn man nämlich einen beliebigen Winkel vom Scheitel aus an einem seiner Schenkel anträgt und hierauf die äußeren Schenkel gleichmacht, so schneidet die Verbindungsgerade der Endpunkte der äußeren Schenkel den gemeinsamen Schenkel senkrecht.

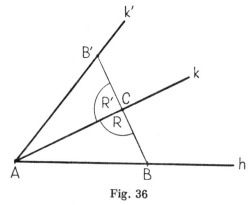

Fig. 36

Es ist nämlich $AB \equiv AB'$ und $AC \equiv AC$. Außerdem $\sphericalangle (h, k) \equiv \sphericalangle (k', k)$.

Daher muß auch der Winkel R seinem „Nebenwinkel" R' gleich sein (III. 5.). Gleichheit der Nebenwinkel aber bedeutet eben definitionsgemäß das „Senkrechtstehen" oder die Eigenschaft der Rechtwinkligkeit (Orthogonalität).

Eine andere Art von Winkeln sind die sogenannten „Scheitelwinkel", das sind zwei Winkel mit gemeinsamem Scheitel, deren Schenkel je eine Gerade bilden. Scheitelwinkel sind einander stets gleich und kongruent.

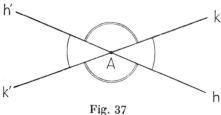

Fig. 37

Dazu wird bemerkt, daß sowohl die Winkel (h, k) und (h', k') Scheitelwinkel sind als auch die Winkel (h, k') und (h', k).

Nach diesen Vorbemerkungen können wir uns den Kongruenzsätzen für Dreiecke zuwenden. Dabei dürfen wir nur solche Dreiecke als kongruent bezeichnen, bei denen alle sechs Kongruenzen (drei Seiten und drei Winkel) erfüllt sind. Es muß also sein: $AB \equiv A'B'$, $AC \equiv A'C'$, $BC \equiv B'C'$, $\sphericalangle A \equiv \sphericalangle A'$, $\sphericalangle B \equiv \sphericalangle B'$, $\sphericalangle C \equiv \sphericalangle C'$.

Wir stellten schon nach Axiom III. 5. fest, daß, wenn in zwei Dreiecken zwei Seiten und der von diesen Seiten eingeschlossene Winkel kongruent seien, dann auch die beiden anderen Winkel einander bezüglich kongruent sein müßten. Es bedarf also nur noch des Nachweises, daß auch die dritten Seiten der beiden Dreiecke einander kongruent sein müssen.

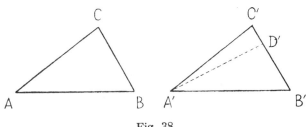

Fig. 38

Wenn wir nun einmal (was eine häufige Beweismethode ist) annehmen, das Gegenteil wäre der Fall, nämlich BC sei nicht kongruent mit $B'C'$, dann müssen wir wohl die Unmöglichkeit einer solchen Annahme beweisen, um unsere erste Behauptung zu bekräftigen. Nach unserer ersten Annahme beim Axiom III. 5. war der Winkel $\sphericalangle BAC$ dem Winkel $\sphericalangle B'A'C'$ kongruent. Nun müßte er ebenso dem Winkel $\sphericalangle B'A'D'$ kongruent sein, was offensichtlich unmöglich ist, da sich, abgesehen von der direkten Anschauung auch nach

Axiom III. 4. ein Winkel an einem gegebenen Halbstrahl nach einer gegebenen Seite nur auf eine einzige Art abtragen läßt. Also muß auch die Seite $BC = B'C'$ sein, woraus die Kongruenz aller sechs Bestimmungsstücke und damit die Kongruenz der beiden Dreiecke zwingend folgt. Dieser erste Kongruenzsatz für Dreiecke heißt nach der räumlichen Lage der von vornherein als kongruent angenommenen Bestimmungsstücke der Seiten-Winkel-Seiten-Satz oder der SWS-Satz.

Wenn wir nun drei andere Bestimmungsstücke in zwei Dreiecken, etwa je eine Seite und die beiden dieser Seite anliegenden Winkel als bezüglich paarweise kongruent annehmen, dann gewinnen wir den zweiten Kongruenzsatz, den sogenannten Winkel-Seiten-Winkel-Satz oder WSW-Satz.

Wir wollen diesen und die folgenden Kongruenzsätze ohne Beweis aussprechen, da wir ja im allgemeinen Beweise überhaupt nur zur Übung bringen und im Übrigen nur allgemein anerkannte Tatsachen der Geometrie unserer Einführung unterlegen. Unser WSW-Satz gilt aber nicht unter beliebigen Bedingungen. Denn wenn die der Seite anliegenden beiden Winkel beides rechte oder stumpfe Winkel wären (das heißt Winkel, die größer als rechte Winkel sind), so würde ja gar kein Dreieck im gewöhnlichen Sinn existieren.

Aber auch ein stumpfer und spitzer Winkel, die zusammen größer sind als 2R oder 180 Grad lassen ein Dreieck nicht zustande kommen. (Fig. 39.)

Aus diesem WSW-Satz können wir sogleich sehr wichtige Eigenschaften der sogenannten Winkelhalbierenden oder Winkelsymmetralen folgern. Es ist offensichtlich, daß (in Fig. 40) die Dreiecke ABC und ABC' nach dem WSW-Satz kongruent sind. Denn die Strecke (Seite) AB ist beiden gemeinsam, die Winkel a und a' müssen einander gleich sein, da dies ja im Wesen der „Halbierung" des ursprünglichen ganzen Winkels bei A liegt, und die beiden rechten Winkel bei B, die wir

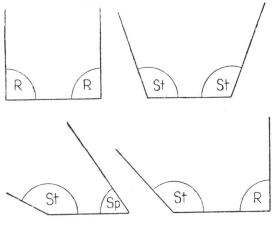

Fig. 39

absichtlich als Rechte dadurch erzeugt haben, daß wir eine „Normale" zur Winkelsymmetrale zogen, sind ebenfalls kongruent. Daraus ergibt sich weiter, daß jede Normale zur Winkelhalbierenden, die beide Schen-

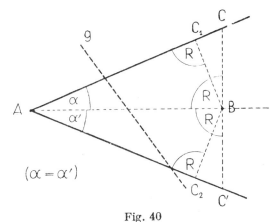

Fig. 40

127

kel schneidet, von diesen Schenkeln gleiche Stücke (AC und AC') abschneidet, und daß Normale, die von den Schenkeln auf einen Punkt der Symmetrale gefällt werden (CB und C'B) einander ebenfalls gleich sind. Damit müssen auch die Winkel bei C und C' einander gleich sein. Ziehe ich nun umgekehrt Lote (Normale) aus einem Punkt der Winkelsymmetralen auf die beiden Schenkel, dann erhalte ich die beiden Dreiecke ABC_1 und ABC_2. Für diese Dreiecke kommt ein anderer Kongruenzsatz zur Anwendung. Es sind nämlich zwei Dreiecke auch kongruent, wenn bei ihnen eine Seite, ein anliegender und der gegenüberliegende Winkel gleich sind. Dieser Satz heißt der Seiten-Winkel-Winkel-Satz oder der SWW-Satz. Dabei müssen natürlich wiederum die zwei Winkel zusammen kleiner sein als zwei Rechte.

Bei unserer Winkelsymmetrale sind nun die beiden Dreiecke ABC_1 und ABC_2 tatsächlich nach dem SWW-Satz kongruent, woraus sich weiter ergibt, daß Lote, die aus einem Punkt der Winkelhalbierenden auf die beiden Schenkel gefällt werden, von beiden Schenkeln gleiche Stücke (AC_1 und AC_2) abschneiden und außerdem gleich lang sind ($C_1B \equiv C_2B$).

Schneide ich eine Winkelhalbierende dagegen nicht durch Lote der einen oder der anderen Art, sondern durch eine andersgerichtete beliebige Gerade g, dann ergeben sich derartige Beziehungen nicht. Wir werden aber später Eigenschaften kennen lernen, die zwei parallele Schnittgerade haben, die einen Winkel bzw. die Winkelhalbierende schneiden.

Als weiterer Kongruenzsatz käme der sogenannte Seiten-Seiten-Seiten-Satz oder SSS-Satz in Betracht, der aussagt, daß zwei Dreiecke dann kongruent sind, wenn in beiden Dreiecken alle drei Seiten übereinstimmen. Dabei muß die Bedingung erfüllt sein, daß in jedem der Dreiecke je zwei beliebige Seiten zusammen größer sein müssen als die dritte Seite. Denn ohne diese Bedingung kommt kein Dreieck zustande.

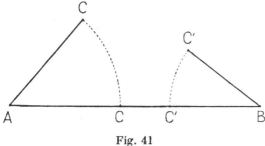

Fig. 41

Als letzten Kongruenzsatz erwähnen wir den sogenannten Seiten-Seiten-Winkel-Satz oder SsW-Satz,
der behauptet, daß zwei Dreiecke dann einander kongruent seien, wenn sie je zwei Seiten und den der größeren Seite gegenüberliegenden Winkel gemeinsam haben.
Würde man den der kleineren Seite gegenüberliegenden
Winkel als drittes Bestimmungsstück wählen, dann
wäre eine eindeutige Zuordnung der homologen Stücke
nicht möglich, wie aus der Figur zu ersehen ist. Die
beiden Dreiecke ABC und A BC sind alles andere nur

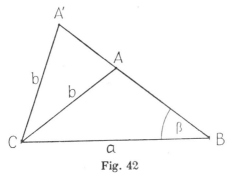

Fig. 42

nicht kongruent, obwohl sie zwei Seiten a und b und
den der kleineren Seite gegenüberliegenden Winkel β
gemeinsam haben.

Wir schließen nun die Lehre von der Kongruenz der Dreiecke mit einer kleinen Übersicht ab. Zwei Dreiecke sind im allgemeinen dann kongruent, wenn (unter gewissen Einschränkungen) drei ihrer Bestimmungsstücke miteinander übereinstimmen. Allerdings ergibt die Übereinstimmung aller drei Winkel keine Kongruenz, sondern bloß Ähnlichkeit. Kongruenz ergibt sich bei folgenden Übereinstimmungen oder Einzelkongruenzen:

1. Zwei Seiten und der von ihnen eingeschlossene Winkel (SWS-Satz).

2. Eine Seite und die beiden anliegenden Winkel (WSW-Satz).

3. Eine Seite, ein anliegender und der der Seite gegenüberliegende Winkel (SWW-Satz).

4. Alle drei Seiten (SSS-Satz).

5. Zwei Seiten und der der größeren Seite gegenüberliegende Winkel (SsW-Satz)[1].

Vierzehntes Kapitel

Parallelenaxiom, Axiome der Stetigkeit

Wir sind aber jetzt von unserem eigentlichen Untersuchungsgegenstand, dem Axiomensystem Hilberts, etwas weit abgeirrt. Wir müssen uns also der Axiomengruppe IV zuwenden, die bloß ein einziges Axiom enthält. Nämlich das vielberufene, rätselhafte und gefährliche Axiom der Parallelen.

Es wurde von uns über den Begriff der Parallelen schon häufig gesprochen. Wir sind auch ziemlich genau darüber unterrichtet, was man unter Parallelen und Parallelismus zu verstehen hat. Es bleibt uns also nur noch übrig, jetzt dem Axiom der Parallelen, das auch

---

[1] Das kleine s soll anzeigen, daß der Winkel der größeren Seite S gegenüberliegt.

als Euklidisches Axiom oder Axiom Euklids bezeichnet wird, seine präzise wissenschaftliche Formulierung zu geben.

Wir wollen dabei für dieses eine Mal unser Prinzip aufgeben, die Axiome nur in der Fassung Hilberts zu bringen. Und wir schreiben uns jetzt den Wortlaut auf, in dem Euklid selbst sein sogenanntes fünftes Postulat formulierte. Er sagt: „Werden zwei Gerade, die in derselben Ebene liegen, von einer dritten geschnitten, und ergeben die beiden Innenwinkel auf der einen Seite der Schnittlinie eine Summe, die kleiner als zwei Rechte ist, so müssen die beiden Geraden, wenn sie genügend verlängert werden, einander schneiden, und zwar auf der Seite der Schnittlinie, wo die beiden Innenwinkel liegen, deren Summe kleiner als zwei Rechte ist."

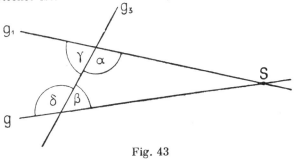

Fig. 43

Die Winkel α und β sind zusammen kleiner und somit die Winkel γ und δ zusammen größer als 180 Grad oder zwei Rechte. Daher müssen sich g_1 und g schneiden. Sie würden sich nur dann nicht schneiden, wenn $(\alpha + \beta)$ und damit $(\gamma + \delta)$[1]) zusammen je zwei Rechte betrügen.

---

[1]) Die Winkelzeichen sind der Einfachheit halber fortgelassen. In der Untersuchung über die Parallelen sind alle mit kleinen griechischen Buchstaben bezeichneten Stücke stets Winkel.

Aus dieser Überlegung gewinnen wir nun leicht die Beziehungen der Winkel untereinander, die an der sogenannten Transversale, also an der Geraden liegen, die zwei Parallele schneidet.

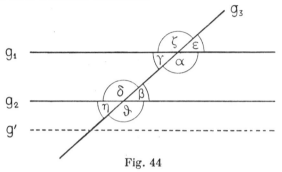

Fig. 44

Da nämlich $(\alpha + \beta) = 180°$ sein muß und $(\alpha + \gamma)$ offensichtlich auch gleich 180° ist, so ist $\beta \equiv \gamma$. Da aber anderseits $(\gamma + \delta) = 180°$ und $(\gamma + \alpha)$ ebenso zusammen 180° ausmacht, so ist wieder $\alpha \equiv \delta$. Solche Winkel heißen innere Wechselwinkel, weil sie gleichsam die Seite der Transversale „wechseln". Nun sind aber auch γ und ε, α und ζ, β und η, δ und ϑ als Scheitelwinkel einander gleich. Daher sind es auch ε und η oder ζ und ϑ als sogenannte äußere Wechselwinkel. Als Gegenwinkel dagegen bezeichnet man je einen äußeren und einen inneren Winkel, die auf derselben Seite der Transversalen liegen, allerdings außerdem noch an verschiedenen Scheiteln. Also ζ und δ, γ und η, ε und β, α und ϑ. Auch Gegenwinkel sind stets untereinander gleich, was aus den obigen Überlegungen leicht geschlossen werden kann. Wir hätten noch die sogenannten Anwinkel zu erwähnen, die als je zwei äußere oder je zwei innere Winkel auf derselben Seite der Transversalen erscheinen. Also ζ und η, γ und δ, ε und ϑ, α und β. Daß die Anwinkel stets zusammen 2R oder 180 Grad als Winkelsumme ergeben, geht aus dem Postulat selbst als Bedingung des

Parallelismus hervor oder kann aus unseren anderen Feststellungen leicht geschlossen werden.

Wir dürfen also unser „Postulat" (unsere „Behauptung", „Forderung" oder „Annahme") auch so aussprechen: Werden zwei Gerade von einer dritten Geraden in der Art geschnitten, daß je zwei Wechselwinkel gleich sind, dann sind auch alle entsprechenden Gegenwinkel einander paarweise gleich und die Anwinkel ergänzen einander paarweise auf 180 Grad (oder sind, wie man es auch nennt, „supplementär")[1]).

Natürlich kann man aus dem Postulat durch entsprechende Umkehrungen allerlei andere Sätze gewinnen, etwa, daß bei derartigen Winkelbeziehungen an der Transversale die beiden Geraden parallel sein müßten usw. Wenn wir nun noch eine dritte Gerade g', die in der Figur gestrichelt eingezeichnet ist, hinzunehmen, die ebenfalls von der Transversale geschnitten wird, und weiters postulieren, daß ihre Winkel sich sowohl zu den Winkeln an der Geraden g_1 als auch zu den Winkeln an der Geraden g_2 gemäß dem Parallelenpostulat verhalten, dann ist g sowohl zu g_1 als zu g_2 parallel. Daraus folgt aber, daß zwei Parallele, die zu einer dritten Geraden parallel sind, auch untereinander parallel sein müssen, weil dann auch zwischen diesen beiden Geraden alle zum Parallelismus erforderlichen Winkelgleichheiten bzw. Supplementaritäten bestehen.

Nach diesen Vorbemerkungen zum Parallelenaxiom machen wir darauf aufmerksam, daß ohneweiters eine Geometrie denkbar ist, bei der alle anderen Axiome mit einziger Ausnahme des Parallelenaxioms gelten. Etwa die gar nicht mystische oder überdimensionale Geometrie auf der Kugelfläche, bei der sich zwei „Gerade" oder g-Linien (wie H. Mohrmann sagt), also die

---

[1]) „Supplementär" sind solche Winkel, die einander auf 2 R oder 180 Grad ergänzen, „komplementär" oder „Komplemente" solche, die einander auf einen Rechten oder 90 Grad ergänzen.

kürzesten Verbindungslinien zweier Punkte, falls sie parallel sind, stets in zwei Gegenpunkten schneiden. (Meridiane auf dem Globus sind am Äquator parallel und schneiden einander in den Polen!) Wir werden über dies alles noch ausführlich sprechen, da es ja mit ein Hauptzweck dieses Buches ist, volles Verständnis auch für die sogenannten „nichteuklidischen" Geometrien zu erwecken. Wenn also Geometrien, in denen das Parallelenaxiom nicht gilt, als „nichteuklidisch" zu bezeichnen sind, dann darf man wohl, wie es auch allgemein üblich ist, die Geometrie, in der das Parallelenpostulat verwendet wird, als die „euklidische" Geometrie bezeichnen. Diese Ankündigung wird den Anfänger wohl ein wenig verwirren oder erschrecken. Er war es ja bisher gewohnt, gerade „die Geometrie" für die sicherste und unanfechtbarste Wissenschaft zu halten. Und nun soll es gar mehrere, anscheinend gleichrichtige Geometrien geben?! Gewiß, antworten wir ruhig. Es gibt nicht nur mehrere, sondern unendlich viele verschiedene Geometrien, die in sich richtig, logisch und geschlossen sind. Welche von diesen Geometrien man wählt, ist nach Poincaré pure Konvention oder Verabredung. Allerdings hat nach unserer Ansicht diese „Verabredung" doch gewisse Grenzen, die irgendwie mit der Natur des Geistes und des Weltalls zusammenhängen. Aber wir dürfen uns nicht allzutief in die schwierigsten Probleme der Philosophie der Mathematik verirren. Wir stellen nur noch einmal fest, daß der Satz von den Parallelen unbewiesen und unbeweisbar ist und daß unsere ganze gewöhnliche Schulgeometrie, die ihn akzeptiert, eine der unendlich vielen möglichen Geometrien, nämlich die sogenannte euklidische Geometrie ist; die wahrscheinlich für unseren Geist und für unsere Welt auch die bequemste ist. Poetisch könnte man sie als die „Sonnengeometrie" bezeichnen, da zur Vorstellung des Parallelismus in unserer Welt sicherlich im Gegensatze zur Geometrie des Auges, die den Parallelismus eigentlich nicht kennt, unsere „Erfahrung" der parallelen (besser, scheinbar parallelen) Sonnenstrahlen historisch und psychologisch viel beigetragen hat. Wir bewegen uns auch überall dort, wo nicht ausdrücklich das Gegenteil angegeben ist, stets in der „Sonnengeometrie", also innerhalb einer das Parallelenpostulat benützenden und fordernden Geometrie. Und unsere Bemerkung über die projektive Geometrie möge auch nicht mißverstanden werden. Denn wir werden sie vorläufig ebenfalls unter rein euklidischen Gesichtspunkten behandeln und sie als gleichsam in den euklidischen Raum eingebaut betrachten.

Nun sind wir aber noch die Formulierung des Parallelenaxioms schuldig, die Hilbert für sein Axiomensystem gewählt hat. Er formuliert:

IV. „(Euklidisches Axiom.) Es sei a eine beliebige Gerade und A ein Punkt außerhalb von a: Dann gibt es in der durch a und A bestimmten Ebene höchstens eine Gerade, die durch A läuft und a nicht schneidet. Wir nennen dieselbe die Parallele zu a durch A."

Dieses Parallelenaxiom ist gleichbedeutend oder äquivalent mit der Forderung:

„Wenn zwei Gerade a und b in einer Ebene eine dritte Gerade c derselben Ebene nicht treffen, so treffen sie auch einander nicht."

Über die von uns schon einmal angeschnittene Frage, ob das Parallelenaxiom unmittelbar mit der Tatsache der 180 grädigen Winkelsumme im Dreiecke äquivalent sei, ist viel diskutiert worden. Hilbert entscheidet die Frage in der Art, daß er bei Geltung des sogenannten archimedischen Axioms (von dem wir gleich sprechen werden) das Parallelenaxiom als durch den Satz von der 180 grädigen Winkelsumme im Dreiecke ohneweiters ersetzbar behauptet.

Wir wollen also zur Verbreiterung unserer Kenntnisse uns ein wenig mit den Winkeln im Dreiecke befassen, wobei wir noch immer nur die Kongruenzbeziehungen von Winkeln, das Größer- und das Kleinersein und die

sinnfällige Tatsache des gestreckten bzw. des aus der
Nebenwinkel-Kongruenz definierten rechten Winkels
verwenden. Von einer eigentlichen Winkelmessung ist
an dieser Stelle noch nicht die Rede und darf auch
innerhalb unseres axiomatischen Aufbaues noch gar
nicht die Rede sein.

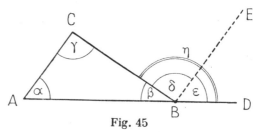

Fig. 45

Wenn wir in unserem Dreieck ABC die Seite AB
über B hinaus nach D verlängern, dann entsteht der
∢ CBD oder Winkel η als sogenannter Außenwinkel
des Dreiecks im Punkt B. Wir zerlegen nun diesen
Außenwinkel durch eine zu AC parallele Gerade BE
in zwei Winkel δ und ε. Wenn wir jetzt weiters die
Geraden BC und AD als „Transversalen" der beiden
Parallelen AC und BE betrachten, dann müssen alle
Winkelsätze, die wir vorhin entwickelt haben, auch
hier gelten. Es ergibt sich daher, daß der Winkel δ
mit dem Winkel γ als Wechselwinkel und daß der
Winkel ε mit dem Winkel α als Gegenwinkel gleich ist.
Wenn also, wie aus der Anschauung und aus der Konstruktion hervorgeht, die Winkel $(\beta + \delta + \varepsilon)$ zusammen zwei Rechte ergeben, dann müssen wohl auch
$(\alpha + \beta + \gamma)$, also die drei Winkel des Dreiecks eine
Winkelsumme von zwei Rechten (oder 180 Grad) aufweisen. Aber es folgt aus unserer Konstruktion noch
ein weiterer Satz. Da nämlich der „Außenwinkel"
des Dreiecks sich aus den mit α bzw. γ gleichen
Winkeln ε und β zusammensetzt, so darf man behaupten, daß der Außenwinkel stets gleich ist der

Summe der beiden Innenwinkel, die andere Scheitel haben als dieser Außenwinkel. Und man muß schließlich auch zugeben, daß der Außenwinkel stets größer sein muß als jeder dieser beiden Innenwinkel, da im gegenteiligen Fall ohne Überschreitung der 180 grädigen Winkelsumme für den dritten Dreieckwinkel nichts oder sogar nur eine negative Größe übrig bliebe, was natürlich sinnlos und unmöglich ist.

Es bleibt uns jetzt nur noch die fünfte Axiomgruppe oder die Axiome der Stetigkeit zu besprechen übrig. Auf den ersten Blick werden uns gerade diese Axiome womöglich noch selbstverständlicher erscheinen als alle anderen. Sie sind es aber, die den sorglosen Gebrauch der anderen Axiome ermöglichen, da wir ohne sie zu ganz merkwürdigen Geometrien, wie zu einer „nichtarchimedischen" Geometrie kommen könnten, die wir bloß erwähnen wollen. Wir stellen also fest:

V. 1. „(Axiom des Messens oder Archimedisches Axiom.) Es sei A_1 ein beliebiger Punkt auf einer Geraden zwischen den beliebig gegebenen Punkten A und B; man konstruiere dann die Punkte A_2, A_3, A_4....., so daß A_1 zwischen A und A_2, ferner A_2 zwischen A_1 und A_3, ferner A_3 zwischen A_2 und A_4 usw. liegt, und überdies die Strecken AA_1, A_1A_2, A_2A_3, A_3A_4..... einander gleich sind. Dann gibt es in der Reihe der Punkte A_2, A_3, A_4..... stets einen solchen Punkt A_n, daß B zwischen A und A_n liegt."

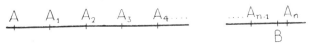

Fig. 46

Einfach ausgedrückt heißt das nichts anderes, als daß es jederzeit gelingen muß, die kleinere Strecke AA_1 so oft abzutragen, daß das Ergebnis dieses Abtragens schließlich durch endliche n-fache Vervielfachung die zweite größere endliche Strecke AB übertrifft. Oder noch einfacher: Strecke a < Strecke b. Bei geeigneter Wahl von n muß einmal: n mal Strecke a > Strecke b, oder Strecke b < n mal Strecke a.

Wenn wir dieses Axiom gelten lassen, dann dürfen wir als letztes Axiom nun formulieren:

V. 2. „(Axiom der Vollständigkeit.) Die Elemente (Punkte, Gerade, Ebenen) der Geometrie bilden ein System von Dingen, das bei Aufrechterhaltung sämtlicher genannter Axiome keiner Erweiterung mehr fähig ist, das heißt: zu dem System der Punkte, Geraden, Ebenen ist es nicht möglich, ein anderes System von „Dingen" hinzuzufügen, so daß in dem durch solche Zusammensetzung entstehenden System sämtliche aufgeführten Axiome I—IV und V. 1. erfüllt sind."

Dieses letzte Axiom verlangt, daß nach einer allfälligen Erweiterung des Systems sämtliche früheren Axiome in der früheren Art und Weise gültig bleiben müssen, sofern man die früheren Beziehungen der Elemente nirgends stört. Ein Punkt etwa, der vor der „Erweiterung des Systems" zwischen zwei anderen Punkten liegt, dürfte auch nach der Erweiterung nirgends anders liegen, und Winkel und Strecken, die vorher kongruent waren, müßten dies auch nach der Erweiterung bleiben usw.

Es sei nur angedeutet, daß diese letzten beiden Axiome der Stetigkeit dafür von größter Bedeutung sind, unsere aus vorliegenden Axiomengruppen gewonnene Geometrie als identisch mit der Cartesischen Geometrie nachzuweisen. Auf den Begriff der „Stetigkeit" werden wir noch zurückkommen. Vorläufig sei nur angemerkt, daß unsere Stetigkeitsaxiome, obwohl sie über Konvergenz nichts aussagen, es gestatten, die Existenz der dem „Dedekindschen Schnitt" entsprechenden Grenze und den Bolzanoschen Satz vom Vorhandensein der „Verdichtungsstellen" nachzuweisen; Probleme, die wir noch nicht verstehen können, die ich aber gleichwohl schon hier nennen wollte.

Fünfzehntes Kapitel

Schlußbemerkungen zu Hilberts Axiomatik

Nun liegt das stolze Gebäude der Hilbertschen Axiomatik hinter uns. Wir wissen vorläufig noch nicht, was mit solch einem System geleistet ist. Wenn wir aber Geometriker werden wollen, dann müssen wir die Axiome in Fleisch und Blut haben, müssen sie, womöglich mit der Nummer auswendig wissen, damit wir uns nicht dort mit „Beweisen" mühen, wo die Bestätigung und Unanfechtbarmachung einer geometrischen Tatsache durch die klare Aussage eines Axioms, also einer nicht mehr beweisbaren Grundwahrheit gegeben ist. Wir sind es unseren Lesern schon lange schuldig, einige Worte über das „Beweisen" zu sagen. Beweisen heißt bei uns nichts anderes, als eine geometrische Behauptung dadurch erhärten, daß man ohne logische Sprünge solange zurückschließt, bis man schließlich auf lauter Axiome stößt. In der Praxis wird man sich damit begnügen, die geometrischen „Sätze", die ja aus den Axiomen abgeleitet sind, als Instanzen der Berechtigung unserer Behauptung anzurufen. Nehmen wir etwa an, wir hätten behauptet, daß der Außenwinkel eines Dreiecks gleich sein müsse den beiden Innenwinkeln, die nicht denselben Scheitel haben. Wir können den Beweis aus der 180 grädigen Winkelsumme im Dreieck ableiten. Diese aber ist wieder aus dem Parallelenaxiom und aus den aus diesem Axiom folgenden Sätzen über Winkelkongruenzen an der Transversale zu führen. Diese Winkelkongruenzen beruhen aber wieder auf Axiomen, nämlich neuerlich auf dem Parallelenaxiom in euklidischer Fassung und auf den Kongruenzaxiomen.

Dabei müssen Beweise streng und allgemein sein. Die Strenge verlangt, daß nichts vorausgesetzt wird, was nicht schon bewiesen oder axiomatisch feststehend ist. Weiters darf kein Kreisschluß gemacht werden, indem man den Beweis aus den zu beweisenden Tatsachen führt. Schließlich verlangt die Allgemeinheit, daß man sich vor Einzel- oder Grenzfällen hütet. Insbesondere sind regelmäßige Figuren für Beweise sehr gefährlich, sofern die Beweise nicht eben nur die regelmäßigen Figuren selbst betreffen. Dann muß man sich auch noch hüten, eine einfache Bewahrheitung oder „Verifikation" für einen Beweis zu halten. Wenn man etwa ein gewisses Streckenverhältnis behauptet, hierauf die Zeichnung macht und endlich aus einer Nachmessung mit dem Zentimeterstab ersieht, daß das Streckenverhältnis stimmt, ist die Behauptung nur „verifiziert" und durchaus noch nicht bewiesen. Denn messen kann ich nur den Einzelfall und selbst Hunderte von Messungen, die alle das gleiche Ergebnis lieferten, hätten erst den Wert einer sogenannten „induzierten", also einer nur vergleichsweise allgemeinen Wahrheit. Es könnten ja stets durch weitere Messungen Fälle hervorkommen, in denen unsere Messung nicht stimmt. Trotzdem ist die „Verifikation" ein wissenschaftliches Hilfsmittel von nicht zu unterschätzendem Nutzen. Ihr Gegenteil, die „Falsifikation", hat einen höheren Erkenntniswert. Habe ich nämlich einmal durch Messung festgestellt, daß eine Behauptung, die ich genau konstruktiv festgelegt habe, durchaus nicht wahr ist, dann bin ich sofort zur Annahme berechtigt, daß mein Satz überhaupt nicht oder wenigstens nicht allgemein gilt.

Wir wollen aber nicht weiter Philosophie der Mathematik treiben, sondern wir werden im Verlaufe unserer gemeinsamen Arbeit selbst ein gutes Gefühl dafür bekommen, was ein Beweis ist und was nicht. Wobei wir weiters zunehmende Freude an „eleganter" Beweisführung gewinnen werden. Wenn auch der berühmte Physiker und Mathematiker Boltzmann einmal gesagt hat, Eleganz sei bloß die Aufgabe der Schneider und Schuster, so wollen wir diesen geistreichen Ausspruch doch nicht allgemein gelten lassen. Denn ohne ästhetische oder Kunstfreude würde uns die Geometrie schließlich sehr langweilig werden. Und die größten aller Geometriker, die alten Griechen, legten auf Eleganz ein ungeheures Gewicht. Dies ging so weit, daß sie auch richtige Ableitungen sehr geringschätzig betrachteten, manchmal sogar verwarfen, wenn sie dem Ideal der Eleganz, das ist einer mit Originalität gepaarten Strenge und Einfachheit, nicht voll entsprachen. Und wir sind oft eher geneigt, einem Geometriker den Titel eines „Schusters" beizulegen, wenn er einen Beweis mühsam zusammenflickt, womit aber dem ehrsamen Gewerbe der Schuster nicht nahegetreten werden soll, sondern ausschließlich den uneleganten Geometrikern.

Zum Abschluß unserer Axiomatik noch wenige Worte über die Grundbedingungen, denen ein Axiomensystem zu genügen hat. Ein Axiomensystem muß vollständig sein, das haben wir in V. 2. sogar axiomatisch festgelegt. Es muß aber auch widerspruchslos sein, was besagen will, daß die einzelnen Axiome einander weder ganz oder auch nur zum Teil widersprechen dürfen. Wenn dieser Forderung nicht Genüge geleistet würde, könnte es in den Folgesätzen eintreten, daß man zugleich zwei Gegenteile behauptete und sich dabei auf zwei einander widersprechende Axiome beriefe, was natürlich widersinnig wäre und unsere ganze Geometrie zerstören könnte. Die Axiome sollen aber schließlich drittens auch voneinander unabhängig sein. Es zeigt sich bei Hilberts Axiomensystem in der Tat, daß keine wesentlichen Bestandteile einer Axiomengruppe durch logische Schlüsse aus den jeweils voranstehenden Axiomengruppen abgeleitet werden können. Damit ist das Prinzip der Unabhängigkeit erfüllt. Insbesondere gilt dies für das Axiom IV., das Parallelenaxiom. Wir werden später sehen, daß man unter geeigneten Festsetzungen sämtliche Axiome außer dem Parallelenaxiom auf der

Kugelfläche verwenden kann. Diese sogenannte „nicht-euklidische Geometrie" (es ist dies, nebenbei bemerkt, nur ein Spezialfall) benutzt also alle Axiome mit Ausnahme des von allen anderen Axiomen unabhängigen Parallelenaxioms. Wenn aber, und das wollten wir sagen, unser Axiom IV nicht vollkommen unabhängig von den anderen Axiomen wäre, dann könnte es eine derartige Geometrie auf der Kugel überhaupt nicht geben, und es müßten sich bei Verwendung der Verknüpfungs- und der Kongruenzaxiome bei jeder Gelegenheit allerlei Unstimmigkeiten und Widersprüche herausstellen. Da dies aber nicht der Fall ist und da weiter durch geeignete Beweise die Existenz der gewöhnlichen oder Cartesischen Geometrie erhärtet werden kann, folgt nun auch jetzt die Möglichkeit nicht-euklidischer Geometrien. Deren Axiomensystem kennt allerdings das euklidische Parallelenpostulat nicht, sondern müßte dafür in unserem Fall der festen Kugel etwa das Axiom setzen: „Zwei Gerade (Größtkreise), die zueinander parallel sind, müssen einander stets in zwei Punkten, den sogenannten Gegenpunkten, schneiden." Doch das werden wir alles später noch genau durchforschen.

Wir haben uns jetzt gleichsam durch einen sehr trockenen und reizlosen Sandstreifen durcharbeiten müssen. Man hat uns zwar gesagt, daß jenseits dieses Sandstreifens blühende Gegenden lägen. Manchmal, für kurze Augenblicke, haben wir auch am Horizont riesige Gipfelketten gesehen. War das alles aber nicht doch nur eine Fata Morgana?

Dem Anfänger scheint es fast so. Und wir sind uns vollkommen bewußt, daß jeden, der zum erstenmal ein Axiomensystem vor sich sieht, schwere Enttäuschung ankriecht. Zuerst hat all das Gerede über „letzte Wahrheiten", „Urgründe" der Geometrie und dergleichen im Zuhörer noch ein mystisches Gefühl, beinahe einen dem Jenseits entsprungenen Schauer ausgelöst. Nun aber, da er diese Axiome, diese „Binsenwahrheiten" und

„lächerlichen Selbstverständlichkeiten" in Wirklichkeit
vor sich gesehen hat, kann er nicht umhin, sich als
genarrt zu erachten. Darüber, so fragt er, haben sich
also die großen Geister zweier Jahrtausende aufgeregt?
Darüber muß man grübeln und streiten, daß der Teil
kleiner ist als das Ganze? Und daß man das kleinere
Stück durch Wiederholung größer machen kann als
das größere? Nein, Freunde, das sind entweder Ge-
lehrtenschrullen oder recht anmaßende Zumutungen.
Zumutungen nämlich, wenn man uns einreden will, daß
solch eine Sammlung von Banalitäten ein „imposantes
Gebäude des menschlichen Geistes" sei.

Ich gebe die Tatsache solcher Verwirrung ohneweiters zu. Ich gebe auch zu, daß es uns allen einmal
so ergangen ist. Es haben aber auch schon junge Menschen, die zum erstenmal Goethes Faust lasen, gewähnt,
solche „Binsenwahrheiten" könnte wohl ein jeder formulieren und all das Geschrei um Goethe sei zumindest
übertrieben, wenn nicht gar unbegreiflich.

Wir sind nun in der glücklichen Lage, nicht bloß
auf das Weltgesetz hinzuweisen, daß das Selbstverständliche und Einfachste gewöhnlich das Schwerste
und das zuletzt Entdeckte ist. Und daß eine Wahrheit,
die gleichsam alle Inhalte deckend ausdrückt, als größte
Genietat angesprochen werden muß. Wir berufen uns
in diesem Zusammenhang auch gar nicht auf das Ei
des Kolumbus. Sondern wir sind, wie erwähnt, in einer
glücklichen Lage: Wir können nämlich sofort zeigen,
in welch rasender Schnelligkeit aus dem unscheinbaren
Samen der Axiome der ganze Hochwald der Geometrie
herauswachsen kann. Und wie dabei alle Fragen, die
uns bisher gequält haben, beinahe spielerisch gelöst
werden können. Vor allem aber ein Problem, vielleicht
das Kernproblem der Geometrie überhaupt. Wir wollen
es deshalb in aller Schärfe aussprechen und festlegen.
Was ist wohl der letzte Zweck unserer Wissenschaft?
Was ihr letztes Ziel? Was ihre besondere Eigenschaft,
die sie zur weltbeherrschenden Stellung unter allen

Wissenschaften geführt hat? Wenn wir diese Fragen genau überlegen, dann müssen wir finden, daß es nicht der Sinn der Geometrie sein kann, bloß eine höchst luftige, gleichsam geisterhafte Welt von Figuren aufzubauen und deren äußerliche Eigenschaften zu studieren, wie etwa die Anzahl der Flächen, Kanten, Winkel und dergleichen. Gewiß, es ist notwendig, auch diese Eigenschaften zu erforschen. Wir kommen dabei aber allzu leicht in die Gefahr, daß unsere Forschung entweder zu einem Spiel oder gar zu einer Betrachtung entwertet wird, die nach dem Volksmund der Schlange ähnelt, die sich in den eigenen Schwanz beißt. Figuren zu ersinnen und dann aus diesen Figuren die ersonnenen Eigenschaften wieder abzuleiten, ist nicht mehr als ein verderblicher Kreisgang (Circulus vitiosus). Nun ist aber auch dieser Kreisgang nicht stets vorhanden. Denken wir etwa an den „Pascal" und an das Dualitätsprinzip. Dort fanden wir Dinge, die sicherlich vor der Entdeckung niemand geahnt hätte. Wir fanden eben „Neues". Was aber fangen wir mit diesem „Neuen" an? Das werden wir bald erfahren. Wir verraten vorgreifend, daß die Sätze von Pascal und Brianchon sich auf sogenannte Kurven zweiter Ordnung oder Kegelschnitte beziehen, die fast jedem als Kreis, Ellipse, Parabel und Hyperbel mehr oder weniger bekannt sind. Und wir können eben mittels dieser Sätze eine Unzahl von Konstruktionsaufgaben über Kegelschnitte in elegantester und in vergleichsweise einfacher Art lösen. Weil aber wieder unser Sehen auf dem Strahlenkegel beruht, der aus unserem Auge sowohl auf die Welt als auf die Netzhaut fällt, und weil weiters die projektive oder natürliche Geometrie eine solch enge Verwandtschaft zum Abbildungsvorgang im Auge hat, deshalb stehen alle Kegelschnittsätze in engster Beziehung zur projektiven Geometrie, sind gleichsam das Fundament dieser Geometrie. Man hat auch schon oftmals die projektive Geometrie geradezu als die Geometrie der Kegelschnitte bezeichnet.

Nun wird aber der Skeptiker mit Recht einwerfen, daß das alles zwar sehr interessant sei, daß man sich aber daraus allein noch nicht die weltbeherrschende Stellung der Geometrie erklären könne. Es fehle trotz aller bisherigen Verteidigung unserer Wissenschaft noch immer ihre Befugnis, überall mitzusprechen. Denn höher als die Erkenntnis stehe für den Aufstieg der Menschheit die Tat. Und aus der Erkenntnis bloßer Lage- und Abbildungsbeziehungen könne keine Tat erwachsen. Ein solcher Einwand ist berechtigt. Wir haben es ja außerdem schon am Beginn unserer gemeinsamen Entdeckungsfahrt auf der Terrasse gesehen, was auf unsere braven Wirtsleute den größten Eindruck machte, was diesen schlichten Menschen als das eigentliche Wunder erschien. Es war die Möglichkeit, Dinge zu messen, die sich bisher jeder Messung entzogen zu haben schienen. Messen ist aber zum Teil eine Tätigkeit mit Verhältnisbeziehungen, zum Teil eine Tätigkeit, die ins Reich der Zahlen hinüberspielt. Wenn wir aber weiters nur alle Dinge messen könnten, an die wir unmittelbar die Maßstäbe anlegen, so würden wir auch niemals auf den Gedanken gekommen sein, die Geometrie sei ein Mirakel. Imponiert hat uns etwa die Messung der Entfernung unserer Leuchtboje, die wir auf dem Umweg über logische Schlüsse und geometrische Lehrsätze aus einem einzigen wirklich gemessenen Bestimmungsstück, der Standortshöhe, und aus dem Anvisieren der Boje gewonnen haben.

Wir sind uns, glaube ich, über das Wesentliche schon im klaren: die praktische Krönung der Geometrie ist stets die Maßgeometrie. Und unser Bestreben muß es immer sein, aus einer zugänglichen, gewöhnlich beschränkten Anzahl von Bestimmungsstücken, auf Grund erforschter Eigenschaften geometrischer Gebilde, andere uns noch unbekannte, gleichwohl aber notwendige und interessante Stücke größenmäßig zu bestimmen; wobei unter „Stücke" auch Größen verstanden werden können, wie der Flächen- oder Rauminhalt.

Sechzehntes Kapitel

Übergang zur Maßgeometrie

Jetzt schließt sich für uns das ganze Gebäude der Geometrie in harmonischer Weise. Wir haben nicht einen überflüssigen Schritt gemacht. Denn zuerst müssen wir die Gebilde in ihrem Aufbau kennen. Dann müssen wir ihre Proportionen und Lagebeziehungen durchschauen. Und schließlich werden wir darangehen, all dies nicht bloß festzustellen, sondern rein größenmäßig zu erfassen. Nichts ist hier unten, nichts oben. Nichts. Beginn und nichts Schluß. Sondern alles zusammen ergibt in wunderbarer Einheit die Geometrie. Und es war nur die Frage, wo wir die Forschung beginnen sollten. Durch systemloses Fragen hatten wir uns in den Sumpf verirrt, worauf wir radikal versuchten, die Geometrie von den Wurzeln aufzubauen. Wir haben dabei manches Überraschende gefunden und sind von Erfolg zu Erfolg geschritten. Der schwerste Schritt ist aber noch zu tun, von dem alles Weitere abhängt. Nämlich die Verbindung der von uns bisher untersuchten Geometrie der Lage mit der Geometrie der Proportionen und der Geometrie der Größen oder der Maßgeometrie.

Wir stellen dazu vorgreifend fest, daß wir eigentlich nur zwei „Dinge" in der Geometrie zu messen haben, aus denen dann alle anderen Maße sich ergeben: nämlich die Länge und den Winkel. Auch bei unserem Entfernungsmesser haben wir nur von Längen und von Winkeln gesprochen. So wird es überall sein. Denn weitere Maße, wie Flächen- und Raummaße, sind nichts anderes als Ableitungen aus dem Längenmaß. Man mißt auch etwa den Kubikinhalt eines Behälters nicht mit Maßwürfeln, sondern mit dem

Zollstab, wenn man dann das Ergebnis auch in Maßwürfeln ausdrückt.

Also noch einmal in aller Schärfe: die Maßgeometrie
nimmt zu den Lagebeziehungen und Verhältnisbeziehungen noch die Größenbeziehungen, das heißt die
Verhältnisbeziehung der Länge und des Winkels zur
Längeneinheit und Winkeleinheit hinzu.

Wir sprachen aber noch von etwas anderem. Nämlich
von der Einbeziehung des Zahlenreiches in die Geometrie. Besser sollte man sagen, daß sich zum Zweck
einer wirklich brauchbaren Maßgeometrie das Reich
der Zahlen, die Arithmetik, mit dem Reich der Gestalten, der Geometrie, unlösbar verschwistern müsse.
Dieses Problem der Verschwisterung von Arithmetik
und Geometrie ist weit verwickelter und weit ab-
gründiger, als es auf den ersten Blick scheint. Wenn wir
für einen kurzen Augenblick elementarste Kenntnisse
der Maßgeometrie voraussetzen, so geschieht es nur aus
dem Grund, weil wir unser Problem sonst nicht verdeutlichen können. Nehmen wir etwa an, wir hätten
ein rechtwinkliges Dreieck mit den Seiten der Länge
5 cm, 12 cm und 13 cm. Der pythagoräische Lehrsatz
behauptet, daß die Quadrate der beiden kleineren Seiten größenmäßig gleich sein müßten mit dem Quadrat
der größeren Seite. Also $5^2 + 12^2 = 13^2$ oder $25 +$
$+ 144 = 169$, alles in Zentimetern, was offensichtlich
stimmt. Nun vergesse ich etwa plötzlich, daß es sich
um Geometrie handelt, und denke bloß daran, daß ich
einen rechnerischen Ansatz vor mir habe. Es lockt
mich, rein rechnerisch mit meiner „Gleichung" zu
jonglieren. Und ich stelle mir vor, ich wüßte nur zwei
der Ziffern und wollte daraus die dritte finden. Also
etwa $25 + x = 169$. Rechne ich nach den Regeln der
Gleichung, dann erhalte ich $x = 169 - 25 = 144$. Nun
wollte ich aber kompliziertere Rechnungsoperationen
anwenden und etwa unsere Gleichung folgendermaßen
darstellen: $5^2 + x_1^2 = 13^2$. Daraus ergibt sich als x_1^2
die Differenz $13^2 - 5^2$ und als $x_1 = \sqrt{13^2 - 5^2} =$

$= \sqrt{144} = 12$. Nun hätte ich aber noch weitere rechnerische Ambitionen. Ich hätte etwa die Lust, jede unserer Zahlen mit 3^2 zu multiplizieren, was nach den Rechenregeln die Gleichung nicht verändert, da Gleiches mit Gleichem multipliziert wieder Gleiches ergibt. Also

$$3^2 \cdot (5^2 + 12^2) = 3^2 \cdot 13^2$$
$$3^2 \cdot 5^2 + 3^2 \cdot 12^2 = 3^2 \cdot 13^2$$
$$15^2 + 36^2 = 39^2$$

Ich könnte natürlich mit der Gleichung noch weit verwickeltere Umformungen vornehmen.

Nun erinnere ich mich plötzlich meines pythagoräischen Lehrsatzes, drehe alles um und behaupte, daß die letzte Gleichung $15^2 + 36^2 = 39^2$ nichts anderes darstelle, als ein neues rechtwinkliges Dreieck mit den Seiten 15, 36 und 39. Und daß unser x und x_1 früher nichts anderes waren als ein gesuchtes Seitenquadrat bzw. eine gesuchte Seite. Gewiß, es stimmt aufs Genaueste. Alles, was ich jetzt behauptete, stimmt. Eine Zeichnung würde mich sofort über die Richtigkeit meiner Behauptungen belehren. Aber es ist durchaus nicht selbstverständlich, daß es stimmen muß. Denn es wäre ganz gut denkmöglich, daß die Rechenregeln der Arithmetik für sich richtig sind, sich jedoch nicht als Resultat rechnerischer Umformungen auf geometrische Beziehungen zurückübertragen lassen. Eine Gleichung und die in der Gleichung vorkommenden Umformungen sind etwas an sich Weltverschiedenes von rechtwinkligen Dreiecken und ihren Seitenverhältnissen.

Deshalb müssen wir auch diesen Parallelismus von Arithmetik und Geometrie irgendwie klarstellen. Denn wir dürfen ihn nicht stillschweigend voraussetzen, wie es in der elementaren Schulgeometrie gewöhnlich geschieht. Und wir verraten, daß eben diese Verschwisterung von Arithmetik und Geometrie den tieferen Geometrikern der letzten Jahrtausende genügend Kopfzerbrechen verursacht hat, und daß man bei der Lösung des Problems gern von einem Extrem ins andere fiel. Bald wollte man die ganze Geometrie arithmetisieren, bald wieder die Arithmetik geometrisieren, so daß es sich gleichsam um eine Sache in zwei verschiedenen Erscheinungsformen gehandelt hätte. Andere Geometriker wieder ließen die beiden Reiche der Arithmetik und der Geometrie gleichsam in prästabilierter Harmonie (also in einem vorgegebenen, gottgewollten Gleichklang) nebeneinander bestehen, ohne die Vereinigung zu versuchen. Und erst durch die projektive Geometrie ist es wirklich gelungen, die Brücke zwanglos und befriedigend zu schlagen, die die beiden Reiche notwendig verbindet.

Jetzt und an dieser Stelle wird sich erst der ganze Nutzen zeigen, den uns sowohl die projektive Geometrie als die Axiome gewähren. Und wir werden versuchen, an der Hand Hilberts den Übergang von der Geometrie der Lage zu der Maßgeometrie und zu den Proportionen zu finden.

Zu diesem Zweck werden wir wieder zum Lehrsatz des Blaise Pascal zurückkehren, diesmal allerdings in ganz anderer Absicht als damals, wo wir bloß das Wirken des Dualitätsprinzipes an diesem Lehrsatz erläutern wollten. Wir haben schon angedeutet, daß es sich beim Pascalschen Satz um einen Lehrsatz über Kegelschnitte handelt. Damit wir uns etwas vorstellen können, wollen wir uns zuerst die vier Kegelschnittskurven möglichst sinnfällig aufzeichnen. (Fig. 47.)

Der Satz des Pascal lautet nun, daß wenn man sechs Punkte, die in einer Kegelschnittslinie (also in einem Kreis, einer Ellipse, Parabel oder Hyperbel) liegen, in einer gewissen, noch näher zu erörternden Art miteinander verbindet, die drei Schnittpunkte auf einer Geraden, der sogenannten Pascalschen Geraden liegen müssen. Wie muß nun diese Verbindung geschehen? Nun, in folgender Art: Man numeriert die erwähnten sechs Punkte mit 1, 2, 3, 4, 5, 6 und verbindet sie dadurch zum „Pascalschen Sechseck", daß man von 1 zu 2,

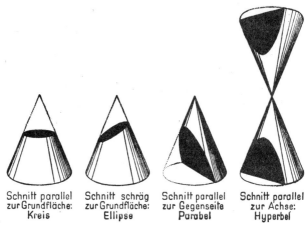

| Schnitt parallel zur Grundfläche: Kreis | Schnitt schräg zur Grundfläche: Ellipse | Schnitt parallel zur Gegenseite Parabel | Schnitt parallel zur Achse: Hyperbel |

Fig. 47

von 2 zu 3, von 3 zu 4, von 4 zu 5, von 5 zu 6 und endlich von 6 zu 1 Gerade zieht. Dabei heißen 1—2 und 4—5, 2—3 und 5—6, 3—4 und 6—1 die „Gegenseiten". Und eben die drei Schnittpunkte je zweier Gegenseiten liegen auf der Pascalschen Geraden, wie die folgende Figur an allen vier Kegelschnitten zeigt.

Nun haben wir aber, des erinnern wir uns noch genau, den Pascalsatz in einer ganz anderen Form kennen gelernt. Nämlich als Satz, der uns die Punkte auf zwei einander schneidenden Geraden zeigte. Also durchaus nicht auf einer „Kegelschnittskurve". Einen Augenblick Geduld! Was sind denn zwei einander schneidende Gerade? Ist das nicht am Ende gar auch ein Kegelschnitt? Gleichsam ein Grenzfall oder eine Degeneration der Hyperbel? Gewiß haben wir hier einen Kegelschnitt vor uns. Denn jede Ebene, die ich durch die Achse des Kegels lege, ergibt als Schnitt ein ebenes zentrisches Büschel zweier Strahlen oder Halbstrahlen, je nachdem ich einen einfachen oder Doppelkegel schneide. Wenn also der „Pascal" für alle Kegelschnitte gilt, dann

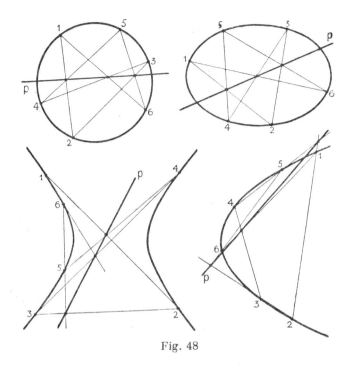

Fig. 48

muß er auch für achsiale Schnitte, also für den Grenzfall der degenerierten Hyperbel gelten. Zur Klarstellung
fügen wir noch bei, daß unsere sechs Pascalschen Punkte

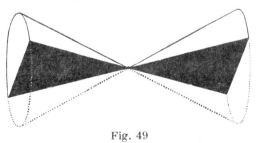

Fig. 49

durchaus nicht auf beide „Äste" der Hyperbel verteilt werden müssen. Sie können alle sechs in einem beliebigen Bereich der Kurve, auch enge zusammengedrängt, liegen. Aber noch mehr: Die Punkte dürfen sogar zum Teil zusammenfallen, so daß aus dem Pascalschen Sechsecksatz ein Fünfeck-, Viereck- und sogar ein Dreiecksatz folgt. Diese Sätze findet der Leser sehr übersichtlich im Bändchen 1 der projektiven Geometrie von Prof. Doehlemann (Göschen Nr. 72). Wir können sie hier bloß erwähnen, da unsere Aufgabe, wie ein für allemal festgestellt sei, nicht darin liegt, Dinge abzuschreiben, die in jedem Lehrbuch des betreffenden Zweiges der Geometrie enthalten sind, sondern vielmehr darin, ein möglichst abgerundetes Bild der ganzen Geometrie samt ihrer Problematik zu entwerfen, das dem angehenden Geometriker als erste kursorische Einführung und gleichsam als Orientierungsplan dienen soll.

Deshalb zeigen wir einen prinzipiell viel bedeutungsvolleren Zusammenhang auf, an dem wir die geradezu dämonische Vielfalt geometrischer Möglichkeiten demonstrieren können. Wir haben seinerzeit davon gesprochen, daß man parallele Gerade so behandeln könne, „als ob" sie sich im sogenannten „unendlichfernen" Punkt schneiden würden. Wenn das wahr ist, dann sind zwei Parallele ein zweistrahliges ebenes Büschel. Wenn aber, wie wir schon behaupteten, ein zweistrahliges Büschel ein achsialer Kegelschnitt, also eine Kurve zweiter Ordnung ist, dann sind zwei Parallele auch ein Kegelschnitt. Scheinbar ist das der purste Wahnsinn. Zwei Parallele sollen einmal ein Büschel, dann ein achsialer Kegelschnitt und außerdem noch eine Kurve sein. Es fehlt nur noch, daß wir sie als Körper bezeichnen. Nun, gemach! Das Letzte wollen wir unterlassen. Aber daran, daß Parallele eine Kegelschnittskurve sind, halten wir eigensinnig fest[1]). Sie sind eben ein

---

[1]) Die Parabel, deren Schnitt ja parallel zur „Gegenseite" des Kegels erfolgen muß, degeneriert beim Zylinder ebenfalls zu zwei Parallelen oder zu einer Geraden.

„Zylinderschnitt", sind gleichsam ein degenerierter Hyperbelast des Zylinders, der ja selbst nichts ist als ein unendlich langer Kegel. Man weiß ja auch, daß sich Kreis und Ellipse aus dem Zylinder genau so gut gewinnen lassen, wie aus einem Kegel. Jede Hausfrau, die Sandwiches aus einem zylindrischen Wecken schneidet, ist sich klar darüber, daß sie den Zylinderwecken schräg schneiden muß, wenn sie elliptische Brötchen servieren will. Wenn wir aber weiter nachdenken, dann muß für unsere unheimliche degenerierte, einästige Zylinderhyperbel, die ja, obwohl sie aus zwei parallelen Geraden besteht, nichts anderes ist als eine Kurve zweiter Ordnung, „natürlich" auch der Pascalsche Satz gelten. Wagen wir die Bewahrheitung dieses verhexten logischen Schlußverfahrens:

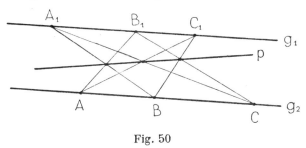

Fig. 50

Unsere geometrische Untat ist geglückt. Wir haben ein prächtiges Pascalsches Sechseck und eine einwandfreie Pascalsche Gerade mit den drei Schnittpunkten der bezüglichen Gegenseiten erhalten.

Dieses geometrische Wunder hat uns kühn gemacht. Wir fragen nämlich plötzlich nach einem anderen Grenzfall. Was geschieht, so grübeln wir, wenn es uns nicht gelingt, die Gegenseiten zum Schnitt zu bringen. Das ist durchaus nicht unmöglich. Die Gegenseiten brauchen dazu bloß parallel zu sein, wie aus der nächsten Zeichnung hervorgeht.

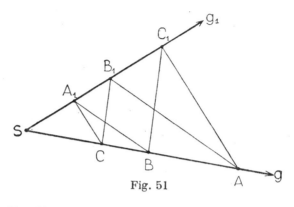

Fig. 51

Obwohl wir bei dieser Zeichnung durchaus keine Regel
der Herstellung des Pascalschen Sechsecks verletzt
haben, können wir unsere Pascalsche Gerade nicht gewinnen, da sich die Gegenseiten AB_1 und A_1B, BC_1
und B_1C und CA_1 und C_1A in keiner Art zum Schnitt
bringen lassen. Ohne Schnittpunkte der Gegenseiten
gibt es jedoch keine Pascalsche Gerade, da diese ja
eben aus den Schnittpunkten gewonnen wird. Wir
werden es also mit dem Rotwelsch der projektiven
Geometrie versuchen, uns doch zu irgendeiner Pascalschen Geraden zu schwindeln. Denn wenn wir sie nicht
fänden, fiele uns unser schöner allgemeiner Satz sofort
zusammen. Allgemeine Sätze dürfen nicht eine einzige
Ausnahme dulden. Sonst sind sie falsch oder überhaupt
nie allgemein gewesen.

Wo also, so fragen wir harmlos, schneiden sich
unsere Gegenseiten eigentlich? Der mürrische Euklidiker brummt darauf: „Nirgends! Laß mich in Ruhe.
Du siehst ja, daß die Gegenseiten parallel sind. Parallel
sein heißt aber, keinen Schnittpunkt haben. Hätte
Pascal besser aufgepaßt und nicht solch vage Behauptungen aufgestellt." „Oho," antwortet darauf der
projektive Geometriker, „oho, mein Freund. Du bist
etwas veraltet in deinen Ansichten. Ich finde, daß

154

da gar kein Widerspruch ist. Parallele Gerade schneiden einander in unendlich fernen Schnittpunkten. Wir haben hier also drei unendlich ferne Pascalsche Schnittpunkte." „Nun, und?" brummt der Euklidiker weiter. „Was soll damit getan sein? Der eine deiner erschwindelten unendlich fernen Punkte liegt auf der einen, der andere auf der anderen Seite." „Das ist meine Sache, zu entscheiden, wo die drei Punkte liegen", repliziert der Poncelet-Schüler. „Wie wir schon am Beispiel der Sonnenstrahlen zeigten, ist es naturgemäßer, die unendlich fernen Punkte nicht wahllos anzunehmen. Wir haben zudem hier drei Paare von Parallelen in einer Ebene. Wir lassen sie alle nach derselben Richtung zum Schnitt kommen. Dann werden alle drei Schnittpunkte gleich weit von uns entfernt sein, da sie alle unendlich weit sind. Und sie werden deshalb auf einer Geraden, der unendlich fernen Geraden liegen, die nach unseren projektiven Anschauungen als Schnittlinie eines Ebenenbündels aus parallelen Ebenen genau so berechtigt ist wie der unendlich ferne Punkt als Schnitt von parallelen Geraden. Damit aber ist unser Problem gelöst. In unserem Grenzfall ist die Pascalsche Gerade eine unendlich ferne Gerade, in der die drei Schnittpunkte der drei paarweise parallelen Gegenseiten als unendlich ferne Punkte liegen."

Wir setzen die Debatte nicht fort, da die neue Geometrie diesen Sonderfall tatsächlich in dieser Art behandelt. Wir fügen nur bei, daß sich aus dem Pascalschen Satz überhaupt und insbesondere aus unserem letzten Fall eine ungeheuer wichtige Folgerung ergibt. Da nämlich jede Gerade schon durch zwei Punkte bestimmt ist, genügen stets schon zwei Schnittpunkte auch zur Bestimmung der Pascalschen Geraden. Wir können also die Pascalsche Gerade jederzeit schon als bestimmt betrachten, wenn die zwei ersten Paare Gegenseiten zum Schnitt gebracht wurden. Man sieht das klar aus der folgenden Zeichnung, in der die den dritten Punkt bestimmenden Gegenseiten gestrichelt sind.

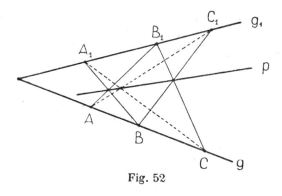

Fig. 52

In unserem Sonderfall muß aber noch etwas anderes eintreten. Wenn nämlich zwei Paare von Gegenseiten als Parallele festgestellt sind, dann haben wir bereits zwei unendlich ferne Schnittpunkte. Zwei unendlich ferne Punkte aber bestimmen unbedingt eine unendlich ferne Gerade. Daraus folgt, daß auch der Schnittpunkt des dritten Paares von Gegenseiten ein unendlich ferner Punkt sein muß. Wenn er das aber ist, dann ist eben das dritte Paar Gegenseiten einander ebenfalls parallel. In dieser veränderten Fassung, die uns zur Grundlegung der Maßgeometrie dienen wird, lautet der „Maß-Pascal", wie wir ihn nennen wollen, folgendermaßen: Es seien A, B, C bzw. A_1, B_1, C_1 je drei Punkte auf zwei einander schneidenden Geraden g und g_1, wobei die erwähnten Punkte vom Schnittpunkt der beiden Geraden verschieden sein müssen. Ist dann etwa CB_1 parallel zu BC_1 und CA_1 parallel zu AC_1, dann ist auch BA_1 parallel zu AB_1. In dieser Form verwendet Hilbert den „Maß-Pascal". Man könnte natürlich auch je zwei andere Paare von Gegenseiten voranstellen. Stets muß dann das dritte Paar ebenfalls parallel sein (siehe Fig. 51).

Bevor wir unseren Versuch der Vereinigung von Arithmetik und Geometrie anstellen, müssen wir uns noch über einen Tatbestand volle Klarheit verschaffen. Wir haben es in der Arithmetik stets mit Zahlen zu tun. Die Zahlen können, wie man weiß, ganze und gebrochene, rationale und irrationale, reelle und imaginäre sein usw. In der Maßgeometrie haben wir es offensichtlich mit „Größen" zu tun. Soll eine vollkommene Verschwisterung, eine unbedingte Entsprechung von Arithmetik und Geometrie eintreten, dann müssen eben den Zahlen stets Größen und den Größen stets Zahlen entsprechen. An und für sich wäre das kein übertriebenes Verlangen. Es ist sicher nicht schwer, einer Größe eine Zahl und einer Zahl eine Größe zuzuordnen. Jedes Kind übt diese Tätigkeit aus, wenn es eine Länge mit dem Zentimeterstab oder dem geeichten Lineal abmißt. Nun hätten wir aber mit dieser bloßen Zuordnung noch sehr wenig gewonnen. Denn es interessiert uns in der Maßgeometrie durchaus nicht bloß das direkte Messen von Größen, sondern in weit höherem Grade das indirekte Messen, das man auch als „Berechnen" vorläufig noch unbekannter geometrischer Stücke oder Größen bezeichnen kann. Nun liegt im Worte „berechnen" bereits das ganze Problem, das wir vor uns haben, beschlossen. Wir haben es zudem schon einmal in unserem Beispiel des pythagoräischen Lehrsatzes aufgezeigt. Was berechtigt uns, fragen wir noch einmal, die Regeln der Rechnung auch für die Beziehungen der Größen als bestehend zu betrachten? „Berechnen" ist ein Sammelname für eine Reihe von Rechenoperationen, die im Reiche der Zahlen Geltung besitzen und die wir nur im Reiche der Zahlen anwenden dürfen, wenn wir die Grenzen dieses Reiches nicht sehr unbefugt überschreiten wollen. Alle diese Rechenoperationen lassen sich aber wieder, wie die Sätze der Geometrie, auf eine ganz beschränkte Anzahl von Axiomen und Forderungen zurückführen.

Unsere Prüfung wird sich also darauf beschränken dürfen, den Nachweis zu erbringen, daß diese eben erwähnten Grundsätze des Zahlenrechnens sämtlich auch für die Beziehungen zwischen Größen, und zwar in unserem Fall zwischen geometrischen Größen gelten. Wenn uns dieser Nachweis glückt, dann haben wir gleichsam ein neues, noch umfassenderes Dualitätsprinzip festgestellt, das uns berechtigt, die Begriffe Größe und Zahl beliebig zu vertauschen[1]). Haben wir dann im Reiche der Zahlen einen Satz bewiesen, so muß er im Reiche der Größen gelten und umgekehrt. Damit aber hätten wir die weitere Möglichkeit gewonnen, stets die Arithmetik durch Geometrie verbildlichen und die Geometrie durch die Arithmetik sozusagen „verstandlichen" (rationalisieren) zu dürfen. Dies ergibt eine Gegenseitigkeit von Sinnlichkeit und Verstand, Auge und Gehirn, die ja in ihrer folgerichtigen Verwendung erst den wahren Triumph der Mathematik ausgemacht hat.

Siebzehntes Kapitel

Grundlegung der Maßgeometrie

Wir werden also, wiederum an der Hand Hilberts, die Regeln feststellen, die das Reich der reellen Zahlen beherrschen. Reelle Zahlen sind bekanntlich alle Arten von Zahlen mit Ausnahme der sogenannten imaginären Zahlen, von denen dann die komplexen nur eine erweiterte Spielart (nämlich eine Verbindung reeller und imaginärer Zahlen) sind. Wir dürfen uns für unsere Zwecke vorläufig ohne weiteres mit reellen Zahlen zufriedengeben. Denn die Geometrie wird für uns bis auf weiteres auch nichts anderes sein als ein Reich „reeller" Größen.

Hilbert nun führt Folgendes aus: Die reellen Zahlen bilden in ihrer Gesamtheit ein System von Dingen mit

---

[1]) Der Verfasser behält es sich vor, diese mathematisch-philosophische Idee an anderer Stelle in all ihren Konsequenzen auszubauen.

gewissen Eigenschaften, die man, ähnlich den Axiomen der Geometrie, in Gruppen zusammenfassen kann. Diese Gruppen sind:

A. Sätze der Verknüpfung (1—6).

1. Aus der Zahl a und der Zahl b entsteht durch „Addition" eine bestimmte Zahl c, in Zeichen:

$$a + b = c \quad \text{oder} \quad c = a + b.$$

2. Wenn a und b gegebene Zahlen sind, so existiert stets eine und nur eine Zahl x und auch eine und nur eine Zahl y, so daß

$$a + x = b \quad \text{bzw.} \quad y + a = b$$

wird.

3. Es gibt eine bestimmte Zahl — sie heiße Null —, so daß für jedes a zugleich

$$a + 0 = a \quad \text{und} \quad 0 + a = a$$

ist.

4. Aus der Zahl a und der Zahl b entsteht noch auf andere Art, durch „Multiplikation", eine bestimmte Zahl c, in Zeichen:

$$a \cdot b = c \quad \text{oder} \quad c = a \cdot b.$$

5. Wenn a und b beliebig gegebene Zahlen sind und a nicht 0 ist, so existiert stets eine und nur eine Zahl x und auch eine und nur eine Zahl y, so daß

$$a \cdot x = b \quad \text{bzw.} \quad y \cdot a = b$$

wird.

6. Es gibt eine bestimmte Zahl — sie heiße eins —, so daß für jedes a zugleich

$$a \cdot 1 = a \quad \text{und} \quad 1 \cdot a = a$$

ist.

B. Regeln der Rechnung (7—12):

Wenn a, b, c beliebige Zahlen sind, so gelten stets folgende Rechnungsgesetze:

7. $a + (b + c) = (a + b) + c$ (assoziatives Gesetz).

8. $a + b = b + a$ (kommutatives Gesetz der Addition).

9. $a \cdot (b \cdot c) = (a \cdot b) \cdot c$ (assoziatives Gesetz).

10. $a \cdot (b + c) = a \cdot b + a \cdot c$ ⎫

11. $(a + b) \cdot c = a \cdot c + b \cdot c$ ⎬ (distributives Gesetz).

12. $a \cdot b = b \cdot a$ (kommutatives Gesetz der Multiplikation).

C. Sätze der Anordnung (13—16):

13. Wenn a, b irgend zwei verschiedene Zahlen sind, so ist stets eine bestimmte von diesen Zahlen (etwa a) größer ($>$) als die andere; die letztere heißt dann die kleinere, in Zeichen:

$$a > b \text{ und } b < a.$$

14. Wenn $a > b$ und $b > c$, so ist auch $a > c$ (Gesetz der Transitivität).

15. Wenn $a > b$ ist, so ist auch stets

$$(a + c) > (b + c).$$

16. Wenn $a > b$ und $c > 0$ ist, so ist auch stets

$$a \cdot c > b \cdot c.$$

D. Sätze von der Stetigkeit (17—18):

17. (Archimedischer Satz.) Wenn $a > 0$ und $b > 0$ zwei beliebige Zahlen sind, so ist es stets möglich, a zu sich selbst so oft zu addieren, daß die entstehende Summe die Eigenschaft hat

$$(a + a + a + \ldots + a) > b.$$

18. (Satz von der Vollständigkeit.) Es ist nicht möglich, dem System der Zahlen ein anderes System von Dingen hinzuzufügen, so daß auch in dem durch Zusammensetzung entstehenden System, bei Erhaltung der Beziehungen zwischen den Zahlen, die Sätze 1—17 sämtlich erfüllt sind; oder kürzer: Die Zahlen bilden ein System von Dingen, das bei Aufrechterhaltung sämt-

licher Beziehungen und sämtlicher angeführten Sätze keiner Erweiterung mehr fähig ist.

So weit Hilbert. Wir sind uns klar darüber, daß der Anfänger gegen diese Aufstellungen dieselben Einwände haben wird wie gegen die Axiome der Geometrie. Zum Teil erscheinen ihm die Sätze banal, zum Teil übermäßig abstrakt und weit hergeholt. Schließlich — das gibt Hilbert bei diesen arithmetischen Sätzen selbst zu — sind die einzelnen Sätze nicht unabhängig voneinander. Einige sind Folgen anderer. Trotz dieser Bedenken wird gerade der Anfänger gut daran tun, sich diese Sätze ebenso wie die Axiome der Geometrie abzuschreiben, und zu versuchen, sie miteinander zu vergleichen und in Zusammenhang zu bringen. Ebenso wäre es eine sehr sinnvolle Übung, wenn der Leser bei den einfachsten Rechnungen, etwa bei Multiplikationen mit gewöhnlichen konkreten Zahlen oder bei simplen Gleichungen ersten Grades, das Wirksamsein dieser verschiedenen „Eigenschaften" des Systems der reellen Zahlen prüfen würde. Es ist anzunehmen, daß er sich dadurch über vieles klarer wird, da wir ja außerstande sind, innerhalb des uns zur Verfügung stehenden Raumes derart primitive und weitgehende Übungen anzustellen.

Noch eine letzte Anmerkung zu diesem Gegenstand: Die moderne Geometrie, die sich durch einen wahren Zauber der Verallgemeinerung auszeichnet, was wir erst später voll werden erfassen können, läßt bei jeder ihrer Aufstellungen die verschiedensten Möglichkeiten offen. So haben wir schon mehrfach angedeutet, daß etwa das Parallelenaxiom unter den Axiomen der Geometrie, gleichsam als Außenseiter des Systems, allein und isoliert dasteht. Es wäre nun auch hier, bei den Sätzen der Arithmetik ein Satz vorhanden, nämlich der Satz 17 oder das archimedische Postulat, das sicherlich nicht eine Folge der übrigen Sätze ist. Prinzipiell gesprochen, könnte man es fortlassen, ohne das übrige System im Einzelnen ungültig zu machen. Hilbert sieht solche Möglichkeiten tatsächlich vor. Er nennt ein Zahlensystem, das nur einen Teil der Eigenschaften 1—18 besitzt, ein „komplexes Zahlensystem"[1]) und bemerkt, daß ein solches System dann ein „archimedisches" heiße, wenn es den Satz 17 enthalte, und dann ein „nichtarchimedisches", wenn dieser Satz im System fehle. Wir wollten dies, wie gesagt, bloß andeuten. Vorläufig werden wir auf solche Feinheiten nicht achten, sondern unser vollständiges System 1—18 unseren weiteren Betrachtungen zugrundelegen.

Nun sind wir nach großer Mühe so weit, daß wir uns mit den nächsten Schritten schon ein beträchtliches Stück aus dem Sumpf werden herausarbeiten können. Denn ist es uns einmal geglückt, die volle und unlösbare Verschwisterung von Arithmetik und Geometrie einzusehen, dann steht uns eigentlich für alles Weitere die ganze Mathematik zur schrankenlosen Verfügung. Gewiß, Probleme werden sich stets neu vor uns auftürmen. Aber wir arbeiten dann auf einem sicheren Grund: Auf dem Grund unserer Axiome! Und ein Zweifel am Ganzen ist dann nur mehr möglich, wenn wir uns gezwungen sehen würden, alle Axiome preiszugeben. Dafür aber besteht keine Gefahr. Und das Preisgeben von einzelnen Axiomen bedeutet wieder niemals den Sturz des Ganzen, sondern im Gegenteil neue Erkenntnis.

Wir denken aber jetzt von all diesen uns noch bevorstehenden revolutionären Ereignissen in unserer Wissenschaft weit weg und stellen uns — ob aus „Naturnotwendigkeit" oder aus „Übereinkunft", ist dabei gleichgültig — voll auf den Boden sämtlicher Axiome der Geometrie und aller Sätze des Zahlenrechnens. Zum Zweck unseres Vorhabens werden wir einmal den Spieß umkehren. Wir führen — wieder nach Hilbert — kühn eine neue Art von Rechnung, eine Rechnung nur mit Größen, in Form einer Streckenrechnung ein.

---

[1]) Hat mit dem oben definierten Begriff der „komplexen Zahl" (a + b i) nichts zu tun.

Ähnliches hat es schon bei den alten Griechen gegeben. Dort war ja die Geometrie gleichsam die primäre Mathematik und das Zahlenrechnen das Sekundäre. Wir werden jedoch bei unserer Untersuchung der Streckenrechnung wie die Argusse darüber wachen, daß wir stets die Regeln des Zahlenrechnens auch in der Streckenrechnung nachweisen. Denn nur so können wir uns von der Verschwisterung der beiden Reiche der Zahlen und der Größen überzeugen. Dabei werden wir den geometrischen Begriff der Kongruenz (≡) für vollständige Gleichheit durch den arithmetischen Begriff der Gleichheit (=) ersetzen, was durchaus keine Fälschung, sondern bloß eine sprachliche Vereinfachung und Vereinheitlichung bedeutet.

Strecken sind Gerade, die durch Punkte begrenzt sind. Punkte bezeichnen wir nach wie vor mit großen lateinischen Buchstaben A, B, C usw., Strecken dagegen mit kleinen lateinischen Buchstaben a, b, c usw.

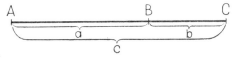

Fig. 53

Wir hätten nun auf einer Geraden drei Punkte A, B und C, wobei B zwischen A und C liegt. Wenn wir mit c = AC die Summe der beiden Strecken a = AB und b = BC bezeichnen, dann gilt sofort die Beziehung c = a + b oder a + b = c, was ja unser erster Satz des Zahlenrechnens war. Nun ist a sicherlich kleiner als c und b ebenfalls kleiner als c. Wir erhalten dadurch a < c und b < c oder umgekehrt c > a und c > b (Satz 13). Wenn wir weiter annehmen, daß a größer sei als b, wie es ja auch in der Zeichnung dargestellt ist, dann ist sicher, wenn c > a und a > b auch c > b (Satz 14). Die Geltung des assoziativen und des kommutativen Gesetzes der Zahlenrechnung auch für die Streckenrechnung bezüglich der Addition ist ohne weiteres den geometrischen Axiomen der Gruppe III (1 bis 3) zu entnehmen. Also gelten die Sätze 7 und 8 des Zahlenrechnens, nämlich $a + (b + c) = (a + b) + c$ und $(a + b) = (b + a)$ auch für die Streckenrechnung.

Bisher sind wir durchaus nicht auf irgendeine Schwierigkeit gestoßen. Die Addition von Strecken erweist sich in jeder Beziehung als mit der Addition von Zahlen identisch. Daher durften wir auch stets in der Arithmetik, was ja jeder schon gesehen hat, Zahlen als Strecken darstellen und mit diesen Strecken so operieren, als ob es sich dabei um Zahlen handelte. Das einfache Messen mit dem Meterstab ist die alltägliche Anwendung dieser Sätze.

Ganz andere und sehr tiefgehende Schwierigkeiten tauchen sofort auf, wenn wir zur Multiplikation übergehen. Es ist zwar möglich, gewisse Grundsätze der Multiplikation auch an Rechtecken zu zeigen. Wir müßten aber dabei wieder eine Unzahl von Axiomen voraussetzen, die wir nicht voraussetzen wollen, und gerieten außerdem im weiteren Fortschreiten in allerlei Schwierigkeiten. Deshalb rufen wir jetzt, vorläufig noch nicht sichtbar, unseren „Maß-Pascal" zur Hilfe herbei, der uns aus allen Schwierigkeiten einen Ausweg zeigen wird. Zuerst, das dürfen wir ohne weiteres,

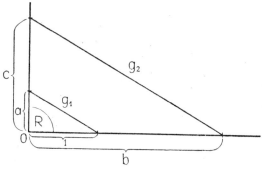

Fig. 54

bringen wir zwei Gerade im Punkte 0 (Null) im rechten Winkel zum Schnitt.

Vom Punkte 0 tragen wir nach rechts eine Strecke ab, die für die ganze weitere Untersuchung dieselbe bleiben wird und die wir 1 nennen. Wenn wir nun von 0 ab weiters die Strecke b abtragen und senkrecht dazu die Strecke a, dann bleibt uns zur Multiplikation dieser beiden Strecken keine andere Tätigkeit mehr übrig, als den Endpunkt der Strecke 1 mit dem Endpunkt der Strecke a zu verbinden und durch den Endpunkt der Strecke b parallel zu dieser ersten Verbindungsgeraden g_1 die Verbindungsgerade g_2 zu ziehen. Wo g_2 die Senkrechte schneidet, entsteht ein neuer Schnittpunkt. Dieser aber grenzt eine neue Strecke ab, die wir c nennen wollen. Nun definieren wir vorläufig, daß diese Strecke c das Produkt aus den beiden Strecken a und b sein soll. Also c = a·b, oder a·b = c (Satz 4). Aus unserer Zeichnung können wir auch unmittelbar den Satz 6 entnehmen. Denn wenn ich 1 und b als identisch annehme, dann fallen die Parallelen zusammen und a·1 ist tatsächlich auch in der Streckenrechnung gleich a, während ich 1·a = a sogleich aus der Geltung der Vertauschbarkeit (kommutatives Gesetz) werde ableiten können.

Dieses Gesetz, das wir allgemein als a·b = b·a definieren wollen, ist nun für die Streckenrechnung zu beweisen, womit der Satz 12 als „verschwistert" festgestellt wäre. Zuerst konstruieren wir uns in der schon einmal durchgeführten Art das Produkt aus a und b. Jetzt tragen wir weiters auf dem waagrechten Schenkel unseres rechten Winkels die Strecke a auf und auf dem anderen Schenkel die Strecke b, verbinden den Endpunkt der Strecke 1 mit dem Endpunkt von b auf dem senkrechten Schenkel und ziehen zu dieser Geraden g_3 die Parallele g_4 aus dem Endpunkt der waagrecht abgetragenen Strecke a. Da wir prinzipiell genau so vorgegangen sind wie bei Bildung des Produktes a·b, müssen wir durch g_4 jetzt das Produkt b . a erhalten.

Denn wir haben den Endpunkt von 1 mit dem Endpunkt von b verbunden und hierauf durch den Endpunkt von a eine Parallele gezogen. Nun ist bloß noch zu beweisen, daß diese Gerade g_4 auch wirklich durch den Endpunkt von c geht. Diesen Beweis aber leistet uns der „Maß-Pascal". Die Hilfslinien g_5 und g_6 sind offensichtlich

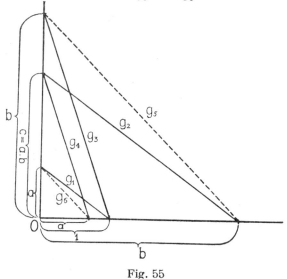

Fig. 55

parallel, da sie je zwei Punkte verbinden, die vom Scheitel des Winkels gleich weit abstehen. Nun sind aber auch g_1 und g_2 sowie g_3 und g_4 voraussetzungsgemäß parallel. Da sich nun weiters g_6 und g_4, g_1 und g_3, g_2 und g_5, g_3 und g_5 und schließlich g_1 und g_6 gemäß unserer Konstruktion auf Schenkeln des Winkels (also auf der „Kurve zweiter Ordnung") schneiden, muß sich nach dem „Maß-Pascal" der sechste Schnittpunkt dieser offensichtlichen Gegenseiten, nämlich der Schnittpunkt von g_2 und g_4, auch auf einem Schenkel befinden. Da aber schließlich g_2 voraussetzungsgemäß durch den Endpunkt von a b = c geht, so muß auch g$_4$ durch eben diesen Punkt gehen. Damit aber ist der volle Beweis dafür erbracht, daß a·b = b a, was wir ja beweisen wollten.

So interessant es nun auch wäre, dem weiteren Aufbau der Streckenrechnung an der Hand Hilberts zu folgen, so würde uns dieses Eingehen ins Einzelne gleichwohl zu weit von unserer eigentlichen Aufgabe ablenken. Wir bitten also an dieser Stelle um Kredit, dessen Berechtigung übrigens jeder Leser im Werke Hilberts selbst nachprüfen kann. Und wir stellen bloß fest, daß es mit Hilfe des „Maß-Pascals" auch verhältnismäßig einfach gelingt, sowohl das assoziative Gesetz der Multiplikation, also die Tatsache, daß a·(b·c) = = (a·b)·c, und das distributive Gesetz der Multiplikation, also a (b + c) = a·b + a·c, auch für die Streckenrechnung nachzuweisen. Mit wenigen weiteren Voraussetzungen können wir dann noch den Rest der „Rechenregeln für Zahlen" als gültige „Rechenregeln für Größen" entlarven, womit der angekündigte Übergang von der Arithmetik zur Geometrie unzerreißbar hergestellt ist. Es ist uns sonach weiterhin jederzeit erlaubt, zahlenmäßige Feststellungen, die wir aus Beziehungen zwischen Strecken gewonnen haben, rein nach den Regeln des Zahlenrechnens weiterzubehandeln. Falls wir dann, nach so und so viel Zahlenoperationen, wieder zu Größen oder Figuren zurückgehen, muß all das im Reich der Größen genau stimmen, was wir im Reich der Zahlen errechneten. Denn beide Reiche unterstehen bis in die Einzelheiten denselben Gesetzen.

Achtzehntes Kapitel

Fundamentalsatz
der Proportionengeometrie

Bevor wir uns nun in die für uns jetzt vollständig offene Maßgeometrie begeben, wollen wir nur noch eine

anscheinend kleine, doch unendlich wichtige Untersuchung anstellen. Sie betrifft die sogenannten Proportionen oder Verhältnisse. Und wir beginnen damit,
daß wir erklären, zwei Dreiecke seien dann einander
ähnlich, wenn alle drei Winkel in diesen beiden Dreiecken entsprechend gleich seien. Wir haben übrigens
schon über solche Gegenstände gelegentlich der Erörterung von Leibnizens Analysis der Lage gesprochen.
Wir behaupten nun, daß wenn a, b und a′, b′ entsprechende Seiten in zwei ähnlichen Dreiecken seien, sich
a zu b so verhalten müsse wie a′ zu b′.

Um diese Behauptung zu beweisen, wollen wir zuerst
einen besonderen Fall betrachten, in dem die beiden
ähnlichen Dreiecke sogenannte rechtwinklige Dreiecke
sind. Wir wissen schon vom Parallelen-Axiom her, daß
in einem Dreieck stets nur ein rechter Winkel vorkommen kann, da ja die Winkelsumme aller drei Winkel
zwei rechte Winkel beträgt, und bei einem Dreieck mit
mehr als einem, also mit mindestens zwei rechten Winkeln, nichts mehr für den dritten Winkel übrig bleiben
würde; was übrigens auch unmittelbar aus der Anschauung hervorgeht.

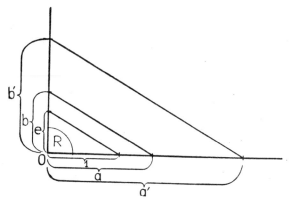

Fig. 56

168

Unsere Figur nun ist auf folgendem Gedankengang aufgebaut: Wenn wir die beiden ähnlichen Dreiecke in ein und denselben rechten Winkel eintragen und dann parallel zu den beiden Hypotenusen vom Endpunkt einer willkürlich gewählten Einheitsstrecke 1 eine Gerade ziehen, schneiden wir damit das Stück e ab. Nach unserer Streckenrechnung ist dann $b = a \cdot e$ und $b' = ea'$. Wenn wir weiterrechnen, erhalten wir $e = \frac{b}{a}$ und im zweiten Fall $e = \frac{b'}{a'}$. Jetzt bilden wir überall die reziproken Werte und erhalten $\frac{1}{e} = \frac{a}{b}$ und $\frac{1}{e} = \frac{a'}{b'}$. Wenn nun weiters zwei Größen einer dritten Größe gleich sind, dann sind sie auch untereinander gleich. Also: $\frac{a}{b} = \frac{a'}{b'}$ oder $a : b = a' : b'$, was zu beweisen war.

Um nun diese Grundbeziehung der Proportionen-geometrie in voller Allgemeinheit zu beweisen, brauchen wir einen der sogenannten „merkwürdigen" Punkte des Dreiecks, nämlich den Schnittpunkt der drei Winkel-halbierenden oder Winkelsymmetralen des Dreiecks.

Wir behaupten, daß sich die drei Winkelhalbierenden des Dreiecks in einem einzigen Punkt schneiden müssen. Der Beweis dafür ist in folgender Art zu führen: Da sich die Symmetralen der Winkel bei A und bei B in einem Punkte 0 schneiden müssen, kann von diesem Punkt 0 je eine Normale auf die bezüglichen Schenkel dieser Winkel gezogen werden. Dabei müssen die Normalen aus 0 auf AB und auf AC aus bereits erörterten Gründen

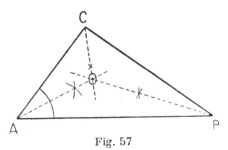

Fig. 57

(WSW-Satz) gleich sein. Aus denselben Gründen ist aber 0 auch von AB und BC gleich weit entfernt[1]). Daher muß nun 0 auch von AC und BC gleich weit entfernt liegen. Wenn dies aber zutrifft, dann liegt eben 0 aus diesem Grund auch in der Symmetrale des Winkels C, was zu beweisen war.

0 ist also nicht bloß der Schnittpunkt aller drei Winkelhalbierenden, sondern dieser Punkt hat außerdem von allen drei Seiten des Dreiecks denselben Normalabstand oder dieselbe Entfernung. Daher kann ich mir jetzt unser Dreieck in folgender Art beschriften.

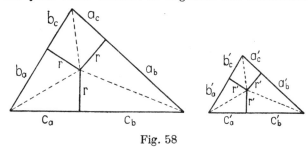

Fig. 58

Daneben zeichne ich mir noch ein „ähnliches" Dreieck, mit dem ich analog verfahre. Die entsprechenden Stücke kennzeichne ich durch „gestrichene" Buchstaben r', c_a' usw. Nun bin ich weiters berechtigt, den schon auf Grund unserer Streckenrechnung bewiesenen besonderen Fall des Proportionensatzes auf unsere zahlreichen kleinen rechtwinkeligen Dreiecke anzuwenden, die wir durch das Fällen der Normalen gewonnen haben. Wir dürfen also behaupten:

$$a_b : r = a_b' : r' \qquad b_c : r = b_c' : r'$$

$$a_c : r = a_c' : r' \qquad b_a : r = b_a' : r'$$

---

[1]) „Entferntsein" ist identisch mit der Länge der Normalen, die aus dem betreffenden Punkt auf die betreffende Gerade oder Strecke gefällt wird.

Wenn wir nun die untereinanderstehenden Paare von Proportionen addieren, was wir nach den Regeln über Gleichungen dürfen, so erhalten wir

$$\frac{a_b + a_c}{r} = \frac{a_b' + a_c'}{r'} \quad \text{und} \quad \frac{b_c + b_a}{r} = \frac{b_c' + b_a'}{r'},$$

was nach der Figur nichts anderes heißt als

$$a : r = a' : r' \quad \text{und} \quad b : r = b' : r'.$$

Wenn wir nun schließlich diese zwei Proportionen — wieder nach allgemeinen Gleichungsregeln — durcheinander dividieren, dann erhalten wir

$$\frac{a}{r} : \frac{b}{r} = \frac{a'}{r'} : \frac{b'}{r'}.$$

Da wir aber bei zwei durcheinander zu dividierenden Brüchen sowohl die Nenner als die Zähler durcheinander dividieren können, erhalten wir als Schlußergebnis

$$a : b = a' : b',$$

was zu beweisen war.

Nun haben wir also auch die Lehre von den Proportionen in der Geometrie auf eine unanfechtbare Grundlage gestellt. Wir können dem eben bewiesenen Satz aber zudem noch ohne weiteres den Fundamentalsatz in der Lehre der Proportionen entnehmen, der wie folgt lautet:

„Schneiden zwei Parallele auf den Schenkeln eines beliebigen Winkels die Strecken a, b bzw. a', b' ab, so gilt die Proportion a : b = a' : b'."

Die Umkehrung des Fundamentalsatzes ist der Satz: „Wenn vier Strecken a, b, a', b' die Proportion a : b = = a' : b' erfüllen, und a, a' und b, b' je auf einem Schenkel eines beliebigen Winkels abgetragen werden, so sind die Verbindungsgeraden der Endpunkte von a, b bzw. a', b' einander parallel."

Es sei noch hinzugefügt, daß diese beiden Sätze zur Herstellung von Vergrößerungen und Verkleinerungen

aller Art benutzt werden können und zum Beispiel bei
der Überführung eines bestehenden Maßstabs in einen
Maßstab größerer oder kleinerer Einheit eine ausschlag-
gebende Rolle spielen.

Im tiefsten Wesen ist dieser Fundamentalsatz, projektiv betrachtet, nichts anderes als der Schnitt eines
Zweistrahlenbüschels mit einem Parallelenbüschel, wobei durch das Parallelenbüschel zwar die Verhältnisse und
Beziehungen des einen Strahls des zentrischen Büschels
auf dem anderen abgebildet werden, nicht aber die absoluten Maßgrößen. Dieser letzte Fall träte nur dann ein,
wenn das Parallelenbüschel das zweistrahlige Büschel
normal zu dessen Winkelsymmetrale schneiden würde.

Neunzehntes Kapitel

Die merkwürdigen Punkte des Dreiecks

Wir haben auffallend oft vom Dreieck gesprochen.
Das hat seine guten Gründe. Das Dreieck ist, wie wir
wissen, die „Simplex"-Figur der Ebene. Und da wir uns
weiterhin vorläufig mit der Geometrie in der Ebene, mit
der sogenannten Planimetrie oder Ebenen-Messung beschäftigen werden, so müssen wir diese einfachste Figur
der Ebene bis zum Grund untersuchen. Wir verraten
dabei vorgreifend, daß eigentlich unsere ganze Geometrie
im Wesen eine „Dreiecksgeometrie" ist. Wir könnten
ohne viel Mühe aufzeigen, daß das Dreieck in entarteter
Form auch dort auftritt, wo wir es gar nicht vermuten.
Etwa in der Lehre vom Kreis. Stets werden wir offen
oder verkappt auf Dreiecksätze zurückgreifen und uns
auf sie berufen. Am Dreieck werden wir allerlei Grund-
beziehungen studieren und sie dann durch Zusammensetzung und Zerlegung auf alle anderen Figuren — vorläufig auf Figuren der Ebene — anwenden und übertragen. Unser „Simplex" wird uns Führer sein bis hinauf
zu den Höhen der mehrdimensionalen und der nicht-

euklidischen Geometrien. Und wie wir bei der Geometrie der Lage synthetisch oder aufbauend vorgegangen sind, so werden wir jetzt in der Maßgeometrie alles vom Dreieck her aufbauen. Und wir können schließlich die überraschendsten Brücken schlagen. Plötzlich werden uns auch der „Pascal", der „Brianchon" und der „Desargues" nicht anders erscheinen denn als Sätze, die man schließlich auf Dreiecke anwenden darf. Und wir wissen schon, daß das Dreieck auch wieder ein Grenzfall einer Kurve zweiter Ordnung, einer sogenannten Kegelschnittskurve ist. Es darf uns also die bevorzugte Behandlung des Dreiecks durchaus nicht verdrießlich machen. Sie darf aber bei uns auch nicht den Verdacht erwecken, daß wir unsere Geometrie gleichsam als Mißgeburt mit einem Wasserkopf aufbauen, wenn dieser Vergleich, der das Dreieck zum Wasserkopf stempelt, erlaubt ist. Wir müssen nämlich stets eines bedenken. Gemessen werden Strecken und Winkel. Strecken und Winkel sind die beiden Arten von Größen, die uns in der Geometrie primär interessieren. Nun ist aber das Dreieck die einfachste aus diesen beiden Größengattungen zusammengesetzte Figur. Und gerade durch die infolge des Simplexcharakters entstehende engste und dadurch gleichsam eher verwickelte Verbindung und Verschwisterung dieser beiden Größengattungen ergeben sich alle Beziehungen zwischen Winkeln und Strecken innerhalb des Dreiecks in Reinkultur. Und in einer Art, die es uns erlaubt, ein kombiniertes Winkel-Strecken-Maßsystem aufzubauen, das deshalb für alle Fälle gelten muß, weil sich in letzter Linie alle Figuren der Geometrie in echte oder entartete Dreiecke zerlegen und auflösen lassen oder doch zumindest mit dem Dreieck in irgendeine Beziehung zu bringen sind.

Wir haben schon einen der „merkwürdigen Punkte" des Dreiecks, nämlich den Schnittpunkt der drei Winkelhalbierenden untersucht und dabei einige besondere Eigenschaften dieses Schnittpunkts, insbesondere seine identische Entfernung von allen drei Dreieckseiten festgestellt. Wenn wir uns nun dem zweiten „merkwürdigen Punkt" des Dreiecks zuwenden wollen, so müssen wir die sogenannten Seitensymmetralen der drei Seiten betrachten. Unter einer Strecken- oder Seitensymmetrale hat man sich, wie unter jeder Symmetrale, gleichsam eine Achse vorzustellen. Klappt man dann die symmetrisch zu halbierende Figur um die Symmetrieachse, so erhält man Kongruenz der beiden Hälften der Figur. In der Alltagssprache nennen wir einen derartigen Vorgang das Zusammenfalten oder Zusammenlegen. Die Umbruchlinie oder Falzlinie ist die Symmetrieachse des betreffenden Gebildes. Nicht alle Gebilde können jedoch symmetrisch gefaltet werden. Bei unregelmäßigen Dreiecken oder Vielecken finde ich keine Symmetrieachse für die ganze Figur. Dagegen sind Winkel und Strecken stets symmetrisch zu teilen. Und eine Streckensymmetrale hat auch, gleichwie die Winkelsymmetrale, gewisse feststehende Eigenschaften.

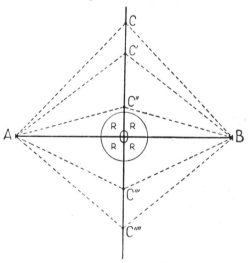

Fig. 59

Die durch die Symmetrale zu teilende Strecke AB
wird in der Mitte zwischen A und B von der Symmetrale-
im Punkte O geschnitten. Und zwar senkrecht. Wenn
ich nun einen beliebigen Punkt der Streckensymmetrale
C, C', C'', C''' usw. mit den beiden Endpunkten der
Strecke A und B verbinde, dann müssen die aus einem
Punkt der Symmetrale ausgehenden Verbindungsstrecken CA und CB oder C'A und C'B und so fort einander gleich sein. Dies folgt aus dem SWS-Satz, da
stets die eine Seite OC, OC' usw. identisch, die zweite
Seite OA bzw. OB definitionsgemäß in beiden Dreiecken
gleich ist und schließlich der Winkel R von diesen beiden
Seiten eingeschlossen wird. Diese eben bewiesene Eigenschaft der Streckensymmetrale liefert uns auch sofort
den Beweis vom gemeinsamen Schnittpunkt der drei
Seitensymmetralen im Dreieck.

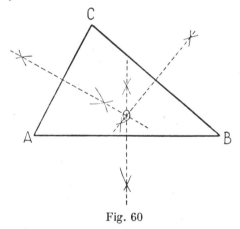

Fig. 60

Danach müssen nämlich OA und OC einander gleich
sein, ebenso aber OA und OB. Wenn sich also bloß
die zwei Symmetralen der Seiten AC und AB in einem
Punkte O schneiden, was stets der Fall sein muß,
dann ist weiterhin auch OB mit OC gleich, da diese

beiden Strecken, wie schon oben erwähnt, beide gleich
O A sind. Dann muß aber weiters der Punkt O auch
ein Punkt der Seitensymmetrale von BC sein, was
wieder aus der Umkehrung unseres oben bewiesenen
Streckensymmetralensatzes folgt. Das aber war ja eben
zu beweisen. Der Schnittpunkt der drei Seitensymmetralen des Dreiecks, die sich stets in einem einzigen
Punkte schneiden müssen[1]), ist der zweite merkwürdige
Punkt des Dreiecks und hat die Eigenschaft, daß alle
drei Eckpunkte des Dreiecks von ihm gleich weit entfernt sind. Es ist also $OA = OB = OC$.

Um zum dritten merkwürdigen Punkt des Dreiecks
zu gelangen, müssen wir einen neuen, äußerst wichtigen
Begriff einführen, nämlich die Höhe des Dreiecks.
Darunter versteht man die Senkrechte, die von einem
der Eckpunkte auf die gegenüberliegende Seite oder
auf deren Verlängerung gefällt wird. Jedes Dreieck
hat also drei mögliche Höhen. Die Seite, auf der selbst
oder auf deren Verlängerung die betreffende Höhe
senkrecht steht, heißt jeweils die Grundlinie des Dreiecks und wird in den Zeichnungen stets horizontal
gezogen, wobei der Eckpunkt, mit dem sie durch die
Höhe verbunden ist, darüber zu liegen kommt. Höhe

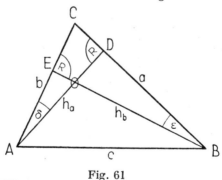

Fig. 61

¹) Dieser Schnittpunkt kann auch außerhalb des Dreiecks liegen.

und Grundlinie des Dreiecks sind gleichsam die Elementarstücke für jede Berechnung von Flächeninhalten. Daher wollen wir schon an dieser Stelle den Beweis führen, daß es ganz gleichgültig ist, welche Höhe und welche dazugehörige Grundlinie man der Berechnung unterlegt.

In unserem Dreieck schneiden sich die beiden Höhen h_a und h_b in einem Punkt O und verbinden die Punkte A und D bzw. B und E. Nun sind die Dreiecke BCE und ACD einander ähnlich, da sie beide rechtwinklige Dreiecke sind, die den Winkel bei C gemeinsam haben. Daher müssen auch die Winkel ε und δ einander gleich sein und es gilt der WWW-Ähnlichkeitssatz. Nach unserer Proportionenlehre muß dann aber auch die Beziehung $a : h_b = b : h_a$ gelten, woraus $a \cdot h_a = b \cdot h_b$ folgt. Da ich weiters die dritte Höhe jederzeit mit einer der beiden bereits gezogenen Höhen zum Schnitt hätte bringen können und dabei naturgemäß dieselbe Beziehung hätte finden müssen und da weiters zwei Größen, die einer dritten gleich sind, auch untereinander gleich sein müssen, ist der Beweis erbracht, daß $a \cdot h_a = b \cdot h_b = c \cdot h_c$, daß also die Produkte aller drei Höhen mit ihren zugehörigen Grundlinien im Dreieck einander gleich sind. Wenn wir also eine Formel finden, in der das Produkt zwischen Grundlinie und Höhe eine Rolle spielt, dann dürfen wir stets eine beliebige Höhe mit einer zugehörigen Grundlinie wählen und müssen dasselbe Ergebnis erhalten, als ob wir eine der beiden anderen Höhen gewählt hätten.

Nun aber zum dritten merkwürdigen Punkt, zum gemeinsamen Schnittpunkt aller drei Höhen im Dreieck. Wir hätten im Dreieck ABC die drei Höhen konstruiert, die sich tatsächlich — vorläufig können wir nicht wissen, ob dies vielleicht nur Zufall ist — in einem Punkte schneiden. Hierauf ziehen wir durch die drei Eckpunkte A, B und C drei Parallelen zu den bezüglichen gegenüberliegenden Seiten unseres Dreiecks und bilden aus diesen drei Geraden ein großes Dreieck A'B'C'. Da nun nach dem Satze, daß Parallele

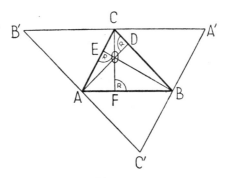

Fig. 62

zwischen Parallelen gleich lang sein müssen, die Beziehung $AB' = BC$ und $AC' = BC$ gilt, so muß auch
AB' kongruent sein AC'. Da aber AD auf BC senkrecht steht, muß AD auch auf der dazu parallelen
Strecke $B'C'$ senkrecht stehen. AD ist also sowohl
eine Höhe im kleineren als auch eine Seitensymmetrale
(der Seite $B'C'$) im großen Dreieck. Da sich entsprechend die beiden anderen Höhen zu Seitensymmetralen von $A'B'$ bzw. $A'C'$ umdeuten lassen, müssen
sich die drei Strecken AD, CF und BE als Seiten-
symmetralen des großen Dreiecks in einem gemeinsamen Punkte, nämlich im Punkte O schneiden. Diese
Tatsache kann sich dadurch nicht ändern, daß man
sie als Höhen des kleineren Dreiecks betrachtet.
Denn stets muß die Höhe eines Dreiecks die Seitensymmetrale eines in obenstehender Art konstruierten
großen Dreiecks sein. Damit ist aber auch der Beweis
für das Vorhandensein des dritten merkwürdigen
Punktes im Dreieck erbracht.

Der vierte und letzte merkwürdige Punkt des Dreiecks führt uns in ein anderes Gebiet, nämlich ins Reich
der Statik oder Gleichgewichtslehre, das streng genommen nicht der Geometrie, sondern der Physik
zugehört. Dinge, die mit der Schwere etwas zu tun

178

haben, können keine geometrischen Figuren sein. Denn geometrische Figuren sind stets schwerelose Schemen, sind vollständig immaterielle Gebilde. Gleichwohl sind jedoch die Geometriker aus verschiedenen Gründen gezwungen, sich mit Gleichgewichtsfragen zu beschäftigen, da das Gleichgewicht von Figuren gewissen rein geometrischen Formgesetzen unterliegt, die mit materieller Schwere nur höchst indirekt zu tun haben. Der Rauminhalt eines Körpers ist ja streng genommen auch eine physische oder physikalische Angelegenheit. Denn ein Kubikdezimeter Nichts ist eben überhaupt ein Nichts. So wie aber der Rauminhalt, im Hinblick auf mögliche Erfülltheit des Raumes mit Materie, ausgemessen werden kann, so kann auch die Schwerpunktslage einer Figur rein geometrisch auf mögliche Verwirklichung dieser Figur in der körperlichen Welt untersucht werden. Es sei zugegeben, daß der Raum als das „Ausgedehnte" bestehen bleibt, wenn auch alle Inhalte weggedacht werden, was beim Gleichgewicht nicht gut möglich ist. Aber eine gewisse Ähnlichkeit der beiden Probleme besteht sicherlich. Und in der Geschichte der Mathematik haben sich nicht nur Griechen, wie der große Archimedes, eingehendst mit statischen Aufgaben befaßt, die sie der Geometrie gleichsam eingliederten, sondern auch Neuere, wie Guldin, haben auf Grund statischer Beziehungen rein geometrische Sätze aufgestellt.

Wir beruhigen uns also damit, daß es sich für uns sozusagen um ein ideelles Gleichgewicht der Figuren handelt, wozu wir weiter nichts vorauszusetzen brauchen, als daß die Figuren in sich gleichartig (homogen) sind. Ebenen-Teile also mußten überall gleich dick sein, wobei diese Gleichheit auch besteht, wenn eine Dicke überhaupt nicht vorhanden ist. Die Figuren sind eben dann überall gleich „nicht-dick" und sind damit homogen.

Nach diesen Verwahrungen definieren wir die drei sogenannten Schwerlinien des Dreiecks als Verbindungslinien der drei Eckpunkte mit den Mittelpunkten der gegenüberliegenden Seiten. Und wir behaupten weiter, daß sich diese drei Schwerlinien im vierten und letzten merkwürdigen Punkt des Dreiecks, im sogenannten Schwerpunkt schneiden müssen. Ja noch mehr. Wir kündigen an, daß dieser Schnitt im Verhältnis 1 : 2 erfolgen wird. Dazu fügen wir zur Erläuterung des Wesens eines „Schwerpunkts" bei, daß man ein aus homogenem Material bestehendes Dreieck nur im Schwerpunkt etwa mit einer Nadelspitze zu unterstützen brauchte, um es in einer auch bei jeder Drehung horizontalen Lage zu erhalten. Im Schwerpunkt ist nämlich gleichsam die ganze „Masse" des betreffenden Körpers vereinigt. Oder, wenn man es anders sagen will: die Masse liegt um den Schwerpunkt gleichmäßig verteilt herum.

Jetzt aber wollen wir uns unsere Schwerlinien ansehen.

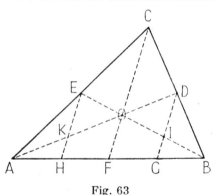

Fig. 63

Wir hätten in unserem Dreieck A B C aus den Punkten B und C die zwei Schwerlinien B E und C F gezogen. Diese beiden Geraden schneiden einander im Punkte O. Nun ziehe ich weiters aus den Halbierungspunkten der beiden Seiten A C und B C zwei der Schwerlinie C F parallele Gerade und bringe sie mit der Dreieckseite

AB zum Schnitt. Dadurch entsteht ein projektives Parallelenbüschel (HE, FC, GD), das sowohl beide Schenkel des Winkels A, als auch beide Schenkel des Winkels B schneidet. Es schneidet aber auch die beiden Winkel (zweistrahlige Büschel), die aus AB und BE und aus AB und AD gebildet werden. Nun kennen wir die projektiven Folgen, die solch ein Schnitt Paralleler durch einen Winkel hat. Er bildet die Verhältnisse der gegenseitigen Punktlage des einen Schenkels genau proportional auf dem zweiten Schenkel ab. Daraus folgt, daß der Halbierungspunkt von BC auch als Halbierungspunkt von BF abgebildet wird. Wenn ich von diesem Punkt G nun wieder nach D zurückprojiziere, dann muß auch der Halbierungspunkt von BF als Halbierungspunkt von BO im Punkte I abgebildet werden. Da aber weiters BF ≡ AF, so ist die Abbildung von E in H wieder ein Halbierungspunkt, der AF in zwei mit GF und BG gleiche Stücke teilt. Abbildung von H auf AO erzeugt den Halbierungspunkt K der Strecke AO usw. Da nun weiters HF ≡ FG ≡ GB, so gilt auch EO ≡ OI ≡ IB. Woraus die Teilung der Schwerlinie in dem von uns behaupteten Verhältnis 1 : 2 durch den Punkt O bewiesen ist. Da nun schließlich nach analogen Erwägungen auch die dritte Schwerlinie AD die Schwerlinie BE projektiv in die erwähnten, sich wie 1 : 2 verhaltenden Abschnitte teilen würde, so muß sie zu diesem Zweck ebenfalls durch den Punkt O gehen, womit das Vorhandensein des vierten merkwürdigen Punktes im Dreieck bewiesen ist.

Zwanzigstes Kapitel

Arten der Dreiecke

Wir gehen aus guten Gründen erst jetzt zur Besprechung der einzelnen Spielarten der Dreiecke über. Wir stellen sie nebeneinander und sehen das ungleichseitige, das rechtwinklige, das gleichschenklige und das gleichseitige Dreieck. Dabei betonen wir, daß die unregelmäßigste unter den Figuren einer Gattung (hier „Dreiecke überhaupt") stets den allgemeinsten Fall darstellt. Was für das ungleichseitige Dreieck bewiesen ist, gilt für alle anderen Arten von Dreiecken.

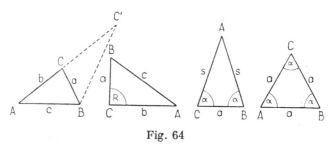

Fig. 64

Nun wären noch andere Spezialformen oder auch Mischformen dieser vier Typen möglich. So etwa spitzwinklige oder stumpfwinklige ungleichseitige Dreiecke, je nachdem ob ein Winkel über 90° im Dreieck enthalten ist. In der Figur ist das Dreieck ABC' ein stumpfwinkliges mit dem stumpfen Winkel bei B. Dann gäbe es noch ein rechtwinkliggleichschenkliges Dreieck, das wir von unseren Dreiecklinealen her kennen und das wegen der Gesamtwinkelsumme von 2R oder 180° wohl als Winkel α zwei Winkel von je 45° haben muß. Das gleichseitige Dreieck besitzt aus demselben Grund der Winkelsumme drei Winkel α von je 60° Winkelgröße.

Da wir bisher aus Rücksichten der Allgemeinheit unserer Besprechungen fast ausschließlich mit ungleichseitigen Dreiecken operierten, wollen wir nun über die Spezialtypen sprechen.

1. Das rechtwinklige Dreieck ist vielleicht die wichtigste Figur der ganzen Geometrie. Denn das besondere Verhältnis seiner Seiten, das den Inhalt des sogenannten Pythagoräischen Lehrsatzes ausmacht, ist fast bei keiner

geometrischen Konstruktion oder Berechnung zu entbehren. Anderseits bildet dieses Dreieck aber auch die
Grundfigur zur Gewinnung der Beziehungen zwischen
den Winkeln und den Seiten, also zu den sogenannten
goniometrischen Funktionen, die wieder Grundlage und
Rüstzeug der Trigonometrie, der vollkommensten Drei-
ecksmeßkunst sind. Es ist sicherlich die bekannteste
geometrische Tatsache, daß die Summe der Quadrate
der beiden, den rechten Winkel bildenden sogenannten
Katheten gleich ist dem Quadrate der dritten Seite, der
Hypotenuse. Wir nehmen die Bezeichnung „Quadrat"
vorläufig rein arithmetisch und definieren die „zweite
Potenz" oder „das Quadrat" einer beliebigen Zahl n
als das Produkt, das man erhält, wenn man n mit sich
selbst multipliziert. Unser n^2 ist also gleich $n \cdot n$. Wir
werden nun solch ein rechtwinkliges Dreieck einmal nach
der Proportionenlehre einer genauen Untersuchung unter-
werfen und zusehen, was wir dabei gewinnen können.

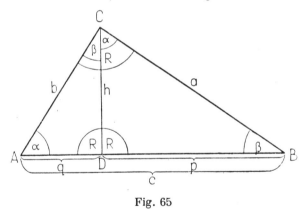

Fig. 65

Die auf die Hypotenuse gefällte Senkrechte oder
Höhe h nennen wir die „mittlere geometrische Propor-
tionale". Die beiden anderen Höhen des rechtwinkligen
Dreiecks fallen definitionsgemäß mit den Katheten a

und b zusammen, so daß der Schnittpunkt der drei Höhen im rechtwinkligen Dreieck stets im Punkt C liegen muß. Es folgt nun aus dem Satz über die Winkelsumme im Dreieck, daß die beiden, durch die mittlere Proportionale gebildeten Teildreiecke ACD und BCD die gleichen Winkel besitzen wie das ganze Dreieck ABC. Daher sind die beiden Teildreiecke untereinander und jedes von ihnen mit dem Hauptdreieck ähnlich, womit natürlich auch die gleichen Verhältnisse entsprechender Stücke in allen drei Dreiecken gegeben sind. Es verhalten sich also

$$c : b = b : q$$
$$c : a = a : p$$
$$q : h = h : p.$$

Wenn wir also a, b, c, h, p, q, als Maßzahlen der betreffenden Größen betrachten, dann ergeben sich rein arithmetisch die Gleichungen $b^2 = c \cdot q$, $a^2 = c \cdot p$ und $h^2 = p \cdot q$. Und daraus wieder $b = \sqrt{c \cdot q}$, $a = \sqrt{c \cdot p}$ und $h = \sqrt{p \cdot q}$. Nun folgt aus $b^2 = c \cdot q$ und $a^2 = c \cdot p$ weiter, daß $a^2 + b^2 = c \cdot p + c \cdot q$. Wenn wir jedoch diesen letzten Ausdruck umformen, gewinnen wir $a^2 + b^2 = c \cdot (p + q)$. Da nun weiters $(p + q)$ nichts anderes ist, als die durch die Proportionale in p und q zerlegte Strecke c, so erhalten wir schließlich $a^2 + b^2 = c \cdot c$ oder $a^2 + b^2 = c^2$, was zu beweisen war. Da wir nun unseren Beweis allgemein führten kann man ganz allgemein behaupten, daß das Quadrat der Hypotenuse stets gleich sei der Summe aus den Quadraten der beiden Katheten oder umgekehrt. Das aber ist die Aussage des pythagoräischen Lehrsatzes.

Durch diese Formel sind wir in jedem rechtwinkligen Dreieck (und nur in diesem) imstande, bei gegebenen zwei Seiten die dritte unmittelbar zu berechnen. Denn es ist

$$a = \sqrt{c^2 - b^2}$$
$$b = \sqrt{c^2 - a^2}$$
$$c = \sqrt{a^2 + b^2}.$$

Weiters möge noch erwähnt werden, daß die Kongruenzsätze im rechtwinkligen Dreieck weniger Bestimmungsstücke erfordern als im ungleichseitigen. Es ist ja stets
der rechte Winkel verkappt mitgegeben, so daß wir im
Allgemeinen im rechtwinkligen Dreieck zur Kongruenz
bloß zwei Bestimmungsstücke brauchen, nämlich die
beiden Katheten oder eine Kathete und einen der
spitzen Winkel oder die Hypotenuse und einen der
spitzen Winkel.

2. Wenn wir nun zum gleichschenkligen Dreieck übergehen, können wir gleich an unsere letzten Bemerkungen
über Kongruenz anknüpfen. Auch bei diesem Dreieck
brauche ich zur Kongruenz nur zwei Bestimmungsstücke, etwa die Grundlinie und einen Winkel (anliegend
oder gegenüberliegend) oder einen „Schenkel" und einen
der Winkel. Außerdem betonen wir, daß die auf die
Grundlinie gefällte Höhe zugleich Seitensymmetrale,
Winkelsymmetrale und Schwerlinie des Dreiecks ist, so
daß alle vier merkwürdigen Punkte auf dieser erwähnten
Strecke liegen müssen. Diese „Höhe", die wir hier ausnahmsweise als „Haupthöhe" bezeichnen wollen, spielt
überhaupt die Rolle der Symmetrieachse des ganzen
Dreiecks und teilt das gleichschenklige Dreieck in zwei
kongruente rechtwinklige Dreiecke, auf die in jeder Beziehung der pythagoräische Lehrsatz angewendet werden
kann, womit er mittelbar auch auf das ganze Dreieck
anwendbar wird, indem man stets die Schenkel als
Hypotenusen und die halbe Grundlinie und die Höhe als
Katheten betrachten darf.

3. Noch speziellere Eigenschaften besitzt das gleichseitige Dreieck, das die einfachste regelmäßige ebene Figur
darstellt. Wie schon erwähnt, sind alle seine drei Winkel
je 60° groß. Zur Kongruenz und Konstruktion brauche
ich nur ein Bestimmungsstück, nämlich eine Seite. Ein
Winkel genügt nicht, da ich dadurch nur Ähnlichkeit
erzielte (WWW-Satz). Es sind aber eben wegen dieses
WWW-Satzes alle gleichseitigen Dreiecke unabhängig
von der Seiten-Größe einander ähnlich. Nun kann man

das gleichseitige Dreieck stets auch als Grenzfall eines gleichschenkligen Dreiecks betrachten, wodurch alle Sätze über das gleichschenklige Dreieck (etwa die Verwendung des Pythagoräers) auf das gleichseitige Dreieck anwendbar werden. Aber noch mehr. Wegen der vollkommenen Gleichartigkeit dieser Figur, bei der man stets eine der drei Seiten als Grundlinie wählen kann, ohne daß sich das Dreieck irgendwie in der Gestalt ändert, das also gleichsam von allen Seiten gleichschenklig ist, fallen alle drei Höhen mit den entsprechenden Seiten- und Winkelhalbierenden und mit den Schwerlinien zusammen. Das gleichseitige Dreieck hat sonach nur einen einzigen merkwürdigen Punkt, auf den man alle Folgerungen aus den merkwürdigen Punkten anwenden darf. Er ist also gleichsam ein sich vierfach überdeckender oder ein Quadrupel-Punkt. Dadurch aber gilt weiters die Eigenschaft der Schwerlinien, die einander beim Schnitt im Verhältnis 1 : 2 teilen, auch für die Seiten- und Winkelhalbierenden und insbesondere auch für die Höhen, was sowohl für Flächenberechnungen als auch für andere Zwecke von besonderer Wichtigkeit ist und in Verbindung mit dem Lehrsatz des Pythagoras die Lösbarkeit der verschiedensten Aufgaben sicherstellt. Es sei dazu nur angemerkt, daß die drei „Höhen" oder wie man diese vierfach bedeutsamen Einheitslinien sonst nennen will, das gleichseitige Dreieck in sechs kongruente rechtwinklige Teildreiecke zerlegen, deren kleinere Kathete sich zur Hypotenuse verhält wie 1 : 2. Da die zweite Kathete dieser Teildreiecke durch die halbe Seite des ganzen großen Dreiecks gebildet wird, erhalten wir innerhalb des gleichseitigen Dreiecks ohne Rücksicht auf spezielle Zahlen die Proportion: Halbe Seite zum Quadrat $= 2^2 - 1^2 = 4 - 1 = 3$ oder halbe Seite $= \frac{a}{2} = \sqrt{3}$, wobei das Drittel der Höhe als Einheit genommen wurde. Somit ist $\frac{a}{2} = \frac{h}{3}\sqrt{3}$ oder $a = \frac{2h}{3}\sqrt{3}$ und $h = \frac{3a}{2\sqrt{3}} = \frac{a}{2}\sqrt{3}$, was wir auch auf anderen Wegen hätten errechnen können.

Das Doppelverhältnis

Wir hatten seinerzeit historisch den ersten schüchternen Anfang der Lage-Geometrie bis in die Zeit Richelieus, zu Desargues, zurückversetzt. Wir konnten damals aus pädagogischen Gründen nicht von einem anderen, noch weit früheren Vorläufer Poncelets sprechen, nämlich vom großen Geometer Menelaos aus Alexandria, der etwa um 80 n. Chr. Geburt, also zur Zeit der letzten Blutcäsaren wirkte. Sein Lehrsatz betrifft die Fundamente einer über Euklid hinaus durch die sogenannte

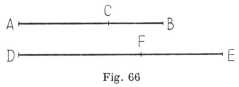

Fig. 66

„Harmonik" oder durch die Lehre vom „Doppelverhältnis" grundlegend erweiterten Proportionen-Geometrie. Bevor wir seinen berühmten Lehrsatz näher untersuchen, wollen wir uns über das Wesen des Doppelverhältnisses Klarheit verschaffen. Vorläufig wird es allerdings wie eine recht gewaltsame mathematische Konstruktion anmuten. Wenn wir aber später die ungeheure Wichtigkeit dieses unseres neuen Handwerkszeuges einsehen, werden wir über diese „unnötige Komplikation" anders denken, da uns gerade die Harmonik erlaubt, fast unzugängliche Probleme in verhältnismäßig spielend einfacher Art zu behandeln.

Das Doppelverhältnis, dies sei zuerst festgestellt, betrifft Streckenlängen. Es enthält die Forderung, daß sich die beiden Verhältnisse AC : BC und DF : EF zueinander irgendwie verhalten sollen. Also entweder wie ein einfaches Verhältnis oder wie ein zweites Doppelverhältnis. Rein arithmetisch gesprochen, ist das Doppelverhältnis nichts anderes als das Verhältnis zweier Brüche zueinander, in denen sowohl die Zähler als auch die Nenner Strecken oder Streckenteile bedeuten. Natürlich kann man auch, wie bei jeder Proportion, eine der Seiten „ausrechnen", wodurch man etwa behaupten könnte, das Doppelverhältnis betrage so und so viel.

Auf unsere oben gezeichneten Strecken angewandt, schreiben wir als Doppelverhältnis

$$(AC:BC):(DF:EF) \quad \text{oder} \quad \frac{AC}{BC}:\frac{DF}{EF}.$$

Dabei müssen die „Teilpunkte" von Strecken, wie C und F in unserem Falle durchaus nicht innerhalb der Strecken liegen, sondern können auch in der Verlängerung der Strecken gedacht sein. Insbesondere ist es wichtig festzustellen, daß wenn ein Doppelverhältnis den Wert 1 annimmt, das Doppelverhältnis dann unmittelbar in eine gewöhnliche Proportion von Strecken übergeht. Wäre nämlich etwa $\frac{AC}{BC}:\frac{DF}{EF} = 1$, dann folgt sogleich $\frac{AC}{BC} = \frac{DF}{EF}$ oder AC : BC = DF : EF.

Da wir nun den Begriff des Doppelverhältnisses einmal festgelegt haben, können wir unmittelbar zum Lehrsatz des Menelaos übergehen. Er behauptet: „Wenn zwei Strahlen der Ebene von zwei nicht parallelen Geraden in der Art geschnitten werden, daß die Abschnitte, die die eine dieser Geraden auf den beiden Strahlen erzeugt, durch die andere Gerade in je zwei Teile zerfallen, dann ist das Doppelverhältnis unter diesen Teilen gleich dem umgekehrten Verhältnis unter den Teilen der ersten Geraden."

Das sieht nun reichlich unheimlich aus. Darum wollen wir uns schnell eine Figur zeichnen und uns Voraussetzung und Behauptung formelmäßig notieren.

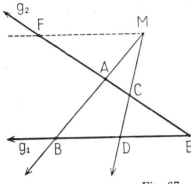

Voraussetzung:

AC teilt die
Abschnitte
MB u. MD

Behauptung:
$\frac{MA}{AB} \cdot \frac{MC}{CD} = DE : BE$

Fig. 67

Voraussetzung: AC teilt die Abschnitte M B und M D.

Behauptung: $\frac{MA}{AB} : \frac{MC}{CD} = DE : BE$.

Um diesen Satz zu beweisen, hat man vorerst von M gegen die Gerade g_2 eine Hilfslinie zu ziehen, die der Geraden g_1 parallel ist. Dadurch entsteht der neue Schnittpunkt F. Nun sind die Dreiecke AFM und ABE nach dem WWW-Satz ähnlich, da ihre Winkel bei A als Scheitelwinkel, die Winkel bei B und M als Wechselwinkel und die dritten Winkel bei E und F als Wechselwinkel ebenfalls gleich sind. Aus den gleichen Erwägungen sind die beiden Dreiecke CDE und AFM ähnlich. Da sich aber in ähnlichen Dreiecken homologe Seiten der beiden Dreiecke ebenso verhalten wie die anderen homologen Seiten dieser Dreiecke, darf ich die beiden Proportionen aufstellen:

$$MA : AB = FM : BE \quad \text{und}$$
$$MC : CD = FM : DE$$

Wenn wir die beiden Gleichungen (Proportionen) durcheinander dividieren, so erhalten wir

$$\frac{MA}{AB} : \frac{MC}{CD} = \frac{FM}{BE} : \frac{FM}{DE}.$$

189

Nun kürzen wir die rechte Seite durch F M und erhalten

$$\frac{MA}{AB} : \frac{MC}{CD} = \frac{1}{BE} : \frac{1}{DE},$$

worauf wir rechts die Brüche dadurch fortschaffen, daß wir beide Glieder mit B E · D E multiplizieren. Wir haben also jetzt:

$$\frac{MA}{AB} : \frac{MC}{CD} = \frac{1}{BE} \cdot (BE \cdot DE) : \frac{1}{DE} \cdot (BE \cdot DE),$$

woraus wir schließlich

$$\frac{MA}{AB} : \frac{MC}{CD} = DE : BE$$

gewinnen, was als „Satz des Menelaos" zu beweisen war.

Man kann nun durch Betrachtung anderer „homologer" Stücke unserer Figur allerlei neue Doppelverhältnisse und Proportionen feststellen. Etwa $\frac{MB}{BA} : \frac{MD}{DC} =$ = C E : A E usw. Im Ganzen müssen sich zwölf derartige Proportionen ergeben, was uns schon die unglaublich vielfältige Verwendbarkeit dieser Figur in der Proportionenlehre zeigt. Dabei müssen wir uns noch etwas anderes vor Augen halten, was wir bisher absichtlich verschwiegen. Was haben wir eigentlich, vom Standpunkte der projektiven Geometrie aus, gemacht? Nun, wir haben nichts anderes gemacht, als daß wir zwei zweistrahlige Ebenenbüschel miteinander zum Schnitt brachten und hierauf das Verhältnis und das Doppelverhältnis der abgeschnittenen Strecken untersuchten. Wenn wir nun weiter bedenken, daß es sich hier wieder nur um den Schnitt zweier „degenerierter Hyperbeln" handelt, dann dürften wir schon ein wenig ahnen, was für Möglichkeiten hinter unserem „Menelaos" in riesenhafter Vielfalt emportauchen und wie großartig sich auch hier wieder unsere „Geometrie des Auges" zu entfalten beginnt.

Wir werden uns sogleich einen der wichtigsten Folgesätze unseres „Menelaos" ansehen, der auch für die verschiedensten Anwendungen von Bedeutung ist. Wir wollen ihn für uns den „Folge-Menelaos" benennen. Er lautet: „Wenn drei Strahlen die Eckpunkte eines Dreiecks treffen, so werden sie durch die diesen Eckpunkten gegenüberliegenden Dreiecksseiten oder deren Verlängerungen so geschnitten, daß das Doppelverhältnis unter den Teilen je zweier Strahlen gleich dem umgekehrten Verhältnis unter den Teilen der die drei Strahlen verbindenden Dreiecksseite ist."

Wir zeichnen uns wieder die Figur mit Voraussetzung und Behauptung.

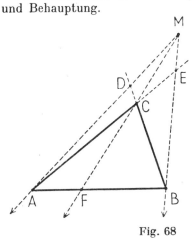

Voraussetzung:

$\triangle ABC$ in den drei Eckpunkten von MA, MB u. MC getroffen

Behauptung:
$\frac{MD}{DA} : \frac{ME}{EB} = BF : AF$

Fig. 68

Voraussetzung: ABC wird in den drei Eckpunkten von MA, MB, MC getroffen.

Behauptung: $\frac{MD}{DA} : \frac{ME}{EB} = BF : AF$.

Nach dem Menelaos gelten die beiden Proportionen

$$\frac{MD}{DA} : \frac{MC}{CF} = FB : AB \text{ und}$$

$$\frac{ME}{EB} : \frac{MC}{CF} = FA : BA.$$

Wenn wir nun diese beiden als Gleichungen betrachteten Proportionen einfach durcheinander dividieren, dann erhalten wir:

$$\frac{MD}{DA} : \frac{ME}{EB} = BF : AF,$$

was als der „Folge-Menelaos" zu beweisen war.

Es sei bloß erwähnt, daß sich auch aus diesem Lehrsatz eine Reihe anderer Proportionen ergeben, wie etwa

$$\frac{MD}{DA} : \frac{MF}{FC} = CE : AE \quad \text{usw.}$$

Auch dieser Lehrsatz kann durch zwölf verschiedene Proportionen ausgedrückt werden.

Man wird nun schon mit Recht fragen, zu welchem Zweck stets verwickeltere Proportionen ersonnen werden. Wir müssen uns also beeilen, irgendwelche Anwendungen vorzuweisen, sonst wirft man uns vor, wir betrieben nichts anderes als „Proportionalitäts-Sport".

Gut, wir werden also zwei merkwürdig einfache Konstruktionen zeigen, die sich unmittelbar auf unsere Sätze stützen. Vorher aber müssen wir noch einige kurze Einführungsworte zum Begriff „Konstruktion" sagen. Das Wort ist aus der Umgangssprache hinlänglich bekannt und ist auch, wie so viele Worte, dadurch ausgezeichnet, daß es sowohl für eine Tätigkeit als für das Ergebnis dieser Tätigkeit gebraucht wird. Konstruktion kommt vom lateinischen construere und bedeutet soviel wie zusammensetzen, zusammenfügen. Von der Wurzel „struere" ist etwa auch das Wort Struktur (Gefüge) abgeleitet. Konstruktion ist also sowohl eine Tätigkeit des Zusammensetzens als das Ergebnis dieser Zusammensetzung. Der zweite Fall geht zum Beispiel aus solchen Sätzen hervor: „Die Fabrik N. N. hat neuerlich wieder eine gelungene Automobil-Konstruktion auf den Markt gebracht." Geometrisch versteht man unter Konstruktion auch sowohl das Konstruieren als das Konstruierte. Es wäre aber anzuempfehlen, die Hervorbringung der

Figur durch Konstruktion eher in den Vordergrund unserer Wortbedeutung zu rücken. Wir definierten es soeben: Konstruktion ist die Hervorbringung, richtige Zusammensetzung einer Figur im weitesten Sinne. Gleichsam die mechanische Erzeugung geometrischer Gebilde mit gewissen Hilfsmitteln, wobei nicht immer gezeichnet werden muß. Man kann etwa auch Schnüre oder Pflöcke zu geometrischen Konstruktionen gebrauchen oder auch Visierstangen und Fadenkreuzfernrohre. Im engeren Sinne allerdings meinen wir mit dem Wort Konstruktion die zeichnerische Erzeugung geometrischer Gebilde. Als Hilfsmittel haben wir bisher eigentlich bloß die Zeichen-Ebene (das Papier) und das Lineal kennengelernt, dessen Kante für uns die Schablone der Geraden war. Wenn man die Geschicklichkeit besäße, im „Freihandzeichnen" genaue Gerade zu ziehen, könnte man auch das Lineal entbehren. Da dies aber nur bei sehr wenigen Menschen zutrifft, sprechen wir von der „Konstruktion nur mit dem Lineal", wenn es sich um Konstruktionen handelt, die bloß mit Hilfe von Geraden durchgeführt werden sollen. Da wir nun später über das Thema „Konstruktion" uns noch auf viel höherem Niveau unterhalten werden, brechen wir für jetzt unseren theoretischen Exkurs ab und stellen kurzerhand die Aufgabe, es solle „nur mit dem Lineal" zu einer gegebenen Geraden durch einen gegebenen Punkt eine Parallele gelegt werden. Dabei ist es uns nicht gestattet, den rechten Winkel als Konstruktionselement zu benützen, da dieser sich für uns vorläufig ohne Zirkel nicht konstruieren läßt.

Gegeben wären die Gerade g_1 und der Punkt C, durch den die Parallele g_2 gezogen werden soll. Man geht nun folgendermaßen vor: Man wählt auf der Geraden g_1 willkürlich einen Punkt A, von dem aus man auf der Geraden g_1 das ebenfalls willkürliche Stück AF mit dem „Eichmaß" zweimal abträgt. Das „Eichmaß" ist in unserem Falle durch zwei willkürliche Marken auf dem Lineal oder auf einem Papier-

streifchen herzustellen. Nun zieht man eine Hilfslinie
von A durch C und wählt auf ihr jenseits von C irgendeinen Punkt M. Von diesem zieht man dann zwei Gerade durch F und durch B und eine weitere Gerade
von C nach B, die den Strahl MF in einem Punkt E
schneidet. Wenn man nun von A aus durch diesen
Punkt E eine letzte Gerade zieht und diese mit MB
zum Schnitt bringt, so wird dieser Schnittpunkt D

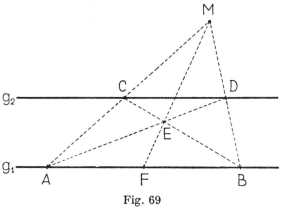

Fig. 69

ein zweiter Punkt der gesuchten Parallelen sein. Durch
C und D ist also die Gerade g_2 bestimmt, die voraussetzungsgemäß durch C läuft und zu g_1 parallel ist.

Der Beweis für die Richtigkeit unserer Konstruktion
läßt sich mit Hilfe des „Folge-Menelaos" sofort führen.
In unserer Figur ist nämlich

$$\frac{MC}{CA} : \frac{MD}{DB} = BF : AF.$$

Außerdem ist nach der Konstruktion $BF = AF$, was
zur Folge hat, daß $BF : AF = 1$. Folglich ist auch
das Doppelverhältnis

$$\frac{MC}{CA} : \frac{MD}{DB} = 1, \text{ also } MC : CA = MD : DB.$$

Eine derartige Proportion für ein zentrisches Strahlenbüschel aus den Strahlen MA und MB kann aber nur
bestehen, wenn das schneidende Büschel g_1 und g_2
ein parallelstrahliges Büschel ist, weshalb auf Grund
der letzten Proportion g_1 und g_2 (g_2 geht überdies
gemäß der Konstruktion durch C) parallele Gerade sein
müssen, was zu beweisen war.

Eine zweite, zu dieser gleichsam duale Aufgabe be-
stände darin, eine gegebene Strecke AB ohne Gebrauch
des Zirkels in zwei gleiche Strecken zu teilen.

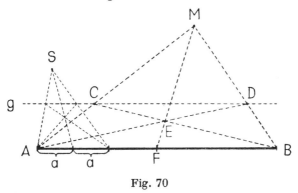

Fig. 70

Unser scheinbar verworrenes Gebilde wird sofort
durchsichtig, wenn wir betonen, daß die links stehende
Figur mit dem Scheitel S nichts ist als unsere eben aus-
geführte Parallelen-Konstruktion, wobei wir von A aus
zweimal die Strecke a abgetragen haben. Nun besteht
unsere jetzige Aufgabe darin, die Strecke AB in zwei
gleiche Teile zu teilen. Dazu wählen wir ein zweites
Strahlenzentrum M, das ganz willkürlich ist. Dieses
verbinden wir mit A und mit B und bringen die beiden
Strahlen MA und MB mit der zu AB parallelen Geraden g in den Punkten C und D zum Schnitt. Wenn
wir weiters A mit D und B mit C verbinden und durch
den Schnittpunkt E dieser beiden Verbindungsgeraden

von M einen Strahl gegen AB ziehen, wird er diese Strecke im Punkte F schneiden und sie genau in zwei gleiche Teile zerlegen.

Der Beweis wird wieder durch den „Folge-Menelaos" geführt; es besteht nämlich die Proportion

$$\frac{MC}{CA} : \frac{MD}{DB} = BF : AF;$$

ferner folgt aus der Parallelenlegung von g, daß $MC : CA = MD : DB$, was nichts anderes heißt als $\frac{MC}{CA} : \frac{MD}{DB} = 1$. Da nun die linke Seite der ersten Proportion gleich ist eins, muß es auch die rechte sein. Also: $BF : AF = 1$ oder $BF = AF$ oder $BF = AF =$ $= \frac{AB}{2}$, was zu beweisen war.

Z w e i u n d z w a n z i g s t e s   K a p i t e l

H a r m o n i s c h e   P u n k t e

Nun wollen wir unsere Kenntnisse noch um ein gutes Stück vertiefen, indem wir versuchen werden, den Begriff der sogenannten „harmonischen Punkte" zu gewinnen. Wir wollen ganz konkret beginnen, indem

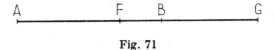

Fig. 71

wir uns vier solcher Punkte auf eine Gerade zeichnen, ohne uns noch darüber den Kopf zu zerbrechen, wie man sie findet oder konstruiert. Wir behaupten also, daß vier Punkte dann auf einer Geraden g „harmonisch" liegen, oder die Gerade harmonisch zerlegen, wenn der erste Teil sich zum zweiten verhält wie die ganze Strecke zum dritten Teil. In Zeichen:

$$AF : FB = AG : BG.$$

Dabei werden der erste und dritte, der zweite und vierte Punkt die einander „zugeordneten" Punkte genannt. Es sind also A und B, F und G die einander zugeordneten Punkte[1]).

Man kann nun gemäß der Verwandlungsmöglichkeit von Proportionen etwa auch A B wie eine gegebene Strecke ansehen, welche durch einen „inneren Teilpunkt" F nach dem Verhältnis A F zu F B und durch einen „äußeren Teilpunkt" G in dem gleichen Verhältnis A G zu G B geteilt werden soll. Denn die Gleichsetzung dieser zwei Verhältnisse ergäbe ohne weiteres die erste von uns geforderte Proportion. Man kann aber noch weiter gehen. Man kann etwa F G als die gegebene Strecke ansehen, die durch einen inneren Teilpunkt B nach dem Verhältnis G B : B F und durch den äußeren Teilpunkt A nach einem gleichen Verhältnis G A : A F geteilt werden soll. Dadurch erhielte ich eine Proportion G B : B F = G A : A F. In einer Proportion dürfen nun, ohne ihre Richtigkeit zu gefährden, jederzeit die äußeren oder die inneren Glieder untereinander vertauscht werden, wie man etwa aus $3 : 9 = 2 : 6$ ersehen kann. Denn sowohl $6 : 9 = 2 : 3$ stimmt, wie auch $3 : 2 = 9 : 6$. Diese Möglichkeit rührt davon her, daß das Produkt der äußeren Glieder in einer Proportion gleich sein muß dem Produkt der inneren Glieder. Wenn $a : b = c : d$ dann ist $a \cdot d = b \cdot c$. Da nun bei der Multiplikation das Prinzip der Kommutativität oder Vertauschbarkeit der Faktoren herrscht, darf ich aus $a \cdot d = b \cdot c$ sowohl $d \cdot a = b \cdot c$, als auch $a \cdot d = c \cdot b$, als schließlich $d \cdot a = c \cdot b$ machen. Deshalb sind folgende Proportionen richtig, wenn $a : b = c : d$ richtig ist: 1.) $d : b = c : a$, 2.) $a : c = b : d$, 3.) $d : c = b : a$. Wenn wir nun in unserer Proportion G B : B F = G A : A F die beiden Außenglieder miteinander vertauschen, kommen wir

---

[1]) Die Punkte A und B heißen auch „Fundamentalpunkte", die Punkte F und G die „Teilpunkte".

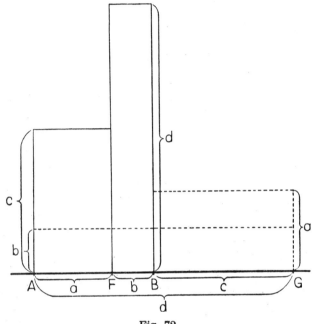

Fig. 72

geraden Weges wieder zur ersten Proportion der Harmonik $AF : BF = AG : GB$, was wir ja beweisen
wollten. Außerdem folgt noch aus der Gleichheit des
Produktes der Außen- und Innenglieder eine Tatsache,
die wir vorgreifend an dieser Stelle erwähnen wollen
und die für die verschiedensten Konstruktionen wichtig
ist. Da nämlich $AG \cdot BF = AF \cdot GB$, so ist das Rechteck aus den zwei äußeren Teilstrecken flächengleich
dem Rechteck aus der ganzen Strecke und dem mittleren Teile. Also sind alle vier Rechtecke, die in der
Figur dargestellt sind und die die Seiten a und c, b und d,
c und a, d und b haben, untereinander flächengleich.

Bevor wir zur Konstruktion harmonischer Punkte
übergehen, wollen wir den Ausdruck „harmonisch" ein

wenig historisch und formal-mathematisch erläutern. Es gibt bekanntlich eine ganze Reihe von sogenannten Durchschnitts- oder Mittelwerten. Das bekannteste ist wohl das arithmetische Mittel, das wir als Formel für zwei Glieder a und b als $m_A = \frac{a+b}{2}$ schreiben können. Als geometrisches Mittel m_G bezeichnet man $\sqrt{a \cdot b}$. Und schließlich als harmonisches Mittel m_H den Bruch $\frac{2\,a \cdot b}{a+b}$. Schon die Pythagoräer fanden, daß die harmonische Beziehung sowohl in der Geometrie als in der Natur (insbesondere in der Akustik und Optik) auftrat. So besteht etwa zwischen den 8 Eckpunkten, 6 Flächen und 12 Kanten des Würfels (oder Parallelepipedons) ein harmonisches Verhältnis, indem die Eckenanzahl das harmonische Mittel zwischen der Flächen- und Kantenanzahl ist. Denn $m_H = \frac{2\,a \cdot b}{a+b}$, also $m_H = \frac{2 \cdot 6 \cdot 12}{6+12} = \frac{2 \cdot 6 \cdot 12}{18} = \frac{2 \cdot 12}{3} = 8$; und auch in der Musik ist etwa die Quart das (in diesem Fall besonders richtig benannte) harmonische Mittel zwischen Grundton und Oktave. Wenn wir also unsere vier Punkte mit Recht als „harmonische Punkte" bezeichnet haben wollen, dann muß sich wohl irgend eine Brücke zwischen dem harmonischen Mittel und unserer Proportionalitätsforderung schlagen lassen. Oder war es nur der Name, der uns in die Irre lockte? Nein, es stimmt genau, was wir vermuteten, und ein riesenhafter Ausblick auf die Welt der Harmonik wird sich für uns sofort eröffnen und uns von einer Entdeckung zur anderen führen. Man könnte pythagoräisch sagen, daß sich vor uns der Vorhang heben wird und wir Gottes Werkstatt und die Harmonie der Sphären erahnen können.

Wenn wir uns unsere vier harmonischen Punkte wieder aufzeichnen

Fig. 73

dann behaupten wir, daß m das harmonische Mittel sein solle zwischen a und b. Also $m = \frac{2\,a\cdot b}{a+b}$. Und diese Formel soll gleichbedeutend sein mit der von uns bereits aufgestellten Proportion

$$AF : BF = AG : BG.$$

Ersetzen wir einmal unser AF usw. durch m, a und b, was wir aus der Figur leicht entnehmen können. AF ist a, BF ist (m — a), AG ist b und BG ist (b — m). Und nun schreiben wir unsere Proportion einfach in der neuen Schreibweise, worauf wir m „ausrechnen" werden. Wir erhalten

$$a : (m — a) = b : (b — m).$$

Multiplikation der Außen- und Innenglieder ergibt $a\cdot(b — m) = b\cdot(m — a)$ oder $a\cdot b — a\cdot m = b\cdot m — b\cdot a$. Wenn ich alle das m enthaltenden Glieder auf eine Seite schaffe, so erhalte ich $b\cdot m + m\cdot a = a\cdot b + b\cdot a = a\cdot b + a\cdot b = 2a\cdot b$. Die Größe $b\cdot m + m\cdot a$ ist also gleich $2a\cdot b$. Daher ist $m\cdot(b + a) = 2a\cdot b$ oder $m\cdot(a + b) = 2a\cdot b$. Nun das Endergebnis $m = \frac{2\,a\cdot b}{a+b}$. Zu unserem freudigen Erstaunen ist die Forderung unserer Proportion mit der Forderung des harmonischen Mittels äquivalent. Wir können jetzt sagen: „Wenn sich durch vier Punkte auf einer Geraden Streckenabschnitte in der Art ergeben, daß der erste Abschnitt sich zum zweiten Abschnitt so verhält wie die ganze Strecke zum dritten Abschnitt, dann ist die Summe der beiden ersten Abschnitte das harmonische Mittel zwischen dem ersten Abschnitt und der ganzen Strecke." Es ist klar, daß sich aus diesen Beziehungen im Wege von Umformungen eine Unmenge anderer Beziehungen gewinnen läßt. Wir wollen nur noch darauf hinweisen, daß sich uns auch sofort eine Tür zum „Doppelverhältnis" öffnet. Denn so wie jedes der Eins gleiche Doppelverhältnis zu einer gewöhnlichen Proportion wird, so können wir auch jede Proportion sofort als Doppelverhältnis anschreiben und gleich 1 setzen. Dies jedoch vorläufig nur nebenbei.

Wir greifen jetzt einen anderen Gedankengang auf. Es wird, so scheint es uns, jederzeit möglich sein, eine Strecke AB zu zeichnen und zwischen A und B irgendwo einen Teilpunkt F zu setzen. Das muß schon gemäß unseren Axiomen erlaubt sein. Durch diesen Vorgang aber gewinnen wir schon drei Punkte. Und es bleibt nur der vierte hiezu harmonische Punkt problematisch und unbekannt. Wir könnten diesen vierten Punkt allerdings arithmetisch errechnen. Wenn wir nämlich etwa unser AF mit a, unser FB mit b und BG mit x bezeichnen, dann lautet unsere Proportion folgendermaßen: $a : b =$
$$= (a + b + x) : x \text{ oder } a \cdot x = a \cdot b + b^2 + b \cdot x \text{ oder}$$
$$a \cdot x - b \cdot x = a \cdot b + b^2 \text{ oder } x \cdot (a - b) = b \cdot (a + b)$$
oder schließlich $x = \frac{b \cdot (a + b)}{a - b}$, was besagt, daß wir, wenn wir nur einmal AF und FB kennen, daraus auch BG (das x unserer Rechnung) und damit die volle Anzahl der harmonischen Punkte gewinnen können. Unser Ausdruck für x ist uns aber viel zu ungelenk, obgleich er auch allerlei Beziehungen aufdeckt. Wir werden daher versuchen, den „vierten harmonischen Punkt" zu konstruieren. Dazu bemerken wir, daß wir ebenso auch A, B und G als bekannt voraussetzen und den „inneren" Teilpunkt F suchen könnten. Zeichnen wir also unsere Figur:

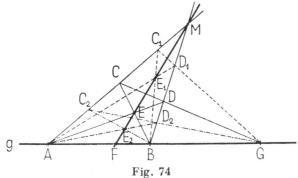

Fig. 74

Wir behaupten, daß wir den vierten harmonischen Punkt (vorläufig den „äußeren" Teilungspunkt G) in einfachster Art bei gegebenen Punkten A, B und F finden können, wobei F nicht genau in der Mitte zwischen A und B liegen darf. Warum, werden wir später erörtern.

Zur Konstruktion haben wir aus einem willkürlichen Strahlungsmittelpunkt M die drei Strahlen M A, M F, M B gezogen. Man zieht nun weiters entweder aus C einen Transversalstrahl gegen B oder aus D einen solchen nach A. Die Punkte D und C sind willkürlich und dürfen jederzeit durch D_1 und D_2 oder durch C_1 und C_2 ersetzt werden. Allerdings besteht die Willkür nur für den ersten gewählten Punkt und nicht für beide zugleich. Denn C ergibt sich aus D, C_1 aus D_1, C_2 aus D_2, und umgekehrt D aus C, D_1 aus C_1 usw. Ich muß nämlich, falls ich etwa C mit B verbunden hätte, jetzt aus A die Gerade durch E legen, um D zu erhalten und umgekehrt. Stets muß ich zuerst einen Schnittpunkt mit dem mittleren Strahl herstellen, um den anderen Transversalpunkt zu konstruieren. Nun haben wir schließlich nichts weiter zu tun, als C mit D zu verbinden. Wo die Verbindungsgerade g schneidet, dort liegt der vierte harmonische Punkt G. Wie man sieht, hätte man ihn ebenso aus C_1 und D_1, C_2 und D_2 und aus all den anderen unendlich vielen Strahlen gewonnen, die einander, von A und B kommend, auf M F schneiden.

Unser Beweis knüpft wieder an den „Folge-Menelaos" und an den „Menelaos" selbst an. Da nämlich nach dem „Folge-Menelaos" $\frac{MD}{DB} : \frac{MC}{CA} = AF : BF$ und nach dem „Menelaos" $\frac{MD}{DB} : \frac{MC}{CA} = AG : BG$, so ist nach dem Satze, daß zwei Größen, die einer dritten gleich sind, auch untereinander gleich sein müssen, die Proportion erfüllt:

$$AF : BF = AG : BG,$$

was zu beweisen war.

Nun wenden wir uns sofort der Aufgabe zu, den inneren Teilpunkt F zu suchen, wenn A, B und G gegeben sind. Wir zeichnen keine neue Figur, sondern benützen dazu die vorhergegangene, da es sich jetzt nur gleichsam um eine Änderung der Gedankenrichtung handelt. Wir empfehlen aber dem Leser an dieser Stelle noch einmal dringendst, alle Figuren der projektiven Geometrie, streng nach unseren Anleitungen, selbst zu zeichnen, und zwar mit einem guten Lineal, da man erst dadurch gleichsam den Webstuhl dieser wundervollen Kunst voll durchschauen kann.

Wir wählen also wieder willkürlich einen Punkt M und ziehen aus diesem Punkt die zwei Strahlen MA und MB. Hierauf ziehe man aus G entweder MC oder MC_1 oder MC_2 oder irgend eine Gerade, die die beiden Strahlen schneidet. Die beiden Schnittpunkte verbindet man dann überkreuzt mit A und B (also CB und DA), wodurch man den Schnittpunkt E gewinnt. Durch diesen zieht man von M eine Gerade bis zum Schnitt mit g, der im gesuchten Punkte F erfolgen muß. Zum Beweis zieht man, genau wie im Falle des gesuchten äußeren Punktes, den „Folge-Menelaos" und den „Menelaos" heran, wie wir ihn schon oben gegeben haben.

Nun hätten wir noch aufzuklären, warum der Teilpunkt F die Strecke AB nicht im Mittelpunkt dieser

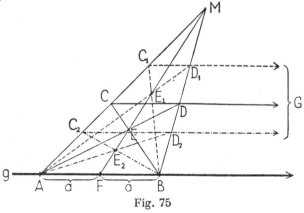

Fig. 75

Strecke oder, was dasselbe ist, im Verhältnis 1 : 1 teilen darf. Warum also das einfache Verhältnis AF : FB nicht gleich eins sein darf. Wenn wir uns eine entsprechende Figur zeichnen, in der natürlich nur der „äußere" Teilpunkt gesucht werden kann, da wir den „inneren" ja eben in die Mitte zwischen A und B legten, so sehen wir zu unserer Verblüffung, daß wir den Punkt G nicht gewinnen können, da CD stets parallel wird zu g, was auch immer wir versuchen.

Hier hat sich die Geometrie selbst in einer merkwürdigen Art geholfen, da wir an sie eine unerfüllbare Forderung gestellt haben. Wir hatten nämlich verlangt, daß sich AF zu FB wie 1 zu 1 und außerdem wie irgend eine Strecke AG zu ihrem Teil BG[1]) verhalten solle. Diese Forderung ist unlogisch, da sich das Ganze zum Teil niemals wie 1 : 1 verhalten kann. Denn das würde voraussetzen, daß das Ganze unter Umständen dem Teile gleich sein könnte. Unsere herrliche Denkmaschine war aber gescheiter als wir. Sie hat einen unglaublich raffinierten Ausweg gefunden, und zwar ganz automatisch, um die Allgemeinheit unseres harmonischen Satzes zu retten. Es gibt nämlich ein Reich, wo das Ganze zum Teil sich verhalten kann wie 1 : 1. Es ist dies das alles verschlingende Reich des Unendlichen. Ob wir uns nun vorstellen, daß bei einem „unendlich fernen" Punkt G die Differenz AB, die ja das Ganze vom Teil unterscheidet, zur belanglosen Winzigkeit, zum Nichts zusammenschrumpft, da ja $\infty - AB$ stets ∞ bleibt, oder ob wir behaupten $AG : GB = \infty : \infty = \frac{\infty}{\infty} = 1$, oder ob wir solche Folgerungen aus philosophischen Bedenken zurückschieben und unseren Grenzfall einfach aus der Konstruktion dankbar hinnehmen und behaupten, zur Erhaltung unseres Algorithmus müsse man in dieser Konstellation all dies nach dem Permanenzprinzip von

---

[1]) Es könnte auch statt „Teil" BG „Vielfaches" gesetzt werden. Dadurch würde alles gleich bleiben, nur der Punkt G würde auf die andere Seite, also links von A, zu liegen kommen.

Hankel einfach postulieren: Rätselhaft bleibt, was wir da eben fanden, auf jeden Fall. Um so mehr als wir die Parallelität von g und CD nach dem „Folge-Menelaos" und aus der Ähnlichkeit der Dreiecke sofort beweisen können. Man hat nun diese höchst wichtige Ausnahme in der projektiven Geometrie in der Art formuliert, daß man sagt, „die Endpunkte einer Strecke AB seien durch ihren Mittelpunkt F und den unendlich fernen Punkt G harmonisch getrennt."

Natürlich kann ich jetzt aus einem unendlichfernen äußeren Teilungspunkt G den inneren Teilungspunkt F finden, der AB halbieren muß. Wir haben diese Konstruktion unter anderen Gesichtspunkten schon durchgeführt, als wir uns die Aufgabe stellten, eine Strecke zu halbieren, wobei wir nur das Lineal benützen durften. Jetzt sagen wir einfach, daß, vom unendlichfernen Punkt G kommend, eine Gerade die beiden Strahlen MA und MB schneidet. Diese Schnittpunkte sind kreuzweise mit B und A zu verbinden, wodurch ich E gewinne. Die Verbindung des Strahlungsmittelpunktes M mit E muß aber, verlängert, im Punkte F die Strecke AB halbieren.

So verlockend es wäre, in diesen zauberhaften Gefilden der Harmonik weiter zu verweilen, müssen wir hier vorläufig abbrechen, da uns neue große Aufgaben rufen. Wir wollen aber nicht unerwähnt lassen, daß der deutsche Geometriker Steiner schon im Jahre 1833 in seinem Werk „Geometrische Konstruktionen" eine Menge von Eigenschaften der harmonischen Punkte aufgezeigt hat. Einer der größten Bahnbrecher der projektiven Geometrie aber, der berühmte v. Staudt, hat sogar die ganze Geometrie der Lage auf das harmonische Gebilde aufgebaut.

Es erübrigt nur noch, rückschauend eine Verbindung zu finden zwischen der Schreibweise des Doppelverhältnisses und der harmonischen Lage von Punkten. Denn gerade diese Schreibweise hat eine überragende Wichtigkeit, da sie die „Maßbeziehung" der ganzen projektiven Geometrie darstellt. Es wurde über das Doppelverhältnis

und über die harmonischen Punkte eine Brücke zur analytischen oder Koordinatengeometrie geschlagen, die wir
allerdings nicht zeigen, da wir einen anderen Übergang
in Hilbertscher Art durch den, ja ebenfalls projektiven
„Maß-Pascal" finden werden. Dies aber nur nebenbei.
Jetzt interessiert uns die Art, in der wir die Harmonik
von vier Punkten in einem Doppelverhältnis ausdrücken
können. Dabei müssen wir uns zwei Dinge vor Augen
halten. Zuerst, daß ein Doppelverhältnis dann in eine
Proportion übergeht, wenn es den absoluten Wert eins
hat. Also

$$\frac{a}{b} : \frac{c}{d} = \left| 1 \right|,$$

wobei die beiden senkrechten Striche, die die Eins ein-
rahmen, wie bekannt, die Tatsache bedeuten, daß es sich
um die Eins schlechthin, unabhängig von ihrem Vorzeichen, handelt. Wir könnten also auch schreiben:

$$\frac{a}{b} : \frac{c}{d} = \pm 1$$

ist die Bedingung dafür, daß ein Doppelverhältnis in
eine Proportion übergeht. Denn die Umformung der
Proportion in eine Gleichung ergibt sofort

$$\frac{a}{b} = \pm \frac{c}{d} \quad \text{oder } a : b = \pm (c : d) \text{ oder,}$$

was dasselbe ist, $\pm (a : b) = c : d$. Es genügt nun ein
einziges negatives Glied der Proportion dafür, daß das
ganze Doppelverhältnis den Wert (-1) bekommt. Denn

$$a : (-b) = c : d$$

würde $-\frac{a}{b} = \frac{c}{d}$, also $\left(-\frac{a}{b}\right) : \frac{c}{d} = -1$ ergeben. Wenn
ein Doppelverhältnis als Ergebnis (-1) liefert, dann sind
entweder ein Glied oder drei Glieder der Proportion
negative Größen, was nach arithmetischen Gesetzen
auf das Gleiche hinausläuft. Was aber heißt nun eine
negative Strecke? Wir antworten, daß es sich dabei

um die Richtung handelt. Denn das Minuszeichen ist der Befehl für das sogenannte „Abziehen", d. h. für eine Richtung der Strecke, die der additiven oder aufbauenden Richtung entgegengesetzt ist.

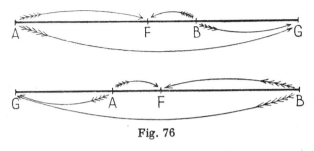

Fig. 76

Wenn wir eine Strecke AB durch das Ziehen der Verbindungsgeraden aufbauen, dann kann ich BF, also eine in verkehrter Richtung laufende Strecke von AB „ab"-ziehen und behalte als Rest die positive Strecke AF. Unsere Festsetzung ist so einleuchtend, daß man sie sicherlich nicht als gewaltsam oder unnatürlich bezeichnen kann. Wir führen einfach ein „Rechts — Links" als Richtungssinn ein und nennen nach Belieben die Bewegung von links nach rechts die positive, von rechts nach links die negative oder umgekehrt. Diese Überlegungen sind ja von der „Zahlenlinie" her bekannt.

Nun fordern wir beim harmonischen Verhältnis der vier Punkte auch Richtungen. Denn wir setzen voraus, daß zwei sogenannte Fundamentalpunkte A und B durch zwei Teilpunkte F und G harmonisch getrennt werden. Die Reihenfolge muß also stets so sein, daß der innere Teilpunkt F zwischen A und B liegt, während der äußere rechts oder links außerhalb liegen kann. Es können also als Punktefolgen nur auftreten: AFBG, GAFB, BFAG und GBFA. Daher muß auch jede Strecke der Proportion einen Richtungsanzeiger erhalten, weil sonst die Getrenntheit der Fundamentalpunkte durch die Teilpunkte verloren ginge.

Wir versuchen es einmal mit der Forderung, daß das Doppelverhältnis (-1) betragen solle. Um das zu erreichen, müssen wir einer oder drei Strecken eine negative Richtung geben. Also etwa:

$$AB : (-FB) = AG : BG^1).$$

Wir könnten natürlich auch schreiben

$$AF : BF = AG : BG,$$

denn dabei muß BF rückläufig oder negativ sein, wenn F zwischen den Fundamentalpunkten liegen soll. Jetzt aber müssen wir sagen

$$\frac{AF}{BF} = -\frac{AG}{BG} \text{ oder } -\frac{AF}{BF} = \frac{AG}{BG} \text{ oder } \frac{AF}{BF} : \frac{AG}{BG} = -1,$$

woraus man tatsächlich wieder das harmonische Mittel gewinnen kann.

Dreiundzwanzigstes Kapitel

Der Kreis

Wir haben bisher ausschließlich von Punkten, Geraden und Ebenen gesprochen. Das sogenannte „Krumme" oder „Gekrümmte" ist bei unseren aufbauenden Betrachtungen überhaupt noch nicht vorgekommen. Worin besteht nun das Wesen des Gekrümmten? Und wo gibt es Gekrümmtes? Es ist wohl einleuchtend, daß dieser Begriff im R_0, also beim Punkt, kaum eine Rolle spielen kann. Denn ein „krummer Punkt" ist selbst für den an manchen beizenden Fiktionstabak gewöhnten Geometriker zu viel. Im R_1 dagegen gibt es schon dergleichen. Jeder weiß auch, was eine krumme Linie ist. Wodurch nun

---

[1]) Mit drei Minuszeichen erhielte ich etwa die harmonische Proportion AF : (— FB) = (— GB) : (— GA), was eintritt, wenn der „äußere" Teilpunkt G links von A liegt.

unterscheidet sie sich von der geraden Linie? Darauf zu antworten ist keineswegs so leicht, wie es aussieht. Denn die kürzeste Verbindung zwischen zwei Punkten muß durchaus nicht eine Gerade sein, wie wir sie uns für gewöhnlich vorstellen. Man denke etwa an die Kugeloberfläche. Dort ist das Geraden-Surrogat eben ein Stück eines Größtkreises. Vielleicht nehmen wir mit Mohrmann[1]) die Definition des Philosophen Hans Cornelius für unsere Zwecke als Richtschnur und definieren die Gerade im Gegensatze zur Krummen als ein Liniengebilde, bei dem jeder Teil stets und unbedingt der ganzen Linie ähnlich ist, so weit man sie auch verlängert. Das ergäbe eine gewisse „ausgezeichnete" oder „bevorzugte" Stellung der euklidischen Geraden, die wir später aus höheren Rücksichten wieder fallen lassen werden. Wir haben aber jetzt einen Prüfstein des Geradeseins in der Hand.

Man könnte auch den Begriff der Richtung in unsere Erörterung ziehen und behaupten, eine Linie, die stets die gleiche Richtung behalte, sei eine Gerade. Nur führt dieser Begriff, so einleuchtend er scheint, deshalb leicht in Zirkelschlüsse, weil „Richtung" und „Geradesein" einander in gewissem Maße gegenseitig voraussetzen. Solange wir jedoch in der euklidischen Geometrie bleiben, wollen wir den Begriff der Richtung ruhig verwenden, da er dort zu keinerlei Zweideutigkeiten Anlaß geben kann. Daß es auch im R_2 und R_3 krumme Gebilde, nämlich krumme Flächen und krumme Räume gibt, sei hier vorläufig bloß angedeutet.

Nun kann eine krumme Linie ihre Richtung auch zeitweilig beibehalten und in eine Gerade übergehen. Daher hat man etwa in der analytischen Geometrie den Spieß umgedreht und spricht dort überhaupt nur von krummen Linien oder Kurven. Die Gerade ist dort eben eine besondere Art von Kurve, nämlich

---

[1]) Hans Mohrmann, Einführung in die nichteuklidische Geometrie, Leipzig 1930.

eine Kurve, deren Krümmung unmerkbar klein ist, was dasselbe heißt, als wie, daß eine Krümmung nicht vorliegt. Die Gerade ist eben ein Grenzfall, gleichwie die Parallelen ein Grenzfall der einander schneidenden Geraden und die einander schneidenden Geraden ein Grenzfall der Kegelschnittskurven sind. Solche Verallgemeinerungen geben es uns an die Hand, gewisse Lehrsätze über ihr ursprüngliches Gebiet hinaus anzuwenden und die Formbeharrung oder Struktur-Invarianz dieser Sätze zu behaupten, bzw. auf Grund solcher Invarianzen neue Beziehungen zu entdecken.

Wir werden über all dies noch sprechen. Jetzt wenden wir uns dem sicherlich einfachsten und regelmäßigsten krummen Gebilde zu, das wir kennen, nämlich dem Kreis oder Zirkel (circulus = Kreis). Vorher aber müssen wir noch den Begriff des „geometrischen Ortes" erläutern, da er uns bei der Untersuchung des Kreises von Nutzen sein wird. Ein geometrischer Ort ist ein geometrisches Gebilde, das die Eigenschaft besitzt, gleichsam das Sammelbecken gewisser geometrischer Beziehungen zwischen mehreren geometrischen Gebilden zu sein. So ist etwa die Winkelhalbierende der „geometrische Ort" aller Punkte, die von den beiden Schenkeln des Winkels den gleichen Abstand haben. Oder eine Ebene ist der „geometrische Ort" aller Punkte, die von einer zweiten zu ihr parallelen Ebene die gleichen Abstände besitzen. Geometrische Orte können Punkte, Linien, Flächen oder Körper sein. Denn das Zentrum eines Strahlenbündels, also ein Punkt, ist der geometrische Ort aller Strecken, die von diesem Punkt gleichweit geschnitten werden, wenn man etwa das Bündel durch eine Kugelfläche schneidet, deren Mittelpunkt mit dem Zentrum identisch ist. Dieses letzte Beispiel geht aber schon über das hinaus, was wir voraussetzen dürfen. Darum schließen wir schnell unsere Vorbemerkung und behaupten, der Kreis sei nichts anderes als der geometrische Ort aller Punkte, die von einem nicht in der Kreislinie liegenden Punkt, dem sogenannten Mittelpunkt, die gleichen Abstände haben. Oder der Mittelpunkt sei der geometrische Ort aller Schnittpunkte der längstmöglichen Verbindungsstrecken zwischen je zwei Kreispunkten. Damit hätten wir schon mehrere wichtige Eigenschaften des Kreises definiert, denen wir noch mehrere andere hinzufügen wollen:

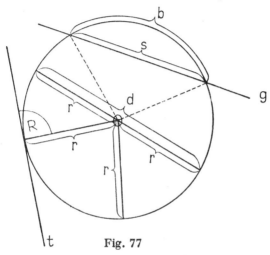

Fig. 77

Der Kreis ist eine krumme, und zwar an jeder Stelle krumme Linie, die an jeder Stelle in gleicher Art ihre Richtung ändert. Er ist weiters eine geschlossene, in sich zurückkehrende, also durch keinerlei Endpunkte begrenzte, demnach eine „unbegrenzte" Linie. Er hat weiter die Eigenschaft, daß es innerhalb seines Umfanges — worunter man die Gesamtlänge der Kreislinie versteht, die von irgend einem Punkt bis wieder zu diesem Punkt gemessen wird — daß es also innerhalb seines Umfanges einen Punkt, den sogenannten Mittelpunkt gibt, der von allen Punkten der Kreislinie gleichweit entfernt ist. Außerdem gibt es längste Verbindungsgerade zweier Kreispunkte, die sogenannten Durchmesser oder Diameter, die einander sämtlich in diesem Mittelpunkt schneiden. Die Hälfte solch eines Durchmessers heißt Halbmesser oder Radius und ist mit dem schon erwähnten Abstand des Mittelpunktes vom Kreisumfang, an welcher Stelle immer, identisch.

Der Radius wird mit r, der Durchmesser mit d, der Mittelpunkt mit O bezeichnet. Eine Strecke, die zwei Kreispunkte verbindet, heißt eine Kreissehne (s). Verlängert man Durchmesser oder Sehne nach außerhalb des Kreises, so spricht man von einer Kreisschneidenden oder Sekanten des Kreises. Wir dürfen also nach unserer Verallgemeinerungsmethode sagen, daß eine Sekante innerhalb des Kreises durch ihre zwei Schnittpunkte eine Sehne erzeugt. Diese Sehne nun kann verschieden groß sein. Ist sie die größtmögliche Sehne, die durch den Mittelpunkt des Kreises geht, dann nennt man die Sehne einen Durchmesser. Wird die Sehne aber durch Zusammenrücken der beiden Endpunkte immer kleiner, bis sich die beiden Punkte schließlich zu einem einzigen vereinigen, dann hat die Sekante mit dem Kreis nur mehr e i n e n Schnittpunkt gemeinsam, der alsdann der Berührungspunkt heißt und die Kreisschneidende in die Kreisberührende, in die sogenannte Tangente (t) umwandelt. Verbindet man nun den Kreismittelpunkt mit dem Berührungspunkt der Tangente, so entsteht der sogenannte Berührungsradius, der auf der Tangente, wie wir sehen werden, stets senkrecht steht, mit ihr also zwei rechte Nebenwinkel bildet. Verbindet man dagegen den Mittelpunkt mit den beiden Endpunkten einer Sehne, dann entsteht aus der Sehne und den beiden Verbindungsradien ein gleichschenkliges Dreieck, das die Radien zu Schenkeln und die Sehne zur Grundlinie oder Basis hat. Schließlich heißt ein durch eine Sehne oder durch zwei Radien abgeschnittenes Stück des Gesamtkreises (Umfanges oder der Kreis-Peripherie) ein

Kreisbogen (b). Jeder Bogen aber erzeugt einen zweiten Bogen, der ihn zum ganzen Kreisumfang ergänzt. Man weiß also nicht von vornherein, um welchen der beiden Bogen es sich handelt. Daher führt man, wo es angeht, die Betrachtungen im Halbkreis durch, oder man legt sich darauf fest, daß stets der Bogen gemeint sein soll, der kleiner ist als ein Halbkreis. Volle Eindeutigkeit gewinnt man aber nur dadurch, daß man die Endpunkte des Bogens mit großen Buchstaben bezeichnet und einen bestimmten Richtungssinn, etwa den umgekehrten Drehsinn des Uhrzeigers, festsetzt. So werden wir es auch stets handhaben. Dann ist eben der Bogen AB in der Figur kleiner als der Halbkreis und der Bogen BA größer als der Halbkreis. Aber selbst Halbkreise sind nach dieser Methode von einander zu unterscheiden. Denn A'B' ist dann der obere und B'A' der untere Halbkreis.

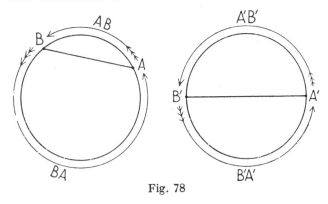

Fig. 78

Nun sofort ein Beweis dafür, daß der Radius auf die Tangente senkrecht stehen muß. Alle Radien sind nach der Definition und nach der Entstehungsart des Kreises gleich lang. Der Kreis entsteht nämlich entweder dadurch, daß ein Punkt seiner Strecke stehen bleibt, während der andere mit der Strecke um dieses „Zentrum" wandert. Oder etwa rein mechanisch dadurch, daß wir den Radius im Zirkel (einem starren Winkel) einstellen und hierauf den Zirkel um die im Mittelpunkt festgestellte „Spitze" als Kegel rotieren lassen. Der Kreis entsteht dann als Schnitt der Papierebene mit diesem rotierenden Kegel oder bei Neigung des Zirkels mit mehreren Kegeln, die als schiefe Kreiskegel zu betrachten sind. Aus projektiven Gründen ändert aber dieses Schwanken der Kegelachse nichts am projektiven Erzeugnis, das auf jeden Fall ein Kreis werden muß, wenn nur der Halbmesser starr eingestellt bleibt. Also sind, wie wir es auch immer betrachten, sicherlich alle Radien einander gleich.

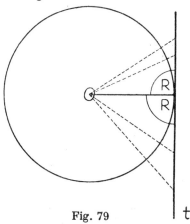

Fig. 79   t

Wo ich nun immer neben dem Berührungsradius einen zweiten Radius ziehe, muß ich ihn verlängern, um die Tangente zu erreichen. Daraus folgt schon, daß es nur einen Berührungsradius geben kann. Da aber dieser Berührungsradius zudem noch die kürzeste Verbindung zwischen Mittelpunkt und Tangente ist und da das Lot oder die Senkrechte stets die kürzeste Verbindung eines Punktes mit einer Geraden ist, da eine Hypotenuse immer länger sein muß als jede der Katheten, haben

214

wir den Beweis erbracht, daß der Berührungsradius auf
der Tangente senkrecht stehen muß. Außerdem aber
haben wir bewiesen, daß es nur einen Berührungsradius
geben kann. Aus dieser Eigenschaft der Tangente ist
auch das klaglose Funktionieren der Zirkelreißfeder, die
stets senkrecht zum Radius in der Tangente steht, er-
klärlich. Ebenso ist diese geometrische Beziehung die
Voraussetzung der Möglichkeit des Metalldrehens, des
Fräsens und der Kreissäge. Ebenso des sogenannten
Schleifens. Von anderen wichtigen technischen Anwendungen, wie der Schiene, der Zahnstange usw. wollen
wir gar nicht näher sprechen, da wir sie als allgemein
bekannt voraussetzen.

Wir wollen sogleich eine weitere wichtige Eigenschaft
der Tangenten des Kreises näher betrachten: Wenn man
nämlich von irgend einem Punkt S außerhalb des Kreises
die beiden Tangenten an den Kreis zieht, der ganz beliebig liegen kann, dann müssen die Verbindungsstrecken
vom Punkt S zu den Berührungspunkten A und B
gleich groß sein. Der Beweis hiefür ist sehr einfach zu
führen. Verbindet man S zudem noch mit dem Mittelpunkt des Kreises und zieht man die beiden Berührungs-
radien, dann entstehen zwei rechtwinklige Dreiecke SAO
und S B O, in denen die Seiten A O und B O, die ja Radien
sind, gleich sein müssen. Die dem größten Winkel gegen-

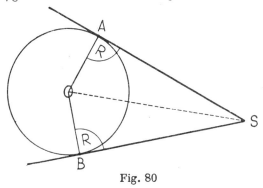

Fig. 80

überliegende Seite O S ist aber gemeinsam. Außerdem ist aber dieser größte Winkel als rechter Winkel in beiden Dreiecken gleich. Es gilt somit der SsW-Satz. Folglich ist S A = S B, was zu beweisen war.

Daraus folgt aber weiter, daß S O die Winkelhalbierende des Winkels bei S ist, und daß sie demnach die Berührungssehne, die man durch Verbindung von A und B gewinnen kann, in zwei gleiche Teile teilt, die beide auf S O senkrecht stehen.

Wir werden jetzt, im Zusammenhang mit unseren beiden Tangenten, eine für zahlreiche Aufgaben über den Kreis grundlegend wichtige harmonische Eigen-

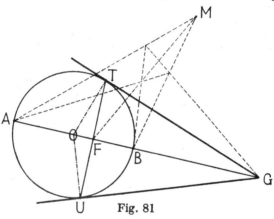

Fig. 81

schaft des Kreises aufzeigen. Zieht man nämlich eine Verlängerung des Kreisdurchmessers bis zu einem beliebigen, außerhalb des Kreises gelegenen Punkt G, und zieht man weiters aus diesem Punkt G die beiden Tangenten an den Kreis, dann wird der Kreisdurchmesser AB durch die Berührungssehne T U im Punkte F harmonisch getrennt. Das heißt, es besteht die Proportion AF : BF = A G : B G oder $\frac{AF}{BF} : \frac{AG}{BG} = -1$ oder A B = $= M_H = \frac{2\,a \cdot b}{a+b}$, wobei unter M_H das harmonische

Mittel, unter a die Strecke A F und unter b die Strecke A G zu verstehen ist. Zur Kontrolle haben wir als Hilfsfigur über unsere Kreiskonstruktion ein Büschel harmonischer Strahlen gezeichnet, wie wir es im Kapitel 22 zur Konstruktion harmonischer Punkte benützten.

Wie wir sehen, konnten wir unsere Behauptung, die sich übrigens auch unschwer beweisen läßt, durch die Konstruktion „verifizieren". Durch diese Konstruktion aber gewinnen wir, da der Punkt M willkürlich ist, sofort wieder eine ganze Fülle neuer Beziehungsmöglichkeiten. Wir müssen es uns aber leider versagen, hierauf näher einzugehen, da uns weitere, äußerst grundlegende und wichtige Eigenschaften des Kreises interessieren. Wir unterscheiden im Kreise vorläufig drei Arten von Winkeln. Die Peripheriewinkel, die Zentriwinkel und den Sehnen-Tangentenwinkel, der manchmal zu den Peripheriewinkeln gezählt wird. Dazu wird dann später als besonders merkwürdiger Peripheriewinkel der sogenannte „Winkel im Halbkreis" kommen. Unter Peripheriewinkel versteht man einen Winkel, dessen Scheitel in der Peripherie liegt und dessen Schenkel Sehnen des Kreises sind. Hiebei wird, wie schon angedeutet, die Tangente oftmals als degenerierte Sekante betrachtet, so daß der Sehnen-Tangentenwinkel zum Grenzfall des Peripheriewinkels entartet. Der Zentriwinkel dagegen hat seinen Scheitel im Mittelpunkt des Kreises und seine Schenkel sind demgemäß immer zwei Radien des Kreises. Der Winkel im Halbkreise endlich ist ein Sonderfall des Peripheriewinkels, bei dem die beiden Schenkel durch die Endpunkte eines Durchmessers laufen. Wir werden uns alle vier Fälle, die sich eigentlich auf zwei, nämlich Peripherie- und Zentriwinkel, reduzieren lassen, in einer Figurenreihe festhalten.

Nun behaupten wir folgende Eigenschaften dieser Winkel: Peripheriewinkel, die über demselben Kreisbogen, oder was dasselbe ist, über derselben Sehne stehen, sind einander stets gleich. Diese Gleichheit erstreckt sich auch auf den Sehnen-Tangentenwinkel, der

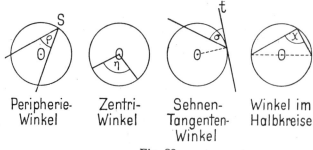

Peripherie-Winkel   Zentri-Winkel   Sehnen-Tangenten-Winkel   Winkel im Halbkreise

Fig. 82

die Basissehne zu einem seiner Schenkel hat. Wenn man weiters über demselben Bogen (oder derselben Sehne) den Zentriwinkel bildet, dann ist dieser Zentriwinkel zweimal so groß als die „zugehörigen", d. h. eben die über demselben Bogen errichteten Peripheriewinkel, eine Beziehung, die sich naturgemäß auch auf den vorhin festgesetzten Sehnen-Tangentenwinkel überträgt. Schließlich wird der Winkel im Halbkreis, da er ja nichts anderes ist als ein Peripheriewinkel über dem Durchmesser, also über einem gestreckten oder 180grädigen, aus den zwei aneinandergefügten Radien bestehenden Zentriwinkel, stets 90° oder einen rechten Winkel betragen, an welcher Stelle auch immer man ihn errichtet. Man kann nun den ersten Satz von der Gleichheit der Peripheriewinkel, die über[1]) demselben Bogen stehen, direkt auf projektivem Weg beweisen. Wir wählen jedoch einen weniger eleganten, doch ausführlicheren Beweis, der zugleich auch die Beziehung zum Zentri- und Sehnen-Tangentenwinkel klärt, da wir beim projektiven Beweis zu viele Hilfssätze neu einführen müßten.

Wir schließen nun bei der linksstehenden Figur folgendermaßen: Die Winkel α und β sind mit dem Winkel

---

[1]) Also nicht auch die Winkel, die ihren Scheitel im Bogen selbst haben. Diese sind Supplemente der ersten Peripheriewinkel, wie wir sehen werden.

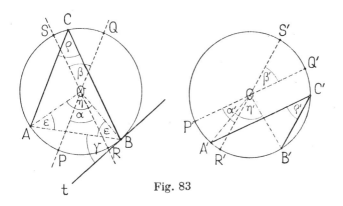

Fig. 83

ϱ, also mit dem Peripheriewinkel gleich, da wir ja die
Geraden RS und FQ absichtlich parallel zu den Schenkeln des Peripheriewinkels gezogen haben. Und zwar
durch den Kreismittelpunkt, was für später wichtig ist.
Nun ist der Bogen RB plus dem Bogen AP plus dem
Bogen PR zweimal so groß wie der Bogen PR, weil PR
einerseits gleich ist dem Bogen QS, andererseits sich
dieser Bogen QS jedoch aus CS und QC zusammensetzt.
Nun ist weiter der Bogen CS gleich Bogen RB und
Bogen QC gleich Bogen AP, da im Kreise Bogen zwischen parallelen Sekanten stets gleich sein müssen, wofür wir vorläufig keinen eigenen Beweis bringen, da es
uns auch die Anschauung glaubwürdig macht. Wenn
aber somit der ganze Bogen AB doppelt so groß ist wie
PR, dann ist der Zentriwinkel über AB doppelt so groß
wie der Zentriwinkel über PR. Denn Zentriwinkel über
verschiedenen Bogen sind diesen Bogen proportional,
was wir bei der Winkelmessung noch genauer erörtern
werden. Somit ist Winkel η doppelt so groß wie Winkel α.
Da aber endlich Winkel α gleich Winkel ϱ, so ist Winkel η
doppelt so groß wie Winkel ϱ, was zu beweisen war.
Aber auch der Sehnen-Tangentenwinkel $\gamma = \alpha = \varrho = \frac{1}{2}\eta$.
Denn AOB ist ein gleichschenkliges Dreieck. Folglich

219

ist seine Winkelsumme $\eta + 2\varepsilon = 180°$. Die Winkel $\gamma + \varepsilon$ aber sind zusammen 90°. Da aber $\gamma + \varepsilon = 90°$, so ist $\varepsilon = 90° - \gamma$. Also, in die erste Gleichung eingesetzt: $\eta + 2 \cdot (90° - \gamma) = 180°$ oder $\eta + 180° - 2\gamma = 180°$ oder $\eta = 2\gamma$, was zu beweisen war. Den Beweis für die zweite Figur, wo der eine Schenkel des Peripheriewinkels den einen Schenkel des Zentriwinkels schneidet, führen wir schematischer. Dabei bedeutet der Bogen oberhalb der Großbuchstaben den betreffenden Kreisbogen. Also $\overset{\frown}{AB}$ heißt „Bogen AB". In der zweiten Figur ist $\overset{\frown}{R'B'} + \overset{\frown}{P'R'} - \overset{\frown}{P'A'} = 2\,\overset{\frown}{P'R'} = \overset{\frown}{A'B'}$, da $\overset{\frown}{P'R'} = \overset{\frown}{Q'S'} = \overset{\frown}{C'S'} - \overset{\frown}{C'Q'}$. Daher ist Winkel η' zweimal so groß wie Winkel α', wie Winkel β' und damit wie Winkel ϱ', was zu beweisen war. Damit hätten wir alle unsere Behauptungen durch Beweise erhärtet, da auch der Winkel im Halbkreis nichts anderes ist als ein spezieller Peripheriewinkel, dessen zugehöriger Zentriwinkel 180° ist. Wir haben aber zudem noch unseren Beweis auf alle möglichen Fälle bis einschließlich dem Grenzfall des Sehnen-Tangentenwinkels ausgedehnt, so daß wir in vollster Allgemeinheit behaupten dürfen, der zugehörige Peripheriewinkel sei stets halb so groß wie der Zentriwinkel. Da aber weiters zu jedem Zentriwinkel unendlich viele zugehörige Peripheriewinkel über demselben Bogen oder derselben Sehne existieren, die alle gleich der Hälfte des einen Zentriwinkels sind, so sind sie auch untereinander gleich. Also alle Peripheriewinkel über derselben Sehne oder demselben Bogen sind einander gleich, was zu beweisen wir noch schuldig waren. Hiezu sei bemerkt, daß diese Eigenschaft der Peripheriewinkel in der Praxis von großer Bedeutung ist. Wenn man nämlich die Vorderkante einer Theaterbühne als Kreissehne betrachtet, braucht man die Sitzreihen des Theaters nur in entsprechender Kreisform anzulegen, wodurch dann jedem Zuseher, wo immer er auch sitzt, die Bühne unter gleichgeöffnetem Sehwinkel erscheinen muß. Denn die Sehwinkel sind ja dann nichts anderes als Peripheriewinkel, die alle gleich sein müssen. Natürlich bezieht sich dieser Vorteil nur auf die „Öffnung" des Sehwinkels und nicht auf die perspektivische Schräge, unter der gesehen wird. Denn die Schräge hängt davon ab, unter welchem Winkel die Vorderkante der Bühne die Achse des Sehstrahlenbüschels oder -bündels schneidet.

Obgleich wir nun den 90grädigen Winkel im Halbkreis schon mitbewiesen haben, wollen wir trotzdem noch einen abgesonderten Proportionenbeweis für diesen fundamental wichtigen Satz erbringen, an den wir dann weitere Betrachtungen anschließen werden. Man nennt diesen Satz auch den Lehrsatz des Thales von Milet, eines Weltweisen, den wir schon vom „Entfernungsmesser" her kennen.

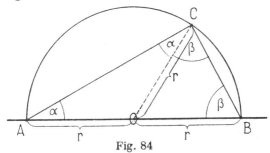

Fig. 84

Da AB voraussetzungsgemäß ein Durchmesser des Kreises ist — denn nur durch Ziehen eines solchen kann ja der „Halbkreis" entstehen —, so liegt auf ihm der Mittelpunkt des Kreises O. Wenn ich nun von O nach dem Scheitel des Peripheriewinkels über AB eine Verbindungslinie lege, so ist diese Strecke OC ebenso wie OA und OB ein Halbmesser des Kreises. Dadurch aber entstehen zwei gleichschenklige Dreiecke AOC und BOC. In diesen existieren je zwei gleiche Winkel α bzw. β. Da nun weiters im Dreieck ABC die Winkelsumme $2\alpha + 2\beta = 180°$ betragen muß, so ist $(\alpha + \beta) = \frac{180}{2} = 90°$. Da aber $(\alpha + \beta)$ nichts anderes ist als unser Winkel im Halbkreis, so ist dieser Winkel eben stets 90° oder ein Rechter, was zu beweisen war.

Dieser rechte Winkel im Halbkreis spielt nicht nur für geometrische Konstruktionen und Beweise eine ganz besondere Rolle, sondern kann auch zur konstruktiven Darstellung von Quadratwurzeln benützt werden. Wir werden die ingeniöse Art, in der ein Leonardo da Vinci

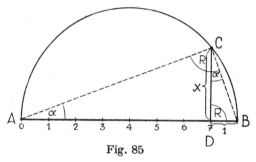

Fig. 85

mit Hilfe dieser Eigenschaft des Halbkreiswinkels Wurzeln zog, sogleich demonstrieren. Er verlangt nichts anderes, als daß man die Zahl, aus der die Wurzel zu ziehen ist, sagen wir etwa 7, in gleichen Strecken beliebiger Länge auf eine Gerade auftrage, hierauf die Einheit anfüge, über diese um eins vergrößerte Zahlenstrecke einen Halbkreis errichte und hierauf schließlich vom Endpunkt der Maßstrecke (Strecke 7) eine Senkrechte bis zum Kreisumfang ziehe. Wo diese Senkrechte den Kreis schneidet, ist der Endpunkt der „Wurzelstrecke". Ihr Anfangspunkt liegt in unserer Geraden, die ja nichts ist als ein Durchmesser des Kreises. Folgen wir also zuerst der Anleitung und versuchen wir dann den Beweis.

Wir sind der Anleitung gefolgt und die Strecke CD oder x müßte die gesuchte Wurzel aus 7 sein. Zum Beweis behaupten wir zuerst, daß die beiden Dreiecke ADC und DBC einander ähnlich sind. Jedenfalls sind beide Winkel bei D rechte Winkel, da wir ja eine Senkrechte gezogen haben. Der Winkel α ist aber auch mit α' gleich, da ihre Schenkel paarweise aufeinander senkrecht stehen (AC $\perp$ CB, AD $\perp$ CD). Diese Beziehung besteht aber nur dann, wenn der Winkel im Halbkreise ein rechter ist. Dadurch jedoch sind wieder die dritten Winkel der beiden erwähnten Dreiecke einander ebenfalls gleich. Deshalb aber müssen sich, da wir die Ähnlichkeit nach dem WWW-Satz festgestellt haben, auch die Verhältnisse homologer Seiten der beiden Dreiecke zu einer richtigen Proportion verbinden lassen. Also etwa AD : x = x : DB. Wenn wir nun weiters statt der Strecken die diese Strecken repräsentierenden Zahlenwerte nehmen, erhalten wir 7 : x = x : 1 oder x^2 = 7. Folglich ist x = $\sqrt{7}$, was zu beweisen war. Natürlich ist dieser Wurzelwert in denselben Einheiten zu messen, die wir zur Streckenteilung verwendet haben. Der Trick dieser wunderbaren Lösung liegt darin, daß wir erstens als Wurzel die sogenannte „mittlere geometrische Proportionale" des rechtwinkligen Dreiecks ABC verwendeten, die nichts anderes ist als die einzige Höhe, die sich in diesem sowie in jedem anderen rechtwinkligen Dreieck ziehen läßt. Sind a und b die Katheten und c die Hypotenuse eines solchen Dreiecks, während man die Proportionale etwa mit h und die beiden Hypotenusenabschnitte mit p und r bezeichnet, dann gilt stets a : h = h : b, also h^2 = a · b und h = $\sqrt{a \cdot b}$, oder p : h = h : r, also h^2 = p · r und h = $\sqrt{p \cdot r}$. Übrigens lassen sich noch weitere Proportionen bilden, da ja jedes der Teildreiecke dem ganzen Dreieck ähnlich ist. Nun finden wir aber vorläufig nicht Wurzeln aus Strecken, sondern nur solche aus Streckenprodukten. Wir könnten allerdings mittels des Maß-Pascal diese Produkte als Strecken gewinnen,

davon aber hätten wir nichts. Denn wir wollen die
zu radizierende Strecke vorher angeben und nicht
erst nachträglich errechnen. Nun macht Leonardo den
zweiten Trick, den man sich genau ansehen möge,
und der im tiefsten Grund auch der Streckenrechnung
mittels des Maß-Pascals unterlegt ist: Er setzt nämlich
die eine der zu multiplizierenden Strecken gleich eins
und behält damit den unveränderten Wert der zweiten
Strecke. Diesen Trick werden wir uns gut merken.
Überall dort, wo ich multiplizieren oder dividieren
muß und trotzdem nur das eine Glied dieser Rechnung
behalten will, setze ich entweder einen der Faktoren
oder den Divisor (Nenner) gleich eins. Ich könnte
auch den Dividenden (Zähler) gleich eins setzen, erhielte aber dadurch den Kehrwert der von mir er-
strebten Größe.

Nun wollen wir noch auf etwas anderes aufmerksam
machen, das uns schon oft begegnet ist. Bei Aufgaben
über den Kreis soll man peinlichst alle in der betreffenden Figur vorkommenden Radien sofort mit r bezeichnen. Denn die Lösung der meisten Aufgaben
benützt diese Gleichheit der Halbmesser und die sich
daraus leicht ergebenden Sätze über das gleichschenklige Dreieck, wie die Gleichheit der Basiswinkel dieses
Dreiecks, die Symmetrieeigenschaften von dessen Höhe

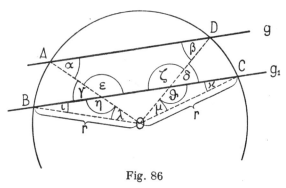

Fig. 86

usw. Die „Verhältnisse" innerhalb des Kreises werden dadurch ungeheuer einfach, wie wir gleich sehen werden. Wir wollen etwa einen von uns schon früher benützten Satz beweisen, daß die Kreisbögen zwischen Parallelen gleich sein müssen. Dazu verwenden wir den Fundamentalsatz der Kreismessung und der Winkelmessung, daß zu gleichen Zentriwinkeln gleiche Bogen gehören müssen und umgekehrt, vorausgesetzt, daß es sich für beide Fälle um denselben Kreis handelt.

Wenn unsere beiden Parallelen g und g_1 den Kreis schneiden und wir von den Schnittpunkten A, B, C, D vier Halbmesser zum Mittelpunkt ziehen, dann erhalten wir zwei gleichschenklige Dreiecke A O D und B O C. Daher ist $\sphericalangle \alpha = \sphericalangle \beta$ und diesen beiden als Wechselwinkel $= \sphericalangle \gamma$ und $\sphericalangle \delta$. Dann sind weiters als deren Nebenwinkel gleich die Winkel ε und ζ. Und diesen wieder als Scheitelwinkel die Winkel η und ϑ. Da aber weiters die Winkel ι und $\varkappa$ als Basiswinkel gleich sind, sind auch die Zentriwinkel der Bogen A B und C D, nämlich $\sphericalangle \lambda$ und $\sphericalangle \mu$ gleich. Aus dieser Gleichheit aber folgt die Gleichheit der Bogen A B und C D, die zu beweisen war[1]).

Vierundzwanzigstes Kapitel

Kreisteilung und Kreisvielecke

Nun wollen wir zur Gewinnung neuer Beziehungen innerhalb des Kreises uns die Aufgabe stellen, dem Kreis ein n-Eck einzubeschreiben, dessen Seiten in einer sichtbaren Relation zu Durchmesser oder Halbmesser stehen. Dazu aber wollen wir zuerst einige Worte über die Kreis- und Winkelmessung sagen. Wenn man durch den Mittelpunkt des Kreises zwei senkrecht zueinander

---

[1]) Falls der Mittelpunkt des Kreises innerhalb von g und g_1 liegt, ist der Beweis mit einer Hilfsparallelen durch O leicht zu führen.

stehende Durchmesser legt, so wird der Kreis durch diese vier rechten Zentriwinkel ebenfalls in vier gleiche Teile, in Viertelkreise oder Kreisquadranten zerlegt. Zerlegt man die rechten Winkel wieder in Hälften, so entstehen Kreisachtel oder Oktanten. Würde ich aber die Quadranten dritteln, dann erhielte ich Kreiszwölftel. Zwei dieser Zwölftel aber wären zusammen Kreissechstel oder Sextanten usw. Tatsächlich stellt man sich den Kreisumfang auf Grund uralter, schon von Babylon stammender Bräuche, in 360 gleiche Teile oder Bogengrade zerlegt vor, denen als Zentriwinkel 360 Winkelgrade entsprechen. Jeder dieser Grade kann wieder in 60 Bogen- bzw. Winkelminuten und jede Minute in 60 Bogen- oder Winkelsekunden zerlegt werden. Wir haben also als ganzen Kreis oder „vollen" Winkel 360 Grade. Als Halbkreis oder „gestreckten" Winkel 180 Grade, als Viertelkreis oder rechten Winkel 90 Grade. Zwischen 0 und 90 Graden liegen die spitzen, zwischen 90 und 180 Graden die stumpfen und zwischen 180 und 360 Graden die konvexen oder erhabenen Winkel, denen man manchmal alle Winkel zwischen 0 und 180 Graden als „hohle" Winkel gegenüberstellt. Bei den entsprechenden Bogen haben wir diese Bezeichnungen spitz, stumpf usw. nicht. Wir sprechen dort, wie schon erwähnt, von Halbkreis, Viertelkreis, Überhalbkreis, Vollkreis usw. Weiters ist, wie schon ausgeführt, 1 Grad = 60 Minuten und 1 Minute gleich 60 Sekunden, in Zeichen $1° = 60'$, $1' = 60''$.

Daß dem Halbkreis keine aus Geraden gebildete einbeschriebene Figur entsprechen kann, ist klar. Denn wir haben nur zwei Schnittpunkte, die auf einer Geraden, dem Durchmesser, liegen. Wir wollen aber jetzt aus guten Gründen nicht aufsteigend nach den einbeschriebenen Figuren der Kreisdrittel, Kreisviertel usw. fragen, sondern beginnen mit dem Kreissechstel, dem Sextanten, dem als Winkel der 60grädige Winkel entspricht, da $360° : 6 = 60°$. Zeichnen wir einmal:

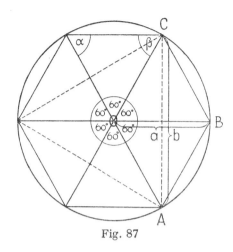
Fig. 87

Wir erhalten 6 Winkel zu je 60°, denen sechs Bogen als Sechstelkreise entsprechen. Deren Sehnen sind auch untereinander gleich. Wie groß sind nun diese Sehnen? Die aus den Sehnen und den Radien gebildeten Dreiecke sind einmal sicherlich gleichschenklige Dreiecke. Ihre Basiswinkel, etwa α und β, sind also einander gleich. Da aber ein jedes Dreieck 180° Winkelsumme hat, so besteht in diesem Fall die Gleichung $60° + \alpha + \beta = 180°$ oder, da α gleich β, $60° + 2\alpha = 180°$, somit $2\alpha = 120°$ und $\alpha = \beta = 60°$. Wir haben also, da alle drei Winkel gleich sind 60°, sechs gleichseitige Dreiecke vor uns, und die Sehnen sind gleich dem Halbmesser. Daraus ergibt sich sofort die Konstruktion des 60grädigen Winkels, die dadurch bewerkstelligt wird, daß man auf irgend einer Geraden von irgend einem Punkt einen beliebigen Kreis zieht und dann den Radius (Zirkelspannung) vom Schnittpunkt des Kreises mit der Geraden so auf den entstandenen Kreisbogen aufträgt, daß er ihn mit seinem Endpunkt als Sehne schneidet. Diesen Schnittpunkt verbindet man mit dem Mittelpunkt des Kreises und hat jetzt einen 60grädigen Winkel zwischen der ursprünglichen Geraden und dieser neuen Verbindungsgeraden. Doch darüber Genaueres im Kapitel über Konstruktionen. Wir stellen uns nun die Aufgabe, nicht mehr sechs, sondern nur drei Punkte zu einer einbeschriebenen Figur zu verbinden. Es entsteht ein Dreieck, und zwar wieder ein gleichseitiges, was man sofort aus den 120grädigen Zentriwinkeln sieht, die den drei Winkeln

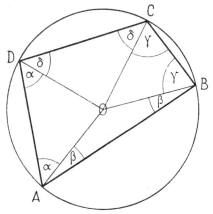

Fig. 88

des Dreiecks zugeordnet sind. Diese drei Winkel sind eben 60grädige Peripheriewinkel über denselben Bogen. Wie lange sind jetzt die Sehnen? Nun, wir werden uns zu helfen wissen: a ist sicherlich eine Winkelsymmetrale des gleichschenkligen Dreiecks ABC, steht also auf dessen Basis b senkrecht. Dieses b ist aber eben die „Sehne", die uns interessiert. Nun ist aber das Dreieck ABC dem Dreieck AOC aus sichtbaren Gründen kongruent. Folglich wird auch a durch b halbiert. Wir gewinnen also nach dem „Pythagoras" die Kathete $\frac{b}{2}$ sofort als Wurzel aus dem Hypotenusenquadrat r^2 und dem davon subtrahierten zweiten

Kathetenquadrat $\left(\frac{a}{2}\right)^2$, was aber nichts anderes ist,
als $r^2 - \left(\frac{r}{2}\right)^2$, da $a = r$. Daher ist $\frac{b}{2} = \sqrt{r^2 - \frac{r^2}{4}} = \sqrt{\frac{3 \cdot r^2}{4}} =$
$= \frac{r}{2} \cdot \sqrt{3}$. Oder $b = r \cdot \sqrt{3}$. Wir wollen die Unzahl
von weiteren Möglichkeiten und Beziehungen, die sich
hier ergeben, nicht weiter ausführen, da sie teils in
allen Lehrbüchern enthalten sind, teils sich durch
eigene Übung gewinnen lassen. Wir gehen jetzt vielmehr zum einbeschriebenen „Kreisviereck" über, und
zwar diesmal zuerst zum unregelmäßigen, da wir eine
besondere Eigenschaft dieses Vierecks kennen lernen
wollen.

Wir behaupten, daß in jedem Kreisviereck, und nur
in einem solchen, je zwei gegenüberliegende Vierecks-
winkel zusammen 180° betragen und daß umgekehrt
nur einem Viereck, das diese Eigenschaft hat, ein Kreis
umbeschrieben werden kann. Daß in jedem Viereck
die Winkelsumme $2 \cdot 180° = 360°$ beträgt, ergibt sich
durch Ziehen einer Diagonale, die das Viereck in zwei
Dreiecke zerlegt. Man kann es auch, wie in der Figur,
dadurch beweisen, daß man von den Ecken vier Gerade
zu einem Innenpunkt des Vierecks zieht und dann
in diesen vier Dreiecken die Winkelsumme $4 \cdot 180° =$
$= 720°$ hat, wovon man die Winkelsumme um den
Punkt O, also 360° abziehen muß, wodurch wieder
360° für die Winkelsumme des Vierecks verbleiben.
Wir haben aber in unserem Fall nicht vier willkürliche Gerade in einem Punkt vereinigt, sondern vier
Radien im Mittelpunkt des Um-Kreises. Dadurch
gewinnen wir vier gleichschenklige Dreiecke und da-
mit die Winkelsumme des Vierecks $2\,\alpha + 2\,\beta + 2\,\gamma +$
$+ 2\,\delta = 360°$. Division durch 2 ergibt $\alpha + \beta + \gamma +$
$+ \delta = 180°$. Und ein Blick auf die Figur zeigt, daß
tatsächlich je zwei gegenüberliegende Winkel des Vierecks jedesmal eben aus $(\alpha + \beta + \gamma + \delta)$ bestehen,
also 180° groß sind, was zu beweisen war.

Bevor wir zum regelmäßigen Kreisviereck übergehen, wollen wir noch einen zweiten allgemeinen

Kreisviereksatz, den Satz des Ptolemäus besprechen. Dieser Satz wurde vom Astronomen Ptolemäus im Jahre 150 n. Chr. Geburt in dessen sogenanntem „Almagest" aufgestellt und von ihm zur Berechnung der trigonometrischen Tafeln benutzt. Dabei soll nicht unerwähnt bleiben, daß unser neuer Lehrsatz gleichsam ein verallgemeinerter „Pythagoras" ist, der durch Annahme eines Kreisrechtecks direkt in den „Pythagoras" übergeht. Er lautet: In jedem Kreisviereck ist das Produkt der beiden Diagonalen gleich der Summe der Produkte je zweier gegenüberliegender Seiten.

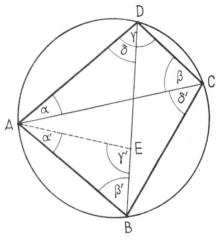

Fig. 89

Zum Beweise ziehe man die Linie AE in der Art, daß der Winkel α' gleich wird dem Winkel α. Dadurch gewinnt man die Kongruenz $\alpha \equiv \alpha'$ nach der Konstruktion. Eine weitere Kongruenz besteht zwischen den Peripheriewinkeln β und β', da beide über demselben Bogen DA stehen. Folglich sind, da jetzt auch $\gamma \equiv \gamma'$, die beiden Dreiecke ABE und ACD nach dem WWW-Satz ähnlich. Daher müssen sich homologe Seiten zur Pro-

230

portion fügen. Etwa $AB : AC = BE : CD$. Diese Proportion kann durch Multiplikation der Außen- und Innenglieder in $AB \cdot CD = AC \cdot BE$ umgeformt werden. Da aber weiters $a \equiv a'$ und $\delta \equiv \delta'$ (wieder als Peripheriewinkel), so wird das Dreieck ADE ähnlich dem Dreieck ACB. Weshalb auch die neue Proportion $AD : AC = DE : BC$ gilt. Weiters ist daher $AD \cdot BC = AC \cdot DE$. Wir schreiben nun die beiden Schlußgleichungen untereinander und addieren sie:

$$AC \cdot BE = AB \cdot CD$$
$$AC \cdot DE = AD \cdot BC$$
$$\overline{AC \cdot \underbrace{(BE + DE)}_{BD}} = AB \cdot CD + AD \cdot BC; \text{ also}$$

$AC \cdot BD = AB \cdot CD + AD \cdot BC$, oder das Produkt der Diagonalen ist im Kreisviereck gleich der Summe aus den Produkten je zweier gegenüberliegender Seiten, was zu beweisen war. Im Kreisrechteck, in dem beide Diagonalen gleich sind und c heißen mögen, hätten wir paarweise die Rechteckseiten a und b einander gegenüberliegen. Unser Grenzfall oder spezieller „Ptolemäus" lautet also $c \cdot c = a \cdot a + b \cdot b$ oder $c^2 = a^2 + b^2$, was unverkennbar nichts anderes ist als unser alter „Pythagoras".

Nun wollen wir unsere Betrachtungen noch durch einen Strahlensatz ergänzen, der uns weitere Proportionen innerhalb des Kreises liefert. Der Satz lautet:

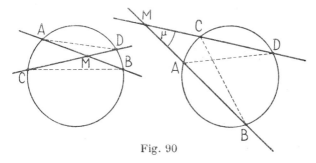

Fig. 90

Wenn zwei beliebige Strahlen einen Kreis schneiden, dann bilden die vier Abschnitte dieser Strahlen eine Proportion, deren innere Glieder die Abschnitte des einen Strahls und deren äußere Glieder die Abschnitte des anderen Strahls sind; oder das Produkt aus diesen Abschnitten ist für den einen Strahl dasselbe wie für den anderen.

Es soll also die Proportion bestehen: $MA : MC = MD : MB$ oder, was dasselbe ist, $MC \cdot MD = MA \cdot MB$. Beweis: $\sphericalangle\, AMD = \sphericalangle\, BMC$ und $\sphericalangle\, MDA = \sphericalangle\, MBC$ (Peripheriewinkel über demselben Bogen). Folglich nach dem WWW-Satz Dreieck MAD ähnlich dem Dreieck MBC. Daher entsprechen die homologen Seiten der Proportion $MA : MC = MD : MB$, was zu beweisen war.

Wir werden, wie im vorliegenden Fall, unsere Beweise nicht mehr mit vielem Text versehen, da ich glaube, daß wir schon genügend Übung besitzen, um auch rein in Symbolen geschriebene Beweise rasch und sicher verstehen zu können. Dadurch aber werden wir sowohl Raum als auch Zeit ersparen, was unserer Stoffmenge sehr zugute kommen wird. Natürlich wählen wir aber den „kurzen Weg" nur für schon bekannte Beziehungen. Neue werden wir nach wie vor ausführlich erläutern.

Wir sind aber jetzt sehr weit von unserer Kreisteilung abgeirrt, bei der wir es bisher noch unterließen, die Vierteilung zu zeigen. Wir meinen damit durchaus nicht die barbarische Hinrichtungsart früherer Zeiten, sondern höchst unschuldigerweise die Zerlegung des Kreises in die vier Quadranten.

Wie man sieht, entstehen vier rechtwinklig-gleichschenklige Dreiecke mit den Schenkeln r und der Basis a, die zusammen ein Quadrat bilden, da alle Basiswinkel wegen $90° + 2\alpha = 180°$ je 45° groß sein müssen. Da aber auch die Basisstrecken alle vier gleich a sein müssen, da sie alle die Basis kongruenter Dreiecke sind (SWS-Satz), so ist jeder der vier Winkel des einbeschriebenen Vierecks gleich $2 \times 45°$, also 90°. Wir sehen weiters, daß

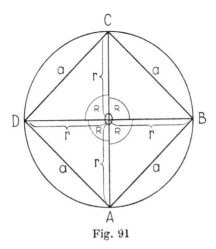

Fig. 91

die zwei Diagonalen des Quadrates Durchmesser des
Umkreises, also einander gleich sind und daß sie ein-
ander in O halbieren. Schließlich, daß sie aufeinander
senkrecht stehen. Die Quadratseite, aus der Diagonale
(Durchmesser des Umkreises) berechnet, ist nach dem
„Pythagoras" $a = \sqrt{\left(\frac{d}{2}\right)^2 + \left(\frac{d}{2}\right)^2} = \sqrt{\frac{2d^2}{4}} = \frac{d}{2} \cdot \sqrt{2}$ oder
$r \cdot \sqrt{2}$.

Fünfundzwanzigstes Kapitel

Arten der Vierecke

Da wir jetzt unmerklich in die Lehre von den Vierecken geraten sind, wollen wir zuerst allgemein für alle
„Mehr-als-Dreiecke", Vielecke oder Polygone anmerken,
daß wir sie stets in Dreiecke zerlegen können und daher
in irgend einer Art ihre Eigenschaften aus den Dreieck-
sätzen ableiten dürfen. Mit solchen Aufgaben wollen wir
uns auch nicht befassen. Wir werden sie nur ab und zu
andeuten. Um aber doch unserem Vortrag eine gewisse

Abrundung zu geben, werden wir jetzt die wichtigsten Arten der Vierecke und der Vielecke kurz besprechen, wobei wir nachdrücklichst darauf hinweisen, daß wir nicht „vollständige Figuren" im Sinne der projektiven Geometrie, sondern umgrenzte Vielecke (Polygone) im Sinne der Planimetrie vor uns haben. Die Geraden der Umgrenzung heißen die Seiten und alle anderen Verbindungsgeraden von Eckpunkten Diagonalen, wie wir es von der Schule her gewohnt sind.

Wir nehmen zuerst die Vierecke vor und unterscheiden folgende Haupttypen.

1. Trapezoide oder Vierecke, deren Seiten weder paarweise noch zu viert einander gleich sind; und bei denen auch keine Parallelität von Gegenseiten vorkommt. Es sind dies die eigentlich unregelmäßigen oder allgemeinen Vierecke, deren Diagonalen einander schneiden, ohne daß sich jedoch bestimmte Proportionen finden lassen, wenn man nicht projektive Betrachtungen hinzunimmt oder die Gegenseiten bis zum Schnittpunkt verlängert. Eine Sonderart dieser Trapezoide sind die unregelmäßigen Kreisvierecke, die je zwei einander auf 180° ergänzende oder supplementäre Gegenwinkel besitzen. Wie man prüft, ob ein Viereck ein Kreisviereck ist, wird bei den „Konstruktionen" gezeigt werden.

2. Es kann vorkommen, daß in einem Viereck zwei Gegenseiten einander parallel sind. Man spricht dann von einem Trapez. Und zwar unterscheidet man regelmäßige und unregelmäßige Trapeze, je nachdem die beiden Basiswinkel einander gleich sind oder nicht.

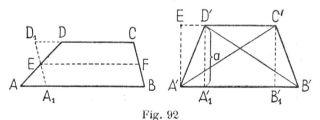

Fig. 92

Im gewöhnlichen oder unregelmäßigen Trapez kann man durch Ziehen der „Mittellinie", d. h. der Verbindungslinie der Halbierungspunkte E und F der beiden nichtparallelen Seiten und durch gleichzeitige Abtragung einer zu BC parallelen Hilfsstrecke $A_1 D_1$ durch E das Trapez wegen Kongruenz der beiden Dreiecke $A A_1 E$ und $E D D_1$ in ein flächengleiches Parallelogramm verwandeln, was wir später benützen werden. Das sogenannte regelmäßige oder gleichschenklige Trapez, bei dem $A'D'$ und $B'C'$ einander gleich sind, da ja die Winkel bei A' und B' kongruent sind und die zwei Lote $D'A'_1$ und $C'B'_1$ als Parallele zwischen Parallelen ebenfalls kongruent sein müssen, also Kongruenz der Dreiecke $A'A'_1D'$ und $B'B'_1C'$ vorliegt, hat als bemerkenswerte Eigenschaft die Gleichheit der Diagonalen, was wieder aus der Kongruenz der Dreiecke $A'B'C'$ und $A'B'D'$ nach dem SWS-Satz folgt ($\sphericalangle\, A'B'C' \equiv \sphericalangle\, B'A'D'$; $A'B' \equiv A'B'$; $A'D' \equiv B'C'$). Das gleichschenklige Trapez ist eine symmetrische Figur, deren Symmetrieachse durch den Schnittpunkt der Diagonalen und durch die Halbierungspunkte der Parallelen geht. Es ist inhaltsgleich einem Rechteck aus der kleineren Seite und der Höhe h plus einem Rechteck aus der halben Differenz der zwei Parallelseiten und der Höhe h, was sich aus der Kongruenz von Dreieck $A'D'E$ mit Dreieck $B'_1B'C'$ ergibt. Das gleichschenklige Trapez kann ein Kreisviereck sein, muß es aber nicht sein, während das ungleichschenklige Trapez sicherlich niemals ein Kreisviereck ist.

3. Es kann weiters eintreten, daß je zwei Seiten in einem Viereck einander parallel sind. Wir sprechen dann vom sogenannten Parallelogramm, dessen allgemeinster Fall das ungleichseitige, schiefwinklige Parallelogramm ist.

Seine hervorstechendste Eigenschaft ist die paarweise Gleichheit der Gegenseiten AB und CD bzw. AD und BC, die man nach dem Satze, daß Parallele zwischen Parallelen einander gleich sind, beweisen kann; ein Satz, der sich wieder auf die Kongruenz von Dreieck ABC

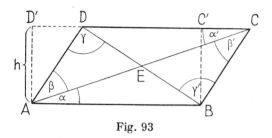

Fig. 93

und Dreieck A C D stützt. Diese aber folgt weiter aus
dem WSW-Satz, da AC eine Transversale von beiden
Parallelenpaaren ist, folglich die Wechselwinkel α und α'
bzw. β und β' kongruent sein müssen. Weiters halbieren
einander die Diagonalen in jedem Parallelogramm. Denn
Dreieck A D E ist kongruent Dreieck B C E (nach dem
WSW-Satz, da $\beta = \beta'$, $\gamma = \gamma'$ und AD $=$ BC). Daher
sind die homologen Seiten A E und E C bzw. D E und
E B einander gleich, was auf gegenseitige Halbierung der
Diagonalen hinausläuft und zu beweisen war. Außerdem
ist jedes schiefwinklige Parallelogramm flächengleich
mit einem rechtwinkligen mit derselben Grundlinie und
Höhe, was aus Kongruenz von Dreieck BCC' mit Drei-
eck A D D' folgt (SWS-Satz; h $=$ h, A D $=$ B C, $\sphericalangle$ CBC'
$= \sphericalangle$ D'A D als Parallelwinkel). Schließlich sind in jedem
schiefwinkligen Parallelogramm je zwei gegenüberliegen-
de Winkel gleich groß, was ohne weiters aus den Trans-
versalensätzen folgt. Diese Beziehungen sind sämtlich
umkehrbar. Daraus ergibt sich sofort ein interessanter
Übergang zum Rechteck. Es genügt nämlich in einem
Parallelogramm, daß ein einziger Winkel ein rechter ist,
um das Parallelogramm zum Rechteck zu machen. Denn
dann muß ja auch der gegenüberliegende Winkel ein
rechter sein, dann ist aber die halbe Winkelsumme des
Vierecks, nämlich 180° verbraucht. Die anderen zwei
Winkel müssen also auch zusammen 180° aber überdies
einander gleich sein. Woraus folgt, daß jeder dieser
Winkel ein rechter ist, was zu beweisen war. Natürlich

gelten alle Sätze über das schiefwinklige Parallelogramm
(auch „Rhomboid" genannt) ebenso für den Sonderfall
des Rechtecks (oder des Oblongum). Dazu kommt noch
die Eigenschaft, daß die Diagonalen im Rechteck gleich
lang sind, was aus der Kongruenz der Dreiecke ABC
und ABD hervorgeht, die wir wohl nicht mehr näher
zu begründen brauchen. Ein Rechteck muß stets ein
Kreisviereck sein, da einander erstens zwei gegenüberliegende Winkel auf 180° ergänzen, was schon Beweis
genug wäre. Zudem sind aber noch alle vier Diagonalen-
abschnitte gleich groß, also Radien eines Kreises, der im
Diagonalenschnittpunkt den Mittelpunkt hat und alle

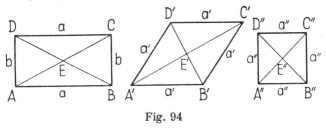

Fig. 94

vier Eckpunkte treffen muß. Deshalb auch ist etwa ∢ E
gleich 2 ∢ C, da E der zu C gehörige Zentriwinkel über demselben Bogen ist usw. Dadurch aber könnte man wieder
den Satz vom Außenwinkel verifizieren und so fort.
Ein Spezialfall des schiefwinkligen Parallelogramms ist
das seitengleiche Rhomboid oder der Rhombus (Raute).
Dieses hat die Sondereigenschaft, daß in ihm die Diagonalen aufeinander senkrecht stehen und die Winkel halbieren, was eine Folge der Sätze über das gleichschenklige Dreieck ist, da die Diagonalen ja zuerst als Seiten-
symmetralen auftreten, also auch Höhen- und Winkelsymmetralen sein müssen. Diese Rhombussätze gelten
auch aus gleichen Gründen für das Quadrat, das außerdem als spezielles Rechteck gleichlange Diagonalen
haben muß. Der Rhombus ist niemals ein Kreisviereck
(da er, projektiv gesprochen, ein verzogenes Quadrat,

also ein Ellipsenviereck ist), das Quadrat ist stets ein Kreisviereck. Daraus folgen auch die Winkelbeziehungen, bzw. man kann aus den Winkelbeziehungen auf die Eigenschaft eines Vierecks als Kreisviereck schließen.

4. Es bleibt nur noch eine Mischform des Vierecks zu erörtern, nämlich das Deltoid oder das „Drachenviereck".

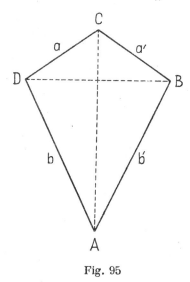

Fig. 95

Wie ersichtlich hat es die Form eines Papierdrachens und setzt sich aus zwei gleichschenkligen Dreiecken BDC und DBA zusammen, da je zwei anstoßende Seiten (a und a' bzw. b und b') einander gleich sind. Es kann ein Kreisviereck sein, muß es aber nicht sein. Seine Diagonalen stehen aufeinander stets senkrecht, da wegen der doppelten Symmetrie der beiden gleichschenkligen Dreiecke die Diagonale DB von der Diagonale CA halbiert wird. Deshalb halbiert auch CA die Winkel bei C und bei A. Die zweite Diagonale DB halbiert weder die Winkel bei D und B, noch die andere Diagonale CA.

Nur wenn das Deltoid durch Gleichheit der Seiten a und b zu einem Rhombus würde (in welchem Fall es aber nie ein Kreisviereck sein könnte), würden die Diagonalen einander außer der Rechtwinkligkeit ihres Schnittes halbieren sowie auch die Gegenwinkel in beiden Fällen teilen.

Sechsundzwanzigstes Kapitel

Vielecke im engeren Sinne oder Polygone

Nun wenden wir uns zu den Polygonen im engeren Sinne, das sind alle Vielecke, die mehr als vier Ecken und Seiten haben. Dazu bemerken wir aber, daß die meisten der folgenden Sätze auch für Dreiecke und Vierecke Geltung haben, allerdings manchmal nur als Grenzfälle oder Degenerationen. Wie schon gesagt, ist beim Polygon die Anzahl der Seiten gleich der Anzahl der Ecken und daher auch gleich der Anzahl der Winkel.

Wie groß ist nun die Anzahl der Diagonalen in einem n-Eck, wobei n jede endliche ganze Zahl, die größer ist als 2, bedeuten kann? Schließen wir ohne Scheu logisch: Aus jedem Eckpunkt lassen sich wohl zu allen anderen Eckpunkten Diagonalen ziehen. Also (n — 1) Diagonalen. Ist das aber richtig? Nein, es ist falsch, da überdies noch die zwei benachbarten Eckpunkte wegfallen, zu denen man zwar Seiten, aber keine Diagonalen ziehen kann. Also hätten wir (n — 3) Diagonalen, die man aus einem Eckpunkt ziehen kann. Ziehe ich nun die Diagonalen aus allen Eckpunkten, so muß ich $n \cdot (n — 3)$ Diagonalen erhalten. Das ist aber wieder falsch. Denn dabei würde ich jede Diagonale doppelt zählen. Etwa die Diagonale AG und die Diagonale GA, die doch identisch sind. Folglich habe ich in Wahrheit als Anzahl aller Diagonalen im n-Eck $A_d = \frac{n \cdot (n-3)}{2}$. Dieser Satz gilt für ein beliebiges n > 2. Im Dreieck haben wir nach dieser Formel 0, im Viereck 2, im Sechseck 9 und im 23-Eck 230 Diagonalen.

Wir sprachen davon, daß von jedem Eckpunkt (n — 3) Diagonalen gezogen werden können. Durch diese (n — 3) Diagonalen wird unser Polygon in (n — 2) Dreiecke zerlegt. Und zwar muß die Anzahl der Dreiecke um eins größer sein als die Anzahl der Diagonalen, weil die erste Diagonale das erste Dreieck abschneidet, die zweite das zweite und so weiter, bis endlich die letzte Diagonale zwei Dreiecke, nämlich das (n — 3)te

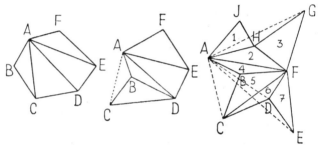

Fig. 96

und das (n — 2)te bildet, da sie eigentlich als Diagonale eines Vierecks auftritt. Auch diese Sätze gelten für jedes n > 2. Denn (n — 3), also 0 Diagonalen zerlegen das Dreieck in (n — 2), also in ein Dreieck. Beim Viereck zerlegt eine Diagonale das Viereck in zwei Dreiecke, beim Fünfeck zerlegen (5 — 3), also 2 Diagonalen dieses Polygon in drei Dreiecke usw. Man könnte nun mit Recht fragen, was eintritt, wenn einspringende Ecken vorhanden sind, so daß die Diagonalen ganz oder zum Teil außerhalb des Vielecks verlaufen. Wir zeigen, daß man dann jederzeit die entsprechende Anzahl Ersatzdiagonalen aus anderen Eckpunkten ziehen kann, so daß unsere beiden Formeln unangetastet aufrecht bleiben.

Die beiden ersten Fälle der Zeichnung sind klar. Es handelt sich um Sechsecke, die durch (6 — 3) Diagonalen in je (6 — 2) = 4 Dreiecke zerlegt werden. Der dritte Fall eines Neunecks mit 4 einspringenden Winkeln ist verwickelter. Hier mußten wir, um die (9 — 3) = 6 Diagonalen zu erhalten, für die 4 Ersatzdiagonalen den Punkt F heranziehen, den wir sodann mit H, B, C und D verbanden. Gleichwohl gelang es uns auch in diesem Falle, durch 6 Diagonalen 7 Zerlegungsdreiecke zu gewinnen. Dies läßt sich in jedem denkbaren Fall durchführen, wie wir aus unseren Erfahrungen schließen, wenn es auch ein wenig Kopfzerbrechen verursacht.

Nun wollen wir weiters wissen, wie groß die Winkelsumme im n-Eck ist. Auch darüber belehrt uns unsere Zerlegungsaufgabe. Wir sehen aus den Figuren, daß die Vieleckswinkel alle durch Dreieckswinkel ausgefüllt sind, ohne daß ein Dreieckswinkel übrig bleibt. Also ist die Winkelsumme des Polygons wohl gleich der Anzahl der Zerlegungsdreiecke mal der Winkelsumme des Dreiecks, somit $(n — 2) \cdot 2R$ oder, aus der Anzahl der Polygonseiten gerechnet, durch einfache Ausmultiplikation obiger Formel $S_n = n \cdot 2R — 4R$, was ebenfalls beides auch für Dreiecke und Vierecke Geltung hat. Denn beim Dreieck ist $S_3 = 3 \cdot 2R — 4R = 2R$, beim Viereck ist $S_4 = (4 — 2) \cdot 2R = 2 \cdot 2R = 4R$ und etwa beim 17-Eck ist $S_{17} = (17 — 2) \cdot 2R = 30R$ oder 2700 Winkelgrade, was eine siebeneinhalbmalige Umdrehung des kreisend gedachten Winkelschenkels bedeutet. Dabei gilt weiters der Folgesatz, daß in jedem Vieleck wenigstens drei hohle Winkel (Winkel unter 180°) vorhanden sein müssen. Denn sollte ein Polygon etwa nur zwei hohle Winkel besitzen, dann müßte es wohl bei n Ecken (n — 2) erhabene, also über 180° große Winkel haben. Da aber jeder erhabene Winkel größer ist als 180°, wäre dann die Winkelsumme des n-Eckes schon allein durch die erhabenen Winkel (n — 2) mal einer Winkelgröße, die größer wäre als 180°. Folglich wäre schon durch die erhabenen Winkel die Gesamtwinkelsumme $(n-2) \cdot 2R$ überschritten, da sie, ohne die beiden hohlen Winkel bereits $(n-2) \cdot (2R+\varepsilon)$ betrüge, wobei ε sämtliche, auch noch so kleine Zuwächse über 180° bedeutet, die die Winkel zu erhabenen machen. Sind dagegen 3 hohle Winkel vorhanden, dann hätten wir als Summe der erhabenen $(n-3) \cdot (2R+\varepsilon) =$ $= 2R \cdot n - 6R + \varepsilon \cdot (n-3)$, was von $2R \cdot n - 4R$ subtrahiert die Differenz $2R - \varepsilon \cdot (n-3)$ ergibt und was die jederzeit erfüllbare Bedingung darstellt, daß mit drei hohlen Winkeln ein Polygon zustandekommt. Es braucht nämlich dazu die durchschnittliche Überschreitung der erhabenen Winkel über 180° multipliziert mit $(n-3)$ nur um einen endlichen Betrag kleiner zu sein als $2R$. Dieser endliche Betrag ist dann die Summe der drei hohlen Winkel.

Wenn wir noch als weitere Vielecksätze hinzufügen, daß zwei Polygone dann kongruent sind, wenn ihre homologen Zerlegungsdreiecke kongruent sind; und daß sich umgekehrt kongruente Polygone stets in homolog kongruente Dreiecke zerlegen lassen, beherrschen wir eigentlich die ganzen planimetrischen Sätze über Vielecke mit Ausnahme der Sondersätze für regelmäßige Polygone, von denen wir bei den Konstruktionen sprechen werden. Nur den Satz über die Winkel regelmäßiger oder regulärer Vielecke wollen wir noch nachtragen. Da in einem regelmäßigen Vieleck definitionsgemäß alle Seiten und alle Winkel einander gleich sein müssen, ist jeder einzelne Winkel gleich $\frac{S_n}{n}$ oder gleich der Gesamtwinkelsumme des betreffenden n-Eckes dividiert durch die Anzahl der Winkel, Seiten oder Ecken, was ja dasselbe ist. Also W_{R_n} (Winkel des regulären n-Eckes) $= \frac{(n-2) \cdot 2R}{n} =$ $= \frac{2 \cdot R \cdot n}{n} - \frac{4R}{n} = 2R - \frac{4R}{n} = 2R \cdot \left(1 - \frac{2}{n}\right)$. Da auch dieser Satz für alle $n > 2$ gilt, so erhalten wir für das

regelmäßige	Dreieck	W_{R3}	$= 180° - 120° =$	$60°$
,,	Viereck	W_{R4}	$= 180° - 90° =$	$90°$
,,	Fünfeck	W_{R5}	$= 180° - 72° =$	$108°$
,,	Sechseck	W_{R6}	$= 180° - 60° =$	$120°$
,,	Zehneck	W_{R10}	$= 180° - 36° =$	$144°$
,,	Achtzehneck	W_{R18}	$= 180° - 20° =$	$160°$

und so weiter,

bis der Winkel beim regelmäßigen ∞-Eck, also beim Kreis, den Wert $180° - \frac{360°}{\infty} = 180° - \lim 0$, somit den Wert $180°$ annimmt. Dieses Resultat ist aber äußerst paradox, da der Kreis dadurch zu einer unendlichen Geraden entarten müßte. Für jeden Fall nähern sich aber die Einzelwinkel von regulären Vielecken endlicher Seitenanzahl bei Vergrößerung des n stets mehr dem Wert von 180 Graden, da der Minuend in $2R - \frac{4R}{n}$, also $\frac{4R}{n}$ durch Vergrößerung des n stets kleiner werden muß.

Zum Abschluß unserer Betrachtungen über Polygone bringen wir noch die ,,Quadratur" der Vielecke. Wir wollten etwa zuerst ein beliebiges n-Eck, etwa ein Fünfeck, in ein inhaltsgleiches Dreieck verwandeln.

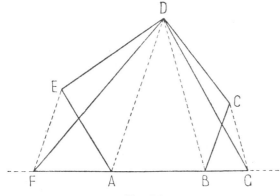

Fig. 97

243

Wir zogen zuerst im Fünfeck A B C D E die Diagonale A D. Zogen dann von E zu dieser eine Parallele nach F, also bis zum Schnitt mit der verlängerten Basis A B. Hierauf verbanden wir F mit D. Darauf zogen wir eine zweite Diagonale des Fünfecks aus D nach B. Legten dazu aus C eine Parallele bis G und verbanden G mit D. Nun sind die Dreiecke A D F und A D E, sowie die Dreiecke B C D und B D G flächengleich. Das Fünfeck besteht aber aus den Dreiecken A B D, A D E und B C D und das Dreieck aus den Teildreiecken A B D, A D F (= A D E) und B D G (= B C D). Sonach ist das Fünfeck flächengleich mit dem Dreieck, was zu beweisen war. Nun kann man aber weiter rein konstruktiv jedes Dreieck in ein Rechteck und jedes Rechteck in ein Quadrat verwandeln, wodurch eine mittelbare konstruktive Quadratur jedes Polygons möglich ist, allerdings bei höherer Seitenanzahl in ziemlich komplizierter Art.

Wir haben in unserem Beweis die Flächengleichheit gewisser Dreiecke behauptet. Wir geben den Grund hiefür an. Die erwähnten Dreiecke haben die gemeinsamen Grundlinien A D bzw. B D und gleiche Höhen, da die Höhen Lote zwischen Parallelen darstellen würden, die unbedingt einander gleich sein müssen. Und wenn zwei Dreiecke gleiche Grundlinien und gleiche Höhen haben, sind sie flächen- oder inhaltsgleich. Nun haben wir bisher kaum über das Inhaltsmaß gesprochen, was wir sofort in einem eigenen Kapitel nachtragen wollen. Wir werden aber hiezu nicht vom Dreieck, sondern aus gewissen Gründen vom Viereck ausgehen.

Siebenundzwanzigstes Kapitel

Konstruktionen und konstruktive Umwandlungen. Flächenmessung

Damit wir uns leichter bewegen können, werden wir die allerwichtigsten und primitivsten Konstruk-

tionen, die ja jeder in der Schule gelernt hat, kurz
wiederholen, da die eine oder die andere Konstruktion
vielleicht in Vergessenheit geraten ist. Daß wir nunmehr sowohl Lineal als Zirkel verwenden dürfen, wird
vorausgesetzt.

Wir beginnen also mit den Winkeln, ihrer Abtragung
und ihrer Teilung. In unserer Figur sehen wir, wie
man einen Winkel abträgt und wie man ihn teilt,
wodurch man auch die Möglichkeit gewinnt, Winkel
von allerlei Größen zu konstruieren. Ausgangswinkel
ist stets der Winkel von 60 Graden, weil er am
leichtesten und unmittelbarsten konstruierbar ist.

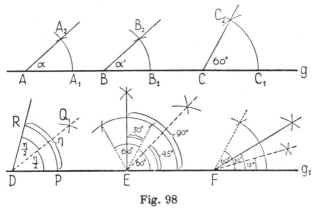

Fig. 98

Das Prinzip ist sehr einfach. Auf einer Geraden g
wird der Scheitel, etwa A, festgelegt. Hierauf schlagen
wir mit A als Mittelpunkt einen Kreisbogen von beliebigem Radius. Der zweite Schenkel des Winkels schneidet diesen Kreisbogen irgendwo. Schlagen wir nun
auf derselben oder auf einer anderen Geraden denselben Kreisbogen um einen Punkt B, dann können
wir den Winkel α dadurch übertragen, daß wir die
„Sehne" des Kreisbogens zwischen den Schenkeln von α
in den Zirkel nehmen (also $A_1 A_2$) und nun von B_1

auf den zweiten Bogen mit dem Zirkel dieselbe Sehne ($B_1 B_2$) abschneiden. Verbindung von B mit B_2 ergibt sofort den Winkel a', der als Zentriwinkel über demselben Bogen mit a gleich sein muß. Der Winkel von 60 Graden wird in der Art konstruiert, daß man aus C einen Bogen schlägt und die Zirkelspannung unverändert läßt. Man setzt hierauf die Zirkelspitze bei C_1 ein und schneidet den Kreisbogen bei C_2 mit der unveränderten Zirkelspannung. Hierauf zieht man $C C_2$ und erhält dadurch den 60grädigen Winkel mit dem Scheitel C. Will man einen Winkel PDR halbieren, den wir η nennen wollen, dann schlägt man um den Punkt D einen Bogen, der beide Schenkel schneidet. Hierauf bringt man zwei Bogen aus den Mittelpunkten R und P zum Schnitt in Q. Verbindung von D und Q ergibt die Winkelsymmetrale des Winkels η. Einen rechten Winkel (Lot oder Senkrechte) in E konstruiert man, indem man zuerst einen 60grädigen Winkel bildet, an diesen einen zweiten 60grädigen Winkel anträgt und dann den letzteren halbiert. Dadurch kann man aus $60° + 30°$ den 90grädigen Winkel oder rechten Winkel erhalten, den man durch Halbierung in zwei 45grädige Winkel zerlegen kann. Ebenso kann man im Punkt F aus einem 60grädigen Winkel durch Hälftung zuerst einen 30grädigen und dann einen 15grädigen gewinnen. Man wird nun schon sehen, wie man durch geeignete Teilungen und Ergänzungen eine ganze Reihe von verschiedenen Winkelgrößen konstruieren kann.

Deshalb wenden wir uns zu einer anderen Aufgabe, nämlich der Konstruktion der Streckensymmetrale. Diese wird dadurch erzielt, daß wir aus A und B die gleichen Bogen über und unter der Strecke zum Schnitt bringen, worauf die Verbindung der Schnittpunkte dieser Bogen die Streckensymmetrale ergibt. Haben wir drei Punkte A, B, C gegeben, so können wir überdies aus dem Schnittpunkt O der Symmetralen der Verbindungsstrecken A B und B C einen Kreis gewinnen, der durch alle drei Punkte geht (Beweis: AO muß gleich sein BO, da jeder Punkt der Symmetrale s_1 von A und B gleich entfernt ist. Da dasselbe aber auch bezüglich s_2 für BO und CO gilt, ist auch $CO = BO = AO = r$, also gleich dem Radius des durch die drei Punkte laufenden Kreises). Würde ich noch einen vierten Punkt hinzunehmen, dann könnte er nur im Kreise liegen, wenn auch die Streckensymmetralen von CD

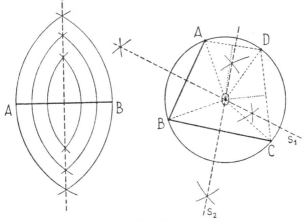

Fig. 99

bzw. DA ebenfalls durch den Punkt O gingen. Bei dieser Gelegenheit wollen wir noch rasch die Möglichkeit er-örtern, einem Dreieck einen Kreis einzubeschreiben bzw. umzubeschreiben. Zur Abkürzung werden wir den einbeschriebenen Kreis stets den In-Kreis und den umbeschriebenen den Um-Kreis nennen. Wir haben bei den „merkwürdigen Punkten" des Dreiecks ge-legentlich der Besprechung der Seiten- bzw. der Win-kelhalbierenden schon Streckenverhältnisse wahrge-nommen, die unsere vorliegende Aufgabe ermöglichen. So sahen wir damals, daß der Schnittpunkt der Seiten-symmetralen von allen drei Ecken des Dreiecks gleich weit entfernt liegt, während der Schnittpunkt der Winkelhalbierenden wieder gleiche Entfernung von allen drei Seiten hat. Wir können also mittels der Seitenhalbierenden den Mittelpunkt des Um-Kreises und mittels der Winkelhalbierenden den Mittelpunkt des In-Kreises auffinden, da ja gleiche Distanz von den Eckpunkten die Bedingung für Umbeschreibung und gleiche Distanz von den Seiten Bedingung für Einbeschreibung ist. Unsere Figur veranschaulicht die beiden Fälle, wozu wir bemerken, daß schon zwei Symmetralen genügen, da die dritte stets durch deren Schnittpunkt laufen muß.

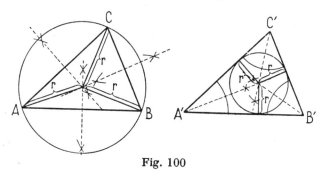

Fig. 100

Nachdem wir diese kurzen konstruktiven Anmerkungen gegeben haben, wollen wir zum Problem der Flächengleichheiten und Umwandlungen übergehen. Wir haben bisher die „Gleichheit" von Figuren oder Gebilden schon oft behauptet. Etwa die Gleichheit von Strecken und Winkeln und die Gleichheit oder Kongruenz von Dreiecken, welch letztere wir als eine Verbindung von Gestaltgleichheit und Größengleichheit ansahen. Daß aber zwei Gebilde auch gleich sein können, ohne einander in der Gestalt zu gleichen, das haben wir bisher noch nicht angetroffen[1]. Es wäre z. B. möglich, daß das Stück

---

[1] Bzw. wir haben uns bei solchen Gleichheiten nicht länger aufgehalten und sie bloß behauptet.

eines Kreises einer bestimmten geraden Strecke gleich ist, d. h. daß es ebenso lang ist. Denn eine andere Gleichheit kann es zwischen krummer und gerader Linie, die gestaltungleich sind, nicht geben. Ebenso könnte der Flächeninhalt einer Figur, etwa eines Dreiecks, gleich sein mit dem Flächeninhalt eines Quadrats, Rechtecks, Trapezes, Kreises. Es ist also auch hier bei Gestaltverschiedenheit ein drittes Vergleichselement, das Flächenmaß, zwischen die Figuren eingeschoben, das sie gleichsam auf den gemeinsamen Nenner der Größenoder Messungs- oder Inhaltsgleichheit bringt. Durch Untersuchung dieser Inhaltsgleichheit können wir das Gebiet unserer Forschung bedeutend erweitern. Sowohl rein proportionengeometrisch, da wir für Gleichheitsbehauptungen, die den Inhalt betreffen, nicht mehr allein auf Kongruenzen angewiesen sind, sondern auch maßgeometrisch, da wir nun von der Strecken-Messung zur Flächen-Messung übergehen können. Dabei bemerken wir, daß nur ein kleiner Teil der Flächen unmittelbar durch Ausmessung mit dem „Einheitsquadrat" gemessen werden kann. Wir werden vielmehr meistens auf die stets

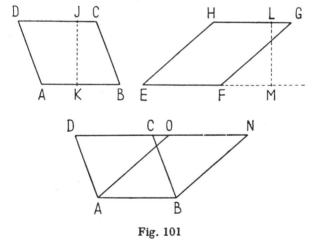

Fig. 101

mögliche Streckenmessung mittels „Eichmaßes" (Zollstab, Zentimeterband usw.) zurückgehen und solche Beziehungen aufzufinden trachten, die es uns gestatten, aus geeigneten und charakteristischen Strecken die Flächeninhalte rechnerisch zu gewinnen. Wir geben als Fundamentalsatz die Behauptung, daß Parallelogramme gleicher Grundlinie und gleicher Höhe stets flächengleich sind, und beweisen ihn in der Form des großen Euklid.

Da unsere beiden Parallelogramme ABCD und EFGH dieselbe Höhe haben, was ja vorausgesetzt wurde, kann ich sie über der ebenfalls gleichen Grundlinie in einer einzigen Figur errichten, wodurch auch DC und HL in einer geraden Linie liegen müssen, die natürlich durchaus nicht die Summe von DC und HL sein muß. Wie groß sie im gegebenen Fall ist, hängt von der Schiefwinkligkeit der Parallelogramme und vom Richtungssinn der Winkel ab. Ich erhalte nun durch die Zusammenlegung ein Trapez ABND, das dieselbe Höhe hat wie beide Parallelogramme und in dem das Dreieck ADO offensichtlich kongruent ist dem Dreieck BCN (SWW-Satz). Subtrahiert man nun vom Trapez das Dreieck ADO, dann bleibt das Parallelogramm ABNO = EFGH und subtrahiert man Dreieck BCN, dann bleibt Parallelogramm ABCD. Da aber Gleiches von Gleichem subtrahiert Gleiches ergibt, so ist das Parallelogramm ABCD flächengleich dem Parallelogramm EFGH, was zu beweisen war. Da nun weiters auch das Rechteck ein Parallelogramm ist, so können wir jedes schiefwinklige Parallelogramm ohne Veränderung des Flächeninhalts in ein Rechteck gleicher Basis und gleicher Höhe verwandeln. Ein Rechteck ist aber durch Maßquadrate direkt ausmeßbar, und der Augenschein ergibt, daß der Flächeninhalt des Rechtecks gleich sein muß der Grundlinie mal der Höhe. Denn ich kann stets soviel Reihen Maßquadrate der Seite „eins" in einem Rechteck unterbringen, als die Höhe als Strecke in denselben Einheiten anzeigt.

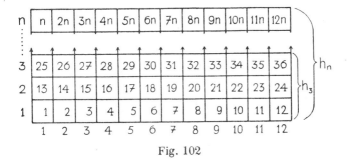

n	n	2n	3n	4n	5n	6n	7n	8n	9n	10n	11n	12n

3	25	26	27	28	29	30	31	32	33	34	35	36
2	13	14	15	16	17	18	19	20	21	22	23	24
1	1	2	3	4	5	6	7	8	9	10	11	12

Fig. 102

Daher ist die Fläche des Rechtecks gleich Grundlinie mal Höhe, und jedes andere Parallelogramm hat somit nach obigem Beweis Euklids die gleiche Formel zur Berechnung der Fläche. Da wir aber weiters jedes beliebige Dreieck auf ein Parallelogramm ergänzen und nach dem WSW-Satz sofort beweisen können, daß dieses Parallelogramm doppelt so groß sein muß wie das ursprüngliche Dreieck, so ist die Flächenformel für das Dreieck wohl: Grundlinie mal halbe Höhe oder halbe Grundlinie mal Höhe oder $\frac{g \cdot h}{2}$.

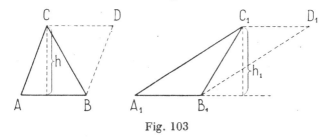

Fig. 103

Da wir nun die wichtigsten Flächenformeln gewonnen haben, zu denen noch die Fläche des Quadrats käme, bei dem Grundlinie und Höhe gleich der Seite a sind, das also als Inhalt $a \cdot a = a^2$ haben muß, wollen wir eine Reihe sogenannter „Umwandlungen" durchführen und zwar zuerst die Verwandlung eines Dreiecks in ein Parallelogramm und umgekehrt, wozu wir nur eine Figur brauchen. Die zweite Figur stellt die Umwandlung eines Dreiecks in ein anderes mit einer anderen Grundlinie dar, während die dritte Figur die Verwandlung eines Parallelogramms in ein anderes mit einer anderen Grundlinie darstellt. In allen drei Fällen soll der Flächeninhalt derselbe bleiben.

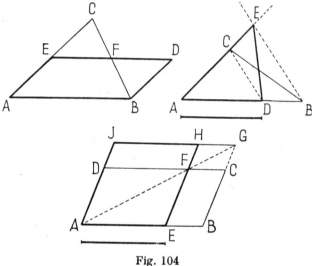

Fig. 104

Beweise: Im ersten Fall (Verwandlung des Dreiecks in ein Parallelogramm und umgekehrt): Dreieck CEF kongruent Dreieck BDF, da in der Konstruktion CB halbiert und BD parallel mit AC gezogen wurde (WSW-Satz). Im zweiten Fall (Verwandlung eines Dreiecks mit der Grundlinie AB in ein solches mit der Grundlinie AD): Dreieck DCE inhaltsgleich Dreieck BCD, da beide die gleiche Grundlinie CD haben und die Höhen Lote zwischen Parallelen, also ebenfalls gleich sein müssen. Deshalb ist Dreieck ABC inhaltsgleich Dreieck ADE, womit die Bedingung erfüllt ist. Man trägt dabei A D (die neue Grundlinie) auf A B ab, verbindet D mit C, zieht dazu eine Parallele durch B und bringt sie mit der Verlängerung von A C zum Schnitt. Wäre A D größer als A B, so müßte man A D E als gegeben und A B C als gesucht ansehen. Man würde also von B nach E die erste Linie ziehen und zu dieser durch D eine Parallele legen, wodurch man C erhielte. Für den dritten Fall (Verwandlung eines Parallelogramms in ein flächengleiches mit anderer Grundlinie) lautet die Konstruktion: Man ziehe in E eine Parallele zu A D, ziehe hierauf die Diagonale A F und verlängere sie bis zum Schnitt mit der Verlängerung von B G. Hierauf verlängere man A D und lege von G eine Parallele zu C D, bis sie die Verlängerung von A D in I schneidet. A E H I ist dann das neue mit A B C D inhaltsgleiche Parallelogramm. Als Beweis führt man die Inhaltsgleichheit der Parallelogramme E B C F mit D F H I, da dies ja die Stücke sind, die man bei der Verwandlung austauschen muß. Diese Inhaltsgleichheit folgt daraus, daß man von Dreieck A B G ≡ Dreieck A G I die beiden weiteren Kongruenzen Dreieck A E F ≡ Dreieck A D F und Dreieck F C G ≡ ≡ Dreieck F H G subtrahiert. Gleiches von Gleichem subtrahiert, muß wieder Gleiches geben, woraus endlich unsere verlangte Gleichheit von Parallelogramm A B C D und Parallelogramm A E H I folgt.

Es gibt natürlich eine Unzahl anderer Verwandlungsaufgaben, die besonders bei den alten Griechen sehr beliebt waren und oft Anlaß großer Entdeckungen wurden. Wir wollen in diesem Zusammenhang gleichwohl bloß noch den sehr interessanten Lehrsatz des Pappus von Alexandria (etwa 400 n. Chr. Geb.) und eine Verwandlung des Rechtecks in ein Quadrat besprechen, zu der wir allerdings den Beweis Euklids vorausschicken müssen, den dieser für den „Pythagoras" gab, und der in sich gleichsam eine Mehrzahl von Verwandlungsaufgaben enthält und als Beispiel genialer hellenischer Geometrie dienen kann.

Zuerst also den „Pappus", ein allgemeiner Additions-
satz für Parallelogramme, der besagt, daß, wenn man
über zwei Seiten eines beliebigen Dreiecks beliebige
Parallelogramme konstruiert, die gegenüberliegenden
Seiten dieser Parallelogramme bis zu deren Schnittpunkt verlängert, diesen Schnittpunkt mit der Spitze
des ursprünglichen Dreiecks verbindet und zu dieser
Verbindungs-Geraden aus den beiden anderen Eckpunkten des Dreiecks Parallele zieht, bis dahin, wo diese
Parallelen die gegenüberliegenden Seiten der beiden
Parallelogramme treffen; daß also dann über der Grundlinie des ursprünglichen Dreiecks ein Parallelogramm
entsteht, das der Summe der beiden ersten Parallelogramme flächengleich ist.

Dies sieht nun entsetzlich kompliziert aus, ist aber
gleichwohl höchst einfach. Wir zeichnen den verhexten
„Pappus".

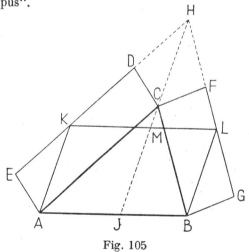

Fig. 105

Beweis: A K $\equiv$ C H, B L $\equiv$ C H, daher A K $\equiv$ B L. Da
weiter A K parallel zu B L laut Voraussetzung, so ist
A B L K ein Parallelogramm. Ferner gelten zwischen

den weiteren Parallelogrammen folgende Gleichheiten:
AIMK = ACHK = ACDE und BIML = BCHL =
= BCFG. Da aber AIMK + BIML gleich ist ABLK,
so gilt durch Addition der Gleichungen auch die
Beziehung ABLK = ACHK + BCHL = ACDE +
+ BCFG, was zu beweisen war und woraus noch weiter
zu sehen ist, daß es auf die Art der beiden Parallelogramme über AC und BC nicht ankommt. Man kann
auch mittels dieses Satzes beliebige Additionen und
Subtraktionen von Parallelogrammen durchführen, da
man die Grundlinien zweier Parallelogramme stets als
zwei Dreieckseiten betrachten darf, zu denen man dann
eine dritte wählt und weiter nach Pappus konstruiert[1]).

Wie der Satz des Pythagoras lautet, wissen wir schon.
Wir haben also bloß den Beweis Euklids nachzutragen,
zu dem wir eine, auf den ersten Blick verwirrende
Zeichnung anfertigen werden. Dabei liegt der rechte
Winkel bei C.

Um zu beweisen, daß die Summe der beiden Katheten-
Quadrate gleich ist dem Quadrat über der Hypotenuse,
brauchen wir durch Verwandlungsbeweise bloß zu be-
weisen, daß das Rechteck ALKE gleich ist dem Quadrat
über AC und daß das Rechteck BDKL gleich ist dem
Quadrat über BC. Beweis: AC ≡ AF und AE ≡ AB
als Quadratseiten. Weiters ist Winkel CAE ≡ Winkel
FAB ≡ Winkel (90° + CAB). Daher Dreieck CAE ≡
≡ Dreieck FAB. Nun ist aber Dreieck CAE flächengleich
Dreieck LAE (gemeinsame Grundlinie AE und gleiche
Höhen als Lote zwischen Parallelen). Ebenso Dreieck
FAB flächengleich Dreieck FAC. Daher ist auch
Dreieck LAE nach Berücksichtigung aller Gleich-
heiten gleich Dreieck FAC. Da aber weiters Drei-
eck LAE die Hälfte von Rechteck ALKE sein muß,
da ja EL die Diagonale ist, die jedes Rechteck in

---

[1]) Auch dieser Satz enthält den „Pythagoras" als
Spezialfall in sich, wenn man statt der „Parallelogramme"
Quadrate wählt und die Quadratseiten als Katheten eines
rechtwinkligen Dreiecks betrachtet.

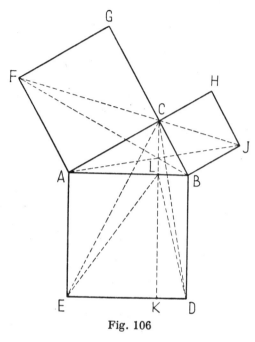

Fig. 106

zwei kongruente Dreiecke zerlegt, und da weiters FAC,
das mit LAE flächengleich ist, die Hälfte des Quadrates über AC ausmachen muß, so ist wegen der
Flächengleichheit von LAE und FAC die Hälfte des
Quadrates über AC und die Hälfte des Rechtecks
ALKE, folglich auch Quadrat und Rechteck einander gleich, was als erster Teil zu beweisen war.
Da bezüglich dem Quadrat über BC und dem Teilrechteck BLKD genau symmetrische Verhältnisse vorliegen, überlassen wir diesen Teil des Beweises, der
zur Gleichheit des Quadrates über BC mit dem Rechteck BLKD führt, dem Leser. Der Zusammenschluß
beider Teile des Beweises aber ergibt den Lehrsatz
des Pythagoras. Denn da Rechteck ALKE plus

Rechteck B L K D gleich sind dem Quadrat über A B oder über der Hypotenuse und beide zusammen weiter gleich sind der Summe der Quadrate über A C und B C, so folgt, daß $\overline{AB^2} = \overline{AC^2} + \overline{BC^2}$, was zu beweisen war.

Nun wird uns dieser Beweis sofort zur Brücke für die wichtige Verwandlung eines Rechtecks in ein Quadrat. Denn durch diese Kunst sind wir erst imstande, rein konstruktiv jedes Dreieck in ein Parallelogramm, dieses in ein Rechteck und dieses endlich in ein Quadrat zu verwandeln, was praktisch auf die Ermöglichung der Quadratur aller ebenen, geradlinig begrenzten Gebilde hinausläuft, wenn sie auch im gegebenen Fall oft sehr kompliziert ist. Nun aber zu unserer Verwandlung.

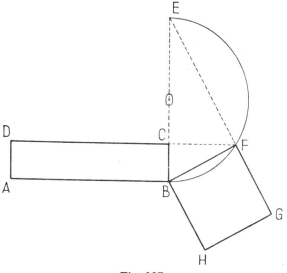

Fig. 107

Wenn wir ein Rechteck A B C D vor uns haben, so verlängere man die kürzere Seite B C des Rechtecks so weit, daß B E gleich wird A B. Wir hätten dann gleichsam in BE eine Hypotenuse. Daher halbieren wir BE, schlagen um den Halbierungspunkt O einen Halbkreis und verlängern DC so weit, bis die Verlängerung die Halbkreisperipherie trifft. Dieser Punkt F ist jetzt der Scheitel eines rechtwinkligen Dreiecks BFE und bei F ist der rechte Winkel als Winkel im Halbkreis. Da BF eine Kathete ist, wird jetzt nach dem Beweis Euklids zum „Pythagoras" das Rechteck ABCD zum Teilrechteck des Hypotenusenquadrats, das dem benachbarten Kathetenquadrat über BF flächengleich sein muß, womit unsere Verwandlungsforderung restlos erfüllt ist.

Wenn wir nun auch auf Grund unserer bisherigen Kentnisse durch geeignete Umformungen und Zerlegungen einen großen Teil geradlinig begrenzter ebener Figuren bezüglich ihres Flächeninhaltes behandeln können, so wollen wir gleichwohl einige besondere Fälle speziell anführen. Zuerst das Trapez.

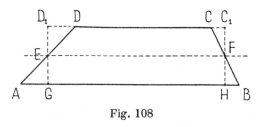

Fig. 108

Es ist aus der Figur ohneweiters zu sehen, daß man ein Trapez durch Ziehen der Mittellinie in ein inhaltsgleiches Rechteck verwandeln kann (da Dreieck $AEG \equiv$ Dreieck DED_1 und Dreieck $BFH \equiv$ $\equiv$ Dreieck CC_1F). Unter Mittellinie versteht man die Gerade, die die Mitten der beiden nichtparallelen Seiten verbindet. Die Fläche des Trapezes ist somit Mittellinie mal Höhe (HC_1 oder GD_1). Die Mittellinie ist aber wieder nichts anderes als die Summe der beiden Parallelen dividiert durch 2, oder das arithmetische Mittel der beiden parallelen Seiten AB und CD, da $AB + CD = (AG + GH + HB) + (C_1D_1 - D_1D - CC_1) = GH + C_1D_1$, da $GA = D_1D$ und $HB = CC_1$. Somit ist $AB + CD = GH + C_1D_1$, wobei $GH = C_1D_1 = EF$. Somit ist $AB + CD = 2EF$ oder $EF = \frac{AB+CD}{2}$, was zu beweisen war.

Nun zu einer anderen Aufgabe: Wir haben schon gesehen, daß sich jedes regelmäßige Vieleck einem Kreis einbeschreiben läßt oder, was dasselbe ist, daß jedem regelmäßigen Vieleck ein Kreis umbeschrieben werden kann, da man ja ein regelmäßiges Vieleck beliebiger Seitenanzahl durch entsprechende Kreisteilung zu gewinnen imstande ist. Das Polygon zerfällt sodann in n gleichschenklige Dreiecke, die ihre Scheitel im Mittelpunkt des Kreises haben und deren Schenkel gleich dem Radius sind. Rein konstruktiv, mit Zirkel und Lineal, kann man allerdings reguläre n-Ecke nur dann konstruieren, wenn sie entweder als Seitenanzahl 4 oder $2 \cdot 4$ oder $2 \cdot 2 \cdot 4$ usw. besitzen, oder wenn sie 6 Seiten oder $2 \cdot 6$ oder $2 \cdot 2 \cdot 6$ usw. haben, oder wenn sie, wie Gauß gezeigt hat, der Bedingung entsprechen, daß $n = 2^{(2)^p} + 1$ und dies überdies eine Primzahl ist. Ist also $p = 0, 1, 2, 3, 4\ldots\ldots$, dann wird $n = 3$, 5, 17, 257, 65.537$\ldots\ldots$ Für $p > 4$ sind solche Primzahlen nicht bekannt.

Abgesehen von diesen rein konstruktiven Schwierigkeiten, können wir wohl ruhig behaupten, daß in jedem regelmäßigen Vieleck der Flächeninhalt gleich sein muß der Summe der n Dreiecke, die dieses Polygon in der obenerwähnten Weise zusammensetzen. Da es sich aber dabei offensichtlich um lauter kongruente gleichschenklige Dreiecke handelt, deren Grundlinie die Polygonseiten und deren Schenkel je zwei Radien des Umkreises sind, müssen auch sämtliche Höhen gleich sein. Nennen wir die Polygonseiten s und die Höhen h und die Anzahl der Polygonseiten n, dann ist der Flächeninhalt eines solchen n-Seites oder n-Ecks gleich $\left(\frac{sh}{2} + \frac{sh}{2} + \frac{sh}{2} + \ldots\ldots\right)$ n mal als Summand gesetzt oder kürzer $n \cdot \frac{s \cdot h}{2}$. Da aber n · s nichts anderes ist als der Umfang des Vielecks, den wir u nennen wollen, so ergibt sich die Formel $\frac{u \cdot h}{2}$. Das bedeutet aber wieder nichts anderes, als daß jedes regelmäßige Vieleck inhaltsgleich ist einem Dreieck, dessen Grundlinie gleich ist dem Umfang des Polygons und dessen Höhe der Höhe eines der Dreiecke gleich ist. Oder auch einem Dreieck, das eine Dreieckshöhe zur Grundlinie und den Vielecksumfang zur Höhe hat. In der Geometrie wird vorwiegend die erste dieser beiden Möglichkeiten benutzt. Insbesondere zur Quadratur des Kreises, die wir jetzt besprechen wollen. Vorausgeschickt sei, daß eine konstruktive Quadratur des Kreises mit Zirkel und Lineal trotz aller durch die Jahrtausende stets wieder erneuerten Versuche nicht gelungen ist. Wir werden später Näherungskonstruktionen und eine richtige Quadratur, allerdings mit Hilfe des sogenannten Evolventenzirkels, kennen lernen. Wir sind daher zur Kreisausmessung fast ausschließlich auf rechnerische Methoden angewiesen.

Achtundzwanzigstes Kapitel

Quadratur des Kreises

Stellen wir einmal folgende Betrachtung an: Wir würden die Anzahl der Seiten unseres einbeschriebenen oder umbeschriebenen Polygons stets vermehren. Bis wir endlich aus unendlich vielen unendlich kleinen Seiten ein Polygon gewonnen hätten. Dieses Polygon besteht aber aus „unendlich-schmalen" Dreiecken, die eigentlich nichts mehr sind als Radien. Folglich ist in diesen Dreiecken auch die Höhe mit den Schenkeln gleich, nämlich gleich dem Radius des Um-In-Kreises, die hier beide zusammenfallen. Wenn es mir also gelänge, den Umfang dieses als „unendlich-seitiges Polygon" aufgefaßten Kreises zu gewinnen, dann dürfte ich auch die frühere Inhaltsformel anwenden und behaupten, der Flächeninhalt des Kreises sei gleich der Fläche eines Dreiecks, das den Umfang des Kreises als Gründlinie und den Radius zur Höhe hat. Also $\frac{u \cdot r}{2}$. Der Halbmesser sei uns gegeben, da man ja unter dem Problem der Quadratur des Zirkels (Kreises)

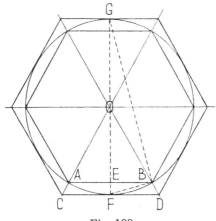

Fig. 109

die Gewinnung der Kreisfläche aus dem Halbmesser versteht. Es kommt also weiter für uns alles darauf an, den Umfang des Kreises zu errechnen, und wir werden uns hiezu einer Methode bedienen, die schon der große Archimedes mit Erfolg angewandt hat. Wir behaupten nämlich, daß man einem Kreis jederzeit ein Vieleck mit gleicher Seitenanzahl sowohl einbeschreiben als umbeschreiben kann. Das einbeschriebene Vieleck wird sodann aus Sehnen, das umbeschriebene aus Tangenten gebildet. Wir zeigen die Wahrheit unserer Behauptung der Einfachheit halber am regelmäßigen Sechseck.

Wir betonen ausdrücklich, daß wir uns weiter nicht darum kümmern, daß wir gerade ein Sechseck vor uns haben. Es könnte auch ein 17-Eck sein oder ein 524-Eck. Wir beachten auch nur die Gleichheit der Schenkel OA und OB und die Tatsache, daß diese Schenkel Radien sind. Aus diesen Stücken wollen wir ganz allgemein berechnen, wie groß, aus Radius und Seite des einbeschriebenen Polygons gewonnen, die Seite des umbeschriebenen Polygons ist. Nennen wir $AB = s$ und $OA = OB = r$, während wir CD als s_1 bezeichnen. Es besteht nach Ähnlichkeitssätzen sicherlich die Proportion $OE : OF = EB : FD$ und daraus auch $OE : OF = AB : CD$, da sich eine Proportion nicht ändert, wenn man eines der beiden sie bildenden Verhältnisse mit der gleichen Zahl (hier 2) multipliziert. Setzen wir nun unsere abgekürzten Bezeichnungen ein und nehmen wir außerdem den Pythagoras zu Hilfe, nach dem $(OE)^2 + (EB)^2 = (OB)^2$ ist, dann ist auch $(OE)^2 + \left(\frac{s}{2}\right)^2 = r^2$ oder $(OE)^2 = r^2 - \left(\frac{s}{2}\right)^2$ und $OE = \sqrt{r^2 - \frac{s^2}{4}}$. Da aber weiters $OF = r$, so können wir unsere Proportion jetzt schreiben

$$\sqrt{r^2 - \frac{s^2}{4}} : r = s : s_1,$$

woraus man für s_1 durch Multiplikation der Innenglieder dividiert durch das verbleibende Außenglied erhält:

$$s_1 = \frac{r \cdot s}{\sqrt{r^2 - \frac{s^2}{4}}}.$$

Wenn wir uns nun die weitere Frage vorlegen, wie man aus der Seite eines einbeschriebenen Vielecks die Seitenlänge des demselben Kreise einbeschriebenen regelmäßigen Polygons von doppelter Seitenanzahl gewinnt, so lösen wir dieses, für unsere Quadratur ebenfalls erhebliche Vorproblem in folgender Art: Wir nennen jetzt in unserer Figur die Seite FB des neuen

Polygons s_2 und ziehen die Hilfslinie B G. Nach dem Satz vom „Winkel im Halbkreis" ist Winkel F B G ein Rechter, da F G der Durchmesser des Kreises ist. Daher gilt die Proportion F G : F B = F B : F E. Da aber F G = $= 2 \cdot r$ und F B $= s_2$ und da nach den früheren Berechnungen O E $= \sqrt{r^2 - \frac{s^2}{4}}$, so erhält man für F E den Ausdruck $r - \sqrt{r^2 - \frac{s^2}{4}}$. Dadurch kann man die Proportion schreiben

$$2r : s_2 = s_2 : \left(r - \sqrt{r^2 - \frac{s^2}{4}} \right),$$

woraus sich s_2 ergibt als

$$s_2 = \sqrt{2r \cdot \left(r - \sqrt{r^2 - \frac{s^2}{4}} \right)} \text{ oder } = \sqrt{2r^2 - 2r \cdot \sqrt{r^2 - \frac{s^2}{4}}}.$$

Wenn man nun etwa vom Sechseck ausgeht und zuerst den Unterschied zwischen dem einbeschriebenen und dem umbeschriebenen Sechseck bezüglich ihrer Umfänge (also $6s_1 - 6s$) feststellt, hierauf nach unserer Hilfsformel den Umfang des einbeschriebenen Zwölfecks, aus diesem wieder den Umfang des umbeschriebenen Zwölfecks berechnet, so daß man nun die Differenz ($12s_3 - 12s_2$) erhält, wobei s_3 die Seite des umbeschriebenen Zwölfecks bedeutet; so leuchtet ein, daß die Länge des Kreisumfanges stets größer sein muß als der Umfang des einbeschriebenen Vielecks und stets kleiner als der Umfang des umbeschriebenen Vielecks. Allerdings wird die Differenz mit wachsender Seitenanzahl der Vielecke abnehmen, da sich die beiden Vielecke stets enger an die Kreisperipherie anschmiegen. Wir haben es also, allerdings in mühevoller Art, in unserer Gewalt, die Berechnung stets weiter und weiter fortzusetzen. Finden wir endlich, daß das Um-Vieleck mit dem In-Vieleck bereits auf so und soviel Dezimalstellen übereinstimmt, dann dürfen wir für diese Anzahl von Dezimalen Um-Vieleck, In-Vieleck und Kreisperipherie für identisch ansehen.

Wir entnehmen nun als Beispiel einer derartigen Berechnung dem von uns wiederholt benützten ausgezeichneten Lehrbuch der Elementarmathematik von Dr. Theodor Wittstein (Hannover 1880) eine lehrreiche Zusammenstellung:

Anzahl der Seiten	Halber Umfang des einbeschriebenen Polygons	Halber Umfang des umbeschriebenen Polygons
6	$r \cdot 3$	$r \cdot 3,464101$
12	$r \cdot 3,105828$	$r \cdot 3,215390$
24	$r \cdot 3,132628$	$r \cdot 3,159660$
48	$r \cdot 3,139350$	$r \cdot 3,146086$
96	$r \cdot 3,141031$	$r \cdot 3,142714$
192	$r \cdot 3,141451$	$r \cdot 3,141874$
384	$r \cdot 3,141566$	$r \cdot 3,141647$
768	$r \cdot 3,141592$	$r \cdot 3,141593$

Man kann in dieser Tabelle Schritt für Schritt die zunehmende Annäherung der beiden Polygone in ihrer Umfangsgröße beobachten. Beim 768-Eck ist ein Unterschied überhaupt nur in der sechsten Dezimalstelle bemerkbar, so daß man, wenn man sich mit fünf Dezimalstellen begnügen will (was in den meisten Fällen ausreicht), die Zahl 3,14159... schon als brauchbare Kreiszahl oder π (kl. griech. Pi) betrachten kann. Dieses π, das gleichsam eine Achse der ganzen Maßgeometrie und der Mathematik überhaupt bildet, heißt auch die Ludolfsche Zahl, nach Ludolf van Ceulen, der im Jahre 1596 diese Zahl mit

$$\pi = 3,14159265358979323846264338327950288...,$$

somit auf 35 Dezimalen berechnete. Ludolf war es, der die eben geschilderte Methode, die von Archimedes stammt, am weitesten fortführte, indem er zur Berechnung ein 1073,741.284-Eck benützte[1]). Heute hat

[1]) Als Lohn für diesen unvorstellbaren Fleiß blieb sein Name bis heute mit der Kreiszahl π verknüpft und noch 1840 konnte man auf seinem Grabstein die Zahl π auf 35 Dezimalen lesen.

man schon 500 und mehr Dezimalstellen, allerdings mit Methoden der höheren Mathematik, festgelegt. Archimedes selbst brach seinerzeit seine Untersuchung beim 96-Eck ab und erklärte, π liege zwischen $3^1/_7$ und $3^{10}/_{71}$, was man aus unserer Tabelle als richtig überprüfen kann. Die alten Griechen hatten übrigens die große Erschwerung bei solchen Rechnungen, daß sie mangels Kenntnis des Dezimalbruchsystems auch Wurzeln usw. viel weniger leicht berechnen konnten als wir. Daher ist die Leistung des Archimedes unbedingt aller Bewunderung und Ehrfurcht wert, um so mehr, als ihm ja noch keine Kontrollmöglichkeit zu Gebote stand. Im siebzehnten nachchristlichen Jahrhundert hat Leibniz durch seine Reihe $\frac{\pi}{4} = 1 - \frac{1}{3} + \frac{1}{5} - \frac{1}{7} + + \frac{1}{9} - \ldots$ es zwar wahrscheinlich gemacht, daß die Zahl π niemals erschöpfend berechnet werden könne, also transzendent sei, wie man sagt. Der volle Beweis der Transzendenz von π stammt jedoch erst von Lindemann aus den Achtzigerjahren des 19. Jahrhunderts.

Nun haben wir endlich das Mittel an der Hand, um durch Verbindung all unserer gewonnenen Kenntnisse die rechnerische Quadratur des Zirkels zu leisten. Wenn nämlich, wie wir in der Tabelle feststellten, der halbe Polygonumfang, der für Um-Polygon, In-Polygon und Kreis identisch wird, die Größe $r \cdot \pi$ erreicht, dann ist wohl der ganze Kreisumfang $2r \cdot \pi$ oder $d \cdot \pi$, wenn man $2r = d$ (Durchmesser) setzt. Wenn aber u (Umfang des Kreises) $= 2r \cdot \pi$, dann ist der Inhalt gemäß unserer Polygon-Dreiecks-Verwandlungsformel, wie wir schon erwähnten, $\frac{u \cdot r}{2}$ und wenn wir für $u = 2r \cdot \pi$ einsetzen $\frac{2r \cdot \pi \cdot r}{2} = r \cdot \pi \cdot r = r^2 \cdot \pi$. Es verhalten sich demnach, da π stets konstant bleibt, zwei Kreisumfänge der Kreise mit den Radien r_1 und r_2 wie $(2r_1 \cdot \pi) : (2r_2 \cdot \pi)$ oder wie $r_1 : r_2$, also wie die Radien. Zwei Kreisflächeninhalte dagegen verhalten sich wie $(r_1^2 \cdot \pi) : (r_2^2 \cdot \pi)$, also wie $a_1^2 : r_2^2$ oder wie die Quadrate ihrer Radien, was man nach Leibniz, wenn man statt der Radien die Durchmesser nimmt und $\left(\frac{d_1}{2}\right)^2 \cdot \pi : \left(\frac{d_2}{2}\right)^2 \cdot \pi = d_1^2 : d_2^2$ schreibt, direkt aus der Anschauung entnehmen kann, da alle Kreise und alle Quadrate einander ähnlich sind.

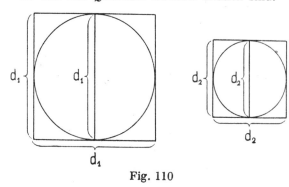

Fig. 110

Nun wollen wir aber, nach Leistung der Kreisquadratur, das Gebiet der Flächenmessung verlassen und uns der Winkelmessung in einer neuen Form, nämlich der Messung der Winkel aus den Seiten und der Seiten aus den Winkeln zuwenden. Wir fügen nur noch der Vollständigkeit halber bei, daß man die Fläche eines Dreiecks auch aus seinen drei Seiten nach der sogenannten Formel des Heron von Alexandria berechnen kann. Da diese Formel, die schon den alten Indern bekannt war, mittels des Pythagoras und mittels Elimination der zuerst als gegeben vorausgesetzten Höhe gewonnen wird, würde uns die Ableitung nichts Neues bringen. Wir lassen sie daher fort und stellen bloß fest, daß a, b, c die drei Seiten eines beliebigen Dreiecks und nach der üblichen Schreibweise s die Hälfte der Seitensumme, also $s = \frac{a+b+c}{2}$ oder $2s = a + b + c$ bedeutet. Der Inhalt des Dreiecks ist sodann

$$I_D = \sqrt{s \cdot (s - a) \cdot (s - b) \cdot (s - c)},$$

womit wir dieses Kapitel endgültig beschließen.

Winkelfunktionen

Wir haben bisher absichtlich über die Beziehungen zwischen den Seiten eines Dreiecks und seinen Winkeln nicht viel gesprochen, da die Lehre von diesen Beziehungen ein geschlossenes Reich der Geometrie, nämlich die sogenannte Trigonometrie, bildet. Unter Trigonometrie versteht man einen Teil der Geometrie, der es sich zur Aufgabe setzt, aus gegebenen Stücken eines Dreiecks nichtgegebene Stücke im Wege der Rechnung entweder in allgemeinen oder konkreten Zahlen zu bestimmen. Vorstufe dieser „Dreieckausmessung" (Tri = = drei, Gonü = Winkel, metron = Maß) ist die sogenannte Goniometrie oder Winkelmessungslehre. Die beiden Wissensgebiete werden aber nicht streng auseinandergehalten und das Wort Trigonometrie wird gewöhnlich für beide gebraucht. Wir werden also auch nicht so strenge scheiden, sondern alle unsere Untersuchungen als „trigonometrische" bezeichnen.

Zuerst ein allgemeiner Dreiecksatz: Wir behaupten, daß von zwei Seiten eines Dreiecks stets die größere Seite dem größeren Winkel und die kleinere Seite dem kleineren Winkel gegenüberliege. Beim rechtwinkligen Dreieck haben wir diese Tatsache schon festgestellt. Denn der größte Winkel in einem solchen Dreieck ist ja stets der rechte Winkel und diesem liegt stets die Hypotenuse, also die größte Seite gegenüber. Wir könnten diesen Spezialfall auch aus dem Winkel im Halbkreis streng beweisen. Denn dem rechten Winkel liegt dort der Durchmesser, also die längstmögliche Sehne gegenüber, während den beiden anderen Winkeln Sehnen gegenüberliegen, die als Nicht-Durchmesser unbedingt kürzer sein müssen. Da wir aber Spezialfall-Beweise nicht gelten lassen, bringen wir den strengen Beweis für den allgemeinen Fall.

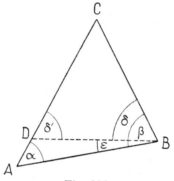

Fig. 111

Zu diesem Zweck tragen wir im Dreieck ABC, in dem $AC > BC$ ist, die Seite BC von C an auf CA ab und erhalten dadurch den Punkt D und damit das gleichschenklige Dreieck BCD, in dem Winkel δ gleich sein muß Winkel δ'. Der Winkel δ ist aber ersichtlich nur ein Teil des Winkels β. Da aber weiters δ' als Außenwinkel des Dreiecks ABD gleich ist dem Winkel α plus dem Winkel ε, so muß, da Winkel $\beta >$ Winkel δ (oder δ') und Winkel $\delta >$ Winkel α, nach dem „Prinzip der Transitivität" natürlich auch $\sphericalangle \beta > \sphericalangle \alpha$, was zu beweisen war. Durch Wiederholung dieses Schlusses für andere Seitenpaare kommen wir dazu, die Behauptung aufzustellen, daß sich in Bezug auf Größer- und Kleinersein die drei Seiten eines Dreiecks entsprechend den Winkeln verhalten: Der größten Seite liegt der größte, der kleinsten Seite der kleinste und der „mittelgroßen" Seite der „mittelgroße" Winkel gegenüber. Nun ist diese Beziehung vorläufig noch keine Maßbeziehung. Denn beim „Pythagoras" etwa liegt dem rechten Winkel nicht eine Seite gegenüber, die entsprechend der übrigbleibenden

Winkelsumme von 90 Graden ebenfalls die Summe der anderen Seiten wäre. Sondern ihr Quadrat ist die Summe der Quadrate der beiden anderen Seiten. Die rein lineare Beziehung wäre auch gar nicht möglich, da ja aus $c = a + b$ kein Dreieck, sondern eine Gerade entstehen würde. Allerdings sind zwar nicht die beiden kürzeren Seiten gleich der dritten, sondern ihre Projektionen. Die kürzeren Seiten müssen gleichsam perspektivisch verlängert werden, um ein Dreieck zu bilden.

Wir werden uns nun bei einem beliebigen Winkel ansehen, wie sich seine Projektion zur Dreieckseite verhält, wenn er gleichsam aus der Projektion herausgedreht wird. Und zwar fällen wir, den Gesetzen orthogonaler (rechtwinkliger) Projektion folgend, stets vom Endpunkte des sich drehenden Winkelschenkels ein Lot auf die ruhende Basislinie. Dabei wählen wir als „Drehsinn" wieder die verkehrte Drehungsrichtung des normalen Uhrzeigers.

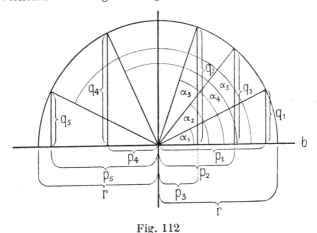

Fig. 112

Der Winkel α_1 hat die Projektion p_1 und das Lot q_1, der Winkel α_2 die Projektion p_2 und das Lot q_2 usw. Liegt der bewegliche Schenkel, den wir r nennen wollen, in der Basis b, dann ist der Winkel $\alpha_0 = 0$ Grade, die Projektion $p_0 = r$ und das Lot $q_0 = 0$. Ebenso würden bei 180 Graden Drehung das Lot verschwinden und die Projektion gleich r werden. Bei 90 Graden verschwindet die Projektion und das Lot wird gleich r.

Wir sehen also, daß für jede Größe des Winkels sich die Beziehungen zwischen q, r und p irgendwie ändern müssen. Wenn etwa das Lot wächst, verkleinert sich bei konstantem r die Projektion und umgekehrt. Es liegt somit nahe, jedem Winkel zur Bestimmung oder Festlegung seiner Größe Verhältnisse von Dreieckseiten zuzuordnen, da, wie man in der Mathematik sagt, dieses Seitenverhältnis eine „Funktion" des Winkels oder der Winkel eine „Funktion" des Seitenverhältnisses ist. Nähere Ausführungen über den Begriff der Funktion müssen wir uns an dieser Stelle versagen. Wir verweisen hiezu auf unser Buch „Vom Einmaleins zum Integral" und erläutern nur kurz, daß man unter Funktion eine Beziehung versteht, bei der sich durch willkürliche Änderung der einen Größe eine andere Größe zwangsläufig ändert. Und zwar nach einem bestimmten Gesetz, das für den ganzen „Bereich" der Funktion dasselbe ist. Wir sehen aus unserer Zeichnung sofort solche Gesetzmäßigkeiten. Etwa wird im Bereiche 0 bis 90 Grade bei willkürlicher Vergrößerung des Winkels das Lot stets zwangsläufig größer und die Projektion kleiner, während der „Vektor", das heißt der wandernde Schenkel, gleich bleibt.

Wir haben es aber weiters in der Hand, für jeden Winkel aus den drei Seiten des zugeordneten Dreiecks (mit den Seiten: Projektion, Lot und Vektor) sechs Verhältnisse zu bilden, da aus drei „Elementen" nach den Lehren der Kombinatorik sechs Variationsamben möglich sind. Zur Aufstellung dieser Verhältnisse, die auch Winkelfunktionen, goniometrische Funktionen, trigonometrische Funktionen oder trigonometrische Zahlen genannt werden, verlassen wir die Ausdruckweise Projektion, Vektor und Lot und sprechen lieber von Hypotenuse (Vektor), Gegenkathete (Lot) und Ankathete (Projektion). Wir bezeichnen als

Sinus $a = \sin a = q : r$ (Gegenkath. zur Hyp.)
Cosinus $a = \cos a = p : r$ (Ankath. zur Hyp.)
Tangens $a = \operatorname{tg} a = q : p$ (Gegenkath. zur Ankath.)
Cotangens $a = \cot a = p : q$ (Ankath. zur Gegenkath.)
Secans $a = \sec a = r : p$ (Hyp. zur Ankath.)
Cosecans $a = \operatorname{cosec} a = r : q$ (Hyp. zur Gegenkath.)[1])

In der Praxis werden kaum je andere als die vier ersten Funktionen benützt. Und wir beschränken uns auch im Folgenden auf diese vier Funktionen. Nun ersieht man schon aus unserer Zeichnung, daß bei Drehung des Winkels a über 90 Grade hinaus, stets wieder gleiche Beziehungen periodisch wiederkehren müssen. Man nennt diese Erscheinung das „Verhalten der Winkelfunktionen in den verschiedenen Quadranten", worunter man die Bereiche 0° bis 90°, 90° bis 180°, 180° bis 270° und 270° bis 360° versteht. Würde sich der Winkel noch weiter, das heißt über 360° öffnen, so überdeckt er sich und es ist dasselbe, wie wenn ich die 360° überhaupt fortlasse. Jede Funktion von $(a + 360)°$ ist also gleich der Funktion von a Graden. Wenn wir weiter festsetzen, daß die Projektionen vom Scheitel nach rechts positiv und die Lote nach oben positiv genommen werden sollen, während Projektionen nach links und Lote nach unten als negativ gelten; und wenn man schließlich den Vektor als vorzeichenlos (oder stets als positiv) betrachtet, dann gelangen wir zu folgender höchst wichtigen Beziehungstabelle, mittels derer wir schon ein riesenhaftes Gebiet goniometrischer Funktionen beherrschen (s. S. 272).
Die in der Tabelle aufgezählten Gleichheiten gewinnt man aus Dreieckskongruenzen und zwar auf Grund des WSW-Satzes oder des WWS-Satzes, die ja beide im rechtwinkligen Dreieck dasselbe bedeuten. Die kon-

---

[1]) „Hyp." bedeutet Hypotenuse, „Ankath." die dem Winkel a anliegende, „Gegenkath." die dem Winkel a gegenüberliegende Kathete.

$\sin (90 - a) = \cos a$	$\sin (90 + a) = \cos a$
$\cos (90 - a) = \sin a$	$\cos (90 + a) = -\sin a$
$\operatorname{tg} (90 - a) = \cot a$	$\operatorname{tg} (90 + a) = -\cot a$
$\cot (90 - a) = \operatorname{tg} a$	$\cot (90 + a) = -\operatorname{tg} a$
$\sin (180 - a) = \sin a$	$\sin (180 + a) = -\sin a$
$\cos (180 - a) = -\cos a$	$\cos (180 + a) = -\cos a$
$\operatorname{tg} (180 - a) = -\operatorname{tg} a$	$\operatorname{tg} (180 + a) = \operatorname{tg} a$
$\cot (180 - a) = -\cot a$	$\cot (180 + a) = \cot a$
$\sin (270 - a) = -\cos a$	$\sin (270 + a) = -\cos a$
$\cos (270 - a) = -\sin a$	$\cos (270 + a) = \sin a$
$\operatorname{tg} (270 - a) = \cot a$	$\operatorname{tg} (270 + a) = -\cot a$
$\cot (270 - a) = \operatorname{tg} a$	$\cot (270 + a) = -\operatorname{tg} a$
$\sin (360 - a) = -\sin a$	$\sin (360 + a) = \sin a$
$\cos (360 - a) = \cos a$	$\cos (360 + a) = \cos a$
$\operatorname{tg} (360 - a) = -\operatorname{tg} a$	$\operatorname{tg} (360 + a) = \operatorname{tg} a$
$\cot (360 - a) = -\cot a$	$\cot (360 + a) = \cot a$

gruente Seite ist der Vektor. So muß z. B. ein rechtwinkliges Dreieck, dessen einer Winkel a ist, als anderen
spitzen Winkel $(90° - a)$ haben. Wenn ich also nach einer
Funktion für $(90° - a)$ frage, habe ich sofort wieder ein
Dreieck vor mir, das als zweiten spitzen Winkel a hat.
Wenn in beiden aber noch die Hypotenuse (Vektor)
gleich ist, dann sind sie unbedingt einander kongruent
und nur lagemäßig gegeneinander versetzt, so daß aus
dem Lot die Projektion und aus der Projektion das Lot
wird. Dadurch aber verwandelt sich etwa der Sinus in
den Cosinus usw.

Um in diese ganzen Beziehungen, die weniger schwierig als vielfältig sind, näheren Einblick zu gewinnen,
möge der Leser versuchen, einige der Beziehungen in
unserer Tabelle selbst abzuleiten, wobei stets auf das
Vorzeichen zu achten ist, das Lot und Projektion haben.

Wären beide negativ, dann ist die Winkelfunktion natürlich positiv, da sie nichts ist als ein Bruch oder Quotient.

Nun wissen wir zwar schon allerlei, sind aber im Grunde nicht viel weiter als zu Beginn. Denn wir würden uns, um wirklich rechnen zu können, eine Tafel wünschen, die uns für jeden beliebigen Winkel sofort d e n W e r t der Winkelfunktionen bietet. Nun, es gibt solche Tafeln, nur enthalten sie nicht unmittelbar den Wert der Winkelfunktionen, sondern deren Logarithmen. Und zwar kann man aus solchen Tafeln, sogenannten logarithmisch-trigonometrischen Tafeln, die Logarithmen der Winkelfunktionen bis auf Winkelsekunden genau entnehmen. Natürlich kann man nun zu den Logarithmen jeweils den „Numerus" suchen und hat damit den Wert der Winkelfunktion selbst. Wir können allerdings leider diese arithmetischen Einzelheiten hier nicht besprechen, sondern müssen auf die Erläuterungen in guten Logarithmenbüchern bzw. auf Lehrbücher verweisen, in denen Wesen und Gebrauch der Logarithmen vorgetragen wird[1]).

Damit wir aber einen Begriff davon erhalten, wie man einen Winkel zahlenmäßig gleichsam in eine Strecke oder in die „wirkliche Länge" des Winkels verwandelt, machen wir einen sehr fruchtbaren Kunstgriff, der uns zugleich noch eine ganze Reihe neuer Beziehungen zwischen den Winkelfunktionen mit Hilfe des „Pythagoras" erschließen wird. Es ist das der Kunstgriff des sogenannten „Einheitskreises". Da wir nämlich nirgends bisher verlangt haben, daß die einzelnen Strecken (Lot, Projektion, Vektor) eine bestimmte Größe oder Länge haben müßten, dürfen sie natürlich auch die Länge 1 (eins) besitzen. Nun sind die Winkelfunktionen Brüche. Und es wird für uns daher von besonderem Vorteil sein, die Division zu vermeiden. Dies geschieht aber dann,

----

[1]) In manchen Logarithmen-Tafeln sind auch die „Numeruswerte" oder „wirklichen Längen" der Winkelfunktionen enthalten, allerdings gewöhnlich nicht so ausführlich wie ihre Logarithmen.

wenn der Bruchnenner stets 1 ist. Wir werden also unsere Funktionen, die wir festgelegt haben, so in den „Einheitskreis" einbauen, daß der Nenner als die Eins erscheint. Also werden wir beim Sinus den Vektor, beim Cosinus ebenfalls den Vektor, beim Tangens die Projektion und beim Cotangens das Lot als eins bezeichnen. Dann ergibt sich

$$\sin = q \;\; : r \;\; = q \;\; : 1 = q$$
$$\cos = p \;\; : r \;\; = p \;\; : 1 = p$$
$$\mathrm{tg} = q_1 : p_1 = q_1 : 1 = q_1$$
$$\cot = p_2 : q_2 = p_2 : 1 = p_2.$$

Nun scheint es auf den ersten Blick, als ob die „wirkliche Länge" des Sinus mit der des Tangens und die des Cosinus mit der des Cotangens identisch wäre. Dies ist aber nicht so. Denn wenn die Eins in allen vier Fällen das Gleiche bedeuten soll, dann kann nicht $r = p = q$ sein. Die p und q bei Tangens und Cotangens sind als Katheten natürlich andere Größen als bei Sinus und Cosinus, das heißt, sie gehören einem anderen rechtwinkligen Dreieck an, das dem ersten zwar ähnlich, nicht aber mit ihm kongruent ist. Denn das erste Dreieck hat die Hypotenuse $r = 1$, während das andere beim Tangens die Hypotenuse $r_1 = \sqrt{q_1^2 + 1}$ oder $\sqrt{q_1^2 + r^2}$ hat. Wir werden diese Verhältnisse nunmehr der besseren Übersicht halber zeichnerisch festlegen, wobei wir aus den

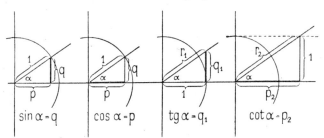

Fig. 113

entstehenden rechtwinkligen Dreiecken sofort nach dem pythagoräischen Lehrsatz das Material zur Anlegung einer neuen Tabelle gewinnen werden.

Wenn wir nun unsere Dreiecke gesondert zeichnen und die Seiten sogleich mit den „wirklichen Längen" der Winkelfunktionen, bzw. mit 1 oder einem aus dem Lehrsatz des Pythagoras gewonnenen Wert beschreiben, dann wird es uns möglich, jede Winkelfunktion durch eine beliebige andere auszudrücken. Den Lehrsatz des Pythagoras darf ich aber deshalb ruhig anwenden, weil ich ja nur mehr „wirkliche Längen", also Strecken (oder Winkel, im Streckenmaß ausgedrückt) vor mir habe, sonach alle Sätze über Streckenverhältnisse benützen kann.

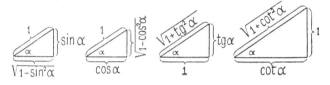

Fig. 114

Aus den vorstehenden Dreiecken kann man jede Funktion durch jede andere ersetzen, indem man einfach das betreffende Seitenverhältnis von einem der Dreiecke mit den danebenstehenden Werten abliest. Es gilt demnach die Tabelle auf S. 276.

In ähnlicher Art könnte man noch andere goniometrische Beziehungen finden, etwa den Satz, daß $\sin^2\alpha + \cos^2\alpha = 1$, was man aus einer Verschmelzung der beiden ersten Dreiecke mit Hilfe des „Pythagoras" errechnen kann. Aus eben dieser verschmolzenen Figur könnte man weiter ablesen, daß Sinus durch Cosinus stets der Tangens desselben Winkels und Cosinus durch Sinus stets sein Cotangens ist. Dies könnte ich nebenbei auch dadurch aus der Tabelle berechnen, daß ich einfach $\sin\alpha$ und $\cos\alpha$ durch $\operatorname{tg}\alpha$ ausdrücke und durcheinander dividiere usw. Unsere bisherigen Kenntnisse

$\sin a = \sqrt{1 - \cos^2 a}$ $= \dfrac{\text{tg}\, a}{\sqrt{1 + \text{tg}^2 a}}$ $= \dfrac{1}{\sqrt{1 + \cot^2 a}}$	$\cos a = \sqrt{1 - \sin^2 a}$ $= \dfrac{1}{\sqrt{1 + \text{tg}^2 a}}$ $= \dfrac{\cot a}{\sqrt{1 + \cot^2 a}}$
$\text{tg}\, a = \dfrac{\sin a}{\sqrt{1 - \sin^2 a}}$ $= \dfrac{\sqrt{1 - \cos^2 a}}{\cos a}$ $= \dfrac{1}{\cot a}$	$\cot a = \dfrac{\sqrt{1 - \sin^2 a}}{\sin a}$ $= \dfrac{\cos a}{\sqrt{1 - \cos^2 a}}$ $= \dfrac{1}{\text{tg}\, a}$

geben uns bei richtiger Anwendung schon eine unübersehbare Fülle von Material an die Hand.

Wir wollen noch nachtragen, wie man negative Winkel behandelt. Dazu dient uns unsere erste große Tabelle. Da nämlich Winkel, die um eine volle Umdrehung voneinander verschieden sind, gleiche Winkelfunktionen haben müssen, so ist etwa $\sin(-a) = \sin(360-a)$ usw., welch letzteres wir dort angegeben finden. Sin $(-a)$ ist also gleich $\sin(360-a) = -\sin a$ usw.

Der Anschaulichkeit halber wollen wir einige „wirkliche Längen" von Winkeln bringen. Und zwar Werte für alle vier Funktionen.

	Sinus	Cosinus	Tangens	Cotangens
$a = \ 0°$	0	1,00000	0	$+\infty$
$a = 10°$	0,17365	0,98481	0,17633	5,67128
$a = 30°$	0,50000	0,86603	0,57735	1,73205
$a = 45°$	0,70711	0,70711	1,00000	1,00000
$a = 57°$	0,83867	0,54464	1,53987	0,64941
$a = 60°$	0,86603	0,50000	1,73205	0,57735
$a = 79°$	0,98163	0,19081	5,14455	0,19438
$a = 90°$	1,00000	0	$+\infty$	0

Dreißigstes Kapitel

Ebene Trigonometrie des rechtwinkligen Dreiecks

Aus unserer letzten Hilfstafel könnte man bei näherem Studium allerlei entnehmen. Vor allem die Symmetrie, die zwischen Sinus und Cosinus einerseits und Tangens und Cotangens anderseits herrscht. Natürlich hätten wir diese Symmetrie schon aus unseren Zeichnungen ersehen können. Ebenso ist es rein planimetrisch möglich, eine Reihe von Winkelfunktionen (etwa für 30°, 45°, 60° usw.) verhältnismäßig einfach festzustellen. Wir wollen jedoch nicht näher auf die an sich sehr interessante Berechnungsweise der „wirklichen Längen" eingehen, sondern wollen aus unserem Wissen die erste Nutzanwendung ziehen, nämlich die Berechnung einzelner Stücke rechtwinkliger Dreiecke mit Hilfe anderer gegebener Stücke, die Winkel und Seiten sind. Dazu dienen uns die sogenannten trigonometrischen Fundamentalsätze über das rechtwinklige Dreieck.

1. Da $\sin \alpha$ in einem rechtwinkligen Dreieck mit den Seiten a, b und c gleich ist $\frac{a}{c}$, so ist $a = c \cdot \sin \alpha$, weiters $b = c \cdot \sin \beta$, da $\sin \beta$ wieder $\frac{b}{c}$ sein muß[1]).

2. Da $\cos \alpha = \frac{b}{c}$, so ist $b = c \cdot \cos \alpha$, oder da $\cos \beta = \frac{a}{c}$, so ist $a = c \cdot \cos \beta$.

3. Da $\operatorname{tg} \alpha = \frac{a}{b}$, so ist $a = b \cdot \operatorname{tg} \alpha$. Da aber auch $\operatorname{tg} \beta = \frac{b}{a}$, so ist $b = a \cdot \operatorname{tg} \beta$.

4. $a^2 + b^2 = c^2$ (Lehrsatz des Pythagoras).

---

[1]) Winkel α ist stets der der Seite a gegenüberliegende Winkel, β der der Seite b gegenüberliegende Winkel usw.

Es kann nicht mehr als vorstehende vier Fundamentalgleichungen über das rechtwinklige Dreieck geben. Mit ihrer Hilfe können wir jede sinnvolle Aufgabe trigonometrischer Art über das rechtwinklige Dreieck auflösen. Sinnvoll aber ist solch eine Aufgabe nur dann, wenn mindestens zwei Stücke des Dreiecks (darunter eine Seite) gegeben sind. Eines dieser Stücke muß übrigens ein spitzer Winkel sein.

Es ist nun klar, daß wir mit unseren Kenntnissen jetzt nicht nur das rechtwinklige Dreieck, sondern alle Figuren geradliniger Art beherrschen, die sich in rechtwinklige Dreiecke zerlegen lassen. Vorausgesetzt, daß in jedem dieser Zerlegungsdreiecke je zwei entsprechende Bestimmungsstücke gegeben sind. Wir beherrschen also gleichseitige, gleichschenklige und unter Umständen auch ungleichseitige Dreiecke, wenn die Höhe gegeben ist. Dann Rechtecke und Quadrate mit ihren Diagonalen. Alle regelmäßigen Vielecke, die ja durch Teildreieckshöhen in unserem Sinne zerlegbar sind. Rhomben und Deltoide usw. Natürlich sind wir jetzt auch imstande, eine große Anzahl praktischer Aufgaben rechnerisch zu lösen. Wenn wir etwa an unserem Entfernungsmesser mit einem sogenannten Transporteur[1]) den Winkel zwischen Visierstange und Meßstange abgemessen hätten, den wir ja bereits, ohne seine Größe zu untersuchen, einfach den Winkel α nannten, dann hätten wir auch trigonometrisch die Entfernung der Leuchtboje errechnen können. Die Standortshöhe h durch die Entfernung e ist ja der Tangens des Winkels α. Also $\frac{h}{e} = \mathrm{tg}\,\alpha$ oder $h = e \cdot \mathrm{tg}\,\alpha$ oder $e = \frac{h}{\mathrm{tg}\,\alpha}$. Da in den Tafelwerken nur die Logarithmen der Winkelfunktionen angegeben sind, hätten wir anzusetzen, wenn etwa der Winkel α gleich 7½ Graden wäre: $\log e = \log h - \log \mathrm{tg}\,\alpha$. Da aber $\alpha = 7\frac{1}{2}°$ und h = 37,49 Meter, so schreiben wir unter

---

[1]) Der bekannte, in jeder Papierhandlung erhältliche, in 180 Grade eingeteilte Halbkreis.

Benützung der besonders übersichtlichen Logarithmen-
tafel von Dr. Adolf Greve (Verlag Velhagen & Klasing):
log e = 1,57392 — (9,11943 — 10) = 2,45449. Somit ist
e = 284,77 Meter.

Noch ein Beispiel für viele andere. Es wäre gefragt,
wie groß in einem regelmäßigen n-Eck, dessen Seite a
gegeben ist, der Radius des einbeschriebenen und des
umbeschriebenen Kreises ist. Weiters wollen wir noch
wissen, wie groß die Seite des regelmäßigen Polygons
ausfällt, das dem umbeschriebenen Kreis umbeschrieben ist.

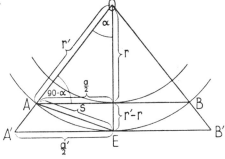

Fig. 115

Es ist dabei unser Ehrgeiz, womöglich nicht rekursiv
zu rechnen, das heißt, wir werden nicht ein Stück
berechnen und dann mit Hilfe dieses Stücks wieder
ein anderes. Sondern wir müssen jedes der drei gefragten Stücke, wenn es geht, unmittelbar aus $\frac{a}{2}$ gewinnen. Nun haben wir neben $\frac{a}{2}$ noch etwas Zweites
stillschweigend mitgegeben. Sonst kämen wir überhaupt nicht weiter. Nämlich den Winkel α. Dieser
Winkel α wird durch die Eigenschaft unseres Polygons als
regelmäßiges n-Eck bestimmt. Da nämlich O der gemeinsame Mittelpunkt des In-Kreises und des Um-Kreises
ist, wird dort der volle Winkel von 360 Graden in n Teile
zerlegt, wenn ich alle bezügl. Umkreisradien r' ziehe. Der

Winkel α ist aber wieder die Hälfte dieses Winkels $\frac{360}{n}$, also $\alpha = \frac{360}{2n} = \frac{180}{n}$, da der In-Kreis-Radius die Höhe, also auch die Winkelsymmetrale des gleichschenkligen Dreiecks AOB ist. Nun ist $\sin\alpha = \frac{a}{2} : r'$ und $\operatorname{tg}\alpha = \frac{a}{2} : r$. Folglich kann ich sofort die gefragten Stücke r' und r erhalten. Es ist $\sin\alpha = \sin\frac{180}{n} = \frac{a}{2r'}$, somit $2r' \cdot \sin\frac{180}{n} = a$ oder $r' = \frac{a}{2\cdot\sin\frac{180}{n}}$ und da $\operatorname{tg}\frac{180}{n} = \frac{a}{2r}$, so ist $2r \cdot \operatorname{tg}\frac{180}{n} = a$ und $r = \frac{a}{2\cdot\operatorname{tg}\frac{180}{n}}$. Wir hätten also, um unsere Aufgabe voll zu lösen, nur noch $\frac{a'}{2}$ zu berechnen. Die Hilfslinie s nützt uns dazu nichts, da wir das unregelmäßige Dreieck, dessen Seiten s und $\frac{a'}{2}$ wären, noch nicht auswerten können, obgleich uns darin die Winkel zugänglich wären. Wir ziehen also das ganze Dreieck $OA'E$ in Betracht, in dem $\frac{a'}{2}$ eine Kathete und α ein Winkel ist. Nun kennen wir aber leider bloß α und $\frac{a}{2}$, müssen also zuerst noch eine Seite aus $\frac{a}{2}$ berechnen. Wir brauchen dies nicht mehr abgesondert zu tun, da OE ja gleich r' ist, was wir als $\frac{a}{2\cdot\sin\frac{180}{n}}$ oder $\frac{a}{2} \cdot \sin\frac{180}{n}$ festgestellt haben.

Nun ist aber weiter $\frac{a'}{2} : r' = \operatorname{tg}\alpha = \operatorname{tg}\frac{180}{n}$, also $\frac{a'}{2} = r' \cdot \operatorname{tg}\frac{180}{n}$. Daraus ergibt sich $a' = 2r' \cdot \operatorname{tg}\frac{180}{n}$. Wenn wir nun für r' seinen Wert $\frac{a}{2} \cdot \sin\frac{180}{n}$ einsetzen, so erhalten wir $a' = 2 \cdot \frac{a}{2} \cdot \sin\frac{180}{n} \cdot \operatorname{tg}\frac{180}{n} = a \cdot \sin\frac{180}{n} \cdot \operatorname{tg}\frac{180}{n}$. Wir hätten bei unserer ganzen Aufgabe auch mit dem Winkel $(90 - \alpha)$ rechnen können und dadurch andere Funktionen erhalten. So wäre etwa $r : \frac{a}{2} = \operatorname{tg}(90 - \alpha)$ gewesen, wodurch sich nach unserer Tabelle ergeben hätte: $r = \frac{a}{2} \cdot \operatorname{tg}(90-\alpha) = \frac{a}{2} \cdot \cot\frac{180}{n}$. Nun erhalten wir aber sofort wieder unsere erste Formel, wenn wir aus der zweiten Tabelle $\cot\alpha = \frac{1}{\operatorname{tg}\alpha}$ ablesen.

Dann wird eben $\frac{a}{2} \cdot \cot \frac{180}{n}$ zu $\frac{a}{2} \cdot \frac{1}{\operatorname{tg} \frac{180}{n}}$, was nichts

anderes ist als $\frac{a}{2 \cdot \operatorname{tg} \frac{180}{n}} = r$, wie wir es zuerst erhielten.

Wir müssen es uns leider versagen, die Anzahl unserer Beispiele zu vermehren. Wir haben nur noch plötzlich Lust bekommen, aus Seiten einen Winkel zu berechnen. Und wir fragen uns deshalb, unter welchem Winkel seinerzeit auf der Terrasse wohl die Leuchtboje anvisiert wurde. Wir kennen beide Katheten des rechtwinkligen Dreiecks, das damals praktisch zustande kam. Nämlich h = 37,49 m und e = 464,88 Meter. Katheten können zur Bildung des Tangens und Cotangens verwendet werden. Wir untersuchen einmal zur Abwechslung den Cotangens a. Also $\cot a$ = e : h =464,88 : 37,49. Da wir schon wissen, daß wir logarithmieren müssen, so schreiben wir gleich log cot a = log 464,88 — log 37,49. Das ist aber log cot a = 2,66734 — 1,57392 = 1,09342. Da aber die Logarithmen der Winkelfunktionen nicht in dieser Art angegeben werden, müssen wir in der Tafel bei 11,09342 — 10 suchen, da sie stets als log x + 10 — 10 angeschrieben sind. Dabei ist das (—10) in den Tafeln fortgelassen. (Zweck dieses Gebrauches ist der, jeden Logarithmus ohne die Kennziffer (—1), (—2) usw. hinstellen zu können. Denn wäre etwa cos a = $\frac{1}{2}$ = 0,5, dann wäre der Logarithmus 0,69897 — 1, wofür in der trigonometrischen Tafel 10,69897 — 1 — 10, also 9,69897 — 10 oder einfach 9,69897 steht.) Wir finden unseren Wert zwischen 4° 36′ und 4° 37′, womit wir uns begnügen, da ja unsere ganze Messung sehr ungenau war. Der Winkel a war also etwa $4\frac{1}{2}$ Grade. Genau hätten wir 4° 36′ 38″ erhalten.

Ebene Trigonometrie des schiefwinkligen Dreiecks

Da wir uns nun schon so unbefangen in der Trigonometrie umhertummeln, wollen wir noch einen flüchtigen Blick auf die Geschichte dieses Zweiges unserer Wissenschaft werfen. Die Trigonometrie ist sehr alt, da sie stets einen wichtigen Behelf der Astronomie darstellte. Schon die alten Ägypter, Inder, Babylonier und Assyrer besaßen mehr oder weniger ausgebildete Methoden der Trigonometrie. Bei den Griechen wird Hipparchos von Nicäa (etwa 160—125 v. Chr. Geb.) als Erfinder der Trigonometrie genannt. Doch erst das Werk des Astronomen Ptolemäus von Alexandria (etwa 125—140 n. Chr. Geb.), dessen nach ihm benanntes „Ptolemäisches Weltsystem" bis zu Kopernikus und Galilei in allgemeiner Geltung stand — also erst die „Megále Syntaxis" oder der „Almagest" verbreitete trigonometrische Kenntnisse in der ganzen gebildeten Welt. Almagest nannten die Araber das von ihnen übersetzte Hauptwerk des Ptolemäus. Die Übersetzung erfolgte im Jahre 827 nach Chr. Geb. Es berührt heute merkwürdig, daß bei einem zwischen dem siegreichen Kalifat von Bagdad und dem byzantinischen Kaisertum abgeschlossenen Friedensvertrag eine der Hauptfriedensbedingungen die Auslieferung eines Exemplars der „Megále Syntaxis" an die Kalifen bildete. Unter Friedrich II., dem Hohenstaufen, wurde der Almagest in das Lateinische zurückübersetzt und war dann bis auf Kopernikus und Kepler eine Hauptquelle der Trigonometrie, die sich von dieser Zeit an im Abendlande in zunehmender Verfeinerung fortzuentwickeln begann. Heute — das kann ruhig behauptet werden — ist die Trigonometrie ein Gebiet der Mathematik, das so gut wie abgeschlossen vor uns liegt und in dem kaum irgendeine Überraschung mehr zu erwarten ist. Mit unseren modernen Theodoliten, Sextanten, Meridionalen, und wie alle die Winkelmeßinstrumente heißen mögen, beherrschen wir in unwahrscheinlicher Meßgenauigkeit die Winkel des Himmels und der Erde. Und es soll verraten werden, daß bei der Messung astronomischer Winkel einige hundert Fehlerquellen bei jeder Messung berücksichtigt und so viel als möglich ausgemerzt werden.

Wir wollen aber hübsch bescheiden bleiben und uns nicht in Bereiche verirren, die mehrjährige Studien zu ihrer vollen Erforschung benötigen. Wir werden schon sehr zufrieden sein müssen, wenn wir endlich Aufschluß über die allgemeinen trigonometrischen Gesetze erhalten, die im unregelmäßigen Dreieck herrschen. Denn stets werden wir ja doch nicht bloß auf rechtwinklige Dreiecke angewiesen bleiben wollen. Trotzdem werden wir ihnen nicht entgehen. Denn wir müssen alle Sätze der Trigonometrie auch im unregelmäßigen Dreieck aus den Erkenntnissen im rechtwinkligen ableiten. Wir müssen es nur schlau anstellen und es zu erreichen suchen, daß die rechtwinkligen Dreiecke im geeigneten Augenblick wie überflüssige Gerüste spurlos verschwinden.

Auch bei den unregelmäßigen Dreiecken gibt es eine begrenzte Anzahl von Fundamentalgleichungen, die den Kongruenzsätzen entsprechen. Im unregelmäßigen Dreieck müssen auch stets drei Bestimmungsstücke bekannt sein, damit wir die anderen daraus berechnen können. Entspricht der trigonometrische Auflösungsfall dem WSW-, SWW- oder SsW-Satz, so muß man eine Gleichung bilden, in der zwei Seiten und die Funktionen zweier Winkel erscheinen. Drei dieser Stücke sind gegeben, eines davon kann nach den Regeln der Gleichungen gesucht sein.

Unserem geforderten Zweck entspricht der sogenannte Sinussatz, der behauptet, daß sich in jedem Dreieck, sehe es wie immer aus, die Seiten so verhalten, wie die Sinus der diesen Seiten gegenüberliegenden Winkel. Also

$$a : b : c = \sin \alpha : \sin \beta : \sin \gamma.$$

Daraus lassen sich natürlich die Teilproportionen bilden:

$$a : b = \sin \alpha : \sin \beta; \; a : c = \sin \alpha : \sin \gamma;$$
$$b : c = \sin \beta : \sin \gamma,$$

aus deren jeder bei drei gegebenen Stücken das vierte errechnet werden kann.

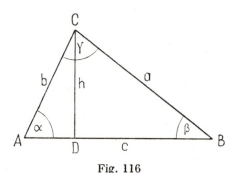

Fig. 116

Zum Beweis ziehen wir die Höhe CD. Da $h : a = \sin \beta$, so ist $h = a \cdot \sin \beta$. Die Höhe h gehört aber auch dem Dreieck ACD an. Folglich ist auch $h : b = \sin \alpha$ und $h = b \cdot \sin \alpha$. Daher ist weiter $a \cdot \sin \beta = b \cdot \sin \alpha$ oder $a : b = \sin \alpha : \sin \beta$. Ebenso erhält man durch Ziehen der zwei anderen Höhen $a : c = \sin \alpha : \sin \gamma$ und $b : c = \sin \beta : \sin \gamma$. Daher ist weiter $\frac{a}{\sin \alpha} = \frac{b}{\sin \beta}$, $\frac{b}{\sin \beta} = \frac{c}{\sin \gamma}$ und $\frac{a}{\sin \alpha} = \frac{c}{\sin \gamma}$, also $\frac{a}{\sin \alpha} = \frac{b}{\sin \beta} = \frac{c}{\sin \gamma}$, womit die Proportion $a : b : c = \sin \alpha : \sin \beta : \sin \gamma$ als richtig erwiesen ist. Diese somit im ganzen Dreieck konstante Größe des Quotienten der Seite durch den Sinus des Gegenwinkels heißt auch die „Konstante des Dreiecks" und sie ist, wie man leicht beweisen kann, stets gleich dem Durchmesser des dem Dreieck umbeschriebenen Kreises. Dadurch werden naturgemäß eine Reihe weiterer Beziehungen gewonnen.

Wenn wir nun den zweiten trigonometrischen Auflösungsfall suchen, der dem SWS-Satz entspricht, so ist es klar, daß man durch den gegebenen Winkel die halbe Summe der beiden anderen Winkel kennt. Diese muß nämlich etwa bei gegebenem α gleich sein $\frac{\beta+\gamma}{2} = \frac{180-\alpha}{2}$. Wenn man dazu noch die halbe Differenz dieser beiden Winkel, also $\frac{\beta-\gamma}{2}$ ermitteln könnte, so ließen sich dadurch (aus zwei Gleichungen mit zwei Unbekannten) sofort die beiden Winkel β und γ und damit die dritte Seite berechnen. Diesem Zwecke dient der Tangenssatz, der lautet: Die Summe zweier Winkel eines Dreiecks verhält sich zu ihrer Differenz, wie der Tangens der halben Summe der gegenüberliegenden Winkel zum Tangens der halben Differenz dieser Winkel.

Der Beweis dieses Satzes ergibt sich rein rechnerisch aus dem Sinussatz. Da nämlich a : b = sin α : sin β, so muß nach allgemeinen Regeln der Proportionen auch die Proportion richtig sein: (a + b) : (a — b) = = (sin α + sin β) : (sin α — sin β). Nun ist nach den Lehren der Goniometrie das Verhältnis der Summe der Sinus zweier Winkel zur Differenz der Sinus dieser beiden Winkel gleich dem Tangens aus der halben Summe dieser Winkel zum Tangens von deren halber Differenz, wenn man entsprechende Umformungen vornimmt. Also finden wir als zweite Fundamentalgleichung:

$$(a + b) : (a - b) = \operatorname{tg} \frac{\alpha+\beta}{2} : \operatorname{tg} \frac{\alpha-\beta}{2},$$

womit wir wieder eine Reihe von Aufgaben beherrschen.

Nun bliebe von den Kongruenzsätzen noch der SSS-Satz. Wir hätten also die Winkel ausschließlich durch Seiten des Dreiecks auszudrücken. Oder, wenn man will, eine Methode zu finden, die Winkel bloß aus Seitenbeziehungen herauszuholen. In jeder unserer Gleichungen darf also stets nur ein Winkel enthalten sein, während wir drei Seiten als gegeben annehmen, die also immer alle drei in der Gleichung aufscheinen müssen. Diese Aufgabe erfüllt der Cosinussatz, der lautet: In jedem Dreieck ist das Quadrat einer Seite gleich der Summe der Quadrate der beiden anderen Seiten, vermindert um das doppelte Produkt aus diesen beiden Seiten und dem Cosinus des von ihnen eingeschlossenen Winkels.

Zum Beweis benützt man vorerst den „Pythagoras". Es ist nämlich in der für den Sinussatz gezeichneten Figur 116 sicherlich $a^2 = h^2 + \overline{BD}^2$. Nun ist aber weiter $h = b \cdot \sin \alpha$ und $BD = c - b \cdot \cos \alpha$. Daher ist, wenn wir unsere Werte in die erste Gleichung einsetzen

$$a^2 = b^2 \sin^2 \alpha + (c - b \cdot \cos \alpha)^2 = b^2 \cdot \sin^2 \alpha + c^2 -$$
$$- 2b \cdot c \cdot \cos \alpha + b^2 \cdot \cos^2 \alpha = b^2 \cdot (\sin^2 \alpha + \cos^2 \alpha) +$$
$$c^2 - 2b \cdot c \cdot \cos \alpha.$$

Nun ist, wie wir schon einmal feststellten, $\sin^2 \alpha + \cos^2 \alpha = 1$, folglich bleibt

$a^2 = b^2 + c^2 - 2b \cdot c \cdot \cos \alpha$, also eine Formel von genau der Struktur, die wir erhalten wollten.

In analoger Art erhält man auch

$b^2 = a^2 + c^2 - 2a \cdot c \cdot \cos \beta$ und
$c^2 = a^2 + b^2 - 2a \cdot b \cdot \cos \gamma$.

Zum Cosinussatz wäre noch zu bemerken, daß er in gewissem Sinn ein verallgemeinerter „Pythagoras" ist. Denn wird der Winkel α, β oder γ ein rechter, dann wird sein Cosinus sogleich 0 und das dritte subtraktive Glied der Gleichungen fällt weg. Man muß bei der Verifikation nur beachten, daß die Seiten ihre Rollen als Hypotenusen und Katheten ändern. Der Winkel ist, wie wir schon sagten, stets von den zwei Seiten eingeschlossen, die im Produkt neben dem

Cosinus stehen. Das sind also jeweils die Katheten. Und die Hypotenuse ist demgemäß stets die Seite, die isoliert links vor dem Gleichheitszeichen steht. Daher heißt der durch Nullwerdung des Cosinus von 90° geschrumpfte Cosinussatz in allen drei Fällen, daß das Hypotenusenquadrat gleich ist der Summe der beiden Kathetenquadrate.

Zum Abschluß bringen wir noch ohne weiteren Beweis, der zu viele Hilfssätze der Goniometrie voraussetzen würde, die für manche Zwecke äußerst verwendbaren „Mollweideschen Gleichungen" (genannt nach ihrem Erfinder, Professor Mollweide, gest. 1828 in Halle a/Saale). Es ist

$$\frac{a+b}{c} = \frac{\cos\dfrac{a-\beta}{2}}{\sin\dfrac{\gamma}{2}} \quad \text{und} \quad \frac{a-b}{c} = \frac{\sin\dfrac{a-\beta}{2}}{\cos\dfrac{\gamma}{2}}.$$

Wie man prüfen kann, ist es möglich, unseren bereits oben formulierten Tangenssatz durch Division der beiden Mollweideschen Gleichungen abzuleiten. Allerdings unter Zuhilfenahme einiger goniometrischer Umformungen. (Zur Verifikation wird angemerkt, daß $a + \beta = 180 - \gamma$, folglich $\frac{a+\beta}{2} = 90 - \frac{\gamma}{2}$, daher $\sin\frac{a+\beta}{2} = \cos\frac{\gamma}{2}$ und $\cos\frac{a+\beta}{2} = \sin\frac{\gamma}{2}$.)

Damit hätten wir den von uns geplanten Überblick über die sogenannte „ebene Trigonometrie" abgeschlossen. Wir bringen nur noch einige charakteristische Aufgaben, um die Anwendung der Sätze über das ungleichseitige Dreieck zu zeigen. Da wir jedoch mit Absicht praktische Beispiele heranziehen, wird es notwendig sein, auch die instrumentale Ausrüstung des praktischen „Geometers" kennenzulernen. Zur Messung von Längen werden gewöhnlich Bandmaße verwendet, die vorwiegend aus Stahlbändern hergestellt und auf sogenannte Trommeln aufgespult sind. Natürlich können aber auch für größere Strecken möglichst dehnungsfreie Seile oder für kleine Längen Meßlatten benutzt werden. Letztere dienen hauptsächlich der Messung nicht allzu großer Höhen. Sie sind üblicherweise in Dezimeter geteilt, die abwechselnd rot und weiß gestrichen sind, damit man auch auf große Distanzen die Strecken bequem ablesen kann.

Zur Winkelmessung dient als Hauptinstrument der Theodolit, den wir uns, ohne ihn allzugenau zu analysieren, schematisch als ein Fernrohr mit Fadenkreuz vor der Linse vorstellen können, das sowohl um eine senkrechte als um eine waagrechte Achse drehbar ist. Beide Drehungen sind auf Kreisscheiben ablesbar, die ein genaues Winkelmaß eingraviert haben. Wir können also sowohl Winkel in horizontalen wie in vertikalen Ebenen messen. Damit aber der Theodolit stets ausgerichtet ist, steht er auf einem Dreifuß-Stativ, das einem Kamera-Stativ ähnlich ist, und trägt außerdem noch drei verstellbare Füße, mit denen er auf der Stützplatte des Stativs ruht. Zur Kontrolle seiner „Ausrichtung" ist eine Libelle oder Wasserwaage, eventuell auch noch ein Senkblei oder Lot mit dem Instrument verbunden.

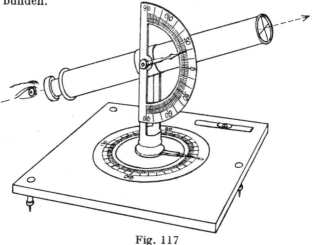

Fig. 117

Man stellt also den Theodoliten etwa auf beiden Skalen auf den Nullpunkt ein und dreht das Fernrohr dann so lange um die betreffende waagrechte oder senkrechte Achse, bis man die gesuchte „Marke" anvisiert hat. Dann liest man den Winkel ab und notiert ihn. Für gewöhnlich, das werden wir gleich sehen, sind Winkel zwischen zwei „Marken", also, geometrisch gesprochen, von zwei Dreieckseiten eingeschlossene Winkel gesucht. Um solche Winkel festzustellen, visiert man am besten zuerst die eine und dann die andere „Marke" an und findet den Winkel als Differenz der beiden Ablesungen. Das sind aber schon Einzelheiten, die uns eigentlich nichts angehen.

Wir stellen uns also jetzt, ausgerüstet mit Meßband und Theodoliten, die Aufgabe, die Höhe eines für uns unzugänglichen Berges trigonometrisch zu bestimmen.

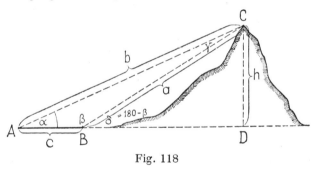

Fig. 118

Der Gang unserer Rechnung ist nicht schwierig. Zuerst bestimmen wir mit dem Meßband die Standlinie c (AB). Dann gewinnen wir mittels des Theodoliten durch Anvisieren der Bergspitze C aus den Punkten A und B die Winkel α, β und δ, welch letzterer $(180 - \beta)$ ist. Da wir h aus dem rechtwinkligen Dreieck BCD errechnen wollen, müssen wir zum Winkel δ, den wir schon kennen, noch die Seite a zu gewinnen trachten. Diese können wir aber mittels des Sinussatzes dem Dreieck ABC entnehmen. Denn es muß die Proportion bestehen a : c = = sin α : sin γ, also a = $\frac{c \cdot \sin a}{\sin \gamma}$. Da aber weiters $\frac{a}{h}$ der Sinus von Winkel δ ist, so ist $\frac{h}{a}$ = sin δ und h = a · sin δ. Also erhielten wir als Schlußformel

$$h = \frac{c \cdot \sin a}{\sin \gamma} \cdot \sin \delta.$$

Eine andere klassische Aufgabe der praktischen Trigonometrie besteht darin, die Entfernung zweier Punkte voneinander zu messen, die durch ein dazwischenliegendes Hindernis, etwa durch einen Wald, der Messung mit dem Meßband nicht zugänglich sind.

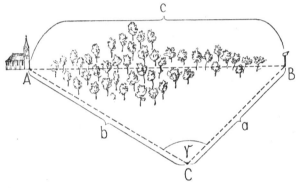

Fig. 119

Um die Messung durchzuführen, suche man sich einen dritten Punkt C, von dem man sowohl die Kirche bei A als den Wegweiser bei B erblicken kann. Hierauf stelle man von C den Winkel γ fest und messe die beiden Distanzen (Seiten) CB und CA mit dem Meßband.

Nach dem Tangenssatz ist $\frac{a-b}{a+b}$ = tg $\frac{a-\beta}{2}$: tg $\frac{a+\beta}{2}$, folglich tg $\frac{a-\beta}{2}$ = $\frac{a-b}{a+b}$ · tg $\frac{a+\beta}{2}$. Das Bestimmungsstück $\frac{a+\beta}{2}$ ist aber gleich 90 − $\frac{\gamma}{2}$, da α + β = 180 − γ. Nun muß aber weiter nach unserer Tabelle der Tangens von $\left(90 - \frac{\gamma}{2}\right)$ gleich sein mit dem cot $\frac{\gamma}{2}$, womit auch tg $\frac{\alpha+\beta}{2}$ gleich wird cot $\frac{\gamma}{2}$ [1]). Daraus folgt weiter, daß tg $\frac{\alpha-\beta}{2} = \frac{a-b}{a+b} \cdot$ cot $\frac{\gamma}{2}$. Da a, b und γ bekannt sind und $\frac{\alpha+\beta}{2} = 90 - \frac{\gamma}{2}$ ebenfalls bekannt ist, so habe ich jetzt zwei neue Werte. Nämlich für $\frac{\alpha+\beta}{2}$ und für $\frac{\alpha-\beta}{2}$. Aus diesen beiden Größen ist aber sowohl α als β errechenbar, da $\alpha = \frac{\alpha+\beta}{2} + \frac{\alpha-\beta}{2}$ und $\beta = \frac{\alpha+\beta}{2} - \frac{\alpha-\beta}{2}$. Da ich jetzt aber a, b, α, β und γ kenne, darf ich sofort den Sinussatz anwenden und kann c entweder aus a : c = sin α : sin γ oder aus b : c = sin β : sin γ als c $= \frac{a \cdot \sin\gamma}{\sin\alpha}$ oder als c $= \frac{b \cdot \sin\gamma}{\sin\beta}$ gewinnen [2]).

Noch einfacher ist die Berechnung der Entfernung zwischen zwei Punkten, wenn ich nur zu einem dieser Punkten gelangen kann.

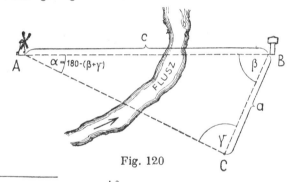

Fig. 120

---

[1]) Die Gleichung $\frac{\alpha+\beta}{2} = 90 - \frac{\gamma}{2}$ verändert sich ja nicht, wenn ich beiderseits den Tangens einführe. Also tg $\frac{\alpha+\beta}{2} =$ $= $ tg $\left(90 - \frac{\gamma}{2}\right)$.

[2]) **Man könnte bei bekanntem a, b und γ natürlich auch nach dem Cosinussatz das c berechnen. c wäre $\sqrt{a^2 + b^2 - 2ab \cos\gamma}$. Doch ist diese Formel schwer logarithmierbar und man zieht die scheinbar kompliziertere Berechnungsart, wie wir sie gaben, in der Praxis aus Logarithmierungs-Gründen vor.**

Wir wählen auf dem rechten Flußufer, auf dem wir uns befinden, einen Punkt C, messen die Entfernung C B (= a) bis zum Wasserturm und visieren die Windmühle (A) sowohl von C als von B an. Dadurch gewinnen wir die Seite a und die Winkel β, γ und α, welch letzterer gleich ist $180 - (\beta + \gamma)$. Wir verwenden wieder den Sinussatz und schreiben a : c = sin $[180 - (\beta + \gamma)]$: : sin γ. Da aber nach der Tabelle sin $[180 - (\beta + \gamma)]$ gleich sein muß sin $(\beta + \gamma)$, so erhalten wir als Schlußformel $c = \frac{a \cdot \sin \gamma}{\sin (\beta + \gamma)}$.

Nun noch zum endgültigen Abschluß der ebenen Trigonometrie eine Winkelbestimmung. Wir stehen auf einem nicht allzuhohen Aussichtspunkt und sehen in gleicher Höhe mit uns zwei Städte, die voneinander, wie wir wissen, c Kilometer weit entfernt sind. Wir wissen weiters, daß unser Aussichtspunkt von der einen Stadt a Kilometer und von der anderen Stadt b Kilometer weit abliegt. Wir haben keinen Theodoliten zur Verfügung und wollen berechnen, in welchem Winkelraum von unserem Standpunkt aus die beiden Städte liegen.

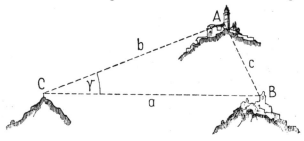

Fig. 121

Wir haben also a, b, c gegeben und wollen γ suchen. Dies ist ein typischer Fall des Cosinus-Satzes. Denn $c^2 = a^2 + b^2 - 2a \cdot b \cdot \cos \gamma$, und cos γ ist demnach gleich cos $\gamma = \frac{a^2 + b^2 - c^2}{2a \cdot b}$, womit auch der Winkel γ ohneweiters aus den trigonometrischen Tafeln zu ermitteln ist.

Man hat — und dies als Schlußbemerkung — eine
ganze Reihe von Formeln aufgestellt, die das Rechnen,
speziell das Rechnen mit Logarithmen, erleichtern. Sie
sind aber alle nichts anderes als mehr oder weniger un-
mittelbare Ableitungen aus den von uns aufgestellten
Fundamental-Gleichungen, die zu einem ersten Verständnis der Trigonometrie vollauf genügen, und mit
deren Hilfe ein findiger Rechner auch alle trigonometrischen Aufgaben, wenn auch manchmal auf Umwegen,
lösen kann.

Zweiunddreißigstes Kapitel

Das Wesen der analytischen Geometrie

Wir betreten jetzt, nachdem wir eben die letzten
Geheimnisse der Dreiecks-Meßkunst wenigstens ahnend
zu erfassen begannen, ein grundlegend neues Gebiet der
Geometrie, in dem gleichsam all das zusammenstrahlen
und zur höchsten Vollendung getrieben werden wird,
was wir bisher durchforschten. Wir meinen damit die
analytische oder die Koordinatengeometrie, diesen höchsten Triumph des Menschengeistes, durch den es erst
möglich geworden ist, auch das Krummlinige und
Krummflächige in unserem Spinnennetz von Linien und
Beziehungen einzufangen. Ja, noch mehr: Hier ist eine
Verschwisterung zwischen Arithmetik und Geometrie
geglückt, die fast keine Grenzen kennt und den ganzen
Apparat subtilster Arithmetik in den Dienst der Erforschung von Formen zu stellen gestattet; während
überdies noch ein anderer wichtigster Zweig der Mathematik, die sogenannte höhere Mathematik, höhere Analysis oder Infinitesimalrechnung, unmittelbar aus dem
unerschöpflich fruchtbaren Hauptstamm der Koordinatengeometrie herauswächst.
    Wir haben also allen Grund, gerade bei diesem Gebiet
länger zu verweilen und die ersten Quadern für späteren

Höherbau möglichst sorgfältig zu wählen und mit haltbarstem Zement zu verkitten.

Die analytische Geometrie ist vor der projektiven und nichteuklidischen Geometrie die letzte große Epoche der Geometrie, wenn wir die Historie der Mathematik betrachten. Man verlegt zwar ihre Anfänge sehr weit zurück, etwa bis zu Archimedes und Apollonius von Pergä, doch sind die bei diesen beiden altgriechischen Geometern auffindbaren Ansätze einer Koordinatengeometrie wohl nur für einen durchgebildeten Fachmann mit all dem ähnlich, was wir unter analytischer Geometrie verstehen werden. Größer ist schon die Ähnlichkeit der Punktbestimmungen Nicole von Oresmes (14. nachchr. Jahrh.) mit unseren Koordinaten. Wir wollen aber gleichwohl daran festhalten, daß ein eigentliches Aufblitzen unseres Wissensgebietes erst bei Renée Descartes und Fermat erfolgte, die beide die analytische Geometrie nicht bloß begründeten, sondern selbst schon zu einer erstaunlichen Abrundung und Durchforschung brachten. Daher ist es auch durchaus berechtigt, die analytische Geometrie mit dem Namen des Descartes zu verbinden und eine gewisse Art von Koordinaten als „Cartesisches Koordinatensystem" zu bezeichnen. Daß man damit Fermat ein Unrecht zufügt, gehört auf ein anderes Blatt der Geschichtskritik. Fermat ist aber ansonsten durchaus kein verkanntes Genie gewesen, und das sogenannte Fermat-Problem, das wir hier nicht erläutern können, füllt auch heute noch ansehnliche gelehrte Bücher.

Nun sprechen wir aber schon geraume Zeit über Dinge, die wir noch nicht verstehen können. Wir werden also jedem noch so berechtigten Überschwang wieder die Zügel anlegen und nach unserer schon bisher peinlich befolgten Methode von unten aufzubauen beginnen. Man könnte hier mit Recht fragen, warum wir unsere „epochale" analytische Geometrie nicht schon früher gebracht haben. Vielleicht wäre es einfacher und gewinnvoller gewesen, sogleich „Koordinaten" einzuführen, anstatt sich mit projektiven Sätzen und Dreieckseigen-

schaften herumzuplagen. Nun, dieser Einwand ist leicht
zu widerlegen. Und zwar schon aus dem, nebenbei vollständig richtig gewählten Namen unserer Geometrie.
Während nämlich die bisher behandelte „synthetische",
aufbauende oder zusammensetzende Geometrie von den
Axiomen ausgeht, um Schritt für Schritt die Figuren
zu konstituieren und ihnen dabei ihre Eigenschaften ab-
zulauschen, geht die „analytische" oder „auflösende"
oder „zergliedernde" Geometrie den umgekehrten Weg.
Sie nimmt die Figuren und Lehrsätze durchaus als gegeben an und findet auf diesem rückschreitenden Wege
Eigenschaften und Zusammenhänge, ja sie beweist
gleichsam die Axiome, wenn man nicht lieber sagen will,
daß sie Axiome verifiziert. Daher muß man auch wohl
die synthetische Geometrie wenigstens oberflächlich
kennen, um analytisch arbeiten zu dürfen. Sonst wüßte
man ja nicht, wie und was man analysieren soll. Nun
sei an dieser Stelle eine ungemein interessante Bemerkung Poincarés über den geometrischen Fortschritt erwähnt. Es ist, so meint er ungefähr, nicht alles in der
Mathematik so systematisch wie man denkt. Nirgends
steht es geschrieben, welche Eigenschaften einer Figur
man zuerst erforschen soll und in welcher Reihenfolge
man weiter untersuchen muß. Historisch-psychologisch
hat sich die Mathematik und speziell die Geometrie aus
einer Unzahl abrupter Erleuchtungen, manchmal wohl
auch durch den Zwang praktischer Probleme zusammengesetzt, bis endlich ordnende Geister eine nachträgliche
Systematik und eine Schein-Reihenfolge ausbildeten.
Dann allerdings, wenn das System einmal da ist, wird
es selbst zur Denkmaschine, da sich ja jetzt alle Lücken
und fehlenden Übergänge zu offenbaren beginnen, die
man vergleichsweise mühelos ausfüllen kann. Wenn man
etwa an den „Pascal" (1640), den „Brianchon" (1806)
und das Dualitätsprinzip (1822) zurückdenkt, weiß man
sofort, was wir sagen wollen. Es ist aber nach meiner
Ansicht eher tröstlich als schmerzend, daß Geister vom
Rang eines Henri Poincaré der Intuition und gleichsam

dem künstlerischen Empfinden selbst in der strengsten Mathematik einen so wichtigen Platz einräumen. Dadurch wird der Ausspruch des Sophokles, daß das Gewaltigste der Mensch sei, wieder berechtigt und durch gehobene Verantwortlichkeit — nicht durch gehobene Eitelkeit! — muß der Mensch als „Herr der Natur und des Geistes" all das zu schaffen suchen, was wirklich den Namen des Fortschritts verdient, jenes Weiterstreben faustischer Art, das niemals nach dem Lohn, sondern stets nur nach der Tat, nach dem Ideal der Vollendung fragt.

Wir wollten mit diesem Exkurs nur andeuten, daß sowohl Synthesis als Analysis auch in der Geometrie zwei später geschaffene Formgebungen sind, unter deren Sammellinse man die an sich äquivalenten geometrischen Tatsachen im Brennpunkt höchster Sicherheit und Verständlichkeit vereinigen kann. Und es ist durchaus kein wissenschaftliches Delikt, sondern gerade das Gegenteil, wenn man sich im gegebenen Fall der Mittel bedient, die einem b e i d e Methoden an die Hand geben. Natürlich muß man sich bewußt bleiben, was man tut, besonders, was man voraussetzt und voraussetzen darf. Sonst ergäbe eine Vermengung von Analysis und Synthesis ein sehr lockendes und vereinfachendes Reich obskurer Kreis-Schlüsse. Und jedem Irrtum wäre Türe und Tor geöffnet.

Wir haben die analytische Geometrie auch Koordinatengeometrie genannt. Nun sind diese Koordinaten buchstäblich das Gerüst der analytischen Geometrie, gleichsam die Mittler zwischen Zahl, Größe und Bewegung. Vom modernsten Standpunkt aus sollte der Begriff Bewegung hier vermieden werden. Wir können uns aber in einem Einführungsbuch nicht dazu entschließen, der logischen Strenge zuliebe das plastischeste und anschaulichste Element des Koordinatenbegriffes zu opfern, insbesondere, da sich gerade dieser Zweig der Geometrie historisch stets an die Bewegung und ihre Gesetze angelehnt und aus ihr den Stoff gewonnen hat. Das W o r t „Koordinaten" kommt weder bei Descartes noch bei

Fermat vor. Es ist eine der zahllosen glücklichen Wortbildungen des vielleicht größten Geistes der Wissenschaftsgeschichte. Es stammt nämlich von Leibniz, der es in der Zeitschrift „Acta Eruditorum" (1692) zum erstenmal gebraucht hat. Was also sind diese „Zugeordneten" oder „zugeordneten Geraden"? Wir werden es gleich erfahren.

Es wurde bereits von uns durch die Überlegungen, die wir auf Grund der Axiome anstellten, überzeugend dargelegt, daß eine Zuordnungsmöglichkeit zwischen Zahl und Größe bestehe. Daß es also erlaubt sei, jederzeit statt Zahlen Strecken und statt Strecken Zahlen zu verwenden. Diese begründete Freiheit werden wir uns sofort zunutze machen, um unseren „analytischen Raum" aufzubauen. Eigentlich zwei solcher Räume, die einander, wie man sagt, ein-eindeutig entsprechen oder einander ein-eindeutig, das heißt eindeutig und umkehrbar „zugeordnet" werden können. Beginnen wir mit dem R_1 in der Form einer Geraden. Wenn wir auf solch einer Geraden irgendwo die Null oder den Ausgangspunkt Groß-O setzen („O"rigo = Ursprung), dann werden wir jeder reellen Zahl auf dieser Geraden eine Stelle eineindeutig anweisen können. Und zwar den positiven Zahlen — wie wir willkürlich festsetzen — auf der rechten und den negativen Zahlen auf der linken Seite des Ursprungspunktes. Wir fügen hier gleich hinzu, daß die eineindeutige Zuordnung zum Aufbau des analytischen Raumes nicht genügt. Es muß noch etwas Zweites hinzukommen, um eine vollkommene Entsprechung zwischen unserem R_1 und den unendlich vielen reellen Zahlen herzustellen. Der R_1 ist eine Gerade und die Gerade hat keine Unterbrechungsstellen. Sie ist, wie man sagt, ein Kontinuum (continuere = zusammenhängen) oder ein „stetiges" Gebilde. Über die mathematisch-philosophische Begründung des Stetigkeitsbegriffes ist nun schon seit Leibniz und dessen „Kontinuitätsprinzip" gewaltig viel diskutiert worden. Wir verkennen auch durchaus nicht, daß wir mit diesem Begriff an eines der tiefsten Welträtsel rühren, da man sich die Stetigkeit eigentlich ebensowenig vorstellen kann wie das Diskontinuum, die Unstetigkeit oder das Zerteilte, Diskrete. Es liegt hier eben eine sogenannte Antinomie oder Gegengesetzlichkeit vor, die nach Kant nicht in der Natur, sondern im Menschengeist ihren Grund hat. Neuere Mathematiker haben mit Recht betont, daß man allen Schwierigkeiten ausweichen könnte, wenn man nicht stets die Geometrie vom Punkt aus aufbauen wollte. Denn jede Linie ist ein „wirkliches" und „sichtbares" Kontinuum. Nur tritt unsere Schwierigkeit aber auch hier sofort auf, wenn man von der Linie zur Fläche übergeht. Nimmt man aber die ebenfalls „wirklich" stetige Fläche zum Element, so erscheint die Schwierigkeit beim Übergang zum Raum. Wenn ich aber schließlich vom R_3 ausginge, müßte ich ihn in Ebenen, diese in Gerade und die Geraden in Punkte teilen, um überhaupt Geometrie treiben zu können. Dabei steht das Problem wieder da, und der ganze Unterschied besteht nur darin, daß wir jetzt nicht addierend, sondern subtrahierend vorgehen. Oder dividierend statt multiplizierend.

Wir stellten also fest, daß der Verstand in der Zahl und Anzahl ein teilendes Prinzip geschaffen hat, während die Wirklichkeit des Schauens das Stetige kennt und fordert. Wollen wir nun diese beiden fremden Welten einander eineindeutig und adäquat zuordnen, dann müssen wir uns wohl der Wahrheit des Auges beugen und versuchen, das an sich Diskrete der Zahlen so dicht zu lagern, daß kein Zwischenraum zwischen den Zahlen mehr möglich ist. Die rationalen Zahlen leisten diese Dichtheit trotz ihrer unendlichen Anzahl nicht. Denn wir wissen aus der Arithmetik, daß zwischen den nächstbenachbarten rationalen Zahlen stets noch eine Unendlichkeit irrationaler Zahlen liegt. Die Stetigkeit verlangt also, falls wir die Zuordnung von Zahlen zu Größen aufrechterhalten, eine mehrfache Unendlichkeit von Zahlen selbst schon im R_1 oder auf der Linie, denen mehrfach unendlich viele Punkte der Linie entsprechen. Im sogenannten „Dedekind'schen Schnitt" und im Bolzano'schen Satz, die wir schon einmal erwähnten, ist der Versuch gemacht, diese Verhältnisse logisch genugtuend aufzuklären. Wir müssen es uns aber leider versagen, näher darauf einzugehen und verweisen auf Gerhard Kowalewski „Einführung in die Infinitesimalrechnung" (Sammlung „Aus Natur und Geisteswelt", Bd. 197).

Nun hätten wir schon ein linienhaftes „Koordinatensystem". Jeder möglichen reellen Zahl ist stets ein Punkt der Geraden eineindeutig und stetig zugeordnet. Letzteres deshalb, weil neben diesem Punkt gleichsam ohne Zwischenraum völlig dicht der nächste Punkt oder die nächste Zahl anliegt, die natürlich ebensogut eine rationale als eine irrationale sein kann. Unmöglich ist es im stetigen „Linien-Raum" bloß, daß ein Punkt auf beiden Seiten von Punkten eingefaßt wird, die rationalen Zahlen entsprechen. Denn zwischen einem auf einer Seite an einen rationalen Punkt anstoßenden irrationalen Punkt und dem nächsten rationalen Punkt müssen stets zur Wahrung der Kontinuität unendlich viele irrationale Punkte liegen. Wir gebrauchten jetzt absichtlich die Worte Punkt und Zahl als gleichbedeutend. Diese Ausdrucksweise ist in den höheren Gebieten der Mathematik, insbesondere in der Funktionentheorie üblich, wo man ruhig von einem Dreieck aus drei Zahlen oder sogar aus „Indizes" spricht. Indizes sind ja auch nichts anderes als in ihrer Lage nach einem bestimmten Gesichtspunkt festgesetzte Zahlen. Wir haben also gleichsam zwei koordinierte, einander entsprechende oder einander zugeordnete „Räume". Erstens unseren geometrischen Raum R_1 und zweitens den diesem Raum abbildhaft, eineindeutig und stetig entsprechenden rein abstrakten „Zahlenraum" aller reellen Zahlen, der nichts anderes ist als die geordnete unendliche Menge aller dieser Zahlen. Philosophisch gesprochen, haben wir die „Verschwisterung" dadurch erreicht, daß wir in das An-

schauungskontinuum den Verstandesbegriff der Teilung
und in den Verstandesbegriff der Teilung oder Anzahl
die stetige Vorstellung des Raumes, die Rauman
schauung hineintrugen. Verstandlichter Raum ist jetzt
Größe und verräumlichte Teilung ist jetzt Zahl. Und
beides ist einander zugeordnet, verschwistert, untrenn-
bar miteinander verschmolzen. Dies aber leistet die
„Koordinatenachse", unsere Gerade, auf der sich Verstand mit Anschauung paart.

Dreiunddreißigstes Kapitel

Koordinaten, Kurvengleichungen und Funktionen

Wenn wir dies alles genau durchdacht haben, dann
ist der weitere Aufbau leicht. Gesetzt, wir drehten jetzt
ein Abbild unserer Zahlen-Größen-Koordinaten-Linie
um den Punkt 0 aus sich selbst heraus und ließen es
unter irgend einem Winkel stehen. Dann haben wir

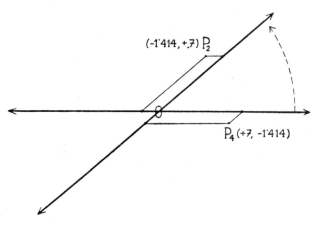

Fig. 122

klarerweise jede unserer Größen und Zahlen zweimal in der Ebene. Aber nicht mehr. Denn (+ 7) etwa kommt einmal rechts der 0 vor und einmal oberhalb der Null, wenn unser Drehsinn ein positiver (entgegen der Umlaufsrichtung eines gewöhnlichen Uhrzeigers) war. Und die Zahl $-\sqrt{2}$ oder $-1,414$.. kann auch nur zweimal erscheinen. Nämlich links der Null und das zweitemal unterhalb der horizontalen „Achse". Wir sind also imstande, je eine Zahl der einen Achse mit je einer Zahl der anderen Achse irgendwie in Beziehung zu bringen, sogenannte „Zahlpaare" zu bilden, ohne daß die Wiederholung eines dieser Zahlpaare möglich wäre. Aus unseren obigen Zahlen könnten wir die Paare $(+ 7, -1,414\ldots)$ und $(-1,414\ldots, + 7)$ bilden, die, wie man sich sofort überzeugen kann, durchaus nicht identisch sind, sondern getrennt voneinander liegen.

Wohin haben wir unsere „Zahlpaare" nun verlegt? Wir müssen ein wenig nachdenken. Jedes Zahlpaar soll wohl nicht nur an der Größe, sondern auch an der Richtung der beiden Einzelzahlen teilhaben. Der dem Zahlpaar zugeordnete Punkt P_2 oder P_4 soll beides in sich enthalten. Dies erreichen wir durch den Schnittpunkt von Geraden, die unseren beiden „Zahlen-Größen-Achsen" parallel sind. Wir bilden einfach die beiden Zahlen im Wege der Projektion in einem Punkt ab. Man nennt solche Koordinaten deshalb auch Punktkoordinaten. Wenn wir nun sämtliche Zahlen der einen Achse mit sämtlichen Zahlen der anderen Achse zu Zahlpaaren verbinden, dann erfüllen die diesen Zahlpaaren entsprechenden Punkte die ganze Ebene sowohl eineindeutig als stetig. Nirgends kann ein Zwischenraum bleiben, und ich habe damit das Koordinatensystem der Ebene oder des ebenen R_2. Nun würde ich aus unserer zweiten Achse wieder um den Nullpunkt eine dritte gleiche Achse in den R_3 herausdrehen. Und zwar unter irgend einem Winkel. Dadurch wird es mir möglich, Zahlen-Dreiheiten oder Zahlen-Tripel zu bilden, die ich wieder, zu je drei, einem und demselben Punkt eineindeutig und stetig durch Projektion zuordnen kann. Wieder erfüllt die Gesamtheit aller dieser Punkte den R_3 vollkommen kontinuierlich. Und wir haben das dreidimensionale oder räumliche Koordinatensystem oder das Koordinatensystem des Raumes geschaffen. Wir bemerken schon, daß die Anzahl der Zahlen, die je einem Punkt bei Punktkoordinaten zugeordnet werden, gleichzeitig die Dimension des Raumes R_n anzeigen, in dem das Koordinatensystem liegt oder den sämtliche Zahlen-Mehrheiten dieses Systems konstituieren oder bilden. Der R_1 hat Punkte, die Zahlen-Einheiten, der R_2 hat Punkte, die Zahlen-Paare, und der R_3 hat Punkte, die Zahlen-Tripeln entsprechen. Ein Punkt ist auch — dies eine Verbindung mit der Lage-Geometrie — im R_1 durch eine gerichtete Länge, im R_2 durch zwei gerichtete einander in den Endpunkten schneidende Längen und im R_3 durch drei gerichtete Längen, die einander in ihren Endpunkten schneiden, erst eineindeutig bestimmt. Fällt eine der Längen weg, so ist der Punkt nur mehr irgend eine Projektion des eineindeutig bestimmten Punktes. Allerdings liegen auch alle diese Projektionen stets auf einer Geraden. Beim R_1 fällt scheinbar durch Weglassen der einzigen Länge überhaupt jede Bestimmung fort. Der Punkt liegt aber trotzdem wieder irgendwo auf einer Geraden, in diesem Falle auf der Geraden und ist natürlich auch eine Projektion des bestimmten Punktes.

Nun wäre noch nachzutragen, daß auch dem geometrischen R_2 ein ideeller zweidimensionaler Zahlenraum aus unendlich vielen, vollständig stetig dicht gelagerten Zahlenpaaren und dem R_3 ein dreidimensionaler Zahlenraum aus stetig dichtgelagerten Zahlentripeln entspricht. Nur ist die Menge der Zahlenpaare im R_2 das Quadrat der Zahlen-Einheiten im R_1. Und die Menge der Tripel ist die dritte Potenz der Zahlen-Einheiten-Menge. Man drückt dies manchmal wegen der Unendlichkeit der Punkte der Geraden so aus, daß man der Ebene eine unendliche Anzahl von Punkten zweiter und dem R_3

eine unendliche Anzahl von Punkten dritter Ordnung zuschreibt. Also etwa ∞, ∞^2 und ∞^3. Das aber sind Tatsachen, die von der neuesten Mengentheorie sehr scharf unter die Lupe genommen wurden, wobei die Mengentheorie behauptet, daß die Anzahl der Punkte in der Linie, der Fläche und in jedem beliebigen höheren Raum überall die gleiche „Mächtigkeit" hat. Nämlich die „Mächtigkeit des Kontinuums". Das klingt nun sehr paradox. Deshalb wollen wir zeigen, daß wir bei derartigen Untersuchungen überhaupt leicht in Paradoxien geraten. Es ist etwa bei einem Koordinatensystem durchaus nicht gefordert, daß die Einheit der beiden Achsen dieselbe ist. Wir wissen aus der Praxis, etwa aus technischen oder statistischen Darstellungen, daß man sogar in der Regel die Einheiten verschieden wählt, weil man auf der einen Achse zu hohe Einheitsanzahlen hätte, um sie auf dem vorgeschriebenen Format einzuzeichnen. Wenn aber der verschiedene Maßstab beider oder beim R_3 aller drei Achsen richtig sein soll — und es ist unbestritten, daß er es ist —, dann folgt aus dieser Maßstab-Verschiedenheit, daß dieselbe Anzahl von Punkten nach der einen Richtung eine kleinere Fläche erfüllt als nach der anderen. Unser Kontinuum gewinnt dadurch eine Art von „Kautschuk-Charakter", das heißt, es ist nach mehreren Richtungen oder nach allen Richtungen beliebig dehnbar, ohne daß sich die Einzelpunktgröße oder die Punkteanzahl ändern darf. Wenn es mir einfällt, auf der einen Achse einen Milliontel Mikromillimeter und auf der anderen Achse eine Billion Lichtjahre als Einheit zu wählen, muß alles ebenso stimmen, wie wenn auf beiden Achsen je ein Zentimeter als Einheit gewählt wird. Man kann sich mit der Ausrede helfen, daß man ja schon für den unendlich kleinen Zwischenraum zweier benachbarter rationaler Zahlen noch unendlich viele irrationale Zahlen zur Ausfüllung haben muß. Wir schwimmen da nur so in mehrfach gekoppelten Unendlichkeiten, für die die Gesetze des Endlichen durchaus nicht gelten müssen.

Aber es ist dies alles trotzdem eine gewaltige Zumutung an die Vorstellungskraft und an die Logik. Und hier ist wieder einmal eine Stelle, an der das Menschlein, das Sophokles als „das Gewaltigste" postulierte, recht elend und unsicher werden dürfte, und wo ihm vor seiner Gott-ähnlichkeit mächtig bange wird.

Wir müssen aber gleichwohl unser „ideal-elastisches" Kontinuum gläubig hinnehmen, da wir sonst die Zu-ordnung der Zahlen zu Größen, also die Maßgeometrie überhaupt und die analytische Geometrie im besonderen, aufgeben müßten. Wir kompensieren unseren maß-geometrischen Minderwertigkeitskomplex und behaup-ten, unsere analytische Geometrie öffne ein weites Tor zu höheren Dimensionen. Warum, so fragen wir, sollen wir nicht lustig eine analytische Geometrie treiben, in der Zahlen-Quadrupel, Zahlen-Quintupel, Zahlen-Sex-tupel, -Septupel usw. je einem und nur einem einzigen Punkt eineindeutig und stetig zugeordnet werden? Wer kann uns das verbieten? Wenn wir einmal Rechen-gesetze kennen, die zu allen Räumen invariant sind, also überall unverändert gelten, dann brauchen wir über-haupt nur mehr die Zahlenräume, die ja streng ge-nommen kombinatorische Räume sind, und scheren uns nicht mehr um die Anschauung[1]). Wir verlassen uns dann bloß noch auf die große Denkmaschine, auf die „wahre Kabbala", auf den Algorithmus des Zahlen-reiches oder Zahlenraumes, und ordnen ihm entspre-chende, wenn auch anschauungsmäßig nicht mehr greif-bare geometrische Verhältnisse im R_4, R_5, R_6 usw. zu, wie wir dies ja schon in der projektiven Geometrie bei den vollständigen Figuren versuchten, wo wir solch ein invariantes, also formbeharrendes Gesetz der Bestand-stückeanzahl von Figuren fanden.

Es ist nun auf eine unbegrenzte Anzahl von Arten möglich, Koordinatensysteme zu bilden. Unser Fall der

---

[1]) „Kombinatorisch" nennt man solche Zahlenräume, da ihre „Punkte" nichts anderes sind als Unionen, Amben, Ternen, Quaternen usw. aus beliebigen Zahlen.

sich schneidenden Zahlengeraden ist ein sehr spezieller, wenn auch ein wegen seiner Einfachheit fast allgemein gebräuchlicher. Wir wollen es aber nicht unterlassen, darauf hinzuweisen, daß Plücker, Gauß und Graßmann in der ersten Hälfte des 19. Jahrhunderts den Koordinatenbegriff zu größter Allgemeinheit erweitert haben, und daß man in diesem Zusammenhang von Gauß'schen und Plücker'schen Koordinaten spricht. Es gibt etwa Dreieckskoordinaten, bei denen die Zahlenmehrheit nicht mehr entscheidend ist für die Dimension, da hiebei schon im R_2 jedem Punkt drei und bei den Tetraederkoordinaten im Raum R_3 jedem Punkt vier Koordinaten zugeordnet sind. Man muß hier entweder den Zusammenhang zwischen Zahlen-Anzahl und Dimension aufgeben, oder, wie dies einige Mathematiker tun, den Dimensionsbegriff ändern und den R_2 als dreidimensional, den R_3 als vierdimensional usw. bezeichnen. Wir halten aber letzteres nicht für günstig und werden es niemals anwenden. Weiters gäbe es noch Kreis-, Kegel-, Kugelkoordinaten usw. Nun gibt es aber außer diesen verschiedenen Spielarten, bei denen stets einem Gebilde Zahlen und einer Zahl Gebilde zugeordnet werden, noch einen anderen Typus von Koordinaten, dessen einfachste Spielart wir uns ansehen werden. Es sind gleichsam gemischte Längen-Winkel-Koordinaten, die man allgemein Polarkoordinaten nennt und die zur Analysis aller umschwingenden Kurven wie Spiralen usw. die besten Dienste leisten. Im R_1 sind sie nicht möglich, weil es dort keine Winkel geben kann. Winkel erfordern zwei Freiheitsgrade, da sie aus Längen und Drehungen entstehen. Im R_2 dagegen sind Polarkoordinaten ohneweiters denkbar. Es sind dabei jedem Punkt der Fläche (Ebene) je eine Länge und ein Winkel, also wieder zwei Größen eineindeutig stetig zugeordnet. Im letzten Grunde sind das ja auch nichts anderes als zwei Zahlen oder ein Zahlen-Paar. Nur betrifft jede Zahl ein strukturell anderes Gebilde.

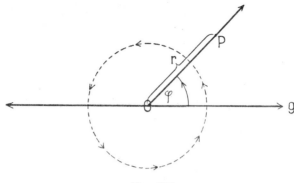

Fig. 123

Es gibt auch bei den Polarkoordinaten einen Ursprungspunkt 0, eine Grundachse g und eine Zahlenlinie. Diese ist aber nicht die Achse, sondern der sogenannte Radius-Vektor oder der kreisende, umschwin-
gende Radius r. Schließlich gibt es als zweites Bestimmungsstück das Winkel- oder Bogenmaß des Winkels φ, das anzeigt, wie der Vektor zur Achse liegen muß.
Wenn wir nun auf dem Vektor noch von 0 aus die Länge
messen, die zum Punkt P führt, haben wir die Lage
dieses Punktes in der Ebene unter einer Einschränkung
eineindeutig bestimmt. Dem Vorbehalt nämlich, daß der
Winkel φ nicht aus $(360 + \varphi)$, $(720 + \varphi)$ usw. zustande
gekommen ist. Da sich die Winkelfunktionen für $(360 +
+ \varphi)$, $(720 + \varphi)$ . . . $(n. 360 + \varphi)$, wobei n eine beliebige
ganze positive oder sogar auch negative Zahl sein kann,
gleich bleiben, kann man bei trigonometrischen Rechnungen innerhalb des Koordinatensystems niemals angeben, ob es sich um φ oder um $(n. 360 + \varphi)$ handelt.

Für unseren Gebrauch werden die aus zwei sich
schneidenden Zahlenlinien bestehenden Koordinaten die
vornehmlichste Rolle spielen. Und zwar hievon wieder
eine ganz besondere Art. Wir hatten zuerst aus Allge-
meinheitsgründen den Winkel, unter dem sich die

Zahlenlinien schneiden, als beliebig betrachtet. Man kann auch in solch einem sogenannten schiefwinkligen Parallelkoordinatensystem sicherlich alle Operationen durchführen. Nur muß man dabei stets im Wege trigonometrischer Sätze den Neigungswinkel der beiden Achsen berücksichtigen, was nicht sehr bequem ist. Aus diesem Grunde nehmen die rechtwinklig sich schneidenden Zahlenlinien, die sogenannten rechtwinkligen, Cartesischen oder orthogonalen Koordinaten eine besondere Stelle ein, da hier zwar auch ein Neigungswinkel vorhanden ist, jedoch deshalb nicht zur Erscheinung kommt, weil er in allen vier Quadranten gleich ist und weil außerdem alle Projektionen Lote sind, die sich auf der Achse, zu der sie nicht parallel sind, als Punkte abbilden. Im rechtwinkligen Koordinatensystem ist also jedes Lot gleichsam nur ein verschobenes Stück der Achse selbst, das ein zweites, ebenfalls verschobenes Stück der anderen Achse immer rechtwinklig schneidet und dadurch sofort etwa den Gebrauch des „Pythagoras" zuläßt. Außerdem ist das rechtwinklige System nach allen Richtungen absolut symmetrisch. Diese Vorteile sind offensichtlich. Es darf aber nicht verschwiegen werden, daß schon Descartes selbst schiefwinklige Systeme benützte, also die Bezeichnung „cartesisch" nur zum Teil stimmt. Dann aber ist in manchem Einzelfall, besonders für die Untersuchung schiefwinkliger Figuren, oft ein schiefwinkliges System vorteilhafter als ein rechtwinkliges, weil man einfach eine Seite einer solchen Figur als Koordinatenachse wählen darf.

Aber auch das wollten wir bloß streifen. Zur Einführung werden wir genug damit zu tun haben, uns in einem rechtwinkligen System ordentlich bewegen zu lernen, wobei wir uns außerdem noch auf das ebene beschränken. Zuerst müssen wir an der Hand einer Figur gleichsam den Sprachgebrauch der analytischen Geometrie kennen lernen.

Aus unserer Figur ist eigentlich alles zu entnehmen. Wir wollen es aber gleichwohl wiederholen. Das Ganze

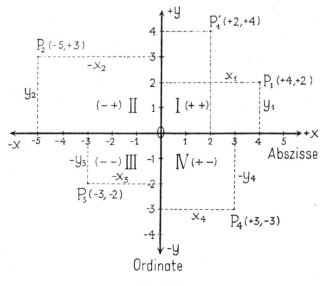

Fig. 124

heißt ein rechtwinkliges, orthogonales oder Cartesisches Koordinatensystem. 0 ist der Nullpunkt beider Achsen oder der Koordinatenursprungspunkt, da man sich die Achsen aus diesem Punkt entspringend oder herauswachsend vorstellen darf. Unter „Koordinaten" schlechtweg versteht man entweder beide Achsen, richtiger aber die Lote eines Punktes auf beide Achsen. Die Achsen selbst werden als Koordinaten-Achsen bezeichnet und zwar die waagrechte als Abszissenachse, die senkrechte als Ordinatenachse. Die entsprechenden Lote heißen dann die Abszisse und die Ordinate eines Punktes. Nun fügen wir der Genauigkeit halber bei, daß die Lage nicht maßgebend ist für den Charakter der Abszissen- oder Ordinatenachse. Es sind da andere Gesichtspunkte von Bedeutung, die wir jedoch erst später werden erörtern können. Da wir nun noch nicht wissen, wie groß die Abszisse oder Ordinate eines beliebigen Punktes ist, nennen wir sie einfach x und y oder —x und —y, je nachdem, welche Richtung sie hat. Die Zugehörigkeit zum Punkt P_1, P_2, P_3, P_4 usw. markieren wir durch Indizes (x_1, — x_2, y_1, y_2 usw.). Daher nennen wir auch die Abszissenachse die x-Achse und die Ordinatenachse die y-Achse. Die vier Bereiche, in die die Ebene durch die beiden Achsen geteilt wird, heißen Koordinaten-Quadranten oder einfach Quadranten. Sie werden im Gegensinne des Uhrzeigers numeriert als I., II., III., IV. Quadrant. Wir bemerken noch einmal, daß die Festlegung der Richtungen rein willkürlich ist. Wir könnten die negativen Achsen-Halbstrahlen auch nach rechts und nach oben laufen lassen. Nur würde man dann wohl die Quadranten gegensinnig numerieren und den IV. mit I., den III. mit II. usw. bezeichnen. Aber auch das ist bloße Konvention. Ich könnte trotz anderer Lage der Minusachsen ruhig die Quadranten-Nummern beibehalten. Wir wollen aber keine Verwirrung stiften. Die Übereinkommen in der Mathematik, das wollten wir sagen, enthalten keinerlei Auskunft über wahr und falsch. Sie sind einfach eine Sprache. Wenn ich plötzlich im Deutschen die Kartoffel als „Ribaran" bezeichnen würde, wäre das auch nicht „falsch". Es wäre nur unverständlich, da diesen Ausdruck vorläufig nur ein einziger Deutscher gebrauchen würde. Daher wollen wir die Kartoffeln weiter als Kartoffeln und die Bestandstücke des Koordinatensystems weiter so benennen, wie es allgemein üblich ist. Wir bekommen dabei noch so viel zu tun, daß uns der Appetit auf eigene Sonderbezeichnungen bald vergehen wird. Wenn wir nun einen Punkt abgekürzt festlegen wollen, so schreiben wir einfach P (x, y) oder P_1 (x_1, y_1) oder P_n (x_n, y_n). Also stets zuerst die Abszisse und dann die Ordinate. Bei x und y ist eine Verwechslung nicht möglich, wohl aber bei konkreten Zahlen. Der Punkt P_1 (+ 4, + 2) liegt ganz wo anders als der Punkt P'_1 (+ 2, + 4), was auch aus der Zeichnung zu entnehmen ist.

Nun hätten wir alle Grundbegriffe beisammen, um

unsere neue Sprache anwenden zu können. Wir könnten aber bisher mit unserer Weisheit nur Punkte gewinnen und das dürfte wohl kaum der Zweck der analytischen Geometrie sein. Daher brauchen wir noch gleichsam ein arithmetisches Instrument, das eine getreue Nachbildung der Gebilde jenseits des Punktes, also der Linien und Flächen liefert. Uns interessieren in unserer ebenen Geometrie davon vorläufig bloß die Linien (Geraden und Kurven). Wie nun, so fragt man sich, kann man eine Linie arithmetisch eineindeutig abbilden? Ein scheinbar unlösbares Problem, dessen Lösung aber der wahre Triumph des menschlichen Geistes ist, da diese Lösung uns erst die Beherrschung des „Gekrümmten" erschloß. Jedenfalls werden wir uns dabei den Umstand zunutze machen, daß jeder Punkt zweifach zugeordnet ist, daß er gleichsam sowohl ein x als ein y in sich enthält oder spiegelt. Dadurch kommen wir in die Nähe des arithmetischen Instrumentes der Gleichungen. Jeder Punkt hat stets zugleich ein x und ein y, es muß also eine bestimmte Zusammensetzung des x stets das zugehörige y ergeben oder umgekehrt. Im R_1 wäre die Angelegenheit sehr einfach. Dort ist das allein vorkommende x eben so und so viel, also so und so weit vom Ursprung entfernt und damit festgelegt. Im R_2 aber erlaubt der zweite Freiheitsgrad dem wandernden Punkt allerlei Abwege und Extratouren. Er kann, wenn es ihm paßt, aus der x-Achse austreten und sich in zunehmender Schnelligkeit in der y-Richtung bis ins Unendliche entfernen. Dann aber kann er, als ob er aus dem Geisterreich käme, plötzlich wieder auf der anderen Seite der x-Achse, also „unten" auftauchen und sich in die x-Achse zurückbegeben. Kurz, es ist dem guten Willen des „wandernden Punktes" anheimgestellt, uns in allerlei Art zu narren und seine zwei Freiheitsgrade zu gebrauchen oder zu mißbrauchen. Wenn wir aber unserem wandernden Punkt etwa in Gedanken die Fähigkeit zuschrieben, eine farbige Spur seiner Wanderungen zu hinterlassen, oder wenn wir uns ihn als so hart dächten, daß er in die Ebene seine Spur einritzte, dann müßte diese Spur wohl eine Linie sein, weil der Punkt ja keine Breite hat. An jeder Stelle der Wanderung aber hatte unser ruheloser Punkt ein x und ein y. Und zwar müßte an jeder Stelle das y gleich sein dem x selbst, einem Teil von x oder einem Vielfachen von x. Eventuell war das y auch 0, wenn sich nämlich der Punkt in der Abszissenachse selbst bewegte. Wir können also eine Art von „Bedingungsgleichung" zwischen y und x dazu gebrauchen, jeden Punkt festzulegen. Hätten wir etwa den Punkt P_1 ($+4$, $+2$), dann lautete diese Gleichung für diese Stelle $y = \frac{x}{2}$, da ja $x = 4$ und $y = 2$. Nun sehen wir schon, daß wir mit unserem neuen Gedanken wieder nur Punkte erhalten, wenn nicht eine zweite Bedingung dazu kommt. Nämlich daß die „Wanderspur" des Punktes gleichsam der geometrische Ort aller Punkte ist, die diese Gleichung erfüllen. Wir werden gleich zeigen, was wir meinen. Hätten wir etwa unsere obige Gleichung $y = \frac{x}{2}$, so genügt ihr nicht bloß der eine Punkt P_1 dessen Koordination ($+4$, $+2$) sind. Sondern jeder andere Punkt der unendlichen Ebene, bei dem dieses Koordinationsverhältnis ebenfalls zutrifft. Also etwa die Punkte P_1' ($+2$, $+1$), P_1'' ($+6$, $+3$) P_1''' ($+25$, $+12{,}5$). Aber auch andere, nicht im ersten Quadranten liegende Punkte, wie P_3' (-4, -2), P_3'' (-7, $-3{,}5$), P_3''' ($-2n$, $-n$). Aber schließlich auch der Ursprungspunkt 0 (0,0), da auch er die Gleichung erfüllt. Unsere Punktwanderung kann sonach im ersten und dritten Quadranten vor sich gehen, und die Linie, von der wir noch nicht wissen, ob sie gerade oder gekrümmt ist, die wir also der Allgemeinheit halber einfach „Kurve" nennen, durchläuft auch den Koordinaten-Ursprungspunkt. Wenn wir nun diesen Gedanken gehörig bis ans Ende denken, dann muß es, da ja die Zuordnung eine eineindeutige, also umkehrbare ist, auch möglich sein, jeder Gleichung mit zwei Unbekannten eine „Bild-" oder „Abbildungskurve" zuzuordnen, wie es auch gelingen muß, zu jeder „Kurve" die abbildende arithmetische Entsprechung, die Bedingungsgleichung zu finden. Wir stoßen damit auf eine neue arithmetisch-geometrische Dualität höherer Ordnung, die vorläufig, vage ausgedrückt, lautet: „Jeder Gleichung aus zwei Unbekannten entspricht abbildhaft eine Kurve und jeder Kurve entspricht abbildhaft eine Gleichung mit zwei Unbekannten."

Es ist für uns hier kein Raum vorhanden, die weitere Ausdeutung solcher Bedingungsgleichungen als Funktion auszuführen. Dies wurde in aller Ausführlichkeit bereits von uns im Buche „Vom Einmaleins zum Integral" geleistet, auf das wir hier verweisen, wenn es der Leser nicht vorzieht, sich hierüber aus anderen Quellen Klarheit zu verschaffen. Wir betonen nur, daß man jede Punktwanderung sich so denken kann, als ob sie einem mehr oder minder verwickelten Gesetz folgte, das seinen arithmetischen Ausdruck eben in der Bedingungsgleichung oder Funktion findet. Eine Funktion liegt aber dann vor, wenn die Änderung der einen Unbekannten zwangsläufig eine Änderung der anderen herbeiführt, was sich übrigens aus dem Wesen des Gleichmachungsbefehls der Gleichung ergibt. Wenn man also (diese Wahl ist bloße Vereinbarung!) die Unbekannte x, die man in ihrer neuen Eigenschaft eine „Veränderliche" nennt, willkürlich verändert, so ändert sich damit die andere Veränderliche y zwangsläufig. Wir haben sonach jetzt eine Funktion, geschrieben $y = f(x)$, mit zwei Veränderlichen, die für gewöhnlich die „unabhängige" Veränderliche x und die von dieser „abhängige" Veränderliche y genannt werden. Wir haben aus pädagogischen Gründen für pädagogische Zwecke vorgeschlagen, x die „willkürliche" und y die „zwangsläufige" Veränderliche zu nennen. Da gegen eine solche Bezeichnung bisher von fachlicher Seite kein Einwand erhoben wurde, wollen wir es auch hier so halten.

Also noch einmal zusammengefaßt: Man kann einer
Kurve eine Bedingungsgleichung mit zwei Unbekannten
oder, was nur formal etwas anderes ist, eine Funktion
zweier Veränderlicher zuordnen. Ändert man willkürlich die eine Veränderliche, die der Abszisse entspricht, so bleibt die Gleichung (Funktion) nur erhalten oder intakt, wenn sich gleichzeitig auch die
andere Unbekannte (Veränderliche) ändert. Mit diesem
Zusammenhang ist aber gleichsam der bewegungs-
mäßige Entstehungsprozeß der Kurve abgebildet, die
man sich phoronomisch (Phoronomie = abstrakte
Bewegungslehre) als aus zwei zueinander senkrechten[1])
Bewegungen eines Punktes entstanden denken kann.
Wenn wir also etwa in unserer obigen Funktion oder
Gleichung $y = \frac{x}{2}$ nacheinander eine Anzahl von Werten
etwa 1, 2, 3, 4, 5 usw. „willkürlich" einsetzen (und
zwar für das x), dann erhalten wir die y und damit
die Punkte. Das y wäre dann entsprechend ½, 1,
1½, 2, 2½ usw. Nun ist aber, wenn wir die so gewonnenen Zahlenpaare oder Punkte etwa miteinander in
der Zeichnung durch eine „Kurve" verbinden, etwas
Weiteres vorausgesetzt. Nämlich, daß sich zwischen je
zweien der gewonnenen Punkte stets auch noch andere
finden lassen, zwischen diesen wieder andere usw. ins
Unendliche. Es wird, kurz gesagt, vorausgesetzt, daß
die Funktion stetig ist, also einem stetigen Kurven-
verlauf entspricht. Dies ist nun durchaus nicht bei
jeder Funktion der Fall. Es gibt Funktionen, deren
Bildkurve plötzlich abreißt, die sogenannte verein-
zelte oder singuläre Punkte außerhalb des Kurven-
verlaufs zeigen, durch Schnitt der Kurve mit sich
selbst Doppelpunkte enthalten usw. Wir müssen also
stets die „Kurvengleichung" oder „Funktion" genau
auf ihre Stetigkeit prüfen, da wir sonst allerlei pein-
liche Überraschungen erleben können.
Nun gibt es einen ungeheuer interessanten, erst so

---

[1]) Gilt natürlich nur für das orthogonale Achsenkreuz!

recht im neunzehnten Jahrhundert durch Gauß, Weierstraß und andere ausgebildeten Zweig der höchsten Mathematik, der alle Regeln zu solcher Prüfung lehrt: die „Funktionen-Theorie". Dazu aber sind Voraussetzungen notwendig, die wir nicht haben, und wir werden deshalb stets nur Funktionen erörtern, bei denen jede Sorge überflüssig ist. Äußerstenfalls würden wir auf Unstetigkeiten gesondert hinweisen. Bei dieser Gelegenheit erwähnen wir noch den Begriff des „Bereiches". Es kommt nämlich auch vor, daß eine Kurve innerhalb eines gewissen Teils ihres Verlaufes, also innerhalb eines „Bereichs" der Funktion, den man etwa durch das x in der Form: „x liegt zwischen n und m" anmerken kann, stetig verläuft, während sie außerhalb dieses Bereichs allerlei Absonderlichkeiten aufweist. Innerhalb des Stetigkeitsbereichs darf ich dann die Kurve beruhigt als stetige Kurve behandeln.

Wir haben also schon allerlei Erkenntnisse gewonnen, bewegen uns aber noch sehr im Allgemeinen. Wir bringen jedoch diesmal mit Absicht das Allgemeine zuerst, da das Besondere dann für uns leicht sein wird. Deshalb wollen wir noch etwas vorwegnehmen, bevor wir überhaupt eine einzige wirkliche Kurvengleichung kennen. Es ist das Problem der Schnittpunkte, der Tangenten und der Asymptoten. Wenn einander zwei Linien oder Kurven schneiden, dann haben sie an der Schnittstelle (deren es natürlich auch mehrere geben kann) stets einen und denselben Punkt gemeinsam. Die y und die x der Schnittstelle müssen also dort für beide Kurven identisch sein. Da aber zwei Kurven auch zwei Kurvengleichungen haben, deren x und y an allen Stellen außer den Schnittpunkten verschieden sein müssen, darf ich für den Schnittpunkt die x und y der beiden Gleichungen identisch betrachten. Das aber ergibt mir zwei Gleichungen mit zwei Unbekannten, die ich nach den üblichen Regeln behandeln darf. Hätte ich etwa neben unserer Beziehung $y = \frac{x}{2}$ eine zweite Kurve der Gleichung $y = 3x + 4$, so ist für den Schnittpunkt $3x + 4 = \frac{x}{2}$ oder $6x + 8 = x$ oder $5x = -8$ oder $x = -\frac{8}{5} = -1\frac{3}{5}$ und daher weiter $y = -\frac{4}{5}$. Ähnliche Erwägungen leiten uns bei der Tangente. Diese soll eine Gerade sein, die eine Kurve in einem einzigen Punkte berührt, bzw. bei manchen Kurven in mehreren Punkten. Es wird also auch hier für die Gleichung der Geraden, die die Tangente ist, und für die Gleichung der berührten Kurve das x und das y im Berührungspunkt dasselbe sein müssen, was wieder durch Auflösung der beiden Gleichungen nach x und y geleistet werden kann. Was schließlich die sogenannten Asymptoten betrifft, sind das Gerade, die sich Kurven stets mehr und mehr nähern, ohne sie je zu erreichen. Die Entdeckung solcher Geraden war auch schon im alten Griechenland Anlaß dafür, das Parallelenpostulat vorsichtiger zu behandeln. Denn, wenn es Linien gibt, die sich, ins Unendliche verlängert, einander nähern können, ohne einander zu schneiden, dann ist die Definition der Parallelen als Gerader, die sich einander niemals nähern und daher einander nie schneiden, nicht mehr zureichend. Ebensowenig die Definition der einander Schneidenden, die sich einander nähern und daher einander schneiden müssen. Nun wird man aus den Gleichungen von Kurven und Geraden den Asymptotencharakter dann feststellen können, wenn etwa die Ordinaten der Asymptote denen der Kurve stets ähnlicher werden, je mehr das x wächst. Doch das werden wir bei der Hyperbel näher kennen lernen.

Wir wiederholen, bevor wir zur Ableitung einiger konkreter Kurvengleichungen übergehen, daß in der analytischen Geometrie die Richtigkeit der geometrischen Lehrsätze vorausgesetzt werden darf und sogar vorausgesetzt werden muß. Es ist durchaus kein Zirkelschluß, wenn man im Weg der Analysis schließlich zu Axiomen gelangt. Es ist vielmehr eine Verifikation des geometrischen Aufbaues in rückschreitender oder regressiver Art. Wir dürfen also etwa die Ähnlichkeitssätze der Planimetrie ohneweiters als gegeben annehmen, ebenso den Pythagoräer usw.

Vierunddreißigstes Kapitel

Analytische Geometrie der Geraden und des Kreises

Wir wollen zuerst die Bedingungsgleichung für eine Gerade finden. Hierzu ziehen wir innerhalb eines rechtwinkligen Koordinatensystems eine beliebige Gerade g, die zur x-Achse, die wir (nur für diesen Zweck) als stets positiv betrachten, im Winkel α geneigt ist. Wenn

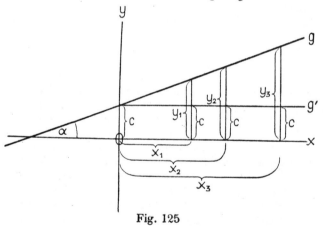

Fig. 125

wir vom Schnittpunkt unserer Geraden mit der Ordinatenachse eine zur Abszissenachse parallele Hilfslinie g' ziehen, entsteht auch zwischen g und g' der Winkel α, weil die Schenkel beider Winkel paarweise parallel sind. Oder weil x und g' parallel sind, g aber eine Transversale ist und es sich dann bei den beiden Winkeln a um Gegenwinkel handelt. Nun entstehen soviel ähnliche Dreiecke als man will, wenn man von Punkten der Geraden g Lote auf die x-Achse fällt. Diese haben, weil sie ja rechtwinklig sind, als Katheten $x_1, y_1 - c; x_2, y_2 - c; x_3, y_3 - c$ usw. bis $x_n, y_n - c$, wobei n auch gleich unendlich sein darf. Nun verhalten sich nach den Ähnlichkeitsgesetzen $(y_1 - c) : x_1 =$ $= (y_2 - c) : x_2 = (y_3 - c) : x_3 = \ldots\ldots\ldots\ldots =$ $= (y_n - c) : x_n$, woraus folgt, daß das Verhältnis der um eine gleichbleibende Größe c verminderten Ordinate und der Abszisse stets konstant bleibt, wo immer wir auch auf der Geraden unseren Punkt annehmen. Daher dürfen wir dieses Verhältnis, weil es immer gleich bleibt, einfach mit a bezeichnen. Irgend ein Punkt der Geraden g genügt also stets der Gleichung $\frac{y-c}{x} =$ $= a$, wodurch wir als Gleichung der Geraden die allgemeine Funktion $y = a \cdot x + c$ erhalten. Dabei sehen wir aus der Figur zwei wichtige Beziehungen. Unser a ist eigentlich nichts anderes als die trigonometrische Tangensfunktion des Neigungswinkel a, bzw. deren ausgerechneter Wert, und gibt damit die Richtung der Geraden an. Das c hinwiederum zeigt mir an, wo die Gerade die y-Achse schneidet. Wir werden die zweite Behauptung gleich prüfen: Auch die Koordinatenachsen sind ja Gerade. Die Gleichung der y-Achse muß aber einfach lauten x = 0, weil dies die einzige Bedingung ist, der jeder Punkt dieser Achse entspricht. Analog hätte die x-Achse die Gleichung y = 0. Nun soll sich also unsere Gerade y = ax + c mit der Ordinatenachse x = 0 schneiden. Aus diesen beiden Gleichungen ergibt sich aber sofort y = c und x = 0 als Schnittpunkt der beiden Geraden, was wir ja behaupteten. Damit aber außerdem der Einfluß der sogenannten Gleichungskonstanten c auf den Schnittpunkt mit der Abszisse klar werde, wollen wir auch diesen berechnen. Wir hätten $y = a \cdot x + c$ und die Abszissenachse $y = 0$. Dadurch wird $a \cdot x + c = 0$ oder $a \cdot x = -c$ und $x = -\frac{c}{a}$. Die Verschiebung gegenüber der x-Achse hängt also sowohl vom Neigungswinkel als von der Konstanten c ab, was eigentlich aus der Anschauung unmittelbar klar ist. Wenn wir nun das ganze Koordinatensystem so verschieben wollten, daß unsere Gerade durch den Ursprungspunkt geht, dann würde das c wegfallen müssen und die Gleichung der Geraden müßte lauten $y = a \cdot x$, was wir auch unmittelbar aus Ähnlichkeitssätzen hätten ableiten können.

Wir schalten hier ein, daß sich aus der Tatsache unserer Richtungskonstanten a sofort ein Übergang zum Differentialquotienten ergibt, der ja auch den numerischen Wert des Tangens α hat. Darüber aber wird hier nicht näher gesprochen und wir müssen wieder auf unser Buch „Vom Einmaleins zum Integral" verweisen.

Wir stellen nun an unsere Gleichung $y = a \cdot x + c$ einige Anforderungen, um zu sehen, wie weit unsere analytische Denkmaschine funktioniert. Wir wollten etwa die Gleichung für eine Gerade erfahren, die durch einen gegebenen Punkt $P_1 (x_1, y_1)$ und für eine andere Gerade, die durch zwei gegebene Punkte $P_1 (x_1, y_1)$ und $P_2 (x_2, y_2)$ geht.

Wenn nun g durch $P_1 (x_1, y_1)$ gehen soll, so muß ihre Gleichung an dieser Stelle auch der Gleichung $y_1 = a \cdot x_1 + c$ entsprechen. Da aber c alsdann gleich ist $y_1 - a \cdot x_1$, so müßte unsere allgemeine Gleichung $y = a \cdot x + b$ somit lauten: $y = a \cdot x + y_1 - a \cdot x_1$ oder $y - y_1 = a \cdot (x - x_1)$. Das a bleibt willkürlich und wir dürfen ihm daher jeden Wert zwischen $+ \infty$ und $- \infty$ erteilen. Das heißt aber nichts anderes, als daß durch einen Punkt stets unendlich viele Gerade (oder ein Büschel!) gelegt werden können. Nehme ich aber zu $P_1 (x_1, y_1)$ einen zweiten Punkt $P_2 (x_2, y_2)$ hinzu, dann muß die Gleichung lauten $y_2 - y_1 = a \cdot (x_2 - x_1)$, woraus sich sofort a eindeutig als $a = \frac{y_2 - y_1}{x_2 - x_1}$ ergibt. Denn durch zwei Punkte ist eine Gerade stets bestimmt. Wenn wir jetzt in die allgemeine Gleichung einsetzen, erhalten wir $y = \frac{y_2 - y_1}{x_2 - x_1} \cdot x + c$. Nun berechneten wir das c aber schon früher als $y_1 - a \cdot x_1$, wodurch sich weiter $y = \frac{y_2 - y_1}{x_2 - x_1} \cdot x + y_1 - \frac{y_2 - y_1}{x_2 - x_1} \cdot x_1$, somit endlich $y - y_1 = \frac{y_2 - y_1}{x_2 - x_1}(x - x_1)$ ergibt.

Schließlich wollen wir noch kurz erwähnen, daß die sogenannte „Normalform" der Gleichung einer Geraden $A \cdot x + B \cdot y + C = 0$ lautet. Natürlich können A, B und C auch negative Größen sein, so daß sich dann einige oder alle Vorzeichen ändern. Um diese Gleichung auf unsere erste Form zu bringen, muß man das y „isolieren", also etwa $y = \frac{-A \cdot x - C}{B}$ oder $y = -\frac{A}{B} \cdot x - \frac{C}{B}$. Dabei entspricht dann $-\frac{A}{B}$ unserem früheren a und $-\frac{C}{B}$ unserem früheren c.

Wir haben schon erwähnt, daß a der Tangens von α sei. Will ich also eine andere Gerade finden, die parallel ist zu g und dazu noch durch den Punkt P_1 (x_1, y_1) geht, dann muß wohl die Gerade als Parallele dieselbe Richtungskonstante a haben. Sie muß aber zudem noch durch den Punkt P_1 gehen. Also $y - y_1 = a \cdot (x - x_1)$. Soll sie durch P_1 gehen und zu g normal stehen, dann muß ihr Neigungswinkel $(\alpha + 90°)$ sein. Tangens von $(\alpha + 90°)$ ist aber gleich $(-\text{Cotangens } \alpha)$ oder $-\frac{1}{\text{tg } \alpha}$. Wenn also $a = \text{tg } \alpha$, dann ist $-\frac{1}{a} = -\frac{1}{\text{tg } \alpha}$. Und unsere Gleichung hätte zu lauten $y - y_1 = -\frac{1}{a}(x - x_1)$.

Bisher fanden wir etwas, das bei allen Operationen charakteristisch war: Es kam nämlich sowohl x als y stets nur in der ersten Potenz vor. Da dies nun bei jeder Geraden (linea) so sein muß, nennt man alle Gleichungen, bei denen x und y nur in der ersten Potenz vorkommen, „lineare" Gleichungen oder die Funktionen dieses Typus „lineare Funktionen". Wir werden sofort bemerken, daß die Krümmung die Potenz der Funktion erhöht. Und wir bemerken vorwegnehmend, daß alle

Kegelschnittskurven (also Kreise, Ellipsen, Hyperbeln, Parabeln) Kurven zweiter Ordnung sind und somit Gleichungen zweiter Ordnung oder quadratischen Gleichungen (Funktionen) entsprechen.

Zuerst der Kreis. Wieder zeichnen wir uns eine Figur, bei der irgendwo ein Kreis in einem rechtwinkligen Koordinatensystem liegt.

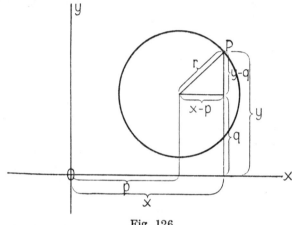

Fig. 126

Jeder beliebige Punkt des Kreises muß denselben Bedingungen entsprechen wie der beliebige Punkt P. Dieser nun ist einerseits durch die relative Lage des Kreises zum Koordinatensystem, also durch die konstanten Koordinaten oder einfach die „Konstanten" p und q bestimmt, die seinen Mittelpunkt festlegen. Zweitens durch den Radius des Kreises r und drittens durch die veränderlichen oder „laufenden" Koordinaten x und y, die zwar für jeden Punkt andere sind, zueinander jedoch in einem gleichbleibenden Verhältnis stehen müssen, da sonst eine Gleichung nicht gebildet werden könnte. Wir benützen beim Kreis den „Pythagoras". Und zwar finden wir aus dem Dreieck mit den Seiten r, $(x - p)$, $(y - q)$,

320

daß stets sein muß $r^2 = (x - p)^2 + (y - q)^2$. Liegt der Mittelpunkt des Kreises im Koordinatenursprungspunkt, dann fallen p und q fort, da sie Null werden, und wir erhalten als Kreisgleichung $x^2 + y^2 = r^2$. Diese Form heißt die „Mittelpunktsgleichung" des Kreises.

Bringen wir jetzt den Kreis mit einer Geraden zum Schnitt, dann erhalten wir nach Ausrechnung aus den beiden Gleichungen $(x - p)^2 + (y - q)^2 = r^2$ und $y = a \cdot x + c$ folgende Werte für das x und y des Schnittpunktes:

$$x = \frac{1}{1 + a^2} \cdot [p + aq - ac \pm \sqrt{(1 + a^2)r^2 - (ap + c - q)^2}]$$

$$\text{und } y = \frac{1}{1 + a^2} [ap + a^2 q + c \pm a \sqrt{(1 + a^2) r^2 - (ap + c - q)^2}].$$

Wenn nun der Ausdruck unter dem Wurzelzeichen negativ würde, dann entständen imaginäre (komplexe) Koordinaten des Schnittpunktes. Das hieße aber analytisch, daß Schnittpunkte nicht vorkommen, daß also die Gerade den Kreis überhaupt nicht schneidet, sondern an ihm vorbeiläuft. Ist dagegen der Ausdruck unter der Wurzel positiv, dann erhalte ich je zwei Schnittpunktskoordinaten, was bedeutet, daß zwei Schnittpunkte existieren, die Gerade also eine Sekante ist. Wird endlich der Ausdruck unter der Wurzel $= 0$, dann existiert bloß ein Schnittpunkt, die Gerade ist folglich eine Tangente des Kreises und der „Schnittpunkt" wird zum „Berührungspunkt". Da nun weiter nach den obigen Formeln die Koordinaten des Berührungspunktes $x_1 = \frac{p + a \cdot q - a \cdot c}{1 + a^2}$ und $y_1 = \frac{a \cdot p + a^2 \cdot q + c}{1 + a^2}$ sein müssen, so erhalten wir für a und c aus diesen Gleichungen: $a = -\frac{x_1 - p}{y_1 - q}$ und $c = y_1 + \frac{x_1 (x_1 - p)}{y_1 - q}$, wodurch wir als allgemeine Gleichung der Kreistangente die Formel

$$y = -\frac{x_1 - p}{y_1 - q} \cdot x + y_1 + \frac{x_1 (x_1 - p)}{y_1 - q} \text{ oder}$$

$$y - y_1 = -\frac{x_1 - p}{y_1 - q} \cdot (x - x_1)$$

erhalten, wenn die Tangente den Kreis im Punkte $P_1(x_1, y_1)$ berühren soll und der Kreis auch der Gleichung $(y_1 - q)^2 + (x_1 - p)^2 = r^2$ genügt. Daraus könnte weiter die Kreisnormale oder der Berührungsradius im Punkte $P_1(x_1, y_1)$ als Geradengleichung gewonnen werden, da ja seine Richtungskonstante der negative reziproke Wert der Richtungskonstanten der Tangente sein muß. Also Normalen-Gleichung $y - y_1 = \frac{y_1 - q}{x_1 - p}(x - x_1)$. Weiters sind für die Mittelpunktsgleichung des Kreises die Tangente $y - y_1 = -\frac{x_1}{y_1}(x - x_1)$ und die Normalengleichung $y - y_1 = \frac{y_1}{x_1}(x - x_1)$, da ja hier p und q in Fortfall kommen.

Fünfunddreißigstes Kapitel

Analytische Geometrie von Ellipse, Hyperbel und Parabel

Nun zur Ellipse. Um die Gleichung dieser zweiten Kegelschnittskurve zu finden, müssen wir ihre Eigenschaften als bekannt voraussetzen. Jeder weiß, daß die einfachste Art, eine Ellipse gleichsam mechanisch zu erzeugen, die ist, daß man zwei Nadeln in ein Blatt

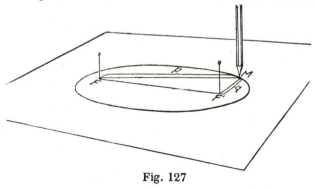

Fig. 127

Papier steckt und um diese zwei „Brennpunkte" der Ellipse einen geschlossenen Bindfaden anbringt, dessen Umfang größer sein muß als die doppelte Entfernung der zwei Nadeln voneinander. Zieht man hierauf die Fadenschlinge mit einem senkrecht zum Papier gehaltenen Bleistift straff, dann entsteht eine Ellipse, wenn man unter fortwährender Straffhaltung des Fadens den Bleistift weiterbewegt.

Würde ich beide Nadeln soweit zusammenrücken, daß sie schließlich durch e i n e Nadel ersetzt werden können, dann entstände ein Kreis und die beiden Leitstrahlen p und q würden zu Radien r bzw. zu einem Doppelradius. Man kann ohneweiters aus der Figur sehen, daß die Summe der Leitstrahlen, also $(p + q)$ in jedem Punkt der Ellipse die gleiche sein muß, da in jeder Lage ein Dreieck aus dem gegebenen Faden sich bildet, dessen eine Seite FF', also die Distanz der Brennpunkte voneinander darstellt, während die beiden anderen Seiten eben p und q sind. Ist aber bei einem Dreieck der Umfang und die eine Seite konstant, dann muß es auch die Summe der beiden anderen Seiten sein. Im Fall des Kreises, der ein Grenzfall der Ellipse ist, also bei $FF' = 0$ entsteht ein unendlich schmales Dreieck, dessen zwei Seiten, die von 0 verschieden sind, die Summe 2r oder den Durchmesser d bilden. In der Ellipse entspricht diesem Durchmesser die sogenannte „große Achse", die mit 2a bezeichnet und die dadurch gewonnen wird, daß man die Verbindungsgerade der Brennpunkte mit der Ellipse zweimal zum Schnitt bringt (rechts und links der Brennpunkte). Wie man aus unserer Zeichnung sieht, ist tatsächlich $(p + q)$ gleich der großen Achse oder $(p + q) = 2a$, was beim Kreis der Formel $2r = d$ entspricht. Die Ellipse ist eben ein Kreis mit auseinandergezogenem Mittelpunkt oder der Kreis ist eine Ellipse mit zusammengerückten Brennpunkten. Die „kleine Achse" der Ellipse oder 2b steht senkrecht auf der großen und ist die Streckenhalbierende der Distanz FF' oder der doppelten Exzentrizität der Ellipse 2e. Exzen-

trizität oder „Auskreisung", „Kreisunähnlichkeit" ist
also die Strecke vom Ellipsenmittelpunkt (der aber bei
der Ellipse geometrisch für uns nur ein Symmetriepunkt
ist) bis zu einem der Brennpunkte F oder F′.

Nach diesen Vorbemerkungen sind wir imstande, mit
Hilfe des „Pythagoräers" die Mittelpunktsgleichung der
Ellipse aufzustellen, wozu wir zuerst die Leitstrahlen
analytisch bestimmen müssen. Wir wissen schon, daß
$(p + q) = 2a$, und wir benennen ferner die Koordinaten

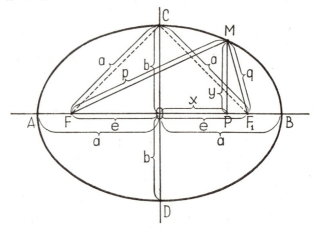

Fig. 128

eines beliebigen Ellipsenpunktes M mit x und y. Wenn
wir uns weiter vor Augen halten, daß $FP = (e + x)$ und
$PF_1 = (e - x)$, dann darf ich nach dem Pythagoras die
zwei Gleichungen bilden:

$$p^2 = (e + x)^2 + y^2, \text{ und}$$

$$q^2 = (e - x)^2 + y^2, \text{ woraus folgt, daß}$$

$p^2 - q^2 = 4e \cdot x$ oder $(p + q)(p - q) = 4e \cdot x$. Da aber
weiters $(p + q) = 2a$, so ist $(p - q) = \frac{4e \cdot x}{2a} = \frac{2e \cdot x}{a}$,
und p ist sodann, da $(p + q) = 2a$ und $(p - q) = \frac{2e \cdot x}{a}$

gleich $p = a + \frac{e \cdot x}{a}$ und $q = a - \frac{e \cdot x}{a}$. Nun habe ich die Leitstrahlen bloß durch Koordinaten des Punktes M und durch die halbe Großachse bzw. Exzentrizität der Ellipse ausgedrückt. Da diese Beziehungen, die wir bloß für den ersten Quadranten abgeleitet haben, für alle vier Quadranten dieselben sind, wie man sich leicht überzeugen kann, so darf ich weiter für jeden Ellipsenpunkt die Bedingungsgleichung aufstellen: $y^2 = p^2 - (e + x)^2$ oder $y^2 = \left(a + \frac{ex}{a}\right)^2 - (e + x)^2 = a^2 + \frac{2e \cdot x}{a} \cdot a + \frac{e^2 x^2}{a^2} - e^2 - 2e \cdot x - x^2 = a^2 + \frac{e^2 x^2}{a^2} - x^2 - e^2$. Dies ist aber weiter gleich $a^2 - e^2 - \frac{a^2 - e^2}{a^2} \cdot x^2 = y^2$, woraus folgt $(a^2 - e^2) \cdot x^2 + a^2 \cdot y^2 = a^2 \cdot (a^2 - e^2)$. Da nun $2a$ stets größer sein muß als $2e$ oder $a > e$, so ist $(a^2 - e^2)$ stets positiv. Nun kann ich weiters $(a^2 - e^2)$ wieder nach dem Pythagoras durch b^2 ersetzen, da FC und F_1C gleich und je gleich a sein müssen, weil sie ja Leitstrahlen des Punktes C und überdies noch Verbindungen eines Punktes der Streckensymmetrale CD mit den Endpunkten der Strecke F und F_1 sind. Wir gewinnen also eine Gleichung der Ellipse, die nur mehr aus den laufenden Koordinaten x und y und aus der großen und kleinen Halbachse a und b besteht und die lautet $b^2 x^2 + a^2 y^2 = a^2 b^2$. Für $a = b = r$, also für den Kreis, gewinnen wir sofort $r^2 x^2 + r^2 y^2 = r^2 r^2$ oder die Mittelpunktsgleichung des Kreises $x^2 + y^2 = r^2$. Wenn wir weiters die Gleichung der Ellipse durch $a^2 b^2$ dividieren, dann erhalten wir eine andere Form der Gleichung $\frac{x^2}{a^2} + \frac{y^2}{b^2} = 1$, die man sich leicht merken kann, da jeder Koordinate dabei die Halbachse zugeordnet ist, auf der die Koordinate liegt.

Die Tangente und die Normale der Ellipse werden für einen Berührungspunkt P_1 (x_1, y_1) durch die Verbindung der Geradengleichung $y = a \cdot x + c$ mit der Ellipsengleichung gewonnen. Um Verwechslungen der Richtungskonstanten a der Geraden mit der großen Ellipsenhalbachse a zu vermeiden, nennen wir jetzt die Richtungskonstante m. Sonach ist die Gleichung der Geraden $y = m \cdot x + c$. Da die Ableitung genau analog der der Kreistangente ist, wollen wir nur das Ergebnis notieren. Die Ellipsentangente für den Berührungspunkt $P_1 (x_1, y_1)$ hat die Gleichung $y - y_1 = -\frac{b^2 \cdot x_1}{a^2 \cdot y_1} (x - x_1)$, woraus sofort die Analogie mit der Kreistangente zu sehen ist. Und die Normale entspricht der Gleichung $y - y_1 = \frac{a^2 \cdot y_1}{b^2 \cdot x_1} (x - x_1)$.

Wenn wir nun zur Hyperbel übergehen, so werden wir nicht viele Schwierigkeiten zu überwinden haben. Denn die Hyperbel ist eine Art von negativem Spiegelbild der Ellipse. Auch sie besitzt Brennpunkte F und F_1 und zwei Leitstrahlen p und q. Nur ist bei der Hyperbel nicht die Summe, sondern die Differenz der beiden Leitstrahlen eine Konstante, die wir als Hauptachse der Hyperbel $(p - q) = 2a$ bezeichnen. Wenn wir weiters die Abstände FO und F_1O als Exzentrizität der Hyperbel $FO = F_1O = e$ bezeichnen, dann haben wir allenthalben genaue Entsprechungen zur Ellipse. Nur die Tatsache, daß die Hyperbel die Ordinatenachse nicht schneidet, bildet bezüglich der soge-

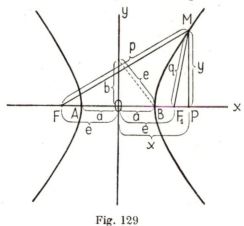

Fig. 129

nannten Nebenachse 2b eine Ausnahme. Diese Nebenachse bzw. ihre Hälfte gewinnt man dadurch, daß man von den „Scheiteln" der Hyperbel A oder B die Exzentrizität e mit der Ordinatenachse zum Schnitt bringt.

Da die Hyperbel keine geschlossene Kurve ist, spricht man von ihren beiden „Ästen". Wir nehmen nun etwa auf dem rechten Ast einen Punkt M an und bestimmen, genau wie bei der Ellipse, zuerst die beiden Leitstrahlen. Wir erhalten für p den Wert $\frac{e \cdot x}{a} + a$ und für q den Wert $\frac{e \cdot x}{a} - a$. Für den zweiten Ast würden wir $- a - \frac{e \cdot x}{a}$ bzw. $a - \frac{e \cdot x}{a}$ erhalten, wobei man x negativ setzen müßte, so daß sich die Ausdrücke für p und q gegenüber dem rechten Ast vertauschen würden. Wenn wir nun das Dreieck F M P zur Grundlage unserer Bedingungsgleichung nehmen, dann erhalten wir auf dieselbe Art wie bei der Ellipse $(a^2 - e^2) x^2 + a^2 y^2 = a^2 (a^2 - e^2)$, und zwar unabhängig vom Ast der Hyperbel. Da nun hier die Differenz $(a^2 - e^2)$ auf jeden Fall negativ sein muß, da stets $a < e$, so muß man aus dem Dreieck (a, b, e) auch gewinnen: $e^2 = a^2 + b^2$ oder $a^2 - e^2 = - b^2$. Dadurch ergibt sich als gesuchte Gleichung der Hyperbel $- b^2 x^2 + a^2 y^2 = - a^2 b^2$ oder $b^2 x^2 - a^2 y^2 = a^2 b^2$, wenn man die erste Gleichung mit (-1) multipliziert. Diese Gleichung läßt sich wieder durch Division durch $a^2 b^2$ auf die Form $\frac{x^2}{a^2} - \frac{y^2}{b^2} = 1$ bringen, wobei, wie bei der Ellipse, die Koordinaten den Achsen zugeordnet sind, auf denen sie liegen bzw. mit denen sie parallel laufen. Tangente und Normale der Hyperbel für den Berührungspunkt $P_1 (x_1, y_1)$ haben die Gleichungen: $y - y_1 = \frac{b^2 \cdot x_1}{a^2 \cdot y_1} (x - x_1)$ für die Tangente und $y - y_1 = - \frac{a^2 \cdot y_1}{b^2 \cdot x_1} (x - x_1)$ für die Normale.

Nun gibt es aber bei der Hyperbel noch zwei sehr merkwürdige Gerade, deren Existenz wir schon angedeutet haben. Es sind dies die sogenannten Asymptoten oder Näherungsgeraden der Hyperbel. Hiezu sei vorangeschickt, daß man schon der Gleichung der Hyperbel entnehmen kann, daß sich bei wachsendem x auch das y vergrößert, so daß die beiden Hyperbeläste sich stets mehr öffnen und gleichsam jeder für sich nach beiden Seiten ins Unendliche läuft. Dies ist auch daraus klar, daß ja die Hyperbel ein Kegelschnitt ist, und zwar ein sogenannter nicht geschlossener oder offener. Die beiden „Schenkel" jedes Astes müssen sich also analog der Öffnung des Kegels stets weiter öffnen. Wenn wir uns eine Gerade durch den Koordinatenursprungspunkt 0 gezogen denken, muß diese Gerade die allgemeine Gleichung $y = m \cdot x$ haben. Ihr Schnittpunkt mit der Hyperbel hat durch Verbindung dieser Gleichung mit der Hyperbelgleichung die Koordinaten $x = \frac{\pm a \cdot b}{\sqrt{b^2 - a^2 m^2}}$ und $y = \frac{\pm a \cdot m \cdot b}{\sqrt{b^2 - a^2 m^2}}$. Folglich ist ein Schnitt einer solchen Geraden mit der Hyperbel nur möglich, wenn b^2 größer ist als $a^2 m^2$, da sich sonst imaginäre Schnittpunkte ergäben, was in der analytischen Sprache das Nichtvorhandensein der Schnittpunkte bedeutet. Aus unserer Ungleichung $b^2 > a^2 m^2$ kann ich weiters entnehmen, daß man die Bedingung für den Schnitt der Geraden mit der Hyperbel auch ausdrücken kann $m^2 > \frac{b^2}{a^2}$ oder (ohne Vorzeichenberücksichtigung, also absolut) $m > \frac{b}{a}$. Wenn wir nun fragen, was in dem Fall geschieht, daß $m = \frac{b}{a}$, oder mit Berücksichtigung der Vorzeichen, $m = \pm \frac{b}{a}$, so müssen wir die jeweilige Ordinate dieser Geraden $y = \pm \frac{b}{a} \cdot x$ mit der entsprechenden Ordinate der Hyperbel vergleichen. Diese ist für dasselbe x wohl $y' = \pm \frac{b}{a} x \sqrt{1 - \left(\frac{a}{x}\right)^2}$, wenn man gewisse Umformungen vornimmt. Die Ausrechnung ergäbe sofort $y' = \pm \frac{b}{a} \cdot x \sqrt{\frac{x^2 - a^2}{x^2}} = \pm \frac{b}{a} \cdot \frac{x}{x} \sqrt{x^2 - a^2} = \pm \frac{b}{a} \sqrt{x^2 - a^2}$, was man aus der Hyperbelgleichung leicht gewinnt. Nun sieht man aus der Gegenüberstellung von $y =$

$= \pm \frac{b}{a} \cdot x$ und $y' = \pm \frac{b}{a} \cdot x \sqrt{1 - \left(\frac{a}{x}\right)^2}$, daß der Bruch $\left(\frac{a}{x}\right)^2$ desto kleiner werden muß, je größer man das x wählt. Denn a ist ja konstant. Er wird schließlich stets mehr nach 0 „konvergieren", sich der Null nähern. Dadurch aber würde der Ausdruck unter der Wurzel stets näher an die Eins heranrücken, allerdings immer etwas kleiner bleiben, solange x noch endlich ist. Dadurch aber haben wir den Begriff der Asymptote

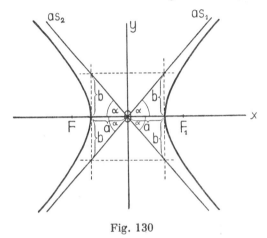

Fig. 130

gewonnen. Denn die Gerade und die Hyperbel nähern sich zunehmend, ohne einander zu erreichen. Wir wollen unsere Asymptoten, deren es zwei geben muß, da die Hyperbel eine symmetrische Figur ist, konstruktiv gewinnen. Wir brauchen dabei bloß darauf zu achten, daß die Richtungskonstante m der Asymptoten, also tg α entweder $+ \frac{b}{a}$ oder $- \frac{b}{a}$ sein muß. Der zweite, die Gerade bestimmende Punkt ist ja der Koordinatenursprungspunkt 0.

Tatsächlich ist bei unserer Konstruktion, die fordert, daß man an die Scheitel der Hyperbel (senkrecht)

Tangenten legt, und diese dann durch Parallele zur Abszissenachse schneidet, die durch die Endpunkte von b gehen, die Bedingung erfüllt, daß tg α überall entweder $\frac{b}{a}$ oder $-\frac{b}{a}$. Folglich sind as_1 und as_2 die beiden Asymptoten der Hyperbel.

Wenn $a = b$, dann nennt man die Hyperbel eine gleichseitige, und die Asymptoten müssen bei dieser als Diagonalen eines Quadrates aufeinander senkrecht stehen; wie sich überhaupt auch die Hyperbelgleichung in $a^2x^2 - a^2y^2 = a^2a^2$ oder $x^2 - y^2 = a^2$ ändert, was manche schon als gleichsam negativen Kreis bezeichnet haben, da ja die Kreisgleichung $x^2 + y^2 = r^2$ lautet.

Nun zur letzten Kegelschnittskurve, zur Parabel. Als Schnitt des Kegels betrachtet, ist sie ein Grenzfall zwischen Ellipse und Hyperbel. Und zwar der Kegelschnitt, der nur zu einer „Seite" des Kegels parallel erfolgt, während die Hyperbel stets zu zwei Seiten[1]) parallel geschnitten wird. Kreis und Ellipse sind zu keiner Seite des Kegels parallel, das heißt sie schneiden alle Seiten des Kegels.

Für die Analysis definieren wir die Parabel als eine Kurve der Eigenschaft, daß jeder ihrer Punkte stets von einer Geraden (der Leitlinie) und von einem Punkt (dem Brennpunkt) denselben Abstand hat. Unter Leitstrahl der Parabel dagegen versteht man den jeweiligen Abstand des Brennpunktes von einem Parabelpunkt. Alle Parabeln sind symmetrische Kurven und alle Parabeln sind einander ähnlich, wie es auch alle Kreise untereinander sind. Die beiden, nicht als Grenzfälle auftretenden Kegelschnitte Ellipse und Hyperbel haben diese Ähnlichkeitseigenschaft nicht. Natürlich gibt es auch ähnliche Ellipsen und Hyperbeln. Aber nicht alle sind einander ähnlich. Derartige allgemeine

---

[1]) Diese Ebene, die durch die zwei Seiten begrenzt wird, ist nichts anderes als selbst eine degenerierte, also durch den Kegelscheitel gehende Hyperbel, wie wir dies schon beim speziellen Pascal-Satz gezeigt haben.

Ähnlichkeit gibt es stets nur bei Grenzfällen, wie etwa bei den regelmäßigen Dreiecken, bei den Quadraten und überhaupt bei allen regulären n-Ecken, sofern sie keine einspringenden Ecken haben, also Kreis-n-Ecke sind.

Als Koordinatensystem wählen wir bei der Parabel ein Achsen-Doppel, dessen Ursprungspunkt auf der Symmetrieachse der Parabel auf halbem Wege zwischen der Leitlinie und dem Brennpunkt liegt. Wir nennen üblicherweise den Abstand der Leitlinie vom Parabelscheitel (auf der Abszissenachse) p, woraus sich als Leitstrahl des Parabelpunktes M der Wert $x + \frac{p}{2}$ ergibt, da der Leitstrahl ja gleich sein muß CP bzw. QM.

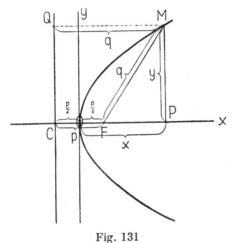

Fig. 131

Wenn wir den Leitstrahl FM mit q bezeichnen, dann ist, wieder nach dem „Pythagoras" $q^2 = y^2 + \left(x - \frac{p}{2}\right)^2$ oder $q^2 = \left(x + \frac{p}{2}\right)^2$, da q gleich ist $\left(x + \frac{p}{2}\right)$. Daher ist weiters $y^2 + \left(x - \frac{p}{2}\right)^2 = \left(x + \frac{p}{2}\right)^2$ oder $y^2 = \left(x + \frac{p}{2}\right)^2 - \left(x - \frac{p}{2}\right)^2 = x^2 + p \cdot x + \frac{p^2}{4} - x^2 + p \cdot x - \frac{p^2}{4} = 2p \cdot x$. Also erhalten wir als Gleichung der Parabel

$y^2 = 2p \cdot x$ oder $y = \pm \sqrt{2p \cdot x}$. Da nun bei wachsendem x auch y wachsen muß, laufen beide Äste der Parabel ins Unendliche. Für negatives x wird y imaginär, was bedeutet, daß kein Punkt der Parabel links der Ordinate liegen kann[1]). Aus $y^2 = 2p \cdot x$ folgt $2p : y = y : x$, das heißt, die Ordinate jedes Parabelpunkts ist die mittlere Proportionale zwischen dem „Parameter" 2p und der Abszisse des Punktes. Schließlich kann man für zwei Punkte einer Parabel, die den Parameter 2p hat, aus den Gleichungen $y_1^2 = 2p \cdot x_1$ und $y_2^2 = 2p \cdot x_2$ feststellen, daß $x_1 : x_2 = y_1^2 : y_2^2$, das heißt, daß sich die Abszissen zweier Punkte der Parabel so verhalten wie die Quadrate der Ordinaten dieser Punkte.

Als Tangente für den Berührungspunkt $P_1 (x_1, y_1)$ erhalten wir in analoger Art wie bei der Ellipse und der Hyperbel $y - y_1 = \frac{p}{y_1} (x - x_1)$ und für die Normale $y - y_1 = - \frac{y_1}{p} (x - x_1)$.

Damit hätten wir unsere kurze Einführung in die analytische Geometrie eigentlich beendigt. Wer sich in dieses herrliche Gebiet der Geometrie weiter vertiefen will, wird überall hiezu leichte und ausführliche Behelfe finden. Insbesondere ist ja auch von hier der Übergang zur höheren Analysis, zur Differential- und Integralrechnung zu gewinnen, für den wir in unserem Buche „Vom Einmaleins zum Integral" eine Brücke zu schlagen versuchten.

Sechsunddreißigstes Kapitel

Schlußbemerkungen zur analytischen Geometrie

Wir wollen aber, bevor wir die analytische Geometrie verlassen, doch noch kurz einige Punkte streifen.

---

[1]) Falls der Scheitel im Ursprungspunkt oder rechts vom Ursprungspunkt des Achsensystems angenommen wird.

Zuerst gelingt es uns durch Umformungen nicht allzu-
schwer, eine gemeinsame Scheitelgleichung aller vier
Kegelschnittskurven zu gewinnen. Als Scheitelgleichung
bezeichnet man jene Gleichung der betreffenden Kurve,
die man erhält, wenn ein „Scheitel" der Kurve im
Koordinatenursprung liegt und wenn außerdem die
Abszissenachse die Symmetrieachse der ganzen Kurve
bildet. Unsere Parabelgleichung war solch eine Scheitelgleichung.

Die gemeinsame Scheitelgleichung aller Kegelschnitte lautet $y^2 = 2p \cdot x + q \cdot x^2$, wobei p für den
Kreis den Halbmesser und für die übrigen Kurven
den halben Parameter bedeutet. Der Parameter der
Ellipse ist die durch einen Brennpunkt gezogene Normale auf die große Achse, bei der Hyperbel auf die
Hauptachse. Für beide ist sein Wert sonach $\frac{2b^2}{a}$. Was
der Parameter der Parabel ist, wissen wir schon. Nun
muß man in die gemeinsame Scheitelgleichung noch
für das q verschiedene Werte einsetzen. Und zwar
für den Kreis (-1), für die Ellipse $-\frac{p}{a} = -\frac{b^2}{a^2}$ [1]),
für die Hyperbel $\frac{p}{a} = \frac{b^2}{a^2}$ und für die Parabel schließlich 0.

Als zweite Nachbemerkung zur analytischen Geometrie wollen wir anführen, daß es nicht nur in der
Ebene, sondern auch im Raum R_3 eine analytische Geometrie gibt, die sogar hervorragend wichtig ist. Wir
deuten bloß an, daß bei einem dreidimensionalen rechtwinkligen Koordinatensystem Bedingungsgleichungen
bzw. Funktionen mit drei Unbekannten (x, y, z) oder drei
Variablen erscheinen, von denen dann zwei willkürlich
sind, während die dritte als zwangsläufige Veränderliche angesehen wird. Jeder Punkt wird im Raum
erst durch drei Koordinaten bestimmt und die Gleichungen mit drei Unbekannten bedeuten hier Flächen.
Die Rolle der Richtungskonstanten aber spielt im

---

[1]) Muß außerdem absolut kleiner sein als $|1|$.

Raume nicht der Tangens, sondern der sogenannte Richtungskosinus. Wir wollen aber auf all dies nicht näher eingehen. Vielmehr werden wir zum Abschluß noch eine Rechtfertigung der analytischen Geometrie bringen, die an unsere Betrachtungen über die Axiome anknüpft und die ebenfalls von Hilbert stammt. Wir werden nämlich versuchen, aus der Streckenrechnung, die wir ja schon als identisch mit der Arithmetik bewiesen, die analytische Geometrie zu gewinnen, deren Identität mit der Arithmetik dann hiedurch mitbewiesen ist, so daß sich auch aus diesem Gesichtswinkel die Geometrie der Lage und die Maßgeometrie als einander lückenlos entsprechende Zweige der allgemeinen Geometrie entpuppen.

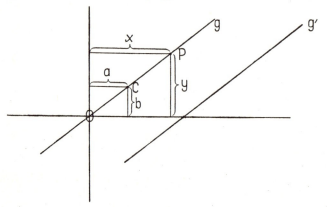

Fig. 132

Da wir aus der Streckenrechnung seinerzeit den Fundamentalsatz der Lehre von den Proportionen ableiteten, der in Worten lautete: Schneiden zwei Parallele auf den Schenkeln eines beliebigen Winkels die Strecken a, b bzw. a′, b′ ab, so gilt die Proportion a : b = a′ : b′, so dürfen wir jetzt natürlich auch für einen rechten Winkel diesen Satz in Anspruch nehmen.

334

Wir erweitern die Streckenrechnung nur noch durch die Festsetzung negativer Strecken je nach ihrer Lage links oder unterhalb des Winkelscheitels 0 und führen außerdem noch die Strecke 0 ein, die man etwa durch Subtraktion einer negativen von einer gleichlangen positiven Strecke erhält. Dann gilt für unseren rechten Winkel, der ja nichts anderes ist als ein rechtwinkliges Koordinatensystem, sicherlich die Proportion $a : b = x : y$, wobei x und y die Lote irgend eines Punktes der Geraden g auf die „Schenkel" bedeuten. In den anderen Winkelräumen würden die Absolutwerte unserer Proportion dieselben sein, es würden sich bloß die Vorzeichen ändern. Nun ist aber $a : b = x : y$ nichts anderes als $a \cdot y = b \cdot x$ oder $b \cdot x - a \cdot y = 0$ oder $a \cdot y - b \cdot x = 0$, eine Beziehung, die man nunmehr als Gleichung der Geraden im rechtwinkligen Achsensystem ansprechen kann. Bei einer zu g parallelen Geraden g hätten wir bloß statt x den Wert $x - c$ einzusetzen und erhielten dann als Geradengleichung $a : b = (x - c) : y$ oder $a \cdot y = b \cdot x - b \cdot c$ oder $b \cdot x - a \cdot y - b \cdot c = 0$, oder $a \cdot y - b \cdot x + b \cdot c = 0$, was offensichtlich allgemeine Formen der analytischen Gleichungen von Geraden sind. Obwohl wir schon zu Beginn unserer Untersuchungen in ähnlicher Art vorgegangen sind, als wir die Gleichung der Geraden ableiteten, wollten wir gleichwohl die strengste Überleitung der Lage-Geometrie, die ja in diesem Fall den „Maß-Pascal" benützte, in die Maßgeometrie zeigen. Wozu Hilbert noch bemerkt, daß diese Überleitung ohne Verwendung des Archimedischen Axioms vor sich geht. Nach dieser Überlegung, bemerkt Hilbert, „könne der weitere Aufbau der Geometrie nach den Methoden erfolgen, die man in der analytischen Geometrie gemeinhin anwendet", ohne daß eine Gefahr besteht, der Zusammenhang zwischen Geometrie und Arithmetik könnte an irgend einer Stelle sich lockern oder gar abreißen. Dies gilt aber nicht nur für die ebene, sondern auch für die räumliche analytische Geometrie.

Soweit die Hilbert'sche Beweisführung. Wir schließen dieses Kapitel mit der Bemerkung, daß nun auch Wege offenstehen, die Anzahl der Koordinaten über drei hinaus zu vermehren. Wir gewinnen dadurch räumliche Koordinatensysteme im R_4, R_5.....R_n, wobei jedem Punkt dann 4, 5, ...n Koordinaten zugeordnet sind oder ihn bestimmen. So arbeitet etwa die Minkowski-Einsteinsche Geometrie mit vier Koordinaten, also gleichsam in einem R_4, was aber noch durch verschiedene Nebenbedingungen (Raumkrümmung, eine Koordinate imaginär) kompliziert ist. Wir werden am Schluß des Buches noch auf diese Fragen zurückkommen.

Siebenunddreißigstes Kapitel

Hauptsätze der Stereometrie

Ungeachtet der letzten Ausführungen haben wir bisher stets im R_2, und zwar in einem speziellen R_2, nämlich in der Ebene, Geometrie betrieben. Nur in der projektiven Geometrie erweiterten wir unser Betrachtungsgebiet, allerdings bloß andeutungsweise, in den R_3 und in höhere Räume. Wir haben auch schon einmal den Grund dafür angegeben, warum die Kenntnis planimetrischer Sätze so wichtig ist. Sie erschließt uns ja zum großen Teil auch die Stereometrie oder die Geometrie der Körper, wie wir sehen werden. Gemessen, sagten wir damals, werden nur Winkel und Strecken. Und das kann eben bei den Körpern, den „Figuren" des R_3, auch nicht anders sein. Nun fehlt uns zur zeichnerischen Darstellung im R_3 ein wichtiges Hilfsmittel. Nämlich die Konstruktion mit Lineal allein oder mit Zirkel und Lineal. Unmittelbar könnten wir Körper nur durch „Modelle", also wieder durch Körper abbilden. Wollen wir Körper z e i c h n e n , dann versetzen wir Gegenstände des R_3 in den R_2. Und wir können sie nur insofern abbilden, als wir eine ihrer Dimensionen projizieren und hiezu die so-

genannte perspektivische Darstellung verwenden. Nun
müssen wir unsere Aussage, daß Zeichnungen von Körpern nicht konstruierbar seien, dahin abändern, daß es
einen ganzen großen Zweig der Geometrie gibt, der
solche Konstruktionen auf Umwegen ermöglicht. Wir
meinen damit die seit De Monge auf streng wissenschaftlicher Grundlage stehende deskriptive oder darstellende
Geometrie, zu der allerdings die Kenntnis der Stereometrie eine unbedingte Voraussetzung ist. Wir können
in diesem Buche nicht näher auf diesen an sich ebenso
wichtigen wie fruchtbaren Zweig der Geometrie eingehen. Um jedoch halbwegs eine Vorstellung davon zu
vermitteln, worum es sich dabei handelt, wollen wir eine
Zeichnung bringen, die zeigt, wie man etwa eine Pyramide darstellend geometrisch behandeln müßte. Der eine
Teil der Zeichnung zeigt, wie man sich die Pyramide auf
der „Zeichenfläche" stehend vorstellt, und der zweite
Teil, wie man zwei „Projektionsflächen" in die Ebene der
Zeichenfläche umklappt, um drei Risse unseres Körpers
auf einer einzigen Ebene zu vereinigen. Wie man weiters
sieht, entstehen durch das Umklappen verschiedene
Möglichkeiten, diese „Risse" rein konstruktiv zu gewinnen. Dies aber, wie erwähnt, nur nebenbei.

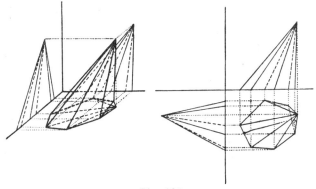

Fig. 133

Nun haben wir in der Stereometrie uns zuerst über die gegenseitigen Lagebeziehungen der einzelnen Elemente, also der Punkte, Geraden und Ebenen Klarheit zu verschaffen, bevor wir uns an den eigentlichen Gegenstand, die Körper, wagen dürfen. Daß eine Gerade, die nicht in der Ebene liegt, diese Ebene entweder schneidet oder zur Ebene parallel läuft, wissen wir schon. Eine schneidende Gerade schneidet die Ebene in einem Punkt. Hat eine Gerade mit einer Ebene zwei Punkte gemeinsam, dann liegt sie als Ganze in der Ebene und kann außerdem in der Ebene in jeder Weise um einen ihrer Punkte gedreht werden, ohne die Ebene zu verlassen. Wenn zwei Ebenen eine Gerade miteinander gemeinsam haben, so ist diese Gerade die Schnittlinie dieser beiden Ebenen. Wenn zwei Ebenen einen Punkt miteinander gemeinsam haben, muß er auf einer solchen Schnittlinie liegen. Wenn zwei Ebenen drei nicht in einer Geraden liegende Punkte gemeinsam haben, so fallen diese Ebenen in ihrer ganzen Ausdehnung zusammen. Weiters haben wir schon gehört, daß eine Ebene bereits bestimmt ist durch drei nicht in einer Geraden liegende Punkte, durch eine Gerade und einen Punkt außerhalb derselben und durch zwei einander schneidende Gerade.

Unter einer Normalen oder Senkrechten auf eine Ebene versteht man eine Gerade, die mit allen, durch ihren Fußpunkt (Durchschnittspunkt mit der Ebene) gezogenen, in der Ebene liegenden Geraden rechte Winkel bildet. Es genügt allerdings schon, um diese Bedingung zu erfüllen, daß die Gerade mit zwei Strahlen, die durch den Fußpunkt gehen, rechte Winkel einschließt. Wenn aber eine Gerade zugleich mit mindestens drei, von einem ihrer Punkte ausgehenden Strahlen rechte Winkel bildet, so müssen alle diese Strahlen in einer Ebene liegen. Der letzte Satz wird praktisch beim Abdrehen von Ebenen auf der Drehbank verwendet. Denn wenn ein Drehmesser mit einer Achse einen rechten Winkel bildet, muß durch Rotation des Werkstückes eine Ebene entstehen.

Nun betrachten wir einmal den Parallelismus im Raume. Es ist dabei von vornherein klar, daß nicht alle Geraden im Raum, die einander nicht schneiden, parallel sein müssen. Denn sie könnten ja auch windschief zueinander sein. Wir müssen also unsere bisherigen Definitionen im Raum dadurch erweitern, daß wir die Forderung hinzufügen, die Geraden müßten außerdem in einer Ebene liegen. Umgekehrt kann man im Raum durch zwei Parallele stets eine Ebene legen. Man kann auch weiter folgern, daß zwei Gerade, die in zwei verschiedenen Ebenen liegen, nur dann parallel sein können, wenn sie die Schnittgeraden einer dritten Ebene mit diesen beiden Ebenen sind. Nun sind auch zwei Lote auf eine Ebene stets zueinander parallel und zwei Lote, die zugleich die Lote zweier Ebenen sind, kann es nur zwischen parallelen Ebenen geben.

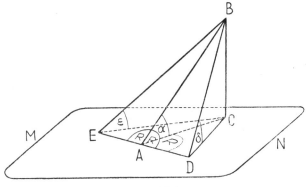

Fig. 134

Damit hätten wir die Frage des Neigungswinkels zweier Ebenen zueinander angeschnitten, da Parallelismus zwischen Ebenen nur vorliegen kann, wenn der Neigungswinkel der Ebenen zueinander Null ist.

Zuerst erörtern wir den Neigungswinkel einer Geraden mit einer Ebene. Welchen Winkel, so fragen wir, bilden etwa die Gerade A B, D B und E B mit der Ebene M N. Die Antwort lautet, daß man unter dem Neigungswinkel einer Geraden mit einer Ebene stets den Winkel versteht, den diese Gerade mit ihrer Projektion auf der Ebene bildet[1]). Die Projektion aber wird gefunden, indem man von einem Punkt der Geraden (er ist hier für alle drei Geraden gemeinsam und heißt B) das Lot auf die Ebene fällt und den Fußpunkt C des Lotes mit den Fußpunkten der Geraden verbindet. Dadurch erhalten wir in unserem Fall die drei Neigungswinkel α, δ und ε. Es gelten nun die leicht zu beweisenden Sätze, daß der Neigungswinkel jeweils der kleinstmögliche und sein Nebenwinkel jeweils der größtmögliche Winkel ist, den die geneigte Gerade mit irgend einer in der Ebene durch ihren Fußpunkt gehenden Geraden einschließen kann. Weiters gilt der sehr wichtige Satz, daß wenn man durch den Fußpunkt einer geneigten Geraden eine Gerade zieht, die zur Projektion dieser Geraden senkrecht ist, diese Gerade auch auf der geneigten Geraden selbst senkrecht steht; was wir in der Figur beim Punkt A durchgeführt haben. Zu diesem Satze gibt es zwei Umkehrungen, die lauten: Wenn man aus dem Fußpunkt einer geneigten Geraden in der Ebene eine Gerade zieht, die mit der geneigten Linie einen rechten Winkel bildet, dann bildet sie einen solchen auch mit der Projektion; und: Wenn eine geneigte Linie und eine aus ihrem Fußpunkt gezogene Gerade mit einer dritten durch den Fußpunkt laufenden Geraden der Ebene zugleich rechte Winkel bilden, dann ist diese Gerade die Projektion der geneigten Linie auf die Ebene.

Nun kennen wir den Begriff des Neigungswinkels einer Geraden auf eine Ebene. Wie sieht es aber, so fragen wir, mit dem Neigungswinkel z w e i e r Ebenen aus?

---

[1]) Weshalb auch in der analytischen Geometrie des Raumes der Richtungs-C o s i n u s verwendet wird, da dieser ja ein Verhältnis aus der Projektion einer Geraden zu dieser Geraden selbst ist.

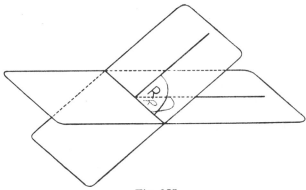

Fig. 135

Wir suchen dazu den kleinstmöglichen Winkel, den die beiden Ebenen miteinander einschließen können, und definieren: Der Neigungswinkel zweier Ebenen wird von zwei Geraden beider Ebenen gebildet, die beide in irgend einem Punkt der Schnittlinie dieser beiden Ebenen auf diese Schnittlinie senkrecht stehen. Man sieht aus der Zeichnung, daß es analog den aus Geraden gebildeten Winkeln auch hier Neigungswinkel und Neigungsnebenwinkel, sowie Neigungsscheitelwinkel gibt, für die alle Beziehungen der Winkel der Ebene gelten. Es muß etwa jede durch ein Lot einer Ebene gelegte Ebene stets als Ganze auf der Ebene senkrecht stehen, da sich als Neigungswinkel infolge der Eigenschaften des Lotes nur rechte Winkel ergeben können.

Wir wollen jetzt in Gedanken den Versuch machen, zwei parallele Ebenen durch eine dritte, eine Transversalebene, zu schneiden. Wir bringen in diesen Vorbemerkungen zur Stereometrie absichtlich weniger Figuren, um die für die Stereometrie so notwendige Anschauungskraft des Lesers zu stärken. Wir bitten aber, daß der Leser bei allen Sätzen, die ihm zweifelhaft oder unklar erscheinen, selbst Papier und Bleistift zur Hand nimmt und sich die hier fehlenden Zeichnungen selbst anfertigt. Er wird so eine doppelte praktische Übung leisten. Wir fragten also nach der Transversalebene. Durch unsere Definition des Neigungswinkels ist eigentlich die Parallelenziehung mit Transversale in der Ebene nichts anderes als ein „Riß" unserer zwei Ebenen und der Transversalebene. Wir dürfen also alle Winkelbeziehungen von Parallelen und Transversale auch auf die Neigungswinkel der schneidenden Ebene mit den beiden (oder mehreren) parallelen Ebenen übertragen. Darüber hinaus müssen die zwei (oder mehreren) Schnittgeraden der Transversalebene mit den parallelen Ebenen zueinander parallel sein. Ebenso könnte man zwei oder mehrere parallele Ebenen auch durch eine geneigte Gerade schneiden. Dabei würde sich ergeben, daß diese Gerade mit allen parallelen Ebenen gleiche Neigungswinkel hat usw.

Achtunddreißigstes Kapitel

Körperliche Ecken, Satz von Euler, Regelmäßige Polyeder

Nachdem wir nun, sicherlich wenig kurzweilig, die grundlegenden Sätze über Beziehungen der Elementargebilde im Raum durchbesprochen haben, stellen wir fest, daß wir mehr oder weniger nichts anderes taten, als schon bekannte Sätze der ebenen Geometrie den räumlichen Verhältnissen anzupassen. Wir gehen jetzt einen Schritt weiter und wenden uns einem Gebilde zu, das in der Stereometrie eine ebenso grundlegend wichtige Rolle spielt wie das Dreieck bzw. Vieleck in der Planimetrie. Wir meinen die körperliche Ecke, das körperliche Eck oder das Mehrkant oder Mehrflach. Man versteht darunter das, was man laienhaft als „offene Pyramide" bezeichnen müßte. Wissenschaftlich genau ist es ein Raum, der durch drei oder mehr in einem Punkt zusammentreffende Ebenen begrenzt wird. Es entstehen allerdings durch ein solches Zusammentreffen von Ebenen in einem Punkt mehrere Ecken, wie wir schon wissen. Bei drei Ebenen etwa acht solcher Ecken, was eine Analogie zum Winkel bildet, bei dem ja auch durch Schnitt zweier Geraden stets eigentlich vier Winkel entstehen.

Wie wir aber beim Winkel gewisse Richtungen fest-legen können und dadurch aus zwei schneidenden Ge-raden einen eindeutig bestimmten Winkel erhalten, so dürfen wir dies auch bei unserem „Raum-Winkel" (wenn man so sagen dürfte, ohne dadurch Verwechs-lungen zu provozieren).

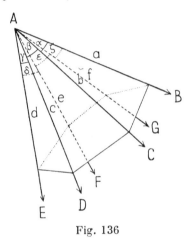

Fig. 136

In solch einer körperlichen Ecke, die wir auch als Ecke A (B C D E F G) schreiben können, haben die einzelnen Bestandstücke vereinbarungsgemäß festgelegte Namen. So nennt man A den Scheitel oder die Spitze der Ecke, die Geraden, in denen die unsere Ecke begrenzenden Ebenen einander durchschneiden, heißen die Kanten der Ecke oder schlechtweg Kanten, und die Winkel, die die Kanten in den Begrenzungsebenen miteinander bilden, also α, β, γ, δ, ε, ζ heißen die „Seiten"[1]) der Ecke. Schließlich nennt man die Neigungswinkel, unter denen bei den Kanten die einzelnen Ebenen zusammenstoßen, die Winkel der Ecke.

Ein Blick auf unsere Figur und die von uns schon gelegentlich der projektiven Untersuchungen gemachten Bemerkungen lehren, daß man auf die körperlichen Ecken durch Schnittebenen viele Sätze der Planimetrie übertragen kann. Wir erwähnen dabei, daß man in der Stereometrie einspringende Kanten, also Neigungswinkel der Ebenen von mehr als 180°, gewöhnlich ausschließt. Man kann nämlich durch Erweiterungen der Ebenen stets Ecken erzeugen, die keine einspringenden Kanten besitzen.

Wir stellen nun kurz die wichtigsten Sätze über körperliche Ecken zusammen:

1. In jeder dreiseitigen Ecke ist die Summe je zweier „Seiten" größer als die dritte.

2. In jeder dreiseitigen Ecke ist die Differenz je zweier „Seiten" kleiner als die dritte.

3. Die Summe aller „Seiten" einer Ecke ist immer kleiner als vier rechte Winkel (denn erreichte sie vier Rechte, so entstände aus der Ecke eine Ebene und aus den Kanten ein projektives Strahlenbüschel mit dem Zentrum A).

4. Demgemäß liegt die Summe aller „Seiten" einer Ecke zwischen 0 und 4 Rechten, wobei die Ecke bei der Seitensumme 0 zu einer Geraden, die durch den Punkt A geht, degenerieren würde.

Aus diesen Sätzen kann man schon verschiedene Folgerungen ziehen. Wir hätten etwa zwei „Seiten" eines Dreikants mit den Winkeln 115° und 80° gegeben und sollten abgrenzen, innerhalb welchen Zwischenraumes sich eine dritte „Seite", die wir x nennen, bewegen darf. Nach Satz 1 ist $115° + 80° > x$ und nach Satz 2 ist $115° - 80° < x$,

---

[1]) Wir schreiben „Seite" in dieser Bedeutung der Eindeutigkeit halber stets unter Anführungszeichen.

weshalb x zwischen 195° und 35° liegen müßte. Da aber weiters nach Satz 3 die Summe $115° + 80° + x < 360°$ sein muß, bleibt als Obergrenze für x nur mehr 165°, so daß also x zwischen 35° und 165° betragen muß, damit eine dreiseitige Ecke wirklich zustande kommen kann.

Wir verlassen jetzt aus gewissen Gründen für eine kurze Zeit die Sätze über körperliche Ecken und bringen einen der wichtigsten Lagesätze der ganzen Stereometrie, nämlich den Satz von Leonhard Euler über Polyeder. Unter einem Vielflächner oder Polyeder versteht man eine allseits geschlossene räumliche Figur, die von Flächen begrenzt wird, deren Schnittlinien wieder Kanten heißen. Die Flächen bzw. die Kanten stoßen in den Ecken des Polyeders zusammen. Wenn man nun die Anzahlen dieser Flächen, Kanten und Ecken mit F, K und E bezeichnet, so lautet der Eulersche Satz: $E + F = = K + 2$ oder „Ecken plus Flächen ist gleich Kanten plus zwei", was sich, in Worten ausgedrückt, gleichsam als Verslein leicht behalten läßt. Dabei müssen die Polyeder sogenannte „Eulersche Polyeder" sein. Sie dürfen, heißt das, weder von ringförmigen Polygonen begrenzt sein, noch im Inneren Höhlungen aufweisen.

Aus dem Eulerschen Satz folgt sofort $E = K - F + 2$, $K = E + F - 2$ und $F = K - E + 2$. Aus diesem fundamentalen Satz, dessen an sich nicht schwierigen Beweis wir aus Gründen des Raummangels fortlassen, kann man allerlei Spezialaufgaben errechnen. Etwa das höchst interessante Problem, wieviel Ecken und Kanten entstehen müssen, wenn die Anzahl der Flächen gegeben ist. Aus dem Eulerschen Satz folgt direkt $K - E = = F - 2$, woraus schon hervorgeht, daß bei gegebenem F die Kanten und Ecken eine konstante Differenz bilden, die stets gleich $F - 2$ ist. Nun ist weiters die Anzahl aller Winkel, die die Oberfläche eines Polyeders enthält, stets doppelt so groß als die Anzahl aller Kanten, was sich daraus ergibt, daß in jedem Polygon die Anzahl der Winkel gleich ist der Anzahl der Polygonseiten, diese Polygonseiten aber stets als Kanten zu je zwei Polygonen gehören müssen, weil ja sonst kein Polyeder entstände. Daher ist die Anzahl der Polygonseiten doppelt so groß als die Anzahl der Kanten, die Anzahl der Kanten also halbmal so groß als die Anzahl der Winkel oder die Anzahl der Winkel (W) doppelt so groß als die Anzahl der Kanten, was zu beweisen war. Wir haben somit $W = 2K$. Da aber jede Seitenfläche mindestens 3 Winkel haben muß, so ist $W \geq 3F$, woraus in Verbindung mit $W = 2K$ folgt, daß $K \geq \frac{3}{2}F$. Subtrahiert man hievon $K - E = F - 2$, so erhält man $E \geq \frac{1}{2}F + 2$. Wir haben jetzt also die Bedingungen, wie groß mindestens E und K bei gegebenem F sein muß. Dabei gelten die Beziehungen $W = 3F$ und $E = \frac{1}{2}F + 2$ für Polyeder aus Dreiecken. Woraus man weiters ersieht, daß (wegen $E = \frac{1}{2}F + 2$) aus Dreiecken nur Polyeder gerader Flächenanzahl gebildet werden können, da die Eckenanzahl nie etwas anderes als eine ganze Zahl sein kann. Um die Obergrenze der Kanten- und Eckenanzahl bei gegebener Flächenanzahl zu finden, überlegen wir, daß jede Ecke wenigstens aus drei Winkeln bestehen muß. Also $W \geq 3E$, woraus in Verbindung mit $W = 2K$ folgt $K \geq \frac{3}{2}E$. Wenn man weiters die letzte Ungleichung umformt auf $2K - 3E \geq 0$ und E dadurch eliminiert, daß man aus $K - E = F - 2$ für E den Wert $K - F + 2$ setzt, so ergibt sich $2K - 3(K - F + 2) \geq 0$ oder $-K + 3F - 6 \geq 0$ oder $K \leq 3F - 6$. Eliminiert man dagegen K, so erhält man $E \leq 2F - 4$. Die in diesen Ausdrücken enthaltenen Gleichungen $K = 3F - 6$ und $E = 2F - 4$ gelten für Polyeder aus lauter Dreiecken.

Nun haben wir es in der Hand, zu bestimmen, was für Polyeder man aus einer gegebenen Anzahl von Flächen bilden kann. Aus vier Dreiecken etwa haben wir als Untergrenze $K = 6$ und $E = 4$ und als Obergrenze dieselben Werte. Folglich gibt es nur eine Art von Tetraeder. Für ein Pentaeder (Fünfflächner) wäre $F = 5$, daher $K - E = 3$ und $K = 8$, $E = 5$ oder $K = 9$ und $E = 6$. Es gibt also zwei Arten von Pentaedern. Nur das zweite hat lauter dreiseitige Ecken. Keines von beiden besteht aber bloß aus Dreiecken. Für $F = 6$ (Hexaeder) ist $K - E = 4$ und $K = 9$, $E = 5$; oder $K = 10$, $E = 6$; oder $K = 11$, $E = 7$; oder $K = 12$, $E = 8$. Von diesen vier Hexaedern hat das erste lauter Dreiecke zu Seitenflächen und das letzte lauter dreiseitige Ecken.

Allgemein kann man aus F Seitenflächen eine Anzahl von n verschiedenen Polyedern bilden, und zwar ist n für eine gerade Flächenanzahl F gleich $\frac{3F - 10}{2}$ und n' für eine ungerade Flächenanzahl F' gleich $\frac{3F' - 11}{2}$, was man an obigen Beispielen nachprüfen kann.

Ein weiteres Problem, an dessen Lösung wir nun herantreten können, ist die Frage nach dem Vorhandensein und der Anzahl sogenannter regelmäßiger Polyeder oder Vielflächner. Schon die Pythagoräer befaßten sich mit der Untersuchung dieser Polyeder, sie werden aber gleichwohl „Platonische Körper" genannt, da sie auch von Platon und seinen Dialog-Gestalten (Theaitetos) geprüft wurden. Nebenbei bemerkt bestand im klassischen Altertum die Ansicht, daß die Atome jedes Elementes die Form eines der regelmäßigen Polyeder hätten.

Was ist nun ein regelmäßiges Polyeder? Wohl ein Körper, dessen sämtliche Begrenzungsflächen regelmäßige, kongruente Polygone und dessen Ecken regelmäßig und kongruent sind. Da aber Ecken mindestens aus drei Flächen gebildet werden müssen, können wir sofort angeben, welche Polygone zur Bildung derartiger Körper überhaupt in Betracht kommen. Der Winkel α eines regelmäßigen Polygons ist bekanntlich gleich $2R - \frac{4R}{n}$, folglich wäre die Summe dreier solcher Winkel an einer Ecke $\left(2R - \frac{4R}{n}\right) \cdot 3$ oder $6R - \frac{12R}{n}$ oder $6R \frac{n-2}{n}$. Da aber weiters eine Ecke nur entstehen kann, wenn die „Seiten"-Summe kleiner ist als $360°$, so ergibt sich, daß $\frac{n-2}{n}$ stets kleiner bleiben muß als $\frac{2}{3}$, wenn aus drei regelmäßigen Polygonen eine Ecke entstehen soll. Da aber n mindestens gleich 3 sein muß, da das regelmäßige Dreieck das reguläre Polygon geringster Seitenanzahl ist, so erhalten wir, da n weiter ganzzzahlig sein muß, für n = 3, n = 4, n = 5, n = 6, n = 7 usw. die Werte $\frac{1}{3}$, $\frac{1}{2}$, $\frac{3}{5}$, $\frac{4}{6}$, $\frac{5}{7}$ usw. für $\frac{n-2}{n}$, von denen bereits $\frac{4}{6} = \frac{2}{3}$ und $\frac{5}{7}$ schon größer ist als $\frac{2}{3}$. Weitere Werte müßten aber nach der Form des Bruches $\frac{n-2}{n}$ noch größer sein. Daraus folgt, daß das reguläre Fünfeck die Figur höchster Seitenanzahl ist, die für die Bildung von Ecken und damit von regelmäßigen Vielflächnern überhaupt in Betracht kommt. Nun können Ecken aber auch aus mehr als drei Polygonen gebildet werden. Tatsächlich lassen sich noch Ecken aus 4 und 5 regulären Dreiecken bilden, da die „Seiten"-Summe $4 \cdot 60° = 240°$ und $5 \cdot 60° = 300°$ noch unter 360° liegen. $6 \cdot 60° = 360°$, kommt also nicht mehr in Betracht. Bei n = 4, also bei Quadraten, ist eine Ecke nur aus drei Quadraten $(90° \cdot 3 = 270°)$ erhältlich. Vier Quadrate $(90° \cdot 4 = 360°)$ würden schon eine Ebene bilden. Beim Fünfecke endlich, das bekanntlich als Winkel $\alpha = 108°$ besitzt, kommen auch nur drei Polygone zur Eckenbildung in Betracht $(3 \cdot 108° = 324°)$. Vier reguläre Fünfecke würden schon $4 \cdot 108° = 432°$ erfordern, also der Bedingung „Seitensumme" $< 360°$ widersprechen.

Nun erinnern wir uns des Satzes von Euler und des zweiten Satzes W = 2K, wobei W die Anzahl aller Winkel der Flächen des Polyeders ist. Nehmen wir nun zuerst gleichseitige Dreiecke, so wissen wir schon daß W = 3F. Wenn man weiters je drei solcher Dreiecke zu je einer Ecke verbindet, dann ist W = 3E. Nun haben wir vier Gleichungen mit vier Unbekannten: E + F = K + 2, W = 2K, W = 3F, W = 3E. Daraus erhält man E = 4, F = 4, K = 6, W = 12, also das regelmäßige Tetraeder.

Wenn man jetzt als Flächen regelmäßige Dreiecke nimmt, die zu je vier eine Ecke bilden, bestehen die Gleichungen W = 3F, W = 4E, W = 2K, E + F = = K + 2, woraus sich E = 6, F = 8, K = 12, W = 24, also das regelmäßige Oktaeder ergibt.

Wenn man weiters je fünf gleichseitige Dreiecke je zu einer Ecke verbindet, erhält man W = 3F, W = 5E, W = 2K, E + F = K + 2 und E = 12, F = 20, K = 30, W = 60 oder ein regelmäßiges Ikosaeder.

Stellt man Quadrate zu je drei zur Ecke zusammen, dann gelten die Gleichungen: W = 4F, W = 3E, W = 2K, E + F = K + 2 und man erhält E = 8, F = 6, K = 12, W = 24 oder das regelmäßige Hexaeder (Würfel).

Für je drei zu einer Ecke vereinigte regelmäßige Fünfecke erhält man schließlich: W = 5F, W = 3E, W = 2K, E + F = K + 2, woraus folgt E = 20, F = 12, K = 30, W = 60 oder das Pentagon-Dodekaeder.

Andere regelmäßige Polyeder kann es nach unseren vorhin erörterten Bedingungen für die Bildung von Ecken nicht geben.

Nun existieren noch sogenannte halbregelmäßige Polyeder oder Archimedische Körper, deren Flächen zwar auch reguläre Vielecke sind, die aber gemischt auftreten. Etwa Dreiecke und Quadrate usw. Dabei können höchstens drei Arten von Polygonen beteiligt sein, da $(60° + 90° + 108°) = 258°$, was die Mischung aus regulärem Dreieck, Quadrat und regulärem Fünfeck wäre. Dreieck, Viereck, Sechseck ergäben $(60° + + 90° + 120°) = 270°$ „Seiten"-Summe usw. Niemals aber könnte eine vierte Art regelmäßiger Polygone dabei sein, da hier das Minimum $(60° + 90° + 108° + + 120°) = 378°$ wäre, was die erlaubten 360° schon überschreitet. Wir können hier leider nicht ausführlicher sein und stellen nur fest, daß es 12 Archimedische Körper mit zwei Arten und 3 Archimedische Körper mit drei Arten von Seitenflächen gibt.

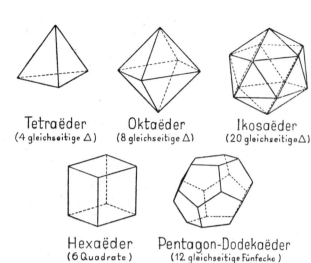

Tetraëder
(4 gleichseitige △)

Oktaëder
(8 gleichseitige △)

Ikosaëder
(20 gleichseitige △)

Hexaëder
(6 Quadrate)

Pentagon-Dodekaëder
(12 gleichseitige Fünfecke)

Fig. 137

Schließlich gibt es noch eine Art halbregelmäßiger Körper, die sogenannten Rhomboeder, die aus lauter kongruenten Rhomben bestehen und die in der Kristallkunde eine große Rolle spielen. Das einfachste Rhomboeder ist der „verzogene" Würfel oder Rhomben-Hexaeder. Es gibt aber auch Rhomben-Dodekaeder usw.

Neununddreißigstes Kapitel

Prinzip von Cavalieri, Raum-Messung

So interessant es nun auch wäre, alle Folgerungen aus dem Eulerschen Satz weiter zu durchforschen, müssen wir leider hier abbrechen und wieder zu den Eigenschaften der Ecken zurückkehren, die wir sofort auf die Polyeder überhaupt übertragen werden. Im R_3 unterscheidet man nicht bloß Kongruenz und Ähnlichkeit, sondern Kongruenz, symmetrische Gleich-

heit und Ähnlichkeit. Wir deuteten schon einmal an,
daß man symmetrische Gebilde stets dadurch kongruent machen kann, daß man sie in den höheren
Raum R_{n+1} herausnimmt und „umklappt". Im R_1
kann man zwei gerichtete Strecken nicht zur kongruenten Deckung bringen. Sie bleiben symmetrisch,
auch wenn man sie übereinanderschiebt, da ihre
Richtungspfeile stets nach verschiedenen Richtungen
weisen. Dieses „Gerichtetsein" der Strecken ist kein
Kniff zur Durchsetzung unserer Behauptung. Man
stelle sich bloß unregelmäßig gelagerte aber symmetrisch
liegende Teilpunkte auf den beiden Strecken vor und
man wird die Notwendigkeit der Gleichrichtung zur
Kongruenz von Strecken sofort einsehen.

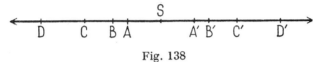

Fig. 138

Man ist durch „Schieben" nie imstande, A mit A′,
B mit B′ usw. zugleich zur Deckung zu bringen. Wohl
aber im R_2 durch „Drehung". Im R_2 gilt dasselbe etwa
bei symmetrischen Dreiecken, die man zur Kongruenz
in den R_{n+1} also den R_3 heben und dort „umklappen"
muß. Bei symmetrischen körperlichen Ecken im R_3,
die etwa dadurch entstehen, daß man alle, die Ecke
bildenden Geraden über den Scheitel hinaus verlängert
und dadurch eine „Scheitel-Ecke" gewinnt, ist kein
Mensch je imstande, diese zwei Ecken, wenn man sie
auseinandernimmt, zur Kongruenz zu bringen. Es fehlt
der R_4 für das „Hinausnehmen" und „Umklappen".
Es gibt nur ein Umdrehen in sich wie beim Handschuh, das Kongruenz ermöglicht. So wie man etwa
auch ein symmetrisches Dreieck in der Ebene in sich
umwenden und dadurch kongruent machen könnte.
Schließlich könnten wir uns ja auch die Gerade mit
den Teilpunkten etwa in der Art eines unendlich

dünnen Schlauches in sich umgedreht denken, wodurch Kongruenz entstände.

Die Polyeder selbst sind einander dann kongruent, wenn ihre Flächen und Ecken bezüglich kongruent sind. Eine einzige, bloß symmetrisch gleiche Ecke würde die Kongruenz zerstören. Das Rechts-Links-Problem, das sowohl im R_1 als im R_2 stets durch die höheren Räume aufgehoben werden kann, gewinnt im R_3 einen absoluten Charakter, was jeder nachfühlen wird, der knapp vor der Abreise in einer Schuhschachtel zwei rechte oder zwei linke Schuhe entdeckt, bei denen ein „Umdrehen" à la Handschuh untunlich ist. Wir werden in den Schlußkapiteln noch staunenswerte Dinge über rechts und links erfahren.

Jetzt aber wenden wir uns der Inhaltsmessung im Raume zu, dem letzten Untersuchungsgegenstand, den wir in der Stereometrie näher betrachten. Wie die Fläche in Quadraten der Längeneinheit ausgemessen wird, so wird der Raum in Würfeln der Längeneinheit gemessen. Aus der Quadratur wird die Kubatur und es bedarf keiner Erläuterung, daß etwa 5 Schichten von Würfeln, die in einer Länge von 8 und in einer Breite von 3 Längeneinheiten aufeinandergebaut sind, $5 \cdot 8 \cdot 3 = 120$ Würfel enthalten müssen. Wie beim Rechteck Länge mal Breite, so ist im Raume Länge mal Breite mal Höhe die Grundformel der Messung. Nun ist es aber ein Kreuz der Geometriker, daß sich eine durchaus strenge Überleitung vom Flächeninhalt zum Rauminhalt nicht finden läßt. Wir müssen da entweder mit primitiven oder mit höchst komplizierten Vorstellungen arbeiten, die eigentlich in die höhere Mathematik gehören, so plausibel sie an und für sich sein mögen. Wir meinen in erster Linie den Satz von Cavalieri, der als Fundamentalsatz der Raummessung angesprochen werden darf.

Wir hätten eine Reihe verschieden geformter Plättchen, die alle den gleichen Flächeninhalt haben, was wir als Voraussetzung behaupten. Es ist wohl ohne jede Erläuterung klar, daß unsere verschiedenen mehr oder weniger schiefen „Türme" alle den gleichen Rauminhalt haben, da sie aus gleichviel flächengleichen Plättchen aufgebaut sind. Nun ist das aber doch wieder nicht so klar, als es auf den ersten Augenblick erscheint. Denn wir wissen nur, daß unsere Plättchen einander und jede Art von Plättchen untereinander flächengleich sind. Wir müssen uns also die Plättchen wieder in dünnere und stets dünnere Plättchen zerlegt denken, bis wir endlich bei unendlich dünnen

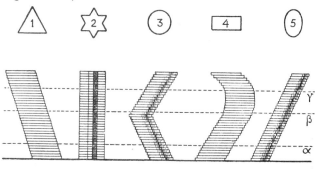

Fig. 139

Plättchen sagen können, sie seien untereinander wirklich gleich. Nun ist es aber paradox, aus unendlich dünnen Plättchen „Türme" bauen zu wollen. Denn wir wissen nicht einmal, ob selbst unendlich viele unendlich dünne Plättchen einen Turm erzeugen können. Wieder befinden wir uns in einer Antinomie oder Gegengesetzlichkeit, die mit dem Problem der Stetigkeit und des Diskreten zu tun hat. Wir dürfen aber trotzdem dem Satz Cavalieris vertrauen, da ihn bisher jede Erfahrung und jede indirekte mathematische Probe bestätigt hat. Er lautet: „Wenn bei mehreren Körpern ein Schnitt durch eine und dieselbe parallel zur Grundfläche gelegte Ebene stets flächengleiche Schnittflächen ergibt, in welcher Höhe immer man die Körper schneidet; und wenn außerdem noch die Grundflächen und Höhen der Körper gleich sind: dann sind alle diese Körper gleich an Rauminhalt."

Der Satz Cavalieris ist eigentlich nichts anderes als eine erweiterte räumliche Entsprechung des Euklidischen Satzes von der Inhaltsgleichheit aller Parallelogramme, die gleiche Grundlinie und gleiche Höhe haben. Ich könnte beim Satz Euklids (oder wer immer diesen, in den Elementen Euklids enthaltenen Satz aufgestellt hat) mir ebensogut Parallelogramme aus stets dünneren Streifen zusammengesetzt denken, bis schließlich bloß Strecken übrig bleiben, und dann behaupten: Wenn in mehreren Parallelogrammen der Schnitt einer Geraden, die zur Grundlinie parallel ist, in jeder beliebigen Höhe gleiche Strecken liefert, und wenn außerdem Grundlinie und Höhe dieser Parallelogramme gleich sind, dann sind die Parallelogramme alle inhaltsgleich. Nun ist die erste Bedingung beim Parallelogramm dadurch erfüllt, daß Parallele zwischen Parallelen gleich sein müssen. Bleibt also die Euklidische Forderung als Schlußfolgerung. Wir fügen noch hinzu, daß der Euklidsatz gleichsam eine projektive Entsprechung des Cavalierisatzes für die Ebene darstellt und umgekehrt, wodurch man allenfalls auf dem Umwege über die projektive Geometrie genugtuende Raummessungssätze erhalten könnte.

Da wir nun im Besitze zahlreicher Grundbegriffe der Stereometrie sind, wollen wir die wichtigsten Körper mit Ausnahme der schon besprochenen Polyeder durchgehen.

1. Das Prisma. Es ist ein Polyeder, der von zwei parallelen und kongruenten Polygonen als Grundflächen und von soviel Parallelogrammen als Seitenflächen begrenzt ist, als jede der beiden Grundflächen Seiten hat. Es heißt nach dieser Seitenanzahl der Grundflächen ein drei-, vier-, fünf-, n-seitiges Prisma. Man spricht hier von „Seitenflächen" im Gegensatz zu „Grundflächen".

Allgemein sei angemerkt, daß man unter der Oberfläche einer räumlichen Figur die Summe der Flächeninhalte aller Begrenzungsflächen versteht[1]). Also beim Prisma 2 Grundflächen plus n Seitenflächen. Zeichnet man alle diese Flächen so auf Papier, daß man daraus ein Modell des betreffenden Körpers zusammenbiegen kann, so nennt man eine solche Projektion aller Begrenzungsflächen in eine Ebene das „Netz" dieser Figur. Es wird dem Leser dringendst geraten, zwecks tieferen Eindringens in die Stereometrie sich möglichst viele solcher „Netze" selbst zu zeichnen und hieraus dann Polyedermodelle zu kleben.

Nun kann ein Prisma weiter sein:

a) Ein gerades Prisma, wenn alle Seitenkanten auf die Grundflächen senkrecht stehen.

b) Ein regelmäßiges Prisma, wenn die Grundflächen regelmäßige Vielecke sind.

c) Ein Parallelepipedon, wenn die Grundflächen selbst Parallelogramme sind.

d) Ein gerades Parallelepipedon, wenn dazu noch die Seitenkanten auf die Grundflächen senkrecht stehen.

e) Ein rechtwinkliges Parallelepipedon, wenn es ein gerades ist, und dazu noch die Grundflächen Rechtecke sind.

f) Ein Würfel, wenn es ein rechtwinkliges Parallelepipedon ist, bei dem die Grundkanten und die Seitenkanten gleich lang sind, oder, was dasselbe ist, bei dem sowohl die Grundflächen als auch die Seitenflächen sämtlich Quadrate sind.

Da nun aus den Sätzen über Parallele bewiesen werden kann, daß in jedem Prisma die Grundflächen kongruent sind jedem zu den Grundflächen parallelen Schnitt und da weiters sicherlich ein rechtwinkliges

---

[1]) Mantel oder Mantelfläche nennt man alle n Seitenflächen mit Ausnahme der Grundflächen (Prisma, Zylinder) oder der Grundfläche (Pyramide, Kegel).

Parallelepipedon den Rauminhalt Länge mal Breite mal Höhe hat, was mit „Grundfläche mal Höhe" identisch ist, folgt aus dem Satz von Cavalieri, daß auch in jedem anderen Prisma (dessen Grundfläche und Höhe man sich ja stets identisch mit denen des rechtwinkligen Parallelepipedons denken kann) der Rauminhalt auch der Formel $g \cdot h$ gehorcht; wobei die Grundfläche stets nach planimetrischen Regeln zu berechnen ist, während die Höhe allenfalls auch durch planimetrische Sätze (Pythagoras, trigonometrische Sätze usw.) gewonnen werden kann. Das hängt natürlich von den gegebenen Bestandstücken ab. Eine spezielle Form des Prismas ist der Zylinder, wie der Kreis ein unendlichseitiges Polygon ist. Wir dürfen also sofort die Prismasätze auch auf den Zylinder übertragen und finden als seinen Rauminhalt $r^2 \cdot \pi \cdot h$, gleichgültig, ob der Zylinder gerade oder schief ist. Selbst einen elliptischen Zylinder kann man als eine Spielart des Prismas betrachten. Da der Flächeninhalt der Ellipse gleich ist $a \cdot b \cdot \pi$, so ist der Rauminhalt des Ellipsenzylinders $a \cdot b \cdot \pi \cdot h$ (wobei a die große und b die kleine Halbachse der Ellipsen-Grundfläche sind).

2. Als zweite Figur betrachten wir die Pyramide, bei der von einer polygonalen Grundfläche Gerade als Kanten ausgehen, die einander alle in einem und demselben Punkt, dem Scheitel oder der Spitze der Pyramide, treffen. Die Seitenkanten bilden hier mit den Grundkanten Dreiecke.

a) Eine regelmäßige Pyramide hat als Grundfläche ein reguläres n-Eck und als Seitenflächen gleichschenklige Dreiecke. Sie ist also

b) auch eine gerade Pyramide, die unabhängig von der Regelmäßigkeit der Grundfläche als Seitenflächen gleichschenklige Dreiecke haben muß.

c) Alle anderen Pyramiden, gleichviel ob ihre Grundfläche ein regelmäßiges Vieleck ist oder nicht, heißen schiefe Pyramiden.

d) Eine Pyramide, die ein gleichseitiges Dreieck zur Grundfläche und drei gleichseitige Dreiecke zu Seitenflächen hat, heißt ein regelmäßiges Tetraeder.

e) Eine Pyramide, die vier gleichseitige Dreiecke zu Seitenflächen und ein Quadrat zur Grundfläche hat, ist die Hälfte eines regelmäßigen Oktaeders.

f) Schließlich kann man eine Pyramide von unendlich großer Seitenzahl als Kegel bezeichnen. Jedenfalls gelten alle Pyramidensätze ebensogut auch für Kegel, die auch schief oder elliptisch sein dürfen.

Der Fundamentalsatz für die Pyramide besagt, daß parallele Schnitte zur Grundfläche stets der Grundfläche ähnliche Polygone liefern müssen, was wir schon aus der projektiven Geometrie wissen. Außerdem verhalten sich die Grundfläche und eine ihr parallele Durchschnittsfläche stets so wie die Quadrate ihrer Abstände von der Spitze, was man leicht aus planimetrischen Sätzen mit Hilfe ähnlicher Dreiecke beweisen kann.

Um den Rauminhalt einer Pyramide zu messen, gehen wir vom Prisma aus. Und zwar vom dreiseitigen.

Wir behaupten, daß jedes dreiseitige Prisma stets in drei inhaltsgleiche dreiseitige Pyramiden zerlegt werden kann. Wir betrachten zuerst die beiden Pyramiden ABCD und BCDE und verlegen ihre gemeinsame Spitze nach C. Dann haben die beiden Pyramiden die gleiche Grundfläche (ABD resp. BDE) und die gleiche Höhe, nämlich das Lot von C auf ABED. Sie sind somit nach dem Cavalierisatz inhaltsgleich, da sie sich nach dem soeben besprochenen Proportionssatz zwar nicht aus gleichbleibenden, dafür aber aus sich entsprechend verjüngenden Plättchen zusammensetzen. Denn bei jeder der beiden Pyramiden verhält sich die parallele Schnittfläche in der Höhe h′ zur Grundfläche wie die Quadrate der Abstände vom Scheitel. Also Grundfläche zu Schnittfläche wie $h^2 : (h - h')^2$. Wenn aber $F : f = h^2 : (h - h')^2$ und $F : f' = h^2 : (h - h')^2$, muß f gleich sein f′, wobei wir die Schnittflächen in der Höhe h′ mit f und f′ bezeichnen. Nun können wir mit der gemeinsamen

Spitze D die beiden dreiseitigen Pyramiden BCDE und CDEF bilden, bei denen wieder die Grundflächen BCE und CEF gleich sind, während die Höhe das Lot von D auf BCFE ist. Da auch hier wieder der durch die Pyramiden-Proportion modifizierte Cavalieri gilt, so ist jetzt Pyramide BCDE inhaltsgleich der Pyramide

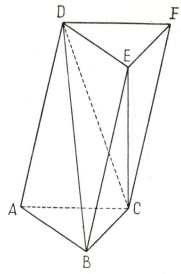

Fig. 140

CDEF, woraus endlich folgt, daß die Pyramiden ABCD, BCDE und CDEF, die zusammen das Prisma ausfüllen, einander inhaltsgleich sind.

Da man nun etwa die Pyramide ABCD auch so betrachten kann, als ob sie ABC als Grundfläche und D als Spitze oder Scheitel hätte, folgt, daß sie mit dem Prisma die gleiche Grundfläche und Höhe haben muß. Da sie aber weiters der dritte Teil des Prismas ist und das Prisma als Inhalt $g \cdot h$ hat, so ist der Inhalt der Pyramide $\frac{g \cdot h}{3}$. Da man aber weiters, wie wir wissen, jedes Polygon in ein Dreieck verwandeln kann, so kann man jedes n-Eck, das g bildet, in ein Dreieck verwandeln, wodurch, wieder nach Cavalieri, das neue dreiseitige Prisma gleich sein muß dem n-kantigen Prisma. Und wodurch schließlich auch die n-seitige Pyramide inhaltsgleich sein muß der neuen dreiseitigen, somit einem Drittel des Raumgehaltes des Prismas. Durch diese Verallgemeinerung dürfen wir jetzt auch den Kegel als den dritten Teil eines Zylinders gleicher Grundfläche und Höhe ansprechen und erhalten als Rauminhalt des Kreiskegels $\frac{r^2 \cdot \pi \cdot h}{3}$ und als Inhalt des elliptischen Kegels $\frac{a \cdot b \cdot \pi \cdot h}{3}$.

Weitere Formeln der Stereometrie führen wir nicht an, da sie in jeder Formelsammlung enthalten sind und außerdem aus unseren planimetrischen Sätzen stets leicht abgeleitet werden können. Es bedarf wohl keiner besonderen Erwähnung, daß auch die Trigonometrie in der Stereometrie eine gewaltige Rolle spielt. Ebenso die niedere und insbesondere die höhere Analysis. Erst durch die Integralrechnung wird man in den Stand gesetzt, allerlei krummflächig begrenzten räumlichen Gebilden, insbesondere den Rotationskörpern, die durch Umdrehung einer Kurve um eine Achse entstehen, an den Leib zu rücken. Der regelmäßigste dieser Umdrehungskörper ist die Kugel, die wir abgesondert behandeln werden, da wir vorerst noch die drei großen Konstruktionsprobleme der Geometrie betrachten wollen, die sehr viel zum Aufschwung der Geometrie beitrugen, da sie jeder Lösung mit gewöhnlichen Mitteln (also mit Zirkel und Lineal) trotzten.

Vierzigstes Kapitel

Konstruktive Lösung von Winkeldreiteilung, Quadratur des Kreises und Würfelverdopplung

Als erstes dieser drei klassischen Probleme der Geometrie betrachten wir die konstruktive Dreiteilung des

Winkels oder die „Winkeltrisektion". Die Lösung dieser
Aufgabe (allerdings nicht mit Zirkel und Lineal) gelang
um 150 vor Christi Geburt dem griechischen Mathematiker Nikomedes mit Hilfe einer sonderbaren Kurve, die
Muschelkurve oder Conchoide heißt. Diese Kurve entsteht durch Drehung eines Strahles um einen festen
Punkt P, wobei alle Punkte der Kurve stets von einer
gegebenen Geraden g einen gegebenen Abstand q besitzen müssen. Je nachdem dieser feste Punkt P (oder
Pol der Kurve) von der Geraden weiter, gleichviel oder
weniger weit abliegt als q, entstehen drei Formen der
„Geraden-Conchoide", die in der Figur gezeigt sind.

Die Winkeldreiteilung nun beruht auf folgender Überlegung: Wenn der zu teilende Winkel α irgendwo an eine
Gerade g angetragen wird, dann steht es uns frei, den
Pol der Conchoide in einem beliebigen Punkt P anzu-
nehmen. Wenn wir nun mit OP als Radius um O einen
Kreis schlagen, so wird dieser Kreis im Punkt E die
Conchoide schneiden. Da wir weiters r (OP) als den
„Abstand" der Conchoide gewählt haben, ist r = q,
woraus auch folgt, daß bei Verbindung von P und E
und Verlängerung dieser Geraden bis zum Schnitt mit g,
das Stück E Q gleich sein muß q, also auch r. Es ent-
stehen jetzt zwei gleichschenklige Dreiecke P O E und
O E Q mit den Schenkeln q = r. Nun ist Winkel β als
Außenwinkel gleich 2γ und $2\beta + (180 - \alpha - \gamma) = 180$,
also $\alpha + \gamma = 2\beta$, was man auch durch Addition des
Scheitelwinkels von α zu γ direkt hätte ablesen können.
Aus diesen zwei Gleichungen folgt, daß $\alpha + \gamma = 4\gamma$
oder α gleich 3γ, was zu beweisen war. Der Winkel γ
ist somit tatsächlich genau ein Drittel von Winkel α.
Zur praktischen Durchführung derartiger Konstruktionen existierten schon im Altertum Conchoiden-Zirkel,
deren Bau sehr einfach ist, da man hiezu bloß eine Art
von Lineal braucht, das mit dem einen Ende auf der
Geraden g hin und her gleiten kann, während es am
anderen Ende in der Entfernung q etwa wie ein Stangen-
zirkel den Zeichenstift trägt. Im Punkte P aber befindet

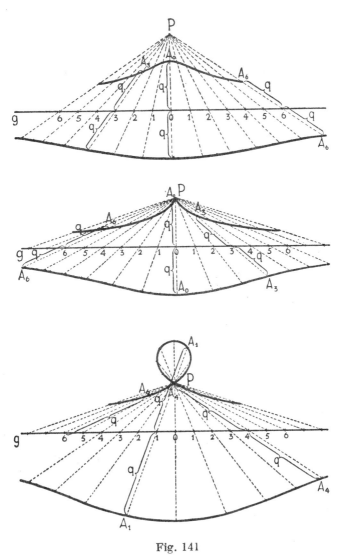

Fig. 141

sich ein Zapfen, um den sich das Lineal drehen kann. Allerdings muß es mittels eines langen Schlitzes auch am Drehzapfen gleiten können, weil ja q zwar stets auf der Verbindung der Geraden mit P liegt, der Abstand q jedoch immer von der Geraden g aus sich einstellen muß.

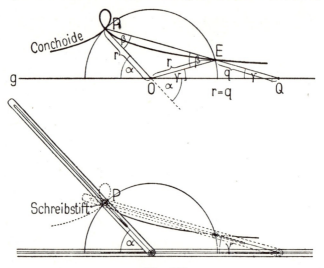

Fig. 142

Wir könnten also unser Instrument folgendermaßen benutzen: Zuerst legen wir das „Lineal" an den zu messenden Winkel an, lösen den Drehzapfen aus dem Schlitz und beschreiben mit dem Radius $r = q$ einen Kreis. Dann befestigen wir den Zapfen in der Kreisperipherie und erzeugen durch Verschiebung des Schlittens die Conchoide. Wo die beiden Kurven einander schneiden, ist der Punkt E, so daß wir durch Verbindung von P und E mit unserem Lineal sofort auch den Punkt Q und damit den gedrittelten Winkel γ gewinnen können.

Als zweites klassisches Problem trotzte das Quadraturproblem des Zirkels allen Bemühungen. Wir zeigen zuerst eine Näherungslösung mit Zirkel und Lineal, die der österreichische Oberst Quoika im Februar 1934 durch ein Flugblatt der Öffentlichkeit bekanntgab. Wir entnehmen diesem Flugblatt die folgende Zeichnung, in der auf der Linie xy im Punkte O ein Kreis mit beliebigem Radius gezogen ist. Auf dieser Geraden xy werden vom Mittelpunkt aus 4,4 (93,74) beliebig große gleiche Teile aufgetragen, wodurch die Strecke OC entsteht.

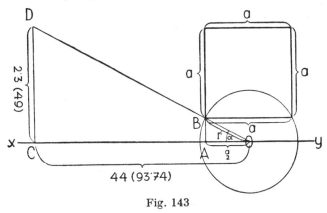

Fig. 143

In C wird nun ein Lot auf xy errichtet und auf diesem 2,3 (49) Einheiten derselben Art wie früher abgetragen, wodurch C D entsteht. Nun verbindet man D mit O und erhält den Schnittpunkt B mit dem Kreise. Zieht man von B eine der Geraden xy parallele Sehne a, so ist diese Sehne a die verlangte Quadratseite eines dem Kreise „annähernd" flächengleichen Quadrates. Der Beweis ist leicht trigonometrisch zu führen, wobei auch der „Fehler" gegenüber einer genauen Quadratur auf Grund der Kreiszahl π zum Vorschein kommt. Da die Quadratur die Bedingungsgleichung $a^2 = r^2 \cdot \pi$ verlangt, so ist $\pi = \frac{a^2}{r^2}$. Weiters ist $\frac{a}{2} = r \cdot \cos \alpha$, folglich $\frac{a}{r} = 2 \cdot \cos \alpha$ und $\frac{a^2}{r^2} = 4 \cdot \cos^2 \alpha = \pi$. Nun ist $\cos \alpha = \frac{OC}{OD}$ und $\cos^2 \alpha =$

$= \frac{(OC)^2}{(OD)^2}$, was nach dem „Pythagoras" sich in einem Fall als $\cos^2 a = \frac{(4 \cdot 4)^2}{(2 \cdot 3)^2 + (4 \cdot 4)^2}$ und im genaueren Fall als $\cos^2 a = \frac{(93 \cdot 74)^2}{(49)^2 + (93 \cdot 74)^2}$ ergibt. Wenn wir diese Werte ausrechnen und noch mit 4 multiplizieren, erhalten wir für π im ersten Fall $\pi = 3 \cdot 141582$ und im zweiten Fall $\pi = 3 \cdot 141594$. Da der richtige Wert $\pi = 3 \cdot 141592 \ldots$ beträgt, so ist der „Fehler" im ersten Fall höchstens $\frac{1}{100.000}$ und im zweiten Fall sogar nur $\frac{2}{1,000.000}$, was für die Praxis als fehlerfrei betrachtet werden kann. Hiezu bemerkt Quoika, daß die bisher genaueste Konstruktion im Jahre 1685 durch den Jesuitenpater Kochanski mit einem Fehler von $\frac{6}{100.000}$ ($\pi = 3 \cdot 141533$) geleistet wurde.

Wir bemerken an dieser Stelle, daß alle diese an sich genialen Näherungskonstruktionen natürlich die Tatsache nicht aus der Welt schaffen, daß mit Zirkel und Lineal die Quadratur des Kreises nicht durchgeführt werden kann. Den Beweis hiefür können wir leider aus Raum- und Schwierigkeitsgründen nicht bringen; wir erwähnen bloß, daß er mit der durch Lindemann endgültig festgestellten Transzendenz von π zusammenhängt. Es ist nun aber in neuerer Zeit durch die Konstruktion eines Evolventenzirkels (Vietoris) gelungen, eine genaue, theoretisch hundertprozentige Quadratur des Kreises zu erzielen, wobei die Fehlerquellen nicht im Prinzip, sondern im praktischen Funktionieren des Evolventen-Zirkels gelegen sind. Die Kreis-Evolvente gehört zugleich zu den Rollkurven und den Spirallinien. Sie ist eine Radkurve eines Kreises mit unendlichem Durchmesser, der einen zweiten Kreis abwickelt. Somit eine Grenzform der Epi-Zykloide. Wir wollen aber diese gelehrten Festlegungen einfacher verdolmetschen. Wenn man eine Tangente an den Kreis bildet und ohne Verschiebung um den Kreis herumlegt, so wird, wenn man den ersten Berührungspunkt auf der Tangente markiert hat, dieser Punkt eine Kurve beschreiben, wobei jederzeit die Strecke zwischen dem ersten Berührungspunkt

und dem jetzigen Berührungspunkt **auf** der Tangente
gleich dem Kreisbogen ist, der **zwischen den Berührungs-**
punkten liegt.

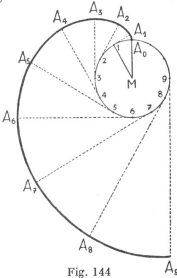

Fig. 144

Der Kreis wurde gleichsam gerade gebogen (rektifi-
ziert) und der Bogen klebt auf der Tangente. Man könnte
sich das so vorstellen, daß die Kreispunkte kleine Papier-
Koriandoli auf dem Umfang eines Rades gewesen wären.
Nun hätte ich ein gummiertes Lineal angelegt und
herumgeschwungen. Es würden nacheinander sämtliche
Berührungspunkte am Lineal kleben und dieselbe (aller-
dings nicht mehr krumme) Länge aufweisen wie der
Bogen, dessen Länge ebenfalls die Summe all dieser Be-
rührungspunkte ausmachte.
Wenn wir also mittels eines Evolventenzirkels etwa
einen Viertelkreis als Gerade darstellen können, ist das
Problem der Quadratur theoretisch gelöst. Denn ein
Viertelkreis hat den Flächeninhalt $\frac{r^2 \cdot \pi}{4}$ oder, was das-

selbe ist, $\frac{(2\mathbf{r}\cdot\pi)\mathbf{r}}{8}$. Nun ist aber der Viertelkreisbogen $\frac{2\mathbf{r}\cdot\pi}{4} = \frac{\mathbf{r}\cdot\pi}{2}$ lang. Da der Inhalt des Quadranten eine Fläche von $\frac{(\mathbf{r}\cdot\pi)}{2}\cdot\frac{2\cdot\mathbf{r}}{4} = \frac{(\mathbf{r}\cdot\pi)}{2}\cdot\frac{\mathbf{r}}{2}$ beträgt, brauche ich die Ablesung auf der Schiene des Evolventenzirkels bloß mit $\frac{\mathbf{r}}{2}$ zu multiplizieren, um die genaue Fläche des Viertelkreises zu gewinnen. Will ich zudem noch die Quadratseite, die diesem Viertelkreis entspricht, konstruktiv erhalten, dann kann ich aus der Ablesung auf dem Evolventen-Lineal $\left(\frac{\mathbf{r}\pi}{2}\right) = \mathbf{c}$ und aus $\frac{\mathbf{r}}{2}$ ein Rechteck bilden, das natürlich den Flächeninhalt $\mathbf{c}\cdot\frac{\mathbf{r}}{2} = \left(\frac{\mathbf{r}\pi}{2}\right)\cdot\frac{\mathbf{r}}{2} = \frac{(2\mathbf{r}\pi)\mathbf{r}}{8}$ haben muß. Dieses Rechteck aber kann ich dann nach den uns schon bekannten Regeln konstruktiv in ein Quadrat der Seite a verwandeln (Fig. 107). Zu diesen ganzen theoretischen Ausführungen wird abschließend bemerkt, daß es nur darauf ankam, das transzendente π in kommensurabler Art auszudrücken, d. h. es irgendwie auf eine gerade Strecke zu reduzieren. Dies aber leistete unsere Evolvente bzw. deren Leitstrahl, dessen Länge sich mit der Länge des zugehörigen Kreisbogens als identisch erwies.

Die mechanische Durchführung der Konstruktion wird mit dem Evolventen-Zirkel verwirklicht. Er ist sehr einfach konstruiert. Eine Schiene, deren Länge bis zum rechten Winkel den Radius des zu quadrierenden Kreises darstellt, trägt an einem Ende den Mittelpunktsstift. In der Entfernung des Radius von diesem Stifte ist senkrecht zum Radius-Lineal ein Tangenten-Lineal angebracht, auf dem der Wagen in der Tangentenrichtung gleiten kann. Auf der dem Radius-Lineal zugekehrten Seite des Wagens ist an der Kante der Zeichenstift befestigt. Der Wagen ruht mit einem scharfzahnigen Zahn-Rädchen auf der Zeichenfläche, wobei er in jedem kleinsten Intervall bestrebt bleibt, die Achse dieses Rädchens stets parallel zur Tangente zu stellen. Dadurch aber muß der Wagen parallel zum Tangenten-Lineal gleiten, und der Schreibstift zeichnet

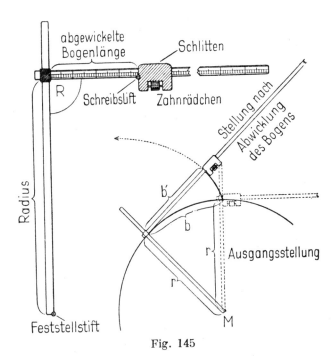

Fig. 145

die Kreis-Evolvente, falls der „Radius" bewegt wird. Weiters wird die Länge der „Tangente" vom jeweiligen Berührungspunkt bis zum Schreibstift stets die Bogenlänge des Kreises darstellen, die bisher „abgewickelt" wurde. Wie schon angedeutet, stammt die Idee dieser Zirkelkonstruktion von L. Vietoris in Innsbruck[1]). Als drittes und letztes der klassischen Konstruktionsprobleme hätten wir das sogenannte „Delische Problem" (Problem der Würfelverdopplung oder „duplicatio cubi") zu behandeln. Die Sage kündet, daß König

---

[1]) Beschrieben in dem interessanten Aufsatz von Karl Menger (Wien): „Ist die Quadratur des Kreises lösbar?" in „Alte Probleme — neue Lösungen", Deuticke 1934.

Minos von Kreta seinem Sohne ein Grabmal in Würfel-
form hatte errichten lassen, das durch Nachlässigkeit
des Baumeisters zu klein ausgefallen war. Es sollte daher
der marmorne Würfel der Kantenlänge von 100 Fuß abgetragen und durch einen neuen ersetzt werden, der
den doppelten Rauminhalt hätte aufweisen müssen.
Nun scheiterten die Mathematiker an der Berechnung
der Kantenlänge des neuen Würfels. Nach einer zweiten
klassischen Sage hatte das Orakel in Delos (daher der
Name des Problems) den Athenern den Rat erteilt,
zur Versöhnung Apollons, dessen Altar in Delos die
Form eines Würfels hatte, einen doppelt so großen
Würfel-Altar zu stiften. In Athen wütete nämlich die
Pest, die man der Ungnade Apollons zuschrieb. Da die
Geometer das Problem nicht lösen konnten, wandte
man sich an Platon, der erwidert haben soll, dem Gotte
sei nicht so sehr an der Verdopplung des Würfels gelegen als daran, durch solche Problemstellungen zum
tieferen Studium der Geometrie im allgemeinen an-
zuregen.

Jedenfalls ist es geschichtliche Tatsache, daß das
Delische Problem schon im Altertum mehrere konstruktive Lösungen fand. Allerdings nicht mit Kreis-Zirkel
und Lineal. Denn man kann beweisen, wenn man die
Kante des ursprünglichen Würfels mit a_1 und die des
verdoppelten Würfels mit a_2 bezeichnet, daß die Be-
ziehung $2a_1^3 = a_2^3$ bzw. $a_2 = \sqrt[3]{2a_1^3} = a_1\sqrt[3]{2}$ sich nicht
auf Gleichungen reduzieren läßt, die eine Behandlung
mit Kreis-Zirkel und Lineal zuließen, was bekanntlich
nur bei höchstens quadratischen Gleichungen der Fall
ist. Wohl aber ist das Problem durch andere Kurven
als den Kreis ohne weiteres lösbar. Schon im 5. vorchr.
Jahrhundert gelang es dem durch seine „Möndchen-
Konstruktion" bekannten Hippokrates aus Chios[1],
durch den Schnitt zweier Parabeln die in Rede ste-

---

[1] Siehe u. a. des Verfassers „Vom Einmaleins zum
Integral".

hende Konstruktion zu leisten. Die beiden Parabeln mit den Gleichungen $x^2 = a_1y$ und $y^2 = 2a_1x$ ergeben einen Schnittpunkt, dessen Abszisse die gesuchte Kante des verdoppelten Würfels sein muß, wenn a_1 die ursprüngliche Würfelkante war. Denn aus der ersten Gleichung ist $y = \frac{x^2}{a_1}$, und dieser Wert, in die zweite

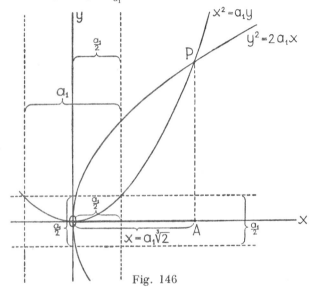

Fig. 146

Gleichung eingesetzt, liefert $\frac{x^4}{a_1^2} = 2a_1x$, also $x^3 = 2a_1^3$ oder $x = a_1\sqrt[3]{2}$, was wir oben als Bedingung der Würfelverdopplung forderten. Da man nun schon im Altertum einfache Parabel-Zirkel besaß, konnte man den Schnittpunkt leicht zeichnen. In moderner analytischer Form sehen wir ihn in der Fig. 146 dargestellt.

Ein anderer griechischer Geometer, Diokles, hat dann um 150 v. Chr. Geb. eigens zum Zweck der Würfelverdopplung eine neue Kurve, die Cissoide, ersonnen, deren Prinzip und Eigenschaften die Fig. 147 zeigt.

Die Kurve, die dadurch erzeugt wird, daß aus einem
Punkt der Kreisperipherie Strahlen gezogen werden,
die eine Tangente desselben Kreises schneiden müssen,
die als Berührungspunkt den diametralen Gegenpunkt
des Strahlungsmittelpunktes hat, besitzt die Eigenschaft, daß der Abschnitt auf dem Strahl von der Tangente bis zum Schnitt mit der Kreisperipherie stets
gleich lang sein muß mit dem Abschnitt vom Strahlungsmittelpunkt bis zum Schnittpunkt des Strahls mit
der Cissoide. Kurz $3,3 = PA_3$; $6,6 = PA_6$ usw. Die
Gleichung der Cissoide aber lautet, in analytischer
Art geschrieben, $y^2 = \frac{x^3}{a-x}$, wobei a den Durchmesser
des Kreises bedeutet.

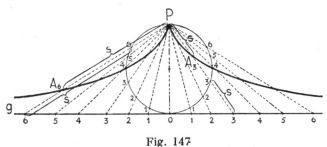

Fig. 147

Nun wurde naturgemäß weder das vorige Beispiel
(Parabelschnitt) noch das Beispiel der Cissoide von
den alten Griechen analytisch behandelt. Die Untersuchungen erfolgten vielmehr proportionengeometrisch.
Wir wollen aber gleichwohl als Nachtragsübung zur
analytischen Geometrie auch dieses Problem in rein
moderner Art untersuchen, was nebenbei auch eine
strenge Verifikation der antiken Bemühungen bedeutet.
Zu diesem Zweck zeichnen wir uns vorerst eine Figur,
in der die „ursprüngliche Würfelkante" mit a_1 bezeichnet ist.

Wir behaupten nun, die Strecke $a_2 = AC = a_1\sqrt[3]{2}$
sei die gesuchte Kante des verdoppelten Würfels. Zum

370

Beweis bestimmen wir zuerst den Schnittpunkt Z der Geraden AB mit der Cissoide. Dazu aber müssen wir zuerst die Gleichung der Geraden AB feststellen, die durch die Punkte A $(a_1, 0)$ und B $(0, 2a_1)$ läuft. Ihre Gleichung muß nach der Formel $y - y_1 = \frac{y_2 - y_1}{x_2 - x_1}(x - x_1)$ gleich sein $y - 2a_1 = \frac{2a_1 - 0}{0 - a_1}(x - 0)$ oder umgeformt

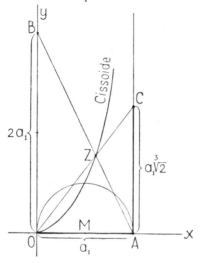

Fig. 148

$y = 2(a_1 - x)$. Wenn ich nun zur Gewinnung des Schnittpunktes dieses y in die Gleichung der Cissoide $y^2 = \frac{x^3}{a_1 - x}$ einsetze, erhalte ich $[2(a_1 - x)]^2 = \frac{x^3}{a_1 - x}$ oder $4(a_1 - x)^2 = \frac{x^3}{a_1 - x}$ oder $4(a_1 - x)^3 = x^3$. Es ist also $\frac{x^3}{(a_1 - x)^3} = 4$ und $\frac{x}{a_1 - x} = \sqrt[3]{4}$. Daraus ergibt sich $x = \frac{a_1 \sqrt[3]{4}}{1 + \sqrt[3]{4}}$ und y aus der Gleichung $y = 2(a_1 - x) = 2a_1 - 2\frac{a_1 \sqrt[3]{4}}{1 + \sqrt[3]{4}}$ als $y = \frac{2a_1}{1 + \sqrt[3]{4}}$. Wenn wir nun weiters, um den Punkt C zu bestimmen, die Gleichung der Geraden OZ suchen, so haben wir als Koordinaten der beiden Punkte O $(0, 0)$ und Z $\left(\dfrac{a_1\sqrt[3]{4}}{1+\sqrt[3]{4}}, \dfrac{2a_1}{1+\sqrt[3]{4}}\right)$. Die Gerade hat also die Gleichung

$$y - 0 = \frac{\dfrac{2a_1}{1+\sqrt[3]{4}} - 0}{\dfrac{a_1\sqrt[3]{4}}{1+\sqrt[3]{4}} - 0}\,(x - 0) = \frac{2a_1}{a_1\sqrt[3]{4}}\,x = \frac{2}{\sqrt[3]{4}}\,x.$$

Nun ist aber $\dfrac{2}{\sqrt[3]{4}} = \dfrac{2}{\sqrt[3]{2^2}} = \dfrac{2}{2^{\frac{2}{3}}} = 2^1 - 2^{\frac{2}{3}} = 2^{1-\frac{2}{3}} = 2^{\frac{1}{3}} = \sqrt[3]{2}$.

Also ist die Gleichung für die Gerade OZ sicherlich $y = x\sqrt[3]{2}$. Da nun weiters die Gerade AC die Gleichung $x = a_1$ hat, so ist der Schnittpunkt C als Schnittpunkt von OZ, das ja verlängert werden darf, und von AC zu gewinnen aus den Gleichungen $y = x\sqrt[3]{2}$ und $x = a_1$. Folglich hat C die Koordinaten $x = a_1$ und $y = a_1\sqrt[3]{2}$. Daher haben wir in AC die gesuchte Kante des verdoppelten Würfels vor uns.

Auch für die mechanische Erzeugung der Cissoide gab es schon im Altertum einfache Cissoiden-Zirkel, von denen wir eine der primitivsten Konstruktionsarten als Abschluß dieses Kapitels im Bilde bringen. Ein im rechten Winkel zusammengefügtes Lineal, dessen einer Schenkel gleich ist a_1, gleitet mit seinem Endpunkt Q auf dem Lineal QM auf und ab. Im Halbierungspunkt P des Schenkels QR befindet sich der Schreibstift. Der andere Schenkel des rechten Winkels (RO) greift über QM und kann bei O durch eine drehbare Hülse gleiten, wobei die Distanz OM gleich sein muß a_1. Die Handhabung des Zirkels zur Lösung unseres Problems geschieht in der Art, daß zuerst mittels unseres Zirkels die Cissoide gezogen wird. Von S zieht man sodann eine Senkrechte zu OM in der Höhe von $2a_1$, verbindet deren Endpunkt T mit Punkt A, der um $\frac{a_1}{2}$ rechts von M liegt. Wo nun TA die Cissoide schneidet, also in Z, wird eine Gerade nach S gezogen und bis zur Senkrechten aus A (auf OA) verlängert. Der Schnitt dieser Verlängerungsgeraden mit AC ergibt in der Distanz AE die gesuchte Kante des verdoppelten Würfels.

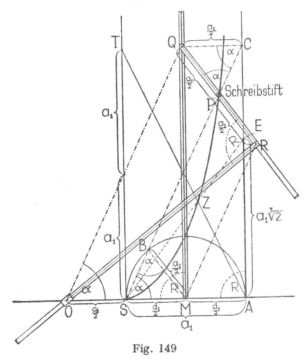

Fig. 149

Es erübrigt nur noch der zwingende Beweis, daß unser Zirkel wirklich eine Cissoide zeichnet. Da nun der Punkt P, in dem in unserer Figur der Zeichenstift zufällig steht, ein ganz willkürlicher ist, so muß es genügen zu beweisen, daß P ein Punkt der Cissoide ist. Dies ist aber nur dann der Fall, wenn die Bedingung CB≡SP erfüllt ist. Zum Beweis ziehen wir die Hilfslinien OQ und MR sowie den Radius MB. Nun stellen wir fest, daß ∡ OMQ und ∡ SAC rechte Winkel sind. Ebenso ist ∡ ORQ ein rechter Winkel. Das Dreieck OMQ ist nun kongruent dem Dreieck ORQ, da OQ≡OQ und OM≡RQ. Daher ist OQRM ein gleichschenkliges Trapez und OQ parallel zu SP (Mittellinie) parallel zu MR. Daher weiters ∡ QOM≡∡ CSA. Weil aber neben dieser Kongruenz auch OM≡SA, so auch Dreieck OQM≡Dreieck CSA. Daher weiters MQ≡AC und daher MA parallel zu QC. Weil aber MQ und AC parallele Lote sind, so müssen MA und QC auch Lote auf CA und MQ sein, da sie parallel und gleich sind und MA ⊥ AC und ⊥ MQ. Daher ∡ CSM≡ ∡QCP. Da aber CQ und PQ, weiters MS und MB alle gleich $\frac{a_1}{2}$ sind, so muß auch ∡CPQ≡ ∡QCP und ∡ SBC≡ ∡ CSM sein. Daher sind in den gleichschenkligen Dreiecken SMB und QCP der kongruenten Schenkel $\frac{a_1}{2}$ und der kongruenten Basiswinkel a auch die Basisseiten CP und BS kongruent. Daher aber muß auch (CP + BP)≡(BS + BP), da sich durch Addition von BP auf beiden Seiten die Kongruenz nicht ändert. Da aber nun (CP + BP)≡CB und (BS + BP)≡SP, ist die oben gestellte Bedingung CB≡SP erfüllt und der Beweis erbracht, daß P tatsächlich ein Cissoidenpunkt des Kreises um M mit dem Radius $\frac{a_1}{2}$ ist, womit auch das richtige Funktionieren unseres Cissoiden-Zirkels bewiesen ist.

Einundvierzigstes Kapitel

Sphärik

Aufmerksamen Lesern ist es vielleicht schon aufgefallen, daß eines der regelmäßigsten Gebilde der ganzen

Geometrie, die Kugel, bisher überhaupt noch nicht näher in unsere Betrachtungen einbezogen wurde. Wir hätten sie etwa nach unseren gewohnten Verallgemeinerungsmethoden als Polyeder unendlicher Seitenflächenanzahl einführen können. Sie hätte dann aus unendlich vielen, „unendlich schmalen" Kegeln bestanden, die alle ihren Scheitel im Mittelpunkt der Kugel gehabt hätten. Und ihr Rauminhalt wäre dann gleich gewesen der ganzen Kugeloberfläche (als Summe aller dieser degenerierten Kegelgrundflächen) mal dem Radius dividiert durch drei. Also $\frac{O \cdot r}{3}$, wenn O die Oberfläche der Kugel bedeutet hätte. Wie groß ist aber die Oberfläche der Kugel? Offenbar wohl die Summe aller „Seitenflächen" unseres Polyeders unendlicher Flächenanzahl, also eigentlich die Summe unendlich vieler Punkte. Wir sind hier in einen scheinbar ausweglosen Zirkelschluß geraten, der zudem noch sichtlich mit infinitesimalen Erwägungen in Verbindung steht.

Es ist daher sehr wohl begreiflich, daß die erste genugtuende Auflösung der Kugelprobleme eine geometrische Großtat ersten Ranges war. Wem sollte sie auch mehr zugestanden sein, als dem Unendlichkeits-Analytiker unter den alten Griechen, dem großen Archimedes? Er hat auch tatsächlich als erster unter allen Mathematikern Licht in dieses Problem gebracht. Und er war sich der Bedeutung seiner Tat derart genau bewußt, daß er stets verlangt hatte, ein Abbild seiner Entdeckung, der Beziehung zwischen Kugel und Zylinder, möge auf seinem Grabstein eingemeißelt werden. Dies geschah wirklich, und Jahrhunderte später entdeckte dann an diesem Kennzeichen der römische Philosoph und Redner Cicero das Grab des Archimedes wieder und verkündete diese Tatsache seiner erstaunten Mitwelt, die das Ganze für eine Sage gehalten hatte.

Wir betreten jetzt, das sei nachdrücklichst angemerkt, ein Gebiet der Geometrie, das uns zu schwindelnden Höhen emporführen wird. Von der „Sphärik", der Lehre von der Kugel, wollen wir den Übergang gewinnen zu den sogenannten nichteuklidischen Geometrien. Und wir empfinden es an dieser Stelle vielleicht als eine geistige Großtat geringerer innerer Tragweite, daß uns die Sphärik außerdem erst so recht die Möglichkeit bietet, die Geographie und die Astronomie bis zu ihren letzten Feinheiten geometrisch zu beherrschen.

Wir wollen aber nicht weiter ankündigen, sondern Schritt vor Schritt unser Gebäude errichten. Und zu diesem Zweck stellen wir uns gleich die klassische Zeichnung des Archimedes, wie sie sich durch die Jahrhunderte erhalten hat, vor die Augen.

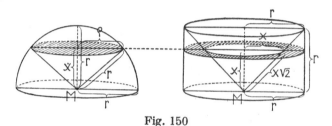

Fig. 150

Da wir nach dem Satz von Cavalieri vorgehen wollen, der Archimedes in irgend einer Art bekannt gewesen sein muß, schneiden wir eine Halbkugel und einen Zylinder, der den „Größtkreis" dieser Halbkugel zur Grundfläche hat, in der Höhe x von dieser Grundfläche durch eine Ebene. Dadurch würden wir als Schnitte der Kugel Kreise erhalten, die bei x = 0 dem Größtkreis gleich wären und sich bei wachsendem x stets verkleinern würden, bis endlich bei x = r vom Schnittkreis ein Punkt übrig bliebe. Beim Zylinder ist das anders, dort erhalten wir naturgemäß in jeder Höhe x stets wieder den Grundkreis $r^2 \cdot \pi$ als Schnitt. Über den Begriff des Größtkreises werden wir noch ausführlich sprechen. Wir merken vorläufig bloß an, daß jeder Kreis, der den Kugelhalbmesser zum Radius hat, ein Größtkreis dieser Kugel ist. Wir sind aber vorläufig in unserem Problem

nicht weitergekommen. Wir wissen bisher bloß, daß der
Zylinder der Halbkugel durchaus nicht flächengleich
sein kann, was ja schon aus einfacher Anschauung hervorgeht. Nun machen wir aber sofort einen entscheiden-
den Kunstgriff. Wir beschreiben unserem Zylinder
einen Kegel ein, und zwar so, daß dessen Spitze im
Mittelpunkt der Grundfläche M zu stehen kommt,
während die Grundfläche des Kegels durch die obere
Abschlußfläche des Zylinders gebildet wird. Dieser
Kegel hat die Höhe r, die Grundfläche $r^2 \cdot \pi$ und seine
Seiten sind unter 45° gegen die Grundfläche geneigt,
da jeder achsiale Schnitt durch diesen Kegel zwei rechtwinklig-gleichschenklige Dreiecke ergibt. Wenn wir nun
in irgend einer Höhe x unseren Zylinder samt dem
einbeschriebenen Kegel schneiden, so erhalten wir bei
x = 0 den ganzen Größtkreis und bei vergrößertem x
Kreisringe, die stets kleiner werden, bis sie endlich
bei x = r zu Null werden, da dann der Kreisring zu
einem Kreis degeneriert. Alle Kreisringe zusammen
aber bauen den sogenannten „Restkörper" auf, der
genau zweimal so groß an Inhalt sein muß, als der
Kegel, da ja, wie wir aus der Stereometrie wissen,
der Zylinder dreimal so groß an Rauminhalt ist als
der Kegel gleicher Höhe und gleicher Grundfläche.
Wir wollen nun bestimmen, wie groß die Schnittfläche in der Höhe x bei der Kugel und beim „Restkörper" ist. Und zwar ist das x natürlich vollkommen
beliebig. Bei der Kugel erhalten wir $\varrho^2 \cdot \pi$. Da aber
ϱ^2 nach dem Pythagoras gleich ist $(r^2 - x^2)$, so ist
der „Kugelschnitt" gleich $(r^2 - x^2) \cdot \pi$. Der „Rest-
körper-Schnitt" ist stets ein Kreisring, ist also gleich
dem größeren Kreis minus dem kleineren, also $r^2\pi$ —
— $x^2\pi$, was aus der Figur leicht ablesbar ist. Da man
π herausheben kann, so ist der Kreisring stets $(r^2$ —
— $x^2)\,\pi$, ist also überraschenderweise in jeder Höhe
gleich dem entsprechenden „Kugelschnitt". Auch an
den beiden Grenzen für x = 0 und x = r, wie wir
schon sahen. Folglich ist nach Cavalieri, da alle „Schab-

lonen" gleicher Höhe miteinander übereinstimmen, die Halbkugel an Inhalt gleich dem Restkörper. Da aber weiter der Restkörper gleich ist dem Rauminhalt des Zylinders minus dem Rauminhalt des Kegels, also $r \cdot r^2 \cdot \pi - \frac{r \cdot r^2 \cdot \pi}{3} = r^3\pi - \frac{r^3\pi}{3} = \frac{2 \cdot r^3\pi}{3}$, so ist der Rauminhalt der Halbkugel auch gleich $\frac{2 \cdot r^3 \cdot \pi}{3}$ und der Rauminhalt der ganzen Kugel gleich $\frac{4 \cdot r^3 \cdot \pi}{3}$, was wir ja erhalten wollten. Dadurch gewinnen wir weiters die schon von Archimedes aufgestellte Proportion zwischen den drei einfachsten „Kreis-Körpern" Kegel, Kugel und Zylinder, unter der Voraussetzung, daß der Radius bei allen dreien gleich ist und die Höhen von Zylinder und Kegel je 2r betragen. Wir schreiben also: Kegel : Kugel : Zylinder $= \frac{2r^3\pi}{3} : \frac{4r^3\pi}{3} : 2r^3\pi$ oder Kegel : Kugel : Zylinder $= \frac{2}{3} : \frac{4}{3} : \frac{6}{3} = 1 : 2 : 3$. Wir merken noch an, daß auch Rotations- (Umdrehungs-) Ellipsoide der Kugelformel unterliegen, wobei stets statt des einheitlichen Radius die Halbachsen des Ellipsoides einzusetzen sind. Das eiförmige oder zweiachsige Rotationsellipsoid, das durch Umdrehung einer Ellipse um eine ihrer Achsen entsteht, hat die Inhaltsformel $\frac{4a^2b\pi}{3}$ oder $\frac{4ab^2\pi}{3}$, je nachdem die Umdrehung um b oder a erfolgte. Falls jedoch ein sogenanntes dreiachsiges Ellipsoid vorliegt, das nicht durch Umdrehung entstehen kann, ein Ellipsoid also, dessen Schnitt stets eine Ellipse liefert, wenn er senkrecht zu einer der drei Achsen geführt wird, dann lautet die Inhaltsformel $\frac{4 \cdot a \cdot b \cdot c \cdot \pi}{3}$, wenn a, b und c die drei Halbachsen sind.

Nun sind wir auch imstande, die Oberfläche der Kugel rechnerisch zu gewinnen. Wir erwähnten schon, daß sie gleich sein müsse dem Rauminhalt der Kugel dividiert durch $\frac{r}{3}$, da ja der Rauminhalt der Kugel, als Kegel betrachtet, gleich ist $O \cdot \frac{r}{3}$, wenn man O die Oberfläche der Kugel nennt. Also ist $\frac{4r^3\pi}{3}$ gleich $O \cdot \frac{r}{3}$ oder

$O = \frac{4r^3\pi}{3} : \frac{r}{3} = 4r^2\pi$. Die Oberfläche der Kugel ist also gleich vier Flächeninhalten von Größtkreisen dieser Kugel, deren jeder ja $r^2\pi$ zum Flächeninhalt hat.

Nachdem wir jetzt die Formeln für den Rauminhalt und für den Flächeninhalt der Kugel gewonnen haben, wollen wir uns mit der Stereometrie der Kugel vorläufig nicht eingehender befassen. Wir sehen die Kugel nicht weiter als Körper im R_3 an, sondern wenden uns den Zuständen auf ihrer Oberfläche zu. Der Leser wird gebeten, den folgenden Überlegungen genaueste Aufmerksamkeit zu schenken, da sie uns in der denkbar einfachsten Weise in das Wesen einer nichteuklidischen Geometrie einführen werden. Wir sagen mit voller Absicht „einer" nichteuklidischen Geometrie. Denn die Geometrie auf der Kugel ist bloß die Planimetrie einer der nichteuklidischen Geometrien. Wir sehen also die Kugeloberfläche für unsere Zwecke als Gegenstück unserer Ebene an. Und zwar als ein allseits gleichmäßig und im positiven Sinne gekrümmtes Gegenstück. Nach der Bezeichnung von Gauß ist die Kugel eine Fläche positiver, konstanter Krümmung. Daher, das heißt wegen der Konstanz der Krümmung, kann man in der Kugelfläche alle Figuren, die aus Teilen der Oberfläche der Kugel bestehen, verschieben und drehen, wie ebene Figuren in der Ebene. Kurz, die Kugel ist ein positiv konstant gekrümmter zweidimensionaler Raum, ein gekrümmter R_2. Dies wird uns noch viel besser einleuchten, wenn wir den Radius der Kugel sehr groß denken. So daß auch die Oberfläche sehr groß wird, etwa wie die Erdoberfläche. Wir Menschen merken es dann gar nicht mehr, daß wir Figuren, etwa die Grenzen von Grundstücken, auf der Kugel konstruieren. Und wir wenden für solch große Kugelflächen dann ruhig die ebene Planimetrie an, obgleich sie natürlich auf der Kugelfläche nur angenähert gilt.

Nun wollen wir uns einmal die Elemente suchen, aus denen wir die Geometrie auf der Kugel aufbauen können. Daß der Punkt ein solches Element ist, leuchtet wohl ein. Dem Punkt ist es infolge seiner Nulldimensionalität — wenn diese Ausdrucksweise erlaubt ist — überhaupt gleichgültig, ob er einem ebenen oder einem gekrümmten Gebilde angehört. Das geometrische Denken in Punkten macht ja eigentlich den Begriff des Gekrümmten erst voll verständlich. Denn einer Perlenschnur etwa kann man ja fast jede Krümmung erteilen, und bei unendlich kleinen Perlen wächst diese Möglichkeit ins Unbegrenzte. Wie aber sieht es mit den „Geraden" auf der Kugel aus? Dabei halten wir uns noch vor Augen, daß von diesen „Geraden" jeder weitere Aufbau von Figuren auf der Kugelfläche abhängt, die etwa den Dreiecken, Vierecken, Polygonen der ebenen Planimetrie entsprechen.

Daß „Gerade" im euklidischen Sinn auf der Kugel[1]) keinen Platz finden, wird wohl jeder einsehen. Auf der Kugel muß jede in deren Fläche verlaufende Linie, vom R_3 aus betrachtet, eine gekrümmte Linie sein. Und zwar je nachdem eine einfach oder eine doppelt gekrümmte Linie. Würden wir etwa vom Südpol an um die Erde fahren und dabei stetig weiter nach Norden vorrücken, so würde eine Art von doppelt gekrümmter, also räumlicher Spirale entstehen. Wir können aber, etwa mit einem gewöhnlichen Zirkel, überall auf der Kugel auch Kreise beschreiben, die sich auch auf der Kugel als richtige Kreise abbilden. Und wir können ebenso allerlei andere Kurven auf der Kugel zeichnen. Nur nicht „Gerade".

Nun würden wir aber auf einen sonderbaren Gedanken verfallen. Wir wollten nämlich auf der Kugel parallele Linien gewinnen. Wenn wir dazu die Forderung gleichen Abstandes heranzögen, könnten wir etwa allerlei konzentrische Kreise als parallel ansprechen, wie ja in der Geographie tatsächlich die Breitenkreise auf der Erde oder auf einem anderen Himmelskörper auch „Parallelkreise" genannt werden.

[1]) Wir sagen im Folgenden statt Kugel-Oberfläche oftmals einfach „Kugel"

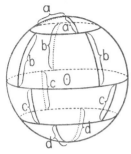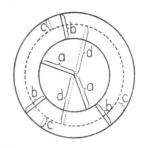

Fig. 151

Solche „Parallelkreise" haben auch tatsächlich überall voneinander gleiche Abstände, und zwar sowohl in
der Betrachtung von der Seite als vom Pol aus. Nun
sollten wir aber schon stutzig werden. Denn wir haben
„Abstände" gemessen. In der Draufsicht, vom Pol
aus, sind diese Abstände „Gerade". Was aber sind
diese Abstände in der ersten Zeichnung der Figur 151?
Dort sind sie ja krumme Linien. Der Begriff des „Abstandes" aber verlangt, daß die den Abstand bildende
Linie die kürzest mögliche zwischen zwei Punkten ist.
Was ist aber eine kürzeste Verbindung zwischen zwei
Punkten? In der Ebene sicherlich eine „Gerade". Wir
haben die Gerade ja sogar seinerzeit durch diese Eigenschaft der kürzesten Verbindung zweier Punkte definiert.

Unsere Aufregung wächst. Sollten wir am Ende gar
durch diese Definition auch auf der Kugel ein Gegenstück der „Geraden" gewinnen können, die wir ja
seinerzeit als beinahe nicht definierbar bezeichneten?

Wir wollen aber noch nichts verraten und unsere
Frage nach den Parallelen auf der Kugel weiter er-
gründen. Wir erinnern uns dabei der Tatsache, daß
man Parallele auch gewinnt, wenn man auf einer
Geraden zwei Lote nebeneinander errichtet. Wir würden
also etwa am Äquator im naiven Glauben befangen
sein, die Erde sei eine ebene Scheibe. Auf einem unserer

Ansicht nach ebenen Felde ziehen wir eine Gerade, ein Stück des Äquators. Und nun errichten wir auf diese „Gerade" zwei Senkrechte.

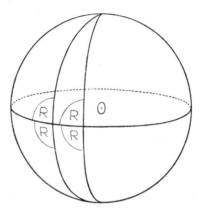

Fig. 152

Wenn wir diese „Senkrechten" nun verlängerten, würden sich zu unserer größten Überraschung unsere „Parallelen" auf beiden Seiten in endlich fernen Punkten, nämlich in den beiden Polen schneiden.

Um aber nicht Verwirrung zu stiften, enthüllen wir jetzt das Geheimnis: Auf der Kugeloberfläche gibt es ausgezeichnete Linien, die den Geraden der Ebene entsprechen; nämlich die sogenannten „größten Kreise" oder „Größtkreise". Jedes Stück eines Größtkreises bildet stets die auf der Kugeloberfläche kürzestmögliche Verbindung zwischen zwei Punkten der Kugeloberfläche[1]. Und zwei Größtkreise einer und derselben Kugel schneiden einander unter allen Umständen in zwei

---

[1] Falls beide Punkte auf einer und derselben Halbkugel liegen. In anderem Fall ist das Stück des Größtkreises die längstmögliche Verbindung der zwei Punkte auf der Kugel.

einander diametral gegenüberliegenden Punkten der Kugeloberfläche, den sogenannten „Gegenpunkten". Auch dann, wenn sie, wie in unserem Fall, irgendwo scheinbar parallel waren.

Das wäre nun noch nicht so absonderlich. Auf der Kugel ist es eben anders als in der Ebene. Das Merkwürdige ist nur, daß mit einziger Ausnahme des Parallelenpostulats, alle anderen Axiome unverändert auf der Kugel gelten, so daß sämtliche Sätze und Beziehungen, die vom Parallelenpostulat unabhängig sind, ohneweiters auf die Kugeloberfläche übertragen werden dürfen; wenn wir nur statt der „euklidischen" Geraden stets den Größtkreis als „Gerade auf der Kugel" verwenden. Hans Mohrmann hat vorgeschlagen, solche Pseudo-Geraden als g-Linien zu bezeichnen, da, wie wir sehen werden, derartige „kürzeste Verbindungen" zwischen Punkten eine allgemeine Gattung von Linien sind, die man auch als „geodätische Linien" zu bezeichnen pflegt. Die gewöhnliche euklidische Gerade wäre dann die g-Linie der Ebene, der Größtkreis wäre die g-Linie auf der Kugeloberfläche und so weiter.

Wir werden nun im Folgenden, wieder nach Hans Mohrmann, eine Konstruktion Euklids zeigen, die im weitesten Maße unabhängig von der Geometrie ist, in der sie konstruiert wird. Sie stimmt in der Ebene ebenso wie auf der Kugel, ist also eine gegen alle „Geometrien" invariante, von der Art der Geometrie unabhängige Konstruktion. Man nennt die Gesamtheit der geometrischen Sätze, die in j e d e r Geometrie Geltung haben, auch Sätze der „absoluten Geometrie". Unsere Konstruktion dürfte also anscheinend eine Konstruktion der „absoluten Geometrie" sein, da sie sich auf der Kugel genau so durchführen läßt wie in der Ebene. Zumindest aber ist diese Konstruktion Euklids — ein Scherz der Wissenschaftsgeschichte! — eine „nichteuklidische" Konstruktion.

Wie wir es gewohnt sind, wollen wir bei solch grundlegenden Erkenntnissen den Leser nicht gleich mit einer Unzahl von Sätzen überschütten, sondern wir werden unsere Aufgabe von allen Seiten so lange beleuchten, bis wir aus dieser einen Aufgabe das Prinzip der ganzen Angelegenheit begriffen haben. Dazu aber tragen wir uns das Baumaterial schön langsam Stück für Stück zusammen. Wir sprachen schon von einer Konstruktion mit Zirkel und Lineal. Zirkel? Gut! Wir wissen, daß man auf der Kugeloberfläche mit einem gewöhnlichen Zirkel Kreise schlagen kann, wenn man etwa nur den

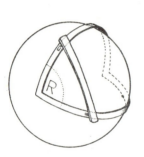

Fig. 153

Bleistift- oder Kreideeinsatz des Zirkels stets entsprechend länger einstellt als den Teil, der die Spitze des Zirkels trägt. Dazu bemerken wir noch, daß es in der Kugel-Geometrie (Sphärik) im allgemeinen nicht üblich ist, mehr als die Halbkugel zu Konstruktionen usw. zu verwenden. Wie aber gewinnen wir unser „Lineal", mit dem wir die Größtkreise ziehen wollen? Wir hätten da die Möglichkeit, auch eine Art von Spezialzirkel zu verwenden, dessen Zeichenarm ein Kreisquadrant ist. Das aber würde unserem Zweck nicht entsprechen. Und außerdem wäre eine solche Vorrichtung höchst unsicher, da der Größtkreis sofort anders liegt, wenn der Spitzen-Schenkel des Zirkels nicht genau seine Achse während der ganzen Umdrehung einhält. Wir verwenden also ein sogenanntes

Kugel-Lineal, das aus zwei gebogenen, der Kugel genau angepaßten Metallschienen besteht, deren äußere Kanten Größtkreise der betreffenden Kugel sind. Diese zwei Schienen stoßen außerdem unter einem rechten Winkel aneinander und bilden miteinander ein sogenanntes sphärisches rechtwinkliges Zweieck. Sie sind, grob gesprochen, die Begrenzungslinien eines aus der Kugel geschnittenen Kugel-Viertels, wie man etwa aus einer Melone oder einer Orange ein Viertel, entlang von zwei Größtkreisen, herausschneiden würde.

 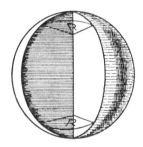

Fig. 154

Es ist nun jederzeit möglich, mit einem solchen Kugellineal auf der Kugel zwei beliebige Punkte durch eine g-Linie (Größtkreis-Kugelgerade) zu verbinden. Man kann auch wie mit unseren ebenen Linealen überall rechte Winkel zwischen zwei g-Linien zeichnen.

Nach dieser Vorbereitung schreiten wir zu der von uns angekündigten Konstruktion. Die Aufgabe besteht darin, von einem Punkt P, der außerhalb eines Kreises liegt, die beiden Tangenten an diesen Kreis zu ziehen. Man könnte nun „euklidisch" diese Konstruktion auf den Satz vom rechten Winkel im Halbkreis (Satz des Thales von Milet) stützen und verfahren wie in Fig. 155. Man verbindet einfach den Kreismittelpunkt M mit dem Punkt P, halbiert diese Verbindungsstrecke und schlägt um den Halbierungspunkt C einen Kreis. Wo

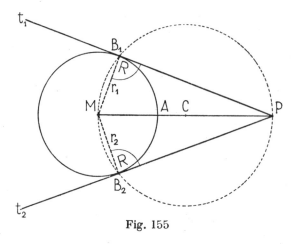

Fig. 155

dieser den ursprünglichen Kreis um M schneidet, also
in B_1 und B_2, sind die zwei Berührungspunkte der
aus P gezogenen Tangenten t_1 und t_2, was sich, wie
gesagt, aus dem Satz des Thales von Milet beweisen
läßt. Denn in B_1 und B_2 müssen die Radien r_1 und r_2
senkrecht auf t_1 und t_2 stehen.

Diese Konstruktion nun enthält verkappt den
Parallelensatz in sich, da der „Winkel im Halbkreise"
die euklidische Eigenschaft der 180 grädigen Winkelsumme im Dreieck fordert. Daher darf auch eine derartige, an eine bestimmte, die euklidische Geometrie
gebundene Lösung nicht auf die Kugeloberfläche übertragen werden, da sie dort einfach sinnlos wäre. Wohl
darf man aber eine andere Lösung desselben Problems,
die keinerlei Verwendung des Parallelenpostulats enthält, ohneweiters auf der Kugel mit „Lineal" (Kugel-
Lineal) und gewöhnlichem Zirkel ausführen. Wir sehen
in der folgenden Figur[1]) die Konstruktion auf einer

---

[1]) Abgezeichnet aus Hans Mohrmann „Einführung in
die nichteuklidische Geometrie", Akademische Verlags-
gesellschaft m. b. H., Leipzig 1930.

sogenannten „Kugel-Tafel" mit Kreide gezeichnet. In unserem Fall ist nämlich die schwarzgestrichene Kugel wie eine Schultafel die „nichteuklidische Zeichenfläche". Wir haben bei der Zeichnung folgendermaßen zu verfahren: Man verbindet den Kreismittelpunkt M mit dem Punkt P, von dem die Tangenten ausgehen sollen. Hierauf schlägt man aus M durch P einen Hilfskreis

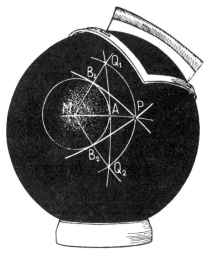

Fig. 156

und errichtet in A die Senkrechte auf MP, die diesen Hilfskreis in Q_1 und Q_2 schneidet. Wenn man nun Q_1 und Q_2 mit M verbindet, dann ergeben die beiden Schnittpunkte B_1 und B_2, die mit dem ursprünglichen Kreis entstehen, die beiden gesuchten Berührungspunkte der aus P gezogenen Tangenten. (Der Beweis für die Richtigkeit der Konstruktion ist durch Spiegelung an den Halbierenden der Winkel $P M Q_1$ bzw. $P M Q_2$ zu führen.)

Nachdem wir jetzt den ersten Hauch vom Wesen des Nichteuklidischen verspürt haben, müssen zur

Vermeidung vorschneller Verallgemeinerungen einige Verwahrungen eingelegt werden. Zunächst sei festgestellt, daß die „innere Geometrie der Kugeloberfläche", also eine Geometrie, bei der nicht gefragt wird, in welcher Art von Raum die betreffende Kugelfläche „eingebettet" ist, nur eine der unzähligen Möglichkeiten einer nichteuklidischen Geometrie darstellt. Und dazu nur eine nichteuklidische Planimetrie. Nichteuklidisch heißt eine Geometrie, wenn in ihr das Parallelenpostulat nicht gilt. Dies wird in jedem gekrümmten R der Fall sein, und zwar im gekrümmten R_2, R_3 usw. Im gekrümmten R_1 steht ja das Parallelenpostulat nicht zur Diskussion. Es gibt unter den gekrümmten Räumen, wie schon angedeutet, wieder besondere oder ausgezeichnete Typen. Nämlich die Räume konstanter Krümmung, in denen die Figuren beliebig verschiebbar und drehbar sind, ohne deformiert werden zu müssen. Von diesen Räumen gibt es nur drei Arten. Den Raum positiver konstanter Krümmung oder den sphärischen Raum, dessen R_2 eben die Kugeloberfläche ist. Den ungekrümmten, euklidischen, ebenen Raum, unseren landläufigen R, dessen R_2 die Ebene ist und schließlich den Raum konstanter negativer Krümmung oder den pseudosphärischen Raum, dessen R_2 die sogenannte Pseudosphäre ist und auf den wir später zu sprechen kommen werden.

Wir müssen nämlich vorläufig unsere nichteuklidischen Träume zurückstellen und uns wieder der Geometrie der Kugel zuwenden, die wir aber jetzt als „eingebettet in den euklidischen Raum" betrachten werden. Wir haben schon festgestellt, daß es auf der Kugel auch „Zweiecke" gibt, anders als in der Ebene, in der durch zwei g-Linien (Gerade) keinerlei Raum, auch kein R_2 abgegrenzt werden kann. Ein solches sphärisches oder Kugel-Zweieck ist stets eine symmetrische Figur, die von zwei Halbkreisen größter Kreise eingeschlossen ist. Die beiden Winkel, die wir mit φ bezeichnen wollen, sind einander stets gleich, so daß zur Kongruenz zweier Kugel-Zweiecke auf einer gegebenen Kugel nichts anders erforderlich ist als die Gleichheit e i n e s Winkels. Aus dem Kugel-Radius und aus diesem Winkel lassen sich aber noch andere Eigenschaften des Kugel-Zweiecks rechnerisch bestimmen. Nämlich seine Oberfläche und der Raum-Inhalt des von den Größtkreisbogen begrenzten Kugelkeils[1]). Natürlich lassen sich aus Winkel und Flächen-(Raum-)inhalt der Kugelradius und aus Kugelradius und Flächen-(Raum-)inhalt die Winkel des Zweiecks berechnen. Die Formeln sind sehr einfach zu gewinnen. Da die ganze Kugeloberfläche gleichsam ein Zweieck ist, bei dem die beiden Größtkreishälften in einen einzigen Größthalbkreis zusammenfallen, beträgt der „Winkel" solch eines Zweiecks 360 Grade. Dazu muß noch ein Wort über Winkel auf der Kugel eingefügt werden. Vom euklidischen Standpunkt aus arbeiten wir auf der Kugel mit Winkeln zwischen gekrümmten Linien (Größtkreisen), müssen also eigentlich die Winkel zwischen den Tangenten dieser krummen Linien messen. Mit Zuhilfenahme projektiver Vorstellungen läßt sich aber der Winkel zwischen Größtkreisen auch eleganter definieren. Entweder projizieren wir den Scheitel des Winkels zwischen den Größtkreisen einfach in den Kugelmittelpunkt, wählen eine Größtkreisebene, die zur Verbindungslinie zwischen Scheitel und Kugelmittelpunkt senkrecht steht, als Projektionsebene, und können nun unsere Größtkreise auf dieser Ebene unmittelbar als Gerade abbilden. Oder aber (was nur bei sphärischen n-Ecken mit n $\geqq$ 3 möglich ist) übertragen wir die Anschauungen der projektiven Geometrie auf die Kugel. Wir verbinden nämlich die Eckpunkte unseres sphärischen n-Ecks mit dem Kugelmittelpunkt und bringen dadurch ein gewöhnliches n-Kant mit der Kugelfläche zum Schnitt, dessen Scheitel im Kugelmittelpunkt liegt. Es ist klar, daß jetzt die „Seiten" (d. h. die an der

---

[1]) Primitiv verdeutlicht als „Orangenspalte".

Spitze des n-Kants durch die Kanten gebildeten Winkel) auf der Kugel zu wirklichen Seiten des sphärischen n-Ecks, gemessen im euklidischen Winkelmaß, werden. Wir werden diese „Seiten" stets mit den ersten Buchstaben des kleinen griechischen Alphabets, also mit α, β, γ, δ usw. bezeichnen. Die Winkel zwischen den Größtkreisbogen bilden sich dagegen im n-Kant als die Winkel ab, die von den Flächen des n-Kants gebildet werden. Also als Neigungswinkel der Kantflächen gegeneinander, da ich diese Neigungswinkel ja in den Eckpunkten des

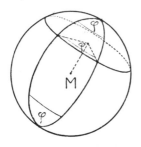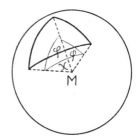

Fig. 157

sphärischen n-Ecks durch Legung von Tangenten an die Größtkreisbogen erhalten müßte. Diese Winkel benennen wir in Zukunft mit kleinen Buchstaben vom Ende des griechischen Alphabets, also φ, χ, ψ, ω oder nach Bedarf auch ϱ, σ, τ, υ usw.

Wir sind aber jetzt von unserem Problem der Bestimmung des Flächen- und des Rauminhalts eines Kugel-Zweiecks sehr weit abgekommen. Wir stellten fest, die ganze Kugeloberfläche sei ein Kugelzweieck mit den Winkel $\varphi = \varphi' = 360°$ Da aber $O = 4\,r^2\pi$, so ist wohl jedes Zweieck mit kleinerem Winkel als $360°$ gleich $O \cdot \frac{\varphi}{360}$ oder $\frac{4r^2\pi \cdot \varphi}{360}$. Bei $\varphi = 90°$ erhielten wir somit $\frac{4r^2\pi \cdot 90}{360} = r^2\pi$, also das Viertel der ganzen Kugeloberfläche, was augenscheinlich stimmt. Bei $\varphi = 45°$ er-

halten wir $\frac{r^2\pi}{2}$, also das Achtel der ganzen Kugeloberfläche, bei $\varphi = 60°$ den Wert $\frac{2}{3} \cdot r^2\pi$, also das Sechstel
der ganzen Kugeloberfläche und schließlich bei $\varphi = 180°$
den Wert $2r^2\pi$ oder die Fläche der Halbkugel. Der Kugelkeil
(Orangenspalte) hat stets den Rauminhalt $I = \frac{4}{3} \cdot r^2\pi \frac{\varphi}{360}$,
welche Formel der Leser durch Annahme verschiedener
Winkel für φ überprüfen möge. Jedenfalls stimmen beide
Formeln auch für den Grenzfall der ganzen Kugel, also
für das Zweieck mit $\varphi = 360°$, da ich durch Einsetzen
sofort $4r^2\pi$ bzw. $\frac{4}{3}r^3\pi$ erhalte. Aber auch unsere frühere
Behauptung, daß man aus r und I oder aus r und Fläche
F des Zweiecks sofort φ, oder aus φ und I bzw. F sofort r
gewinnen kann, ist durch einen Blick auf unsere zwei
Formeln klar, da ja stets bei zwei gegebenen Größen
nur eine einzige (φ, r oder F bzw. I) als unbekannt
zurückbleibt.

Zwei und vierzigstes Kapitel

Sphärische Trigonometrie

Nun steigen wir zur eigentlichen sphärischen Trigonometrie auf, zur Dreiecksmessung auf der Kugeloberfläche, die das letzte Gebiet der elementaren Geometrie
ist, das wir zu behandeln haben. Wenn wir auch vorhin
äußerten, ihre Wichtigkeit trete rein theoretisch gegen
die Wichtigkeit zurück, die für uns die Geometrie auf
der Kugel als Einfallspforte zur nichteuklidischen Geometrie besitze, so müssen diese Worte richtig verstanden
werden. Denn ohne sphärische Trigonometrie, die ja das
ganz unentbehrliche tägliche und stündliche Handwerks-
zeug des Geodäten und Astronomen ist, würden wir
nicht einmal erfahren, wieviel Uhr es ist. Aber noch
einmal: Vom Standpunkt der Weiterentwicklung der
Geometrie zu großartigster Verallgemeinerung, vom
Standpunkt der „Revolution der Geometrie", die uns

aufklärte, daß es nicht nur eine gleichsam gottgegebene, sondern daß es unzählige ebenso gottgegebene andere Geometrien geben kann und wirklich gibt; von diesem Standpunkt betrachtet, ist unser nichteuklidischer Exkurs wichtiger und aufschlußreicher gewesen.

Wir sprachen vom sphärischen Dreieck. Ein solches ist, wie schon erwähnt, von drei g-Linien (Größtkreisen) begrenzt. Und nur von solchen. Es ist eine projektive Entsprechung des ebenen Dreiecks auf der Kugeloberfläche, was man durch Schnitt eines gewöhnlichen Dreikants mit der Kugeloberfläche augenfällig machen kann. Es ist also gleichsam die gewölbte, kugelige Grundfläche einer dreiseitigen Pyramide, deren Spitze im Kugelmittelpunkt liegt. Und es gelten sämtliche rein projektiven Sätze über ein geschnittenes Dreikant auch für das Kugeldreieck. So sind etwa die „merkwürdigen Punkte" auch beim sphärischen Dreieck vorhanden, ebenso die harmonischen Eigenschaften. Nur all das, was mit dem Parallelenpostulat zusammenhängt, vor allem die Winkelsumme von 180 Graden, gilt beim Kugel-Dreieck nicht. Hier muß die Winkelsumme stets größer sein als 180 Grade. Und man nennt den Überschuß der Winkelsumme, der durch die Krümmung der Kugel bedingt ist, den sphärischen Exzeß ($= \varepsilon$), den wir noch genauestens untersuchen werden. Wir haben schon gesagt, daß die „Seiten" des Kugeldreiecks mit a, β, γ bezeichnet werden und daß ihre Länge in Bogengraden des zugehörigen Kugel-Zentriwinkels gemessen wird, wodurch jede Aufgabe der sphärischen Trigonometrie unabhängig wird vom Kugelradius, was besonders für die Astronomie bedeutsam ist. Natürlich kann der Kugelradius jederzeit „eingeführt" werden. Von vornherein aber wird er von uns vollkommen ignoriert. Als „Winkel" des sphärischen Dreiecks dagegen betrachten wir die Winkel φ, χ, ψ, die in den drei Eckpunkten des sphärischen Dreiecks aus den beiden, dort zum Schnitt kommenden Tangenten der beiden sich schneidenden Größtkreisbogen gebildet werden.

Es sei hier nur angemerkt, daß es entsprechend der Planimetrie und der ebenen Trigonometrie auch sphärische n-Ecke mit beliebiger Seitenanzahl (n > 3) gibt. Diese können, der ebenen Geometrie projektiv entsprechend, stets in sphärische Dreiecke (und außerdem hier auch eventuell in Zweiecke) zerlegt werden. Auch diese n-Ecke kann man sich als Schnitte der Kugeloberfläche mit einem entsprechenden n-Kant vorstellen, dessen Scheitel im Kugelmittelpunkt liegt. Und auch hier gelten alle projektiven (Lage)-Sätze über n-Kante in entsprechender Übertragung für solche sphärische n-Ecke.

Bei dieser Sachlage wird es für uns sehr aufschlußreich sein, uns die wichtigsten Sätze über körperliche Ecken (n-Kante), speziell über dreiseitige Kante, ins Gedächtnis zu rufen beziehungsweise diese Sätze hier zu ergänzen.

1. Vor allem stellen wir fest, daß die Summe der „Seiten" eines n-Kantes, die man mit $\overset{n}{\underset{1}{\Sigma}} a_\nu$ bezeichnen kann, zwischen 0 und 360 Graden liegen muß. Banal ausgedrückt, handelt es sich hier um das Aufspannen eines chinesischen Sonnenschirmes, der aus Dreiecken zusammengesetzt ist. Habe ich ihn so weit aufgespannt, daß er einen ebenen Kreis bildet, dann ist $\overset{n}{\underset{1}{\Sigma}} a_\nu$ oder die „Seiten"-Summe 360 Grade und das „Kant" ist verschwunden. Es ist in eine Ebene übergegangen. Man sagt auch, es sei dies der Grenzfall, bei dem das Bündel in das Büschel übergeht. Auf Grund dieses Satzes kann also die „Seiten"summe eines sphärischen Polygons (damit natürlich auch des sphärischen Dreiecks) nie größer sein als 360°. Sie muß im Gegenteil stets kleiner sein.

2. Eine sehr wichtige Überlegung führt uns zum Begriff der Ergänzungs-, Supplementär- und Polarecke bzw. -Kant. Wenn wir uns nämlich vorstellen, daß von irgend einem beliebigen Punkt innerhalb eines n-Kantes

(Ecke) die Lote auf die Seitenflächen des Kants gefällt werden, dann entsteht eine zweite Ecke derselben Kantenanzahl. Es sind ja beim ursprünglichen Kant n Seitenflächen und n-Kanten vorhanden, auf die jetzt n Lote als Kanten des Ergänzungskants gefällt wurden und naturgemäß wieder n Flächen bilden. Der Einfachheit halber zeigen wir im Bilde ein Dreikant mit einer Ergänzungsecke.

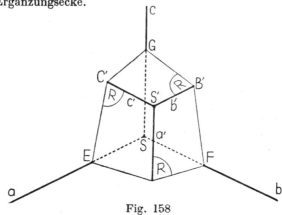

Fig. 158

Es entstehen durch die Ergänzungsecke Vierecke, in denen der eine Winkel der Neigungswinkel der Flächen des ursprünglichen Kants, der zweite Winkel der „Seiten"-Winkel des Ergänzungskants ist, während die zwei weiteren Winkel an den Loten sind. Durch diese Beziehung ist es klar, daß der „Winkel" des ursprünglichen Kants und die entsprechende „Seite" des Ergänzungskants zusammen 180 Grade betragen müssen, da das Viereck ja die Winkelsumme von 360 Graden hat, wovon 180 Grade bereits für die beiden Lot-Winkel verbraucht sind. Da nun umgekehrt auch die Kanten des ursprünglichen n-Kants auf den Seitenflächen des Ergänzungskants senkrecht stehen, was leicht zu beweisen ist, so gilt dieselbe Beziehung auch umgekehrt, und es sind sonach, wenn wir allgemein die „Seiten" der beiden Kante mit a_ν und a'_ν und die Flächen-Neigungswinkel mit φ_ν und φ'_ν bezeichnen, stets $a_\nu + \varphi'_\nu = 180°$ und $a'_\nu + \varphi_\nu = 180°$. Und weiters $\overset{n}{\underset{1}{\Sigma}} a_\nu + \overset{n}{\underset{1}{\Sigma}} \varphi'_\nu = n \cdot 180°$ und $\overset{n}{\underset{1}{\Sigma}} a'_\nu + \overset{n}{\underset{1}{\Sigma}} \varphi_\nu = n \cdot 180°$. Wenn man nun die Ergänzungsecke

parallel so weit gleichsam durch die ursprüngliche Ecke schiebt, daß sie jetzt die Spitze mit der ursprünglichen Ecke gemeinsam hat, während sich ihre Kanten nach der entgegengesetzten Seite öffnen, dann nennt man eine solche Ecke eine Polar-Ecke der ursprünglichen. Natürlich übertragen sich alle die angeführten Verhältnisse auch auf sphärische Dreiecke und man spricht von Polar-Dreiecken, wenn es sich um zwei sphärische Dreiecke derselben Kugel über Polar-Kanten handelt. In diesem Fall sind die Winkel („Seiten") eines sphärischen n-Ecks Supplemente zu den entsprechenden „Seiten" (Winkeln) des sphärischen Polar-n-Ecks.

3. Aus diesen zwei Sätzen und dem weiteren allgemeinen Kantsatz, daß die Summe der Neigungswinkel $\overset{n}{\underset{1}{\Sigma}} \varphi_\nu$ in einem n-Kant stets zwischen $n \cdot 180°$ und $(n - 2) \cdot 180°$ liegen muß, gewinnen wir allgemeine Anhaltspunkte über die Grenzen, innerhalb derer sich die Winkelsumme eines sphärischen n-Ecks bewegen kann.

Da nämlich $\overset{n}{\underset{1}{\Sigma}} \varphi_\nu + \overset{n}{\underset{1}{\Sigma}} a'_\nu = n \cdot 180°$, so ist $\overset{n}{\underset{1}{\Sigma}} \varphi_\nu = n \cdot 180° - \overset{n}{\underset{1}{\Sigma}} a'_\nu$. Da aber weiters nach dem ersten Satz $\overset{n}{\underset{1}{\Sigma}} a'_\nu$ stets kleiner sein muß als 360°, so ist $\overset{n}{\underset{1}{\Sigma}} \varphi_\nu$ auf jeden Fall größer als $n \cdot 180° - 360°$ und weiters auf jeden Fall kleiner als $n \cdot 180°$. Es besteht also die Ungleichung

$n \cdot 180° > \overset{n}{\underset{1}{\Sigma}} \varphi_\nu > n \cdot 180° - 360°$. Für $n = 3$, also für das sphärische Dreieck, ergibt sich daraus $3 \cdot 180° >$

$> \overset{n}{\underset{1}{\Sigma}}\varphi_\nu > 3 \cdot 180° - 360°$, oder da hier $\overset{n}{\underset{1}{\Sigma}}\varphi_\nu$ gleich ist

$(\varphi + \chi + \psi)$, die Beziehung $3 \cdot 180° > (\varphi + \chi + \psi) >$
$> 3 \cdot 180° - 360°$, was nach der Ausrechnung $540° >$
$> (\varphi + \chi + \psi) > 180°$ liefert. Die Winkelsumme im
sphärischen Dreieck muß also stets größer sein als $180°$
und stets kleiner als $540°$. Allerdings sind hiebei nur
sphärische Dreiecke in Betracht gezogen, die nicht über
die Halbkugel hinausragen, da ja auch die den Dreiecken
entsprechenden Kanten nur bis zur Ebene (Büschel) geöffnet werden dürfen.

4. In jedem Dreikant und in jedem sphärischen Dreieck:

a) liegen gleichen Winkeln gleiche „Seiten" gegenüber und umgekehrt,

b) liegt dem größeren Winkel die größere „Seite"
gegenüber und umgekehrt,

c) ist die Summe zweier „Seiten" größer als die
dritte.

5. Zwei Dreikante oder zwei sphärische Dreiecke sind
einander kongruent oder spiegelbildlich symmetrisch,
wenn bei ihnen gleich sind:

a) zwei „Seiten" und der eingeschlossene Winkel,

b) eine „Seite" und zwei anliegende Winkel,

c) alle drei „Seiten",

d) alle drei Winkel,

e) zwei „Seiten" und der Gegenwinkel einer der beiden
Seiten. (Dabei muß aber, um Eindeutigkeit zu erzielen,
stets der der anderen Seite gegenüberliegende Winkel
in beiden sphärischen Dreiecken bzw. Dreikanten zugleich entweder unter $90°$ liegen, in beiden zugleich
$90°$ betragen oder zugleich $90°$ übertreffen),

f) zwei Winkel und die einem dieser Winkel gegen-
überliegende „Seite" (wobei wieder die dem anderen
Winkel gegenüberliegende „Seite" zugleich in beiden
Dreiecken bzw. Dreikanten $\underset{>}{\overset{<}{=}} 90°$ sein muß).

Zu diesen Kongruenzsätzen ist zu bemerken, daß sie gleichsam Kongruenz- und Symmetriesätze zugleich sind, da das sphärische Dreieck als einseitig gekrümmter Abschluß eines Dreikants stereometrische Eigenschaften erhält und im euklidischen R_3 nicht umgeklappt werden kann. Nur bei gleichseitigen oder gleichschenkligen Dreikanten bzw. derartigen sphärischen Dreiecken zieht die Symmetrie die Kongruenz nach sich und umgekehrt. Weiters fanden wir hier im Gegensatz zur ebenen Geometrie einen WWW-Satz als Kongruenzsatz. Projektiv ist dieser Übergang des Fundamentalsatzes der Ähnlichkeit in einen Kongruenzsatz leicht einzusehen. Während nämlich das Dreikant durch Ebenen an j e d e r Stelle geschnitten werden kann und dadurch als Schnittfiguren nur ä h n l i c h e Dreiecke liefert, setzen wir hier stets eine und dieselbe Kugel (allerdings mit vorläufig unbestimmtem, gleichwohl aber identischem Radius) voraus. Dadurch wird Ähnlichkeit ebenso zur Kongruenz, als ob wir den ebenen Schnitt auch nur an einer homologen Stelle zweier kongruenter Dreikante erlaubt hätten.

6. Daß es im Dreikant gleichsam „merkwürdige Gerade" gibt, die sich beim ebenen und beim sphärischen Dreieck als „merkwürdige Punkte" manifestieren, wurde schon erwähnt. Demgemäß gibt es auch beim Dreikant einbeschriebene und umbeschriebene Kegel und beim sphärischen Dreieck einen In-Kreis und einen Um-Kreis. Ersterer hat seinen Mittelpunkt (wie beim ebenen Dreieck) im Schnittpunkt der Winkelhalbierenden, letzterer im Schnittpunkt der aus den Mittellotebenen des Dreikants gewonnenen „Seiten"halbierenden.

Wir haben nun genügend Kenntnisse in der Sphärik gesammelt, um zur eigentlichen sphärischen Trigonometrie überzugehen, von der wir allerdings nur die ersten Grundzüge geben können, da diese Kunst zwar an sich nicht so schwer, jedoch rechnerisch höchst kompliziert ist. Interessenten finden in jedem beliebigen Lehrbuch erschöpfende Aufschlüsse, die sie sich leicht an-

eignen können, wenn ihnen nur einmal die vorstellungs-
mäßig schwierigen Grundbegriffe der Sphärik klar sind.

Zum Beginn definieren wir als „sphärischen Exzeß"
eines sphärischen Dreiecks den Überschuß seiner Winkelsumme über die Winkelsumme eines ebenen Dreiecks, also
über 180°. Oder in einer Formel: $\varepsilon = (\varphi + \chi + \psi) - 180°$.
Wir werden nun in einer sehr eleganten Art nähere
Aufschlüsse über das Wesen dieses Exzesses zu gewinnen
trachten. Dazu zeichnen wir uns die Fig. 159.

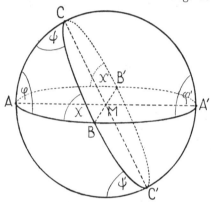

Fig. 159

Die (euklidischen) Geraden AA', BB' und CC' sind
drei beliebige Durchmesser der Kugel. Das aus den
drei Punkten A, B und C gebildete sphärische Dreieck
ABC läßt sich nun wie jedes sphärische Dreieck durch
Verlängerung je zweier Seiten in drei Arten zu einem
sphärischen Zweieck ergänzen. Und zwar zu Zweiecken
mit den Winkeln $\varphi = \varphi'$, $\chi = \chi'$, und $\psi = \psi'$. Da wir
schon wissen, wie der Inhalt sphärischer Zweiecke
berechnet wird, dürfen wir folgende Gleichungen an-
setzen, wobei wir den Buchstaben I allgemein für den
Inhalt des sphärischen Dreiecks schreiben, dessen Eckpunkte als Index neben I gesetzt sind:

$$I_{(ABC)} + I_{(A'BC)} = 4r^2\pi\varphi\,\frac{1}{360°}$$

$$I_{(ABC)} + I_{(AB'C)} = 4r^2\,\pi\,\chi\,\frac{1}{360°}$$

$$I_{(ABC)} + I_{(ABC')} = 4r^2\,\pi\psi\,\frac{1}{360°}$$

Die dritte Gleichung dürften wir auch schreiben:

$$I_{(ABC)} + I_{(A'B'C)} = 4r^2\pi\psi\,\frac{1}{360°},$$

da das sphärische Dreieck ABC', wie aus der Figur zu ersehen ist, kongruent bzw. symmetrisch gleich sein muß dem sphärischen Dreieck $A'B'C$, da es auf derselben Kugeloberfläche über dem Scheiteldreikant $M\,(A'B'C)$ des Dreikants $M\,(ABC')$ steht. Wenn wir nun unsere drei Gleichungen (die dritte in der zweiten Fassung) addieren, so erhalten wir

$$I_{(ABC)} + I_{(ABC)} + [I_{(ABC)} + I_{(A'BC)} + I_{(AB'C)} + I_{(A'B'C)}] =$$
$$= 4r^2\,\pi\,(\varphi + \chi + \psi)\,\frac{1}{360°}$$

Der Ausdruck in der eckigen Klammer ist aber, wie man ebenfalls aus der Figur deutlich ersehen kann, der Halbkugelfläche, also $2r^2\pi$, gleich, so daß nach Addition der beiden $I_{(ABC)}$ die Gleichung lautet:

$$2I_{(ABC)} + 2r^2\pi = 4r^2\pi\,(\varphi + \chi + \psi)\,\frac{1}{360°}$$

oder, dividiert durch 2 und umgeformt:

$$I_{(ABC)} = 2r^2\pi\,(\varphi + \chi + \psi)\,\frac{1}{360°} - r^2\pi$$

$$= r^2\pi\left[(\varphi + \chi + \psi)\,\frac{2}{360°} - 1\right]$$

$$= r^2\pi\left[(\varphi + \chi + \psi)\,\frac{1}{180°} - \frac{180°}{180°}\right]$$

$$= r^2\pi\,\frac{(\varphi + \chi + \psi) - 180°}{180°}$$

Wenn wir jetzt den Zähler des Bruches genauer ansehen, so erkennen wir, daß er nichts anderes ist als der sphärische Exzeß $\varepsilon = (\varphi + \chi + \psi) - 180°$ für unsere drei Winkel φ, χ und ψ oder für das sphärische Dreieck A B C. Wir dürfen also jetzt schreiben $I_{(ABC)} =$ $= r^2\pi \frac{\varepsilon}{180°}$, woraus sich ergibt, daß bei gegebenem Radius der sphärische Exzeß gerade proportional ist dem Flächeninhalt des sphärischen Dreiecks. Denn bei gleichem Radius müssen sich stets verhalten

$$I_1 : I_2 = \varepsilon_1 : \varepsilon_2,$$

das heißt, der Exzeß wächst mit dem Flächeninhalt des sphärischen Dreiecks. Jetzt erst verstehen wir voll und ganz, warum Gauß ein möglichst großes Dreieck auf seine Winkelsumme zu prüfen suchte. Und zwar natürlich ein scheinbar ebenes Dreieck, denn es handelte sich bei seinem Versuch nicht um Geometrie auf der Erdkugel, sondern um die Probe, ob wir in einem ebenen oder einem gekrümmten Raum R_3 leben.

Wir haben aber durch unsere Formel auch ein Inhaltsmaß sphärischer Dreiecke bei gegebenen Winkeln gewonnen. Bei gegebenen Winkeln muß der Exzeß natürlich nicht abgesondert berechnet werden, da er sich ja in der Formel selbst durch Einsetzen der drei Winkelgrößen ergibt Anderseits gewinnt man den Exzeß leicht, wenn man den Inhalt des sphärischen Dreiecks und den Kugelradius kennt. Denn da $I = r^2\pi \frac{\varepsilon}{180°}$, so ist $\varepsilon = \frac{I \cdot 180°}{r^2\pi}$, woraus man ersieht, daß etwa bei einem sphärischen Dreieck, das $r^2\pi$ also ein Viertel der Kugelfläche groß ist, der Exzeß 180° beträgt, während er bei einem (überhalbkugelgroßen!) Dreieck des Inhaltes $3r^2\pi$ den Wert 540° hätte. Für den Inhalt Null wird ε gleichfalls Null, was besagt, daß der Punkt oder ein punktkleines sphärisches Dreieck keinen Exzeß hat, daß also der Punkt gleichsam eben wird, was die Auffassung der Kugel als Polyeder von unendlich vielen Seitenflächen in sinnfälliger Weise unterstützt. Für $I < 2r^2\pi$, also für ein sphärisches Dreieck, das kleiner ist als die Halbkugel (wie wir dies ja im allgemeinen stets fordern), erhalten wir $2r^2\pi > r^2\pi \frac{\varepsilon}{180°}$ oder $2 > \frac{\varepsilon}{180°}$ oder $360° > > \varepsilon$ oder $\varepsilon < 360°$. Das heißt, der sphärische Exzeß eines gewöhnlichen unterhalbkugelgroßen sphärischen Dreiecks ist kleiner als $360°$, weshalb seine Gesamtwinkelsumme gemäß $\varepsilon = (\varphi + \chi + \psi) - 180°$ genau $(\varphi + \chi + \psi) = \varepsilon + 180°$, also weniger als $360° + 180°$, somit weniger als $540°$ betragen muß, was sich in voller Übereinstimmung mit dem Wert befindet, den wir aus dem Satz über das Polarkant und den anderen Kantsätzen ableiteten.

Fragen wir nun allgemein nach dem sphärischen Exzeß eines sphärischen n-Ecks, dann müssen wir das n-Eck, wie wir es in der Planimetrie gewohnt waren, in n sphärische Dreiecke zerlegen. Doch dürfen wir nicht einfach die Exzesse aller dieser Zerlegungsdreiecke addieren, da wir die Zerlegung so vornahmen, daß unsere Dreiecke je zwei Eckpunkte mit dem n-Eck gemeinsam haben, während der dritte Eckpunkt im Innern des n-Ecks liegt. Das heißt nichts anderes, als daß unser sphärisches n-Eck durch Halbstrahlen, die von einem Punkt im Innern des n-Ecks ausgehen und bis zu den Eckpunkten des n-Ecks gezogen sind, in n sphärische Dreiecke zerlegt ist. Nun hat jedes dieser n sphärischen Dreiecke, wie wir schon wissen, den Inhalt $I_\nu = r^2\pi \frac{\varepsilon_\nu}{180°}$, weshalb der Flächeninhalt des n-Ecks $I_n = \overset{n}{\underset{1}{\Sigma}} I_\nu = \overset{n}{\underset{1}{\Sigma}} r^2\pi \frac{\varepsilon_\nu}{180°} = r^2\pi \overset{n}{\underset{1}{\Sigma}} \frac{\varepsilon_\nu}{180°}$. Die Summe aller ε_ν oder sphärischen Exzesse der n-Dreiecke ist aber $\varepsilon_n = \overset{n}{\underset{1}{\Sigma}} \varepsilon_\nu = \overset{n}{\underset{1}{\Sigma}} [(\varphi_\nu + \chi_\nu + \psi_\nu) - 180°]$, was nach den Regeln des Summationsbefehls auch geschrieben werden darf $\varepsilon_n = \left(\overset{n}{\underset{1}{\Sigma}} \varphi_\nu + \overset{n}{\underset{1}{\Sigma}} \chi_\nu + \overset{n}{\underset{1}{\Sigma}} \psi_\nu \right) -$

— n · 180°. Wenn wir jetzt weiters festsetzen, daß die Vieleckswinkel ω_ν stets bloß aus φ_ν und χ_ν zusammengesetzt sind, während alle ψ_ν um den inneren Punkt, in dem sich die Halbstrahlen schneiden, herumliegen, dann wird $\left(\sum\limits_1^n \varphi_\nu + \sum\limits_1^n \chi_\nu\right)$ zu $\sum\limits_1^n \omega_\nu$, wobei ω_ν irgend einen Vieleckswinkel bedeutet. Die $\sum\limits_1^n \psi_\nu$ dagegen muß 360° betragen. Der Gesamtexzeß des sphärischen n-Ecks, den wir ε_n nannten, beträgt somit $\varepsilon_n = \sum\limits_1^n \varepsilon_\nu = \sum\limits_1^n \omega_\nu +$ $+ 360° - n \cdot 180°$ oder $\varepsilon_n = \sum\limits_1^n \omega_\nu - (n - 2)180°$. Da nun der Inhalt des Vielecks $I_n = r^2\pi \sum\limits_1^n \frac{\varepsilon_\nu}{180°}$, so kann er jetzt geschrieben werden als $I_n = r^2\pi \frac{\varepsilon_n}{180°}$, wobei man das ε_n nach Anleitung obiger Formel dadurch gewinnt, daß man sämtlich n-Ecks-Winkel addiert und von ihnen $(n - 2) \cdot 180°$ subtrahiert. Es zeigt sich nun auch beim sphärischen n-Eck, daß der sphärische Exzeß nichts ist als der Unterschied in der Winkelsumme eines sphärischen und eines ebenen n-Ecks, welch letzteres, wie wir wissen, die Winkelsumme $(n - 2) \cdot 180°$ hat. Weiter aber ersieht man, daß auch beim sphärischen n-Eck der Exzeß mit dem Flächeninhalt direkt proportional ist, das heißt, daß er bei wachsendem Flächeninhalt auf ein und derselben Kugel wächst.

Nun wollen wir dazu übergehen, für die sphärische Trigonometrie Formeln abzuleiten, die es entsprechend der ebenen Trigonometrie gestatten, aus gegebenen Winkeln und „Seiten" gesuchte Winkel und „Seiten" zu berechnen. Wie in der Ebene ist auch auf der Kugel das rechtwinklige Dreieck unser Ausgangsproblem. Nur wissen wir noch nicht recht, was man auf der Kugel als rechtwinkliges sphärisches Dreieck bezeichnen soll. Es gibt nämlich sphärische Dreiecke mit einem, mit zwei und mit drei rechten Winkeln. Letzteres ist etwa der Kugel-Oktant, also ein Dreieck, das ein Achtel der Kugeloberfläche bedeckt. Demgemäß ist seine Fläche $4r^2\pi : 8 = \frac{r^2\pi}{2}$ und sein sphärischer Exzeß $(90° + 90° + 90°) - 180° = 90°^1)$. Nach unserer früheren Formel $I_{(ABC)} = r^2\pi \frac{\varepsilon}{180°}$ erhalten wir $I_{(ABC)} = \frac{r^2\pi}{2} = r^2\pi \frac{90°}{180°} = r^2\pi \cdot \frac{1}{2}$, was unsere Behauptung bestätigt. Was also ist auf der Kugel ein rechtwinkliges Dreieck? Wir verraten es ohne lange Umschweife: Ein rechtwinkliges sphärisches Dreieck liegt dann vor, wenn mindestens e i n e r der Winkel ein rechter ist. Hat das Dreieck außerdem noch einen zweiten oder dritten rechten Winkel, dann ändert dies nichts an seinen Eigenschaften, und ich betrachte sodann die allfälligen anderen rechten Winkel als gewöhnliche Winkel. Wir verraten weiters vorgreifend, daß die Trigonometrie des rechtwinkligen sphärischen Dreiecks sechs Grundgleichungen kennt, von denen wir jedoch nur die erste ableiten werden. Alle anderen Grundgleichungen und deren Varianten werden wir aus den sogenannten Napier'schen (oder Neper'schen) Regeln leicht und sicher gewinnen können. Sir John Napier (Neper), der auch als angeblicher Entdecker des natürlichen Logarithmus (daher „Nepersche Logarithmen") berühmt wurde, war ein englischer Astronom und Mathematiker des XVI. Jahrhunderts.

Die von uns angekündigte Ableitung stützt sich auf Sätze über das Dreikant und auf die Grundformeln der ebenen Trigonometrie, die uns schon geläufig sind.

In unserem sphärischen Dreieck A B C mit den „Seiten" α, β, γ, und den Winkeln φ, χ, ψ, ist der Winkel ψ der rechte Winkel und sonach die Seite γ die sphärische Hypotenuse. M ist der Mittelpunkt der Kugel. Wenn wir nun aus Punkt B auf die Dreikant-

---

¹) Daher ist die Summe der Winkel dieses sphärischen Dreiecks $180° + 90° = 270°$, was zu beweisen war.

kanten MC und MA Lote fällen und deren Schnittpunkte mit den Kanten miteinander verbinden, dann
muß BE auch senkrecht auf ED stehen, da die Ebenen
MBC und MCA aufeinander senkrecht stehen (weil
ja ψ ein rechter Winkel ist und weil bei zueinander
senkrechten Ebenen das Lot auf die Schnittlinie dieser

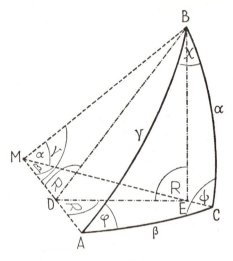

Fig. 160

Ebenen auch ein Lot zur zweiten Ebene (MAC) sein
muß). Weiters steht auch DE auf MA senkrecht, da
ein aus dem Fußpunkt einer geneigten Linie (DB) in
der Ebene (MAC) gezogener Strahl (AM), der mit
der geneigten Linie einen rechten Winkel bildet
(∡ BDM) auch auf der Projektion (DE) dieser geneigten Linie senkrecht stehen muß (∡ ADE). Daher
bilden BD und DE den Neigungswinkel der beiden
Ebenen ABM und ACM, was nichts anderes bedeutet,
als daß dieser Neigungswinkel der beiden Dreikant-
flächen mit dem sphärischen Winkel φ gleich sein muß.

Nun haben wir ein ebenes Dreieck B D E, das durch mehrere Beziehungen sowohl mit dem sphärischen Dreieck als mit dem Dreikant zusammenhängt. Wir beherrschen dadurch also sowohl die Winkel als auch die „Seiten" des Kugel-Dreiecks und können sie auf Formeln der ebenen Trigonometrie zurückführen. Zuerst gilt im Dreieck MBE die Beziehung $MB \cdot \cos \alpha = ME$, dann im Dreieck MED die Beziehung $ME \cdot \cos \beta = MD$, daher auch $MB \cdot \cos \alpha \cdot \cos \beta = MD$. Da aber im Dreieck MBD wohl $MB \cdot \cos \gamma = MD$, so ergibt sich aus der Gleichsetzung der beiden Werte für MD die Gleichung $MB \cdot \cos \alpha$ $\cos \beta = MB \cdot \cos \gamma$ oder nach Division durch MB die erste grundlegende Beziehung der „Seiten" im rechtwinkligen Kugel-Dreieck: 1.) $\cos \alpha \cdot \cos \beta = \cos \gamma$, wobei γ die „Hypotenuse" ist.

Die aus derselben Figur in ähnlicher Weise zu gewinnenden anderen Grundgleichungen lauten: 2.) $\sin \gamma \cdot \sin \varphi = \sin \alpha$; 3.) $\operatorname{tg} \gamma \cdot \cos \varphi = \operatorname{tg} \beta$; 4.) $\sin \beta \cdot \operatorname{tg} \varphi = \operatorname{tg} \alpha$; 5.) $\cos \alpha \cdot \sin \chi = \cos \varphi$; 6.) $\cot \varphi \cdot \cot \chi = \cos \gamma$. Durch Vertauschung der Katheten ergeben sich weiters 2.') $\sin \gamma \cdot \sin \chi = \sin \beta$; 3.') $\operatorname{tg} \gamma \cdot \cos \chi = \operatorname{tg} \alpha$; 4.') $\sin \alpha \cdot \operatorname{tg} \chi = \operatorname{tg} \beta$; 5.') $\cos \beta \cdot \sin \varphi = \cos \chi$.

Nun hat Napier (Neper) eine Regel angegeben, aus der man alle diese Formeln rein mechanisch gewinnen kann. Sie wird auch die Napier'sche Fünfeckregel genannt und hängt aufs engste mit dem Gaußschen „Pentagramma myrificum" oder dem wundertätigen Kugel-Sternfünfeck von C. F. Gauß zusammen, bezüglich dessen wir strebsame Leser auf das schon mehrfach zitierte Buch von Hans Mohrmann verweisen. Wir selbst geben die Regel in einer logisch und mathematisch weniger befriedigenden, jedoch einfacheren Art und bitten für die Richtigkeit des Vorgetragenen um Kredit.

Wenn wir also ein Fünfeck (es können auch fünf Punkte auf einem Kreise oder schlechthin fünf Punkte sein, von denen niemals mehr als zwei in einer Geraden liegen) in der Art der Fig. 161 beschriften, dann gelten folgende Beziehungen:

Beginne ich bei einem beliebigen Eckpunkt unseres Fünfecks in beliebiger Richtung zu numerieren, dann ist stets cos III = sin I · sin V = cot II · cot IV. Hätten wir also etwa, wie in der Figur, bei $(90 - \beta)$ zu numerieren begonnen und rücken im Gegensinne des Uhr-

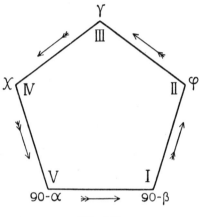

Fig. 161

zeigers weiter, dann ergibt sich sofort cos $\gamma =$
$= \sin (90 - \beta) \cdot \sin (90 - a)$ oder umgeformt nach unserer trigonometrischen Verwandlungstabelle cos $\gamma =$
$= \cos a \cdot \cos \beta$, was wir ja als Gleichung 1) ableiteten. cos γ ist aber auch gleich cot $\varphi \cdot$ cot χ, was wir wieder als Grundgleichung 6) behaupteten. Wir sind durch unser Napier'sches Diagramm also stets imstande, aus zwei gegebenen Stücken eines rechtwinkligen sphärischen Dreiecks die anderen Stücke zu berechnen. Dies wollen wir sofort an einem praktischen Beispiel zeigen. Ein Schiff fährt vom Kap Lizard mit einem Azimuth von 33° 45' auf der kürzesten Linie, also auf einem Größtkreis der Erdkugel, gegen den Äquator.

406

Es wird gefragt, in welcher geographischen Länge, unter welchem Winkel und nach wie langer Fahrt es den Äquator überqueren wird? Dazu wird angemerkt, daß der Azimuth-Winkel stets von Süd (0°) über West (90°) und Nord (180°) nach Ost (270°) gezählt wird. Das Kap Lizard liegt auf 49° 58′ nördlicher Breite und 5° 12′ westlicher Länge von Greenwich.

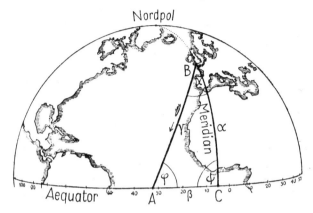

Fig. 162

Um zu wissen, wo unser Schiff den Äquator überquert, müssen wir β berechnen, worauf wir dann durch Addition von β und der „Länge" von Kap Lizard die „Länge" des Durchschnittspunktes A erhalten. In unserem sphärischen Dreieck haben wir die Seite α (geographische Breite) und den Winkel χ (Azimuth) gegeben. Wir verwenden hier die Grundgleichung 4′·), die $\sin \alpha \cdot \operatorname{tg} \chi = \operatorname{tg} \beta$ lautet. Daraus gewinnt man $\log \operatorname{tg} \beta = \log \sin \alpha + \log \operatorname{tg} \chi$, also $\log \operatorname{tg} \beta =$ $= 9{,}88404 + 9{,}82489 = 9{,}70893$ und β als 27° 5′ 39″. Da das Schiff den Äquator also 27° 5′ 39″ westlich von Kap Lizard quert, trifft es den Äquator 32° 17′ 39″ westlich von Greenwich. Um den Winkel φ zu finden,

407

unter dem das Schiff den Äquator ansteuert, müssen wir in unserem Dreieck wieder die Breite (α) und den Azimuth (χ) als gegeben betrachten. Wir verwenden die Grundgleichung 5), die $\cos \varphi = \cos \alpha \cdot \sin \chi$ lautet und erhalten $\log \cos \varphi = \log \cos \alpha + \log \sin \chi = 9{,}80837 + 9{,}74474 = 9{,}55311$, woraus sich φ als Winkel von 69° 3′ 42″ ergibt[1]).

Wenn wir endlich den Weg γ suchen, den das Schiff von Kap Lizard bis zum Äquator zurückgelegt hat, so haben wir α und χ gegeben und γ gesucht. Wir verwenden die Grundgleichung 3′), die $\operatorname{tg} \gamma \cdot \cos \chi = \operatorname{tg} \alpha$ lautet, und gewinnen $\operatorname{tg} \gamma$ als Quotienten von $\operatorname{tg} \alpha$ und $\cos \chi$. Also ist $\operatorname{tg} \gamma = \frac{\operatorname{tg} \alpha}{\cos \chi}$ und $\log \operatorname{tg} \gamma = \log \operatorname{tg} \alpha - \log \cos \chi = 10{,}07567 - 9{,}91985 = 0{,}15582$, wodurch sich γ im Winkelmaß als 55° 3′ 53″ ergibt. Da nun eine Seemeile gleich ist einer Minute eines Erdmeridians (1851,85 m) und da andere Größtkreise auf der Erdkugel (wie der von uns gesuchte Weg des Schiffes) trotz der Erdabplattung dem Meridian praktisch gleichgehalten werden dürfen, so erhalten wir für unser Winkelmaß den guten Näherungswert von 3.303,9 Seemeilen für den Weg γ (oder 6118,3 km).

Zum Gebrauch der Napier'schen Regel sei noch angefügt, daß man, wenn man sie direkt anwenden will, folgendermaßen vorzugehen hat: Da stets zwei Stücke gegeben sind und ein Stück gesucht wird, müssen immer zwei benachbarte Fünfeckpunkte mit gegebenen oder gesuchten Stücken besetzt sein. Man unterscheidet nicht zwischen „gegeben" und „gesucht", sondern bezeichnet jenen besetzten Punkt mit III, der zwischen zwei anderen besetzten Punkten liegt oder diesen zwei besetzten Punkten gegenüberliegt. Weiters kommen α und β nur als $(90 - \alpha)$ und $(90 - \beta)$ vor. Dadurch wird aus sin stets cos, aus cos der sin und aus cot der tg.

---

[1]) Bei allen diesen Berechnungen wird unterstellt, daß sämtliche Winkelmaße genau und vollständig waren, auch dort, wo nur Minuten aufscheinen.

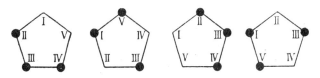

Fig. 163

Aus unserer Figur sieht man sofort, daß für unsere drei
Stücke (die „besetzten" Punkte tragen schwarze Scheibchen) stets eine der beiden Formeln cos III = sin I · sin V
oder cos III = cot II · cot IV zu gewinnen sein muß, die
bei zwei gegebenen Stücken als Gleichung mit einer Unbekannten immer sofort aufgelöst werden kann, wozu
noch kommt, daß sich alle diese Formeln für die Loga-
rithmierung einwandfrei eignen. Die Winkelfunktionen
von $(90 - \alpha)$ und $(90 - \beta)$ ersetzt man in schon erwähn-
ter Art durch die Gegenfunktionen. Der sechste Bestandteil des rechtwinkligen sphärischen Dreiecks, der Winkel
ψ oder der rechte Winkel, erscheint nicht in den Formeln,
weil er stets als gegeben vorausgesetzt wird; analog, wie
dies in der ebenen Trigonometrie gehandhabt wird.
Hätten wir also die „Hypotenuse" γ und die Seite β
gegeben und suchten wir den Winkel χ, dann hätten
wir den Fall vor uns, wie er in der zweiten Zeichnung
der Figur 163 vorliegt. Wir bezeichnen also die Ecke
$(90 - \beta)$ mit III, woraus sich die Ecken χ und γ nach
beiden Seiten als I und V ergeben müssen. Wir schreiben
sofort cos $(90 - \beta) = \sin \chi \cdot \sin \gamma$ oder $\sin \beta = \sin \chi \cdot \sin \gamma$
und erhalten den gesuchten $\sin \chi$ als $\frac{\sin \beta}{\sin \gamma}$. Nach unserer
Bezeichnung verwendeten wir also die Grundgleichung 2').
Wir haben leider nicht den Raum, nunmehr auch die
Sätze für schiefwinklige sphärische Dreiecke abzuleiten.
Damit der Leser aber innerhalb dieses Buches eine gewisse Vollständigkeit vorfindet, werden wir die Formeln
wenigstens notieren. Es sei bemerkt, daß sie beiläufig
den Formeln der ebenen Trigonometrie für schiefwinklige Dreiecke entsprechen und ebenso wie diese aus den

Formeln für rechtwinklige (hier natürlich sphärische) Dreiecke gewonnen werden.

Es gibt vier grundlegende Gleichungen für schiefwinklige sphärische Dreiecke, da je vier Bestandteile eines sphärischen Dreiecks nur auf folgende Arten zu einer Formel vereinigt werden können: 1. zwei „Seiten" und zwei gegenüberliegende Winkel. Dies leistet der sogenannte Sinussatz der Sphärik. Er lautet in der einfachsten Form $\sin \alpha : \sin \beta = \sin \varphi : \sin \chi$ oder erweitert $\sin \alpha : \sin \beta : \sin \gamma = \sin \varphi : \sin \chi : \sin \psi$ oder $\frac{\sin \alpha}{\sin \varphi} = \frac{\sin \beta}{\sin \chi} = \frac{\sin \gamma}{\sin \psi} = M$. Dieses M heißt der „Modul" des sphärischen Dreiecks. 2. Zwei „Seiten", den von ihnen eingeschlossenen und den gegenüberliegenden Winkel. Diese Gleichung lautet $\cos \gamma \cdot \cos \varphi = \sin \gamma \cdot \cot \beta - \sin \varphi \cdot \cot \chi$ und kann durch Vertauschung der Stücke noch auf fünf andere Arten geschrieben werden. Etwa $\cos \alpha \cdot \cos \psi = \sin \alpha \cdot \cot \beta - \sin \psi \cdot \cot \chi$ usw. 3. Zwischen drei „Seiten" und einem Winkel gilt der sogenannte Cosinussatz der „Seiten". Er hat drei Arten der Schreibung, und zwar $\cos \alpha = \cos \beta \cdot \cos \gamma + \sin \beta \cdot \sin \gamma \cdot \cos \varphi$ oder $\cos \beta = \cos \alpha \cdot \cos \gamma + \sin \alpha \cdot \sin \gamma \cdot \cos \chi$ oder $\cos \gamma = \cos \alpha \cdot \cos \beta + \sin \alpha \cdot \sin \beta \cdot \cos \psi$. 4. Zwischen einer Seite und den drei Winkeln besteht der „Cosinussatz der Winkel" ebenfalls in drei Formen: $\cos \varphi = - \cos \chi \cdot \cos \psi + \sin \chi \cdot \sin \psi \cdot \cos \alpha$ oder $\cos \chi = - \cos \varphi \cdot \cos \psi + \sin \varphi \cdot \sin \psi \cdot \cos \beta$ oder $\cos \psi = - \cos \varphi \cdot \cos \chi + \sin \varphi \cdot \sin \chi \cdot \cos \gamma$.

Wir hätten bloß noch beizufügen, daß für den sphärischen Exzeß nach den Formeln von Delambre, fälschlich auch Gauß'sche Formeln genannt, die sogenannte L'Hulier'sche Gleichung besteht, die es gestattet, den Exzeß aus den drei „Seiten" zu berechnen. Wenn man unter s die halbe Summe der drei Seiten versteht, wenn also $s = \frac{\alpha+\beta+\gamma}{2}$, dann ist der Exzeß ε bzw. $\operatorname{tg} \frac{\varepsilon}{4} = \sqrt{\operatorname{tg} \frac{s}{2} \cdot \operatorname{tg} \frac{s-\alpha}{2} \cdot \operatorname{tg} \frac{s-\beta}{2} \cdot \operatorname{tg} \frac{s-\gamma}{2}}$. Dabei ist nur der positive Wert der Wurzel zu berücksichtigen. Außerdem existiert noch eine Gleichung, nach der man den Exzeß aus zwei „Seiten" und einem Winkel berechnen kann. Wieder gewinnt man vorweg nur den Tangens des Exzesses. Die Formel hat die Form $\operatorname{tg}\frac{\varepsilon}{2} =$

$$= \frac{\operatorname{tg}\frac{a}{2}\operatorname{tg}\frac{\beta}{2}\sin\chi}{1+\operatorname{tg}\frac{a}{2}\operatorname{tg}\frac{\beta}{2}\cos\chi}.$$ Wir wollen aber jetzt nicht mehr weiter in das Formeldickicht der sphärischen Trigonometrie eindringen, das zum großen Teil geschaffen wurde, um die Formeln bequem logarithmieren zu können. Übrigens hat Gauß für solche Zwecke einen eigenen Typus von Logarithmen, die sogenannten Gauß'schen oder Additionslogarithmen geschaffen, die in größeren logarithmischen Tafelwerken enthalten sind und eigens der Behandlung sphärischer Formeln dienen.

Hiemit schließen wir eigentlich unsere Studien über die Elementargeometrie ab. Wir wollen nur, um Mißverständnissen vorzubeugen, noch anmerken, daß für die Vermessung kleinerer Stücke der Erdoberfläche (Grundstücke, Wälder, Teiche usw.) durchaus nicht die sphärische Trigonometrie in Anwendung kommt, sondern die ebene, da ja der Exzeß praktisch unmerkbar ist. Die Nautik (Schiffahrtskunde) dagegen verwendet, ebenso wie die Astronomie, vorwiegend die sphärische Trigonometrie. Ein Übergang zwischen beiden Arten von Trigonometrie ist dann gegeben, wenn der Radius der Kugel praktisch oder theoretisch gleich unendlich wird. Dann werden sämtliche Kanten des „Dreikants" parallel und die Krümmung der Kugel wird gleich Null. Die Kugeloberfläche wird eine Ebene und die Größtkreise werden euklidische Gerade, die sich erst im unendlich fernen Punkte schneiden können, falls sie irgendwo parallel sind. Die Winkel des Dreiecks müssen jetzt auch zusammen 180° als Summe ergeben, da jeder sphärische Exzeß verschwindet. Wenn dagegen der Kugelradius unendlich klein wird, schrumpfen dadurch die Kugel und damit jedes sphärische Dreieck zu einem Punkt zusammen.

Wir betonen noch einmal, daß die Größe des sphärischen Exzesses einer von g-Linien begrenzten sphärischen Figur niemals von der absoluten Größe dieser Figur abhängt, sondern lediglich von ihrer relativen Größe im Verhältnis zur Kugeloberfläche. Ein winziges sphärisches n-Eck auf einer winzigen Kugel hat unter Umständen einen riesigen sphärischen Exzeß, wogegen ein riesiges sphärisches n-Eck auf einer noch riesigeren Kugel einen fast Null betragenden sphärischen Exzeß haben kann. Das ist sehr wichtig für die Frage, ob unsere Welt ein gekrümmter Raum (R_3) ist. Wäre er nämlich sehr, sehr schwach gekrümmt, so würde selbst ein Dreieck aus Fixsternen uns über die Raumkrümmung unter Umständen noch nicht belehren können, selbst wenn wir seine Winkel genau messen könnten. Denn es könnte noch immer verhältnismäßig klein sein gegenüber dem unausdenkbar großen, schwach gekrümmten Universum.

Doch auch diese Frage wollen wir jetzt zurückstellen, da wir das Versprechen des Buchtitels noch zu erfüllen haben, den Leser in berauschendem Höhenflug in die Bereiche der „vierten Dimension" zu führen. Wenn er uns bisher aufmerksam und als getreuer Mitarbeiter gefolgt ist, wird ihn all das wie angenehmes Spiel dünken, was selbst gute Köpfe leicht von diesen Höhenregionen ausschließt. Wir wollen aber nicht zu viel versprechen. Denn es war niemals unsere Aufgabe, perfekte Kenner der nichteuklidischen und der mehrdimensionalen Geometrie zu schaffen. Wir wollten vielmehr nur auf allen Gebieten über die ersten Schwierigkeiten hinweghelfen, die oft selbst begeisterte Adepten unserer Kunst unwiderruflich abschrecken.

Dreiundvierzigstes Kapitel

Nichteuklidische Geometrien

Nun liegt die Mühe eigentlich hinter uns, mit der
wir uns das Rüstzeug der elementaren Geometrie zu-
sammentrugen. Gewiß, wir haben bloß die Grundzüge
durchforscht und es bliebe innerhalb jedes der bisher
erörterten Kapitel noch eine „kleine Unendlichkeit"
von Problemen offen; aber mehr als die Grundzüge
wollten wir ja auch nicht leisten. Ebensowenig dürfen
wir erwarten, daß wir in den nun folgenden krönenden
Abschnitten sehr tief eindringen werden. Aber auch
das Wenige wird die Mühe lohnen und wir werden,
biblisch gesprochen, das gelobte Land zumindest aus
der Ferne erblicken. Und einige seiner Früchte werden
wir sogar aus der Nähe betrachten dürfen.

Unheimliche Vorstellungen verbinden sich für den
Anfänger und Laien mit den Begriffen „gekrümmter
Räume" und „höherer Dimensionen". Wir haben uns
gegen den Schrecken langsam geimpft. Und wir beginnen mit den gekrümmten Räumen. Da nun für uns
das Wort „Raum" einfach irgendein R_n ist, war uns
die Kugeloberfläche ein gekrümmter R_2. Und zwar ein
positiv und gleichmäßig gekrümmter R_2. Der Kreis ist
ein positiv und gleichmäßig gekrümmter R_1. Schon
Isaac Newton hat für die Krümmung ein Maß, das
sogenannte Krümmungsmaß, ersonnen, allerdings bloß
für den R_1. Gauß hat den Begriff dieses Maßes
dann auf Flächen ausgedehnt, wobei es, ungefähr gesprochen, darauf ankommt, durch zwei Zahlenwerte
die größte und die kleinste Krümmung eines Flächen-
elementes festzustellen. Wir wollen dies ein wenig erläutern. Man steht dabei auf dem Standpunkt, daß

jedes kleinste Teilchen jeder beliebigen Kurve an jeder Stelle auch als winziges Kreiselement aufgefaßt werden kann. Daher hat jedes Element der Kurve an jeder Stelle einen sogenannten Krümmungsradius, d. h. den Radius des Kreises, mit dem es an eben dieser Stelle identisch ist.

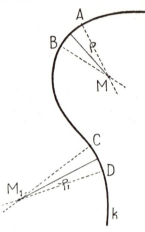

Fig. 164

So hätte etwa das Stückchen AB der Kurve k den Krümmungsradius ϱ und das Stückchen CD den Krümmungsradius ϱ_1. Natürlich müssen, streng genommen, die Punkte AB und CD einander „unendlich benachbart" sein. Das Krümmungsmaß aber wird durch den reziproken Wert des Krümmungsradius, also durch $\frac{1}{\varrho}$ bzw. $\frac{1}{\varrho_1}$ ausgedrückt, wobei man noch die Richtung der Krümmung konventionell durch Vorzeichen festlegen kann. In unserem Fall müßte man von $\frac{1}{\varrho}$ und $-\frac{1}{\varrho_1}$ oder von $-\frac{1}{\varrho}$ und $\frac{1}{\varrho_1}$ sprechen, da die Krümmungsradien nach verschiedenen Richtungen laufen, besser, da die Krümmungsmittelpunkte M und

M_1 auf verschiedenen Seiten der Kurve liegen. Um das Gauß'sche Krümmungsmaß einer Fläche zu erhalten, legt man durch das zu messende Flächenelement zwei senkrechte Schnittebenen, die außerdem zueinander senkrecht stehen. Wir erhalten als das Krümmungsmaß dann das Produkt der beiden Krümmungsmaße der beiden Kurvenelemente, die sich durch den Schnitt der Ebenen ergeben, also $\frac{1}{\varrho} \cdot \frac{1}{\varrho_1}$ oder $\frac{1}{\varrho \cdot \varrho_1}$. Ist eine der Kurven so gekrümmt, daß die beiden Krümmungsmittelpunkte auf verschiedenen Seiten der gekrümmten Fläche liegen, dann muß ϱ oder ϱ_1 negatives Vorzeichen erhalten. Dadurch wird aber der ganze Bruch negativ $\left(- \frac{1}{\varrho \cdot \varrho_1}\right)$ und wir sprechen von Flächen negativer Krümmung oder Sattelflächen, die wir in der Figur zeigen.

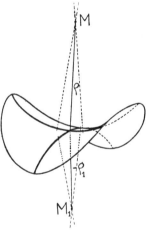

Fig. 165

Wenn nun, wie immer man auch die Schnittebenen die krumme Fläche schneiden läßt, beide Krümmungsradien sich stets als einander gleich ergeben, dann haben wir eine Fläche positiver oder negativer konstanter Krümmung vor uns, deren Krümmungsmaß naturgemäß, da $\varrho = \varrho_1$, stets $\pm \frac{1}{\varrho^2}$ sein muß[1]). Solcher Flächen gibt es drei Arten. Sind $\varrho = \varrho_1$ beide positiv, dann handelt es sich um die Kugelfläche (sphärische Fläche). Sind ϱ und ϱ_1 zwar dem Wert, nicht aber dem Vorzeichen nach gleich, dann erhalten wir die negativ konstant gekrümmte Fläche, die an jedem Punkt der regelmäßigen Sattelfläche gleichen muß, und die manchmal allgemein als Pseudo-Sphäre bezeichnet wird. Bis Beltrami (1868) glaubte man, diese Fläche sei eine imaginäre Kugel, da sich aus einem Kugel-Radius $r = iR$ tatsächlich das Krümmungsmaß $K = -\frac{1}{R^2}$ gewinnen läßt. Heute weiß man jedoch, daß dieser Bedingung auch höchst reellpunktige Flächen entsprechen können. Nimmt man schließlich den Krümmungsradius positiv oder negativ gleich unendlich an, dann erhält man als Krümmungsmaß der Fläche $\frac{1}{\infty^2}$ oder $-\frac{1}{\infty^2}$, was beides bekanntlich als Null anzusprechen ist. Diese konstant gekrümmte Fläche des Krümmungsmaßes Null ist aber die Ebene.

Nach dieser Vorbemerkung sind wir nun imstande, die Geschichte der nichteuklidischen Geometrien kurz zu skizzieren, worauf wir dann ihr Wesen schildern können. Wir haben übrigens gelegentlich schon oft über ihre Problematik gesprochen. Wir wissen etwa, daß man bereits im Altertum dem Parallelenaxiom oder -postulat nicht recht traute. Ob dafür die komplizierte Fassung, die Euklid diesem Postulat gegeben hat, allein verantwortlich war, ist zweifelhaft. Tatsachen wie die Hyperbelasymptoten trugen gewiß auch zu diesem Mißtrauen bei, was wir übrigens ebenfalls schon ausführten. Man mühte sich also, das Postulat zu „beweisen", d. h. es auf einfachere Axiome

---

[1]) Dabei ist die Gleichheit natürlich stets bloß für die Absolutwerte von ϱ und ϱ_1 behauptet. Es heißt also hier $\varrho = \pm \varrho_1$ soviel wie $|\varrho| = |\varrho_1|$.

zurückzuführen, und der Byzantinische Mathematiker Proklos (410—485 n. Chr. Geb.) gab ihm eine vereinfachte Fassung, die folgendermaßen lautete: „Wenn a eine Parallele zu g durch den Punkt P ist, so gibt es keine zweite von a verschiedene Parallele zu g durch diesen Punkt P." Naturgemäß schlugen alle „Beweise" fehl, und mehr als ein Jahrtausend später ging man dazu über, „Hypothesen" aufzustellen, nach denen zwei auf einer Geraden errichtete Lote die Basisgerade unter stumpfem oder spitzem Winkel treffen sollten. Im Jahre 1733 veröffentlichte der Jesuit G. Saccheri sein Werk „Euklid, von jedem Makel gereinigt", in dem er eine solche „Hypothese" (des stumpfen Winkels) aufstellte und widerlegte. Diese Widerlegung war aber falsch, so daß eigentlich Saccheri mit seinen richtigen Prämissen den Reigen der „Nichteuklidiker" eröffnete. J. H. Lambert (1728—1777), der beide Hypothesen untersuchte, drang ziemlich weit vor, zog das sphärische Dreieck (Winkelsumme größer als 180°) in den Kreis der Betrachtung, wobei er sich der Äquivalenz von Dreieckswinkelsumme und Parallelenpostulat bewußt war. Er sprach sogar schon von der „imaginären Kugel". Und G. S. Klügel (1739—1812) sowie der große Geometriker Legendre (1752—1833) stießen gleichfalls auf das Problem, wobei sie es allerdings bei Zweifeln an der Denknotwendigkeit (Apriorität) des Parallelenpostulats bewenden ließen. Oder gar die Falschheit der „Hypothesen" durch Scheinbeweise zu erhärten suchten. Die große Revolution der Geometrie beginnt so eigentlich erst mit Gauß, der sich schon 1799 mit dem Parallelenpostulat beschäftigte, wie aus seinem Brief an Wolfgang Bolyai hervorgeht. W. Bolyai selbst beschäftigte sich ein Leben lang mit diesem Gegenstand, um schließlich die Nichtigkeit seiner Bemühung einzusehen, Euklid voll zu rechtfertigen. Und nun begann eine der merkwürdigsten Entdeckungs-Gleichzeitigkeiten der Wissenschaftsgeschichte, die wir, um nicht zu verwirren, schematisch darstellen müssen:

a) Gauß selbst war dem Geheimnis bald auf der Spur. Er entwickelte selbständig eine widerspruchsfreie Geometrie, bei der das Parallelenpostulat nicht galt und die Winkelsumme im Dreieck kleiner war als 180°. Er veröffentlichte aber nichts darüber und schrieb noch 1829 an den großen Astronomen Bessel, er fürchte das Geschrei der Böotier, wenn er seine Ansicht ganz aussprechen würde. Dieses rätselhafte Verhalten des größten aller Mathematiker harrt auch heute noch der psychologisch-geschichtlichen Aufklärung.

b) Zur grundsätzlich selben Geometrie gelangte der Jurist Schweikart, der seine Gedanken an Gauß weitergab und von diesem Lob erntete.

c) Der Neffe Schweikarts, Taurinus, veröffentlichte als erster im Jahre 1825 Erörterungen über unseren Gegenstand, wobei er sowohl die Hypothese des spitzen als des stumpfen Winkels erörterte und auch von der imaginären Kugel sprach. Er verfiel allerdings wieder in den Fehler Saccheris und behauptete schließlich die Alleingültigkeit des Parallelenpostulats im Sinne Euklids.

d) Erst der Sohn W. Bolyais, der ungarische Genieoffizier Johann Bolyai, baute 1823 eine mit der Gaußschen identische „nichteuklidische" Geometrie (nach der Hypothese des spitzen Winkels) aus und veröffentlichte sie im Jahre 1832.

e) Ebenfalls unabhängig von allen anderen[1]) gelangte der Russe I. N. Lobatschefskij (1793—1856) im Jahre 1826 zur nämlichen nichteuklidischen Geometrie und legte seine Entdeckung seiner Universität Kasan vor („Kasaner Abhandlung"). Die Veröffentlichung erfolgte 1829—1840. Lobatschefskij stellte seine Geometrie ausdrücklich als gleichberechtigt neben die euklidische.

---

[1]) Wenn man davon absieht, daß ein Schüler Gaußens Kollege des Russen an der Universität war, der ihm vielleicht von der Beschäftigung Gaußens mit dem Parallelenproblem sprach.

f) In aller Allgemeinheit bereitete der geniale Bernhard Riemann, ein Schüler von Gauß und später Professor in Göttingen, im Jahre 1854 den endgültigen Sieg der Revolution vor. Seine Habilitationsschrift „Über die Hypothesen, welche der Geometrie zugrunde liegen", die Gauß noch anhörte, kennt bereits alle drei Geometrien mit $\Sigma = 2R$, $\Sigma > 2R$ und $\Sigma < 2R$, wobei Σ die Winkelsumme des Dreiecks bedeutet.

g) Den vollen Sieg bereiteten dann Beltrami und F. Klein zwischen 1868 und 1871, die beide die Reellpunktigkeit auch der negativ konstant gekrümmten Fläche, also der angeblichen imaginären Kugel nachwiesen und darüber hinaus das geometrische Weltbild ebenso vereinfachten wie erweiterten.

Dies in Kürze die Geschichte der großen Revolution, der größten vielleicht, die die Wissenschaftsgeschichte kennt; wobei wir noch bemerken, daß der Name „nichteuklidisch" von Gauß selbst stammt. Uns umschwirrt heute dieses Wort. Es wird sozusagen von allen populärwissenschaftlichen Sperlingen vom Dach gepfiffen. Dies rührt davon her, daß Einstein diese Art von Geometrie auf die Pysik anzuwenden begann. Damit soll nur festgestellt sein, daß die Laienansicht, die neueste Physik habe die gekrümmten Räume oder gar die vierte Dimension erfunden, durchaus unzutreffend ist, wovon sich überdies jeder durch einen Blick in die gemeinverständliche Darstellung, die Einstein selbst von seiner Theorie gab, überzeugen kann.

Natürlich ist durch die physikalische Anwendung heute die nichteuklidische Geometrie aktueller geworden. Sie geht jetzt nicht mehr bloß die Mathematiker an, sondern verändert sogar das Bild unseres Kosmos, unsere Vorstellungen vom Weltall, von Unendlichkeit des Weltraumes und von der Absolutheit des Zeitablaufs.

Dies aber nur nebenbei. Wir knüpfen wieder dort an, wo wir die „krummen Räume" verlassen haben und stellen fest, daß eine krumme Fläche, also ein gekrümmter R_2, der zudem noch nach allen Seiten gleichmäßig gekrümmt ist, so daß sich in ihm die Figuren beliebig drehen und verschieben lassen, wegen der Bedingung $\varrho_1 = \varrho_2 =$ konstant, das Krümmungsmaß $+\frac{1}{\varrho^2}$, 0 oder $-\frac{1}{\varrho^2}$ haben muß. Nun würde aber zum Krümmungsmaß 0 es schon genügen, wenn ϱ_1 oder ϱ_2 gleich unendlich wären. Eine Fläche des Krümmungsmaßes $\frac{1}{\varrho_1\varrho_2}$, wobei ϱ_1 oder ϱ_2 gleich unendlich, hat auch das Krümmungsmaß 0 und ist trotzdem gekrümmt, wie etwa die Mantelfläche des Kreiszylinders oder Kreiskegels. An diesem Beispiel kann man die Genialität des großen Gauß bewundern. Denn er hat vom Krümmungsmaß die euklidische oder nichteuklidische Struktur der betreffenden Fläche abhängig gemacht. Ist das Krümmungsmaß gleich Null, dann gilt in der betreffenden Fläche die euklidische Geometrie und Axiomatik, ist es von Null verschieden, dann gilt eine der nichteuklidischen Geometrien. Tatsächlich haben Zylinder und Kegel „abwickelbare" Mantelflächen, die sich ohne „Dehnung" auf- und abwickeln und damit in die Ebene überführen lassen. Zeichne ich auf ein Blatt Papier irgendwelche geometrische Konstruktionen, dann kann ich dieses Blatt um Zylinder oder Kegel rollen, ohne daß sich die Verhältnisse der Figuren ändern. Und umgekehrt. Nur muß man sich den Vorgang der „Ab-" bzw. „Aufwicklung" ins Unendliche fortsetzbar vorstellen, da sonst ein Übergreifen der Figuren entstehen könnte. Daher gibt es dann, auch senkrecht zur Achse, auf den abgewickelten Flächen unendlich lange euklidische Gerade.

Wir fragen uns nun, welche g-Linien auf den beiden anderen Typen von gekrümmten Flächen existieren und stellen fest, daß bei $\frac{1}{\varrho^2} > 0$, also auf der Kugel, die Größtkreise als g-Linien auftreten. Wir haben das schon untersucht und damit begründet, daß zwei Punkte der Kugeloberfläche, sofern sie beide auf einer Halbkugel liegen und wir den Äquator dieser Halbkugel nicht

überschreiten dürfen, stets durch einen Größtkreisbogen in kürzester Art verbunden werden. Falls wir
den Äquator überschreiten dürfen, gibt es noch die Er-
gänzung dieses Bogens zum vollen Kreis als Verbindung
der beiden Punkte, die aber jetzt nicht mehr die kürzestmögliche, sondern die längstmögliche Verbindungslinie
ist. Wären aber die Punkte beide Gegenpunkte oder
Pole, dann sind beide Verbindungslinien gleich lang.
Nur gibt es jetzt nicht mehr bloß eine einzige Verbin-
dungsmöglichkeit, sondern deren unendlich viele (durch
jeden beliebigen Meridianhalbkreis). Man schränkt
daher im allgemeinen der Eindeutigkeit halber die
Kugelgeometrie auf eine Halbkugel ein.

Aus der Form unserer g-Linien auf der Kugel folgt
weiter, daß hier das Parallelenpostulat nicht gilt. Es
gibt auf der Kugeloberfläche überhaupt keine parallelen
g-Linien, sondern alle g-Linien müssen einander, gehörig verlängert, in zwei endlichfernen Punkten
schneiden. Aus der Nichtgeltung des Parallelenpostulats
aber folgt weiter die Nichtgeltung des ihm äquivalenten
Satzes von der 180grädigen Winkelsumme im Dreieck,
die wir auch schon untersucht haben. Da die „innere"
Geometrie der Kugelfläche der „Hypothese des stumpfen
Winkels" gemäß ist, hat das Kugeldreieck eine Winkelsumme $\Sigma > 2R$. Der Überschuß über zwei Rechte heißt
der sphärische Exzeß und ist proportional mit der
Größe der Dreiecksfläche relativ zur selben Kugel.
Die innere Geometrie der Kugelfläche ist nun eine nichteuklidische Planimetrie des Typus $\Sigma > 2R$, Parallelen-
anzahl $= 0$, und wird allgemein die elliptische oder
sphärische Geometrie genannt. Bei ϱ_1 und ϱ_2 gleich
unendlich geht sie in die Planimetrie der Ebene oder,
was dasselbe ist, in die euklidische Planimetrie über,
die auch die parabolische Geometrie heißt und in diesem
Zusammenhang als Grenzfall erscheint. Wird nun das
Krümmungsmaß $-\frac{1}{\varrho^2} < 0$, dann entsteht auf dieser negativ gekrümmten Fläche die sogenannte pseudosphä-

rische oder hyperbolische Geometrie, wie sie als erste nichteuklidische Geometrie von Gauß, J. Bolyai und Lobatschefskij entdeckt wurde. Ihre Fläche muß, falls sie konstante Krümmung haben soll, an jedem Punkt einer Sattelfläche mit zwei gleichen, allerdings verschieden gerichteten Krümmungsradien entsprechen. Es gibt, wie man heute weiß, mehrere Rotationsflächen, die dieser Eigenschaft einer „imaginären Kugel" gemäß sind. Als häufigste Form der „Pseudo-Sphäre" wird die Traktrix-Fläche erwähnt, die in Fig. 166 als Form a dargestellt ist. Die von Leibniz und Huygens

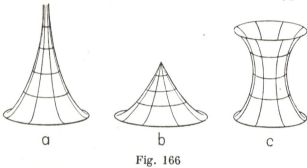

a   b   c

Fig. 166

im Jahre 1693 untersuchte Traktrix-, Zug- oder Schleppkurve entsteht dadurch, daß man etwa eine Uhr an einer Kette auf einen glatten Tisch legt, die Kette spannt und nun den „Zug" in einer Geraden ausführt, die (auf dem Endpunkt der Kette) zur gespannten Kette senkrecht steht. Der Mittelpunkt unserer Uhr wird sich mit der Zeit dieser Geraden immer mehr nähern, ohne sie je zu erreichen. Die Traktrix nähert sich also asymptotisch der Schlepp-Richtungs-Geraden oder umgekehrt. Lassen wir nun weiters die ganze Traktrixkurve um diese Gerade rotieren, dann entsteht der Tubus-förmige obere Teil der Traktrixfläche, die „imaginäre Halbkugel" oder obere Pseudosphärenhälfte. Die untere Hälfte ist ihr Spiegelbild, so daß die

ganze Pseudosphäre so aussieht, als ob zwei Engels-
posaunen mit ihren Trichtern aneinandergelegt wären.
Die Spitzen der „Posaunen" sind unendlich lang und
werden stets dünner. Es gibt außerdem noch zwei
andere pseudosphärische Rotationsflächen, die bis zu
den Rändern unserer Krümmungs-Bedingung $k = -\frac{1}{\varrho^2}$
genügen. Sie sind aber periodisch, d. h. man müßte
in der Richtung der Achse stets wieder neue derartige
Flächenstücke aneinanderfügen. Als „pseudosphärische Schultafel" eignet sich die Form c am besten, wie
wir sehen werden.

Nun gibt es natürlich auch im negativ gekrümmten
nichteuklidischen Raum R_2, also auf der Pseudosphäre,
g-Linien als kürzeste Verbindungen zweier Punkte.
Wenn man aus solchen „Lobatschefskijschen Geraden"
Dreiecke bildet, wird man die Erfahrung machen, daß
hier die „Hypothese des spitzen Winkels" gilt, daß also
bei $k = -\frac{1}{\varrho^2}$ die Winkelsumme des Dreiecks $\Sigma < 2R$.
Daher tritt auch das Parallelenproblem hier in neuer
Form auf. Es gibt nämlich auf der Pseudosphäre zu
einer g-Linie durch einen Punkt stets zwei parallele
g-Linien. Darüber hinaus gibt es unendlich viele
g-Linien, die diese andere g-Linie schneiden, und
endlich — eine neue Eigentümlichkeit! — unendlich
viele g-Linien, die unsere erste g-Linie weder schneiden
noch mit ihr parallel sind. Die pseudosphärische, Bolyai-
sche oder Lobatschefskijsche Geometrie ist also
ebenfalls eine nichteuklidische Geometrie, und zwar in unserem Fall deren Planimetrie auf der Fläche mit $k = -\frac{1}{\varrho^2}$,
wobei $\Sigma < 2R$ und die Anzahl der Parallelen durch
einen Punkt gleich 2 ist. Bevor wir diese letzte Tatsache deutlicher zeigen, stellen wir uns die drei Haupttypen der Geometrien zusammen (siehe Tab. S. 424).

Wir bemerken hiezu, daß sich zahllose, vom Parallelenaxiom unabhängige Sätze der Geometrie finden
lassen, die naturgemäß in allen drei Arten von Geometrie gelten müssen. Der Inbegriff dieser Sätze ist

Form des R_2	Krümmungs-maß	Anzahl der Parallelen durch einen Punkt	Name
Kugel (Sphäre)	$k=\dfrac{1}{\varrho^2}$ $(\varrho=\varrho_1=$ $=$ konstant$)$	0	Sphärische, elliptische Geometrie (nichteuklidisch)
Ebene (ev. Zylinder- oder Kegel-mantel)	$k=0$ $(\varrho=\varrho_1=\infty=$ $=$ konstant$)$ oder $\varrho=\infty$ oder $\varrho_1=\infty$	1	Ebene Geometrie Parabolische Geometrie (euklidisch)
Pseudosphäre (oder äquiva-lente Rotations-fläche der Form b oder c)	$k=-\dfrac{1}{\varrho^2}$ $(\varrho=-\varrho_1=$ $=$ konstant oder $-\varrho=\varrho_1=$ $=$ konstant$)^1)$	2	Pseudo-sphärische, hyperbolische Geometrie (nichteuklidisch)

dann die „absolute Geometrie", die man auch „In-variante Geometrie" oder „Pangeometrie" genannt hat.

Bevor wir aus diesen Erkenntnissen einige Folge-rungen ziehen, werden wir noch eine Konstruktion der sogenannten Lobatschefskijschen Parallelen auf einer „pseudosphärischen Schultafel" zeigen, die wir zuerst schematisch bringen. Einen Beweis geben wir nicht, da er für uns zu viele Voraussetzungen erfordern würde.

Man hat, um zur g-Linie g durch einen nicht auf g liegenden Punkt P die beiden Parallelen zu konstruieren, zuerst von P auf g das Lot zu fällen. Dies geschieht mittels eines pseudosphärischen Lineals, das, wie das Kugellineal sich der Kugel, so der pseudosphärischen Fläche anschmiegt. Der Fußpunkt dieses Lotes sei O. Nun trägt man von O auf g die beliebige Strecke s ab, deren Endpunkt Q ist. Hierauf zieht man von Q eine

---

1) Auch hier ist natürlich gemeint, daß $|\varrho|=|\varrho_1|$ ist.

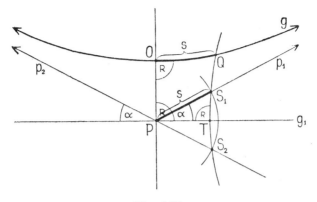

Fig. 167

Senkrechte auf die g-Linie g_1, welch letztere man
dadurch gewinnt, daß man auf O P in P eine Senkrechte
zieht. Wenn man nun mit s als Radius um P einen
Kreis schlägt, schneidet er die g-Linie Q T in zwei
Punkten S_1 und S_2. Diese Schnittpunkte bestimmen
mit P die beiden zu g durch den Punkt P parallelen
(Lobatschefskijschen) g-Linien p_1 und p_2.

Es sind nun alle g-Linien durch P, die g_1 unter einem
größeren Winkel als α schneiden, Schneidende zur
g-Linie g. Ist dagegen der Schnittwinkel kleiner als α,
dann treffen die g-Linien die g-Linie g nicht, ohne jedoch
mit ihr parallel zu sein.

Wir hätten noch nachzutragen, daß alle pseudosphärischen Dreiecke infolge ihrer Winkelsumme
$\Sigma < 2R$ einen pseudosphärischen Defekt $\delta = 180° -$
$- (\alpha + \beta + \gamma)$ aufweisen, der wie der sphärische
Exzeß auf einer und derselben Pseudosphäre mit dem
Flächeninhalt des Dreiecks zunimmt. Anschaulich kann
man sich das Wachsen sowohl des Defektes als des
Exzesses sehr gut so erklären, daß man sich sagt, ein
relativ zur gekrümmten Fläche größeres Dreieck nehme,
wenn es wachse, desto stärker an der Krümmung und

an allen Folgen dieser Krümmung teil. Daher auch gilt für „unendlich kleine Gebiete" aller drei Geometrien $\Sigma = 180°$ und das euklidische Parallelenpostulat, weil das Flächenelement stets als krümmungslos angesehen

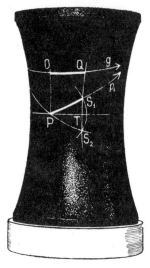

Fig. 168

werden darf. In „endlichen Gebieten" dagegen gilt die euklidische Geometrie nur in einer Fläche des Krümmungsmaßes 0, also in der Ebene und in den dehnungsfrei abwickelbaren Flächen, bei denen k = 0 ist (wie Zylinder- und Kegelmantel).

Nun ist es selbstverständlich, daß die Krümmungsradien weder untereinander gleich sein müssen, noch auch, daß die Krümmung an jeder Stelle der gekrümmten Fläche dieselbe sein muß. Solche nicht konstant gekrümmte Flächen positiver oder negativer Krümmung haben auch jede ihre eigene nichteuklidische Geometrie, falls nicht einer der Krümmungsradien gleich unendlich ist. Nur werden in diesen Flächen die Figuren niemals ohne Dehnung bewegt werden können, da sie sich ja gleichsam ununterbrochen anderen Krümmungsverhältnissen anschmiegen müssen. Bildlich gesprochen, wären die Figuren in der Lage eines aufgeweichten Papierblattes, das auf Meereswogen treibt und jede Sekunde anderen Krümmungen folgen muß.

Es gibt also eigentlich so viele verschiedene Geometrien, als es Arten von gekrümmten Flächen gibt. Und nur in einer verschwindend kleinen Anzahl dieser Geometrien gilt das euklidische Parallelenaxiom, während an sich alle anderen Geometrien gleichberechtigt und in sich geschlossen in unendlicher Mannigfaltigkeit neben unserer gewohnten euklidischen Geometrie bestehen. Daß wir so wenig von den nichteuklidischen Geometrien hören, liegt wohl daran, daß wir keinen Anlaß haben, uns — mit Ausnahme der Kugelgeometrie — in unserer Welt mit nichteuklidischen Geometrieformen zu beschäftigen. Die gekrümmten Flächen, also R_2 mit Krümmung, können wir uns stets als in einen euklidischen Raum „eingebettet" denken und auf orthogonale cartesische Koordinaten beziehen, so daß wir hiebei keinen direkten Anlaß haben, eine „innere", nichteuklidische Geometrie der betreffenden krummen Fläche zu treiben. Ganz andere Verhältnisse würden natürlich vorliegen, wenn wir uns in einem beliebigen R_n, in dem wir eingebettet sind, bloß einbildeten, er sei euklidisch. Unsere geometrischen Arbeiten wären dann wirklich falsch. Wir werden solche Möglichkeiten sofort im Zusammenhang mit anderen Eigenschaften gekrümmter Räume besprechen.

Vierundvierzigstes Kapitel

Gekrümmte Räume

Wir wollen dazu die sogenannte „Beltramische Hypothese" über die Flächenwesen als Vorbemerkung er-

427

läutern. Nehmen wir einmal an, was wir übrigens schon andeuteten, es gäbe auf oder in irgendeiner vollkommen dickelosen, also rein geometrischen Fläche Wesen, die nicht imstande wären, irgendwie diese Fläche zu verlassen. Sie sind somit durchaus im R_2 eingebettet. Diese Hypothese ist gar nicht so weit hergeholt, als es auf den ersten Blick scheint. In starker Annäherung sind wir Menschen ebenso auf der Erdoberfläche „eingebettet". Und ein Südseeinsulaner, der mitten im Stillen Ozean auf einem zehn Meter hohen Korallen-Atoll lebt und, wenn es gut geht, fünf Meter tief tauchen kann, hat nach oben und unten einen Freiheitsgrad von etwa 20 Metern im Maximum. Nehmen wir noch die Hypothese einer mit Nebel erfüllten Atmosphäre dazu, was sich wieder für einen Eskimo der Tundren Nordsibiriens leicht ereignen kann, und lassen wir unsere Urmenschen keine Lotungen ausführen, dann haben wir Wesen, die relativ zur Erde, deren Äquator-Durchmesser 12,754.794 Meter ist, so gut wie keine Dickendimension kennen. Wäre dazu noch die Erde so groß wie die Sonne oder gar wie einer der sogenannten „Roten Riesen" unseres Milchstraßensystems, dann würden unsere Kugelbewohner seelenruhig auch auf ihrer Kugelfläche euklidische Geometrie treiben und kämen nie auf den Gedanken eines sphärischen Exzesses, da sie ihn selbst mit feinsten Instrumenten nicht auffinden könnten. Sind sie aber gar wirkliche „Beltramische Flächenwesen", dann fehlt ihnen auch der letzte Begriff einer dritten Dimension, die dem Südseeinsulaner ja schon der aufrechte Gang, die Gravitation, die Kokospalme usw. vermittelt. Sie werden bei genügend großem Radius ihrer Fläche, die wir jetzt als Kugel oder Pseudosphäre annehmen wollen, einfach zweidimensionale euklidische Geometrie treiben und etwa am Parallelensatz durchaus nicht zweifeln.

Nun könnten sie aber die furchtbarsten Überraschungen erleben. Und zwar sowohl vom Standpunkt der Dimension als vom Standpunkt der Krümmung. Sprechen wir zuerst von der in diesem R_2 schauerlichen und okkulten „dritten Dimension". Unsere Wesen hätten sich etwa einen „geschlossenen" Behälter aus glasartigem Material hergestellt. Wie sieht der nun aus? Er ist wohl nichts anderes als irgendeine geometrische geschlossene ebene Figur, etwa ein Kreis, ein Quadrat oder dergleichen. In das „Innere" dieses Behälters können die Flächenwesen nur gelangen, wenn sie die Umgrenzungslinie an irgendeiner Stelle durchbrechen. Nun läge ein flächiges Partikelchen neben dem Behälter außerhalb der Umgrenzung. Und irgendeine Naturkraft, die gerade nur auf das Partikelchen wirkt, höbe es „magnetisch" in die dritte Dimension heraus, wirbelte es herum und ließe es dann, womöglich umgeklappt, in das Innere des Behälters fallen. Durch die gläserne Linienwand würden unsere Flächenwesen mit (im zentrischen Büschel) gesträubten Haaren dieses Phänomen erblicken und hätten nicht einmal die Möglichkeit dieses, sagen wir Dreieckchen, wieder umzuklappen, wenn sie endlich die Glaswand durchbrechen und an das Wunder herangelangten.

Uns dagegen erscheint der Vorgang höchst simpel. Ein Magnet hat dieses einzige Eisendreieckchen in dieser Welt aus seiner Fläche herausgerissen, es hat sich umgeklappt und ist dann in den Kreis hineingefallen, den die Flächenwesen für unübersteigbar hielten. Gewiß, der Vergleich hinkt ein wenig. Denn ein dickeloses Plättchen kann ein Magnet nicht anziehen. Wir meinten das auch nur höchst ungefähr. Die Raumverhältnisse jedenfalls stimmen genau. Wir wollen deshalb das Bild für uns selbst erschreckend machen. Wir hätten uns eine große hohle Glaskugel hergestellt und hätten neben sie einen stählernen Ritterhandschuh auf den Boden gelegt. Nun verschwindet der Ritterhandschuh plötzlich spurlos und liegt nach einigen Sekunden mitten in der Kugel, wobei noch außerdem aus dem ursprünglich rechten plötzlich ein linker

Handschuh geworden ist. Ich denke, dabei würden sich unsere Haare, diesmal im zentrischen Bündel, sträuben.

Wir stellen dazu fest, daß im R_1 schon ein Punkt unüberschreitbar ist und daß dort eine Strecke solch ein Behälter wäre. Die geschlossene Figur des R_2 ist jede von Linien umgrenzte Figur. Und im R_3 wird der geschlossene Körper von Flächen begrenzt. Wir schließen daher analog, daß im R_4 ein „Behälter" von lauter Körpern begrenzt werden müßte. Wir werden noch darauf zurückkommen.

Eine andere lockende Dimensionsproblematik liegt darin, sich die Aufgabe zu stellen, irgendeinen R_n so in zwei Gebiete zu zerlegen, daß man unmöglich von einem Punkt des einen Gebietes zu einem Punkt des anderen Gebietes gelangen kann, ohne das Trennungsgebilde zu durchbrechen. Im R_1 sperrt ein Punkt bereits die zwei Gebiete voneinander ab. Im R_2 müßte man eine unendliche Gerade ziehen, falls der R_2 euklidisch ist. Unter derselben Voraussetzung würde der R_3 durch eine unendliche Ebene in zwei getrennte Gebiete geteilt werden. Stets also erfolgt die Absperrung durch ein Gebilde von $(n-1)$ Dimensionen. Nun können wir uns dabei auch mächtig täuschen. Wenn nämlich unser R_1 nicht eine Gerade, sondern ein Kreis gewesen wäre, dann läuft ein punktförmiges Wesen, das an den „Sperrpunkt" anprallte, einfach nach der entgegengesetzten Richtung davon und erscheint plötzlich auf der anderen, angeblich unzugänglichen Seite des Sperrpunktes. Oder wir hätten in einem R_2, der wie ein Autopneumatik geformt ist, streng nach der Vorschrift, die unbegrenzte Sperrlinie irgendwo senkrecht zur Ringachse um den Pneumatik herumgeführt. Ein Flächenwesen kann dann auf die verschiedensten Arten, in Kreisen oder Spiralen, auf die andere Seite der Sperrlinie gelangen. Man nennt solche Räume die „mehrfach zusammenhängenden Räume" und es ist für sie charakteristisch, daß man diesen Zusammenhang aus der nächsthöheren Dimension, der

Dimension (n + 1) sofort durchschauen kann. Einen mehrfach zusammenhängenden R_3 können wir uns nicht vorstellen, d. h. wir können nur behaupten, daß unsere Sperr-Fläche eigentlich eine Kugelfläche sein müßte, zumindest eine zusammenhängend gekrümmte Fläche, um die wir herumgehen könnten. Das ist aber nur höchst ungefähr. Denn wir könnten die wahre Sachlage erst vom R_4 aus durchschauen. Jedenfalls müßte hiezu der R_3 in einen R_4 eingebettet sein. Wie aber schon mehrfach erwähnt, haben wir vorläufig keinen unmittelbaren physikalischen Anlaß, den R_4 zu postulieren.

Wie wir schon mehrmals betonten, ist „unendlich" und „unbegrenzt" etwas Verschiedenes. Eine Kreislinie oder Kugelfläche ist für die in ihr lebenden hypothetischen Wesen unbegrenzt aber durchaus endlich. Denn wenn in der Kreislinie ein Punkt stehen bleibt und der andere stets „geradeaus" wandert, steht er schließlich hinter dem wartenden Punkt. Ebenso ist es auf der Kugelfläche bei einer „Weltreise".

Im gekrümmten R_3 müßten ähnliche Dinge möglich sein. Und man hat in der neuesten Physik und Astronomie schon ernstlich erwogen, ob nicht, unter der Voraussetzung eines gekrümmten Weltraumes, zwei auf entgegengesetzten Stellen des Himmels sichtbare Spiralnebel „in Wirklichkeit" ein und derselbe Nebel sein könnten. Auf keinen Fall ist der Begriff eines gekrümmten Raumes R_n, wobei $n > 2$, irgend etwas in sich Widerspruchsvolles. Bernhard Riemann hat in der schon mehrfach zitierten Habilitationsschrift vom Jahre 1854 „Die Hypothesen, welche der Geometrie zugrunde liegen", im Anschluß an die Flächentheorie von Gauß, in aller Allgemeinheit die gekrümmten n-dimensionalen Räume erörtert. Und Frechet hat im Anschluß an die Integraltheorie von Lebesgue die Raumtheorie Riemanns sogar noch weiter verallgemeinert, so daß vom Standpunkt der Mathematiker die ganze Angelegenheit durchaus weder mystisch noch unzugänglich ist.

Da wir aber ohne höchste Differentialgeometrie diesen Problemen nicht an den Leib rücken können, wollen wir bloß anmerken, daß die g-Linien sich jeweils dem Charakter ihrer Raumform auch in höheren Dimensionen anpassen müssen. Im euklidischen R_1, R_2, R_3 .... R_n hat die Gerade stets denselben Charakter. Sie ist eben eine euklidische Gerade. Dasselbe müssen wir von den anderen g-Linien voraussetzen, falls die betreffenden Räume konstantes Krümmungsmaß haben. Bei nicht konstantem Krümmungsmaß ändert sich der Charakter der g-Linien von Ort zu Ort. Stets aber bleiben sie geodätische Linien oder kürzeste Verbindungen, da dies ja ihr Wesen ist.

Es gibt also auch eine nichteuklidische Stereometrie des gekrümmten Raumes R_3 bis R_n. Und es ist z. B. klar, daß reine Lagesätze, wie etwa der Satz von Euler[1]), zur absoluten Geometrie gehören, also unter gewissen Einschränkungen auch in den nichteuklidischen Geometrien gelten müssen. Nur alle Sätze, die mit dem Parallelenaxiom zusammenhängen, sind bloß der euklidischen Geometrie eigentümlich. Und auch die Maßbeziehungen sind in nichteuklidischen Geometrien andere wie in euklidischen, was man schon an der verschiedenen Winkelsumme des Dreiecks sehen kann. Ein wenig vereinfachend dürfen wir also behaupten, daß, unabhängig von der Dimension des Raumes, eine euklidische Geometrie stets dem euklidischen Parallelenpostulat folge, eine nichteuklidische dagegen nicht. Daß weiters die Winkelsumme im Dreieck $\Sigma = 180°$ in der euklidischen, $\Sigma < 180°$ in den Geometrien vom hyperbolischen oder pseudosphärischen Typus und $\Sigma > 180°$ in den Geometrien vom sphärischen oder elliptischen Typus sei. Sowohl bei $\Sigma > 180°$ als auch bei $\Sigma < 180°$ ist aber der sphärische Exzeß bzw. pseudosphärische Defekt proportional der Größe des Dreiecks relativ zum gekrümmten Raum. Daraus folgt die ungeheuer

---

[1]) Ecken plus Flächen ist gleich Kanten plus zwei.

wichtige Tatsache, daß man bei schwacher Raumkrümmung, also bei Krümmungsradien ϱ_n, die für uns
beinahe nach unendlich streben, den Exzeß bzw.
Defekt erst an riesigen Dreiecken bemerken könnte.
Wir sind deshalb vorläufig noch durchaus nicht imstande, eine Entscheidung darüber zu treffen, ob unser
Weltall eben oder gekrümmt ist. Ein R_3 dagegen ist
es fast sicherlich. Und auch die imaginäre vierte Zeit-
koordinate bei Einstein widerspricht der Dreidimen-
sionalität des Raumes nicht, da auch die Relativitäts-
theorie bloß drei Raumkoordinaten hat. Die „vierdimensionale Raumzeitwelt" ist eigentlich bloß eine
rechnerische Angelegenheit auf Grund Hamiltonscher
Quaternionen, worüber wir uns aber nicht näher ver-
breiten können. Eine Krümmung allerdings nimmt
Einstein an. Jedoch eine gleichsam unregelmäßige,
von Ort zu Ort wechselnde. Deshalb sagt man auch,
der Erfahrungsraum folge einer allgemeinen Riemann-
Geometrie nichtkonstanter Krümmung.

Zum Abschluß dieses Kapitels wollen wir noch einen
besonders merkwürdig gekrümmten R_2, nämlich das
sogenannte Möbius'sche Blatt demonstrieren. Ein Modell
davon kann sich jeder leicht aus einem Papierstreifen
anfertigen. Man dreht den Streifen an einem Ende einfach
um 180° herum und klebt die Enden in dieser Lage aneinander. Wenn man nun an irgendeiner Stelle eine zum

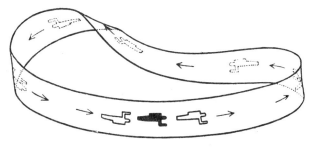

Fig. 169

Rand parallele g-Linie zieht, erlebt man den Spuk, daß diese Linie wieder in sich zurückkehrt, also „unbegrenzt" ist. Schneidet man jetzt das Blatt wieder auseinander, dann hat man mit einem einzigen Linienzug beide Seiten des Blattes (der Fläche) bezeichnet. Was in einem solchen R_2 den armen Flächenwesen zustoßen würde, wollen wir zur Schonung der Nerven unserer Leser bloß andeuten. Bei einer „Weltumseglung"[1]) würden sie nämlich buchstäblich und physisch in ihre Spiegelbilder überführt werden. Sie hätten also plötzlich ihr zweidimensionales Herz „am rechten Fleck". Die zurückgebliebenen Angehörigen aber würden von den „Weltumseglern" beim Wiedersehen für verkehrt angesehen werden und beide würden einander wechselseitig für wahnsinnig halten. In unserer Figur sehen wir, wie der „weiße Freund" seinem zurückbleibenden „schwarzen Freund" mit der rechten Hand einen Abschiedsgruß zuwinkt. Wie er dann nach seiner „Möbius'schen Weltreise" nach Jahr und Tag zurückkehrt, begrüßt er den wartenden „schwarzen Freund" nach seiner Ansicht mit derselben Hand. Der „schwarze Freund" (und wir alle draußen im R_3) halten diese Hand aber für die linke Hand, während der „weiße Freund" uns und dem „schwarzen Freund" beweisen will, daß wir plötzlich mit der Linken grüßen. Er hat den Ehering an derselben Hand behalten — der „schwarze Freund" aber auch. Es ist einfach zum Tollwerden. Um uns wieder zu beruhigen, nennen wir solche Räume, wissenschaftlich korrekt, die „nichtorientierbaren" Räume, wozu wir bemerken, daß sogar geschlossene nichtorientierbare dreidimensionale Riemann-Räume existieren, d. h. mathematisch konstruierbar sind, wobei die Bewegung nicht aus der dritten

---

[1]) Das Möbiusblatt gilt als „umsegelt", wenn der Reisende den Ausgangspunkt auf der anderen Seite der Fläche erreicht. Die Seite der Fläche ist ja für die Flächenwesen wegen der Dickelosigkeit der Fläche gleichgültig.

Dimension hinausführt. In solch einem Raum könnte also auch ohne vierte Dimension, bloß durch Bewegung, aus einem rechten Ritterhandschuh ein linker werden. Das Fehlen der jeweils $(n + 1)^{\text{ten}}$ Dimension zur Überführung der Symmetrie in Kongruenz ist hier jedoch in gewissem Sinn nur scheinbar. Denn ebenso wie das „Umklappen" beim „Möbius'schen Blatt" schon vorher durch die Verdrehung des ganzen R_2 in sich selbst erfolgt ist, so daß der ganze R_2 selbst gleichsam den R_3 in Anspruch nehmen mußte, so müßte die Verwindung eines „nichtorientierbaren R_3" schon vorher im R_4 erfolgen. Diese Räume sind also sozusagen „Umklapp-Geleise" für Figuren, die dann freilich nicht mehr die Dimension dieses Raumes verlassen müssen, da ja der ganze Raum sich schon „umgeklappt" hat.

Wir sind aber noch nicht am Ende. Das Versprechen des Buchtitels ist auch noch nicht erfüllt. Die höchste Verallgemeinerung, den letzten Gipfelsturm, wollen wir im nächsten Kapitel versuchen.

Fünfundvierzigstes Kapitel

Geometrie der vierten Dimension und der höheren Dimensionen. Schluß

Trotz aller Begeisterung für unsere wirklich gute Sache dürfen wir uns nicht einen Augenblick darüber im unklaren sein, daß wir im Rahmen dieses Buches nur die ersten Denkschwierigkeiten der nichteuklidischen und mehrdimensionalen Geometrie wegräumen können. Beide Gebiete sind ernste und riesige Fächer der Mathematik, und wir verweisen für weitere Studien in der nichteuklidischen Geometrie auf das schon öfter zitierte Buch von Mohrmann, auf die historisch-kritische Darstellung von R. Bonola (übersetzt von H. Liebmann, Verlag Teubner) und für die mehrdimensionale Geometrie insbesondere auf das vorzügliche Werk von Hk. de Vries „Die vierte Dimension" (deutsche Übersetzung bei Teubner, 1926).

Diese Verwahrung soll uns aber nicht hindern, die „vierdimensionale Sahne" abzuschöpfen, so weit es uns der Raum gestattet. Denn wir haben es versprochen.

Historisch ist diese Geometrie außer der mengentheoretischen Darstellung der Geometrie, durch G. Cantor und Hausdorff, die jüngste Entwicklungsstufe unserer Wissenschaft. Erst der deutsche Mathematiker Graßmann (1809—1877) hat sie in seiner „Linealen Ausdehnungslehre" 1844 zum erstenmal systematisch dargestellt. Man verstand aber Graßmann so wenig, daß er sich enttäuscht aus der Mathematik zurückzog und Sanskritphilologe wurde. In diesem neuen Fach nun leistete er derart Bahnbrechendes, daß er allgemeine Anerkennung erlebte. Dadurch aber wieder erhielt er plötzlich auch mathematischen Kredit, und der große Helmholtz tat das seinige, um das alte Unrecht gutzumachen. Natürlich hatte auch Riemanns Abhandlung von 1854 inzwischen den Weg bereitet. Auch der Engländer Cayley und der Franzose Cauchy beschäftigten sich, ungefähr gleichzeitig mit Graßmann, mit einzelnen Problemen der mehrdimensionalen Geometrie, ohne jedoch diese Ansätze zum System zu erweitern. Aber noch ein anderer genialer Mathematiker teilte Graßmanns anfängliches Los, wobei er nicht einmal die Drucklegung seines Lebenswerkes erlebte. Es war der Schweizer Universitätsprofessor L. Schläfli (1814 bis 1895), der in den Jahren 1850—1852 seine „Theorie der vielfachen Kontinuität" verfaßte, die erst im Jahre 1901 durch die Bemühungen eines dankbaren Schülers, des bekannten Mathematikers J. H. Graf, gedruckt wurde; wobei sich herausstellte, daß Schläflis Werk im wahrsten Sinne ein seiner Zeit vorausgeeiltes „Standardwerk" war.

Soviel aus der Geschichte dieser heute allgemein anerkannten mathematischen Disziplin. Wir werden nun all das, was wir schon wissen, verwerten, um möglichst rasch in das Zentrum des geometrischen Geisterreiches zu gelangen. Wir sind es schon gewöhnt, vom R_1, R_2, R_3 ... R_n zu sprechen. Wir verabreden nur insofern noch eine Erweiterung, als wir jetzt Figuren auch bei n $<$ 2 anerkennen. So etwa sei die Strecke eine Figur im R_1 und der Punkt eine Figur im R_0, obwohl bei letzterem „Raum" und „Figur" identisch sind. Wenn wir nun unseren Begriff des „Simplex" wieder aufnehmen, den wir mit S bezeichnen wollen, so nennen wir den Punkt den „Simplex" des R_0, die Strecke den „Simplex" des R_1, das Dreieck den Simplex des R_2, das Tetraeder den Simplex des R_3. Dabei numerieren wir aber den Simplex stets mit einem Index, der anzeigt, wie viele Punkte diesen Simplex bestimmen. Der Punkt-Simplex im R_0 heißt also S_1, der Strecken-Simplex im R_1 heißt S_2, das Dreieck im R_2 heißt S_3, das Tetraeder im R_3 heißt S_4 usw. Verallgemeinert hat jeder R_n einen Simplex, der S_{n+1} heißen muß. Was ist nun eigentlich solch ein Simplex? Es ist die jeweils einfachste Figur im betreffenden Raum, die durch Verbindung einer gewissen Anzahl (n $+$ 1) von Punkten gewonnen werden kann, wobei deshalb keine „Diagonalen" auftreten können, weil stets bloß zwei Punkte durch eine Gerade, drei Punkte durch eine Ebene usw. verbunden sind und die Punkteanzahl gerade noch zur Bestimmung des betreffenden Raumes ausreicht. Die Punkte dürfen allerdings niemals zu so vielen in einem Raum niedrigerer Dimensionenanzahl liegen, daß sie diesen R_n überbestimmen. Falls etwa zwei Punkte in einem Punkt, also im R_0 lägen, kommt keine Strecke (S_2) im R_1 zustande. Liegen drei Punkte auf einer und derselben Geraden (R_1), dann bilden sie kein S_3 (Dreieck) im R_2 (Ebene). Liegen schließlich vier Punkte in einem R_2, dann entsteht kein S_4 (Tetraeder) im Raum R_3 usw. Es dürfen also niemals (n $+$ 1) Punkte in einen R_{n-1} liegen, weil sonst im R_n kein Simplex S_{n+1} zustande kommen kann.

Nun sind die Simplexfiguren deshalb von großer

Wichtigkeit, weil stets ein Simplex S_{n+1} einen Raum R_n eindeutig bestimmt. Natürlich unter obiger Einschränkung der richtigen Punktelage. Das braucht man übrigens, wenn man vom Simplex spricht, nicht mehr hinzuzufügen. Denn bei unrichtiger Punktelage gäbe es ja überhaupt keinen Simplex. In unserer gewohnten früheren Sprache sagten wir einfach: Ein Punkt bestimmt einen R_0, also sich selbst. Zwei Punkte bestimmen eine Gerade (R_1), drei Punkte eine Ebene (R_2), vier Punkte einen R_3 usw., wobei man bei den höheren Dimensionen die Punkte wieder zu Simplexfiguren zusammenfassen darf. So ist etwa eine Ebene auch durch einen S_1 (Punkt) und einen S_2 (Gerade) bestimmt, ein Raum durch zwei S_2, die sich kreuzen, usw. Um einen R_n zu bestimmen, muß also die Summe sämtlicher Indizes aller voneinander unabhängigen Bestimmungs-Simplexfiguren zusammen ($n + 1$) betragen. Falls sich Simplexfiguren schneiden, also nicht mehr unabhängig voneinander sind, fallen die Punkte fort, die die Schnittfigur als Simplex bestimmen würden. So bestimmen zwei einander schneidende S_2, also zwei Gerade, deshalb nur einen R_{n-1}, also einen R_2, weil zwar die Indexsumme von S_2 und S_2 gleich vier ist, diese Summe aber in diesem Falle nicht ($n + 1$), sondern ($n + 2$) bedeutet, da ja der Schnittpunkt ein S_1 ist. Die Indexsumme wäre also richtig von $S_2 + S_2 - S_1 = 3$ zu bilden, wodurch ich, wenn ich diese „Drei" als $n + 1$ betrachte, aus der Gleichung $n + 1 = 3$ sofort richtig $n = 2$ erhalte. Noch ein zweites Beispiel. Zwei einander schneidende S_3, also zwei Dreiecke, folgen durchaus nicht der Formel $S_3 + S_3 = 6$ und bestimmen nicht einen R_5. Sondern sie haben miteinander vier Schnittpunkte, die zwei weitere S_2 oder vier S_1 bedeuten. So daß man richtig schreiben muß $S_3 + S_3 - S_2 - S_2 = 2$ oder $S_3 + S_3 - S_1 - S_1 - S_1 - S_1 = 2$, was dann stimmt.

Ein R_5 etwa könnte durch drei Gerade bestimmt sein, die den S_6 bilden. Es genügt dabei aber nicht, daß die drei Geraden einander kreuzen, denn das könnte sich schon im R_3 ereignen. Es muß vielmehr die dritte Gerade die einander kreuzenden ersten Geraden kreuzen und sie muß außerdem noch den R_3 kreuzen, der durch die beiden ersten einander kreuzenden Geraden bestimmt ist.

Durch alle diese gleichsam kombinatorischen Überlegungen kommen wir zum Begriff des sogenannten Punktwertes eines R_n, welch letzteren wir in diesem Zusammenhang, ohne daß dies etwas Neues bedeutet, konventionell als R_d bezeichnen. Jeder R_d hat den Punktwert $(d + 1)$, d. i. die Anzahl von $(d + 1)$ Punkten, die voneinander derart unabhängig sind, daß von ihnen nie mehr Punkte zugleich in einem niedriger indizierten R_n liegen dürfen, als es dessen Index erfordert, d. h., daß zwei Punkte nicht in einem R_0, drei Punkte nicht im R_1, vier Punkte nicht in einem R_2, allgemein n Punkte nicht in einem R_{n-2}, also höchstens in einem R_{n-1} liegen dürfen. Wobei das n diesmal als kleiner angenommen ist als d. Es dürfen also im R_7 höchstens sechs Punkte in einem R_5, fünf Punkte in einem R_4, vier Punkte in einem R_3, drei Punkte in einem R_2, zwei Punkte in einem R_1, ein Punkt in einem R_0 liegen. Diese Forderung hat gar nichts Mystisches. Bis zum R_3 haben wir sie oft aufgestellt und sie ist ja unter anderem auch die Bedingung dafür, daß Figuren nicht degenerieren[1]). Wir können uns also darunter sicherlich etwas vorstellen. Unsere Forderung aber hat noch andere, geradezu zauberhafte Folgen. Wenn man sie festhält, ist man nämlich sofort imstande, die Kombinatorik auf die Erzeugung von Figuren anzuwenden, und es wird uns ein Leichtes, etwa die Simplexfiguren jeder Dimension festzustellen. Hat z. B. ein S_5, also der Simplex der „vierten Dimension" (R_4) fünf unabhängige Punkte, da ja im R_d der Punktwert S_{d+1} ist, so muß er bestehen: Aus $\binom{5}{1}$ Punkten.

---

[1]) oder, wie man auch sagt, „überbestimmt" werden.

Das ist gleich fünf. Aus $\binom{5}{2}$ Kanten, das ist $\frac{5 \cdot 4}{1 \cdot 2} = 10$. Aus $\binom{5}{3}$ Flächen, und zwar Dreiecken. Das wären $\frac{5 \cdot 4 \cdot 3}{1 \cdot 2 \cdot 3} = 10$. Und endlich aus $\binom{5}{4}$ Begrenzungskörpern, die Tetraeder sein müssen. Also aus fünf „Zellen". Deshalb wird dieser S_5 des R_4 auch das „Fünfzell" genannt. Ganz allgemein besteht ein S_{d+1} aus $\binom{d+1}{n}$ niedereren Simplexfiguren, wobei das $d + 1$ konstant bleibt und das n von 1 bis d läuft. Dadurch ist man imstande, die vollständigen Simplexfiguren, rein der Denkmaschine der Kombinatorik folgend, bis hinauf in jede Dimension aufzubauen. Der R dieser eben erwähnten Simplexfigur, die der Formel $\binom{d+1}{1}$, $\binom{d+1}{2}$, $\binom{d+1}{3} \cdots \cdots \binom{d+1}{d-1}$, $\binom{d+1}{d}$ folgt, ist natürlich ein R_d, wobei d die Dimension dieses Raumes anzeigt.

Nun ist es uns seit der Entdeckung der „Schlegelschen Diagramme" durchaus nicht verwehrt, einen Blick in höhere Dimensionen als die dritte zu werfen. Warum auch? Kann doch ebenso ein Beltramisches Flächenwesen seelenruhig die Projektion eines dreidimensionalen Tetraeders in seiner Welt zeichnen und diese Figur analysieren! Wir selbst zeichnen Häuser, Bäume, Polyeder, Kugeln usw. ohne Scheu auf das Papier. Wir projizieren die Körper (R_3) also in einen R_{d-1}, in den R_2, in die Ebene. Man wende nicht ein, daß wir nicht in der Ebene herumkriechen. Mit ebendemselben Recht könnte man behaupten, wir könnten uns vom Original (dem Haus usw.) keine Vorstellung machen, weil es ein R_3 ist und wir selbst im R_3 „herumkriechen". Es liegt, wenn wir das gehörig überdenken, nahe, nachdem wir einmal die für alle R_d invarianten, also unveränderlichen Gesetze der Figurenbildung durchschaut haben, die Figuren des R_4 in den R_3 zu projizieren. Der deutsche Mathematiker Schlegel hat dies auch geleistet und Modelle aus Kupferdraht, Seidenfäden usw. angefertigt, deren Kopien sogar im Handel erhältlich sind und die gleichsam das „Zeichnen" im R_3 darstellen. Nun kann man nach den Regeln der Perspektive von jedem höher indizierten R_d in die niederen R_{d-1}, R_{d-2} usw. projizieren. Wir dürfen also das Schlegel-Diagramm als S_5 (aus dem R_4) in den R_3 projizieren, wo es noch ein körperliches „Modell" ist. Dieses „Modell" aber können wir dann weiter in den R_2 projizieren, also, simpel gesagt, perspektivisch „abzeichnen". Wir werden es sofort tun.

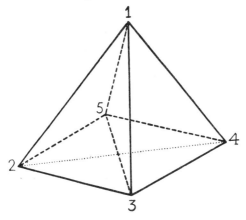

Fig. 170

Aus unserem Bild eines Körpers oder Polytops der nun gar nicht mehr unheimlichen vierten Dimension entnehmen wir tatsächlich alles, was wir nur wünschen. Wir können die fünf Eckpunkte zählen, zählen die zehn Kanten, die zehn Seitenflächen und die fünf Begrenzungstetraeder (1234, 1235, 1245, 1345, 2345) und stellen in Gemütsruhe fest, daß durch jeden Eckpunkt vier Kanten, sechs Seitenflächen und vier Seiträume gehen. Letzteres ist etwas schwerer sichtbar. Man muß sich vorstellen, daß die Zellen zu den Seitenflächen des Tetraeders 2345 hinstreben. Weiters gehen durch jede Kante drei Seitenflächen und drei Seitenräume, endlich durch jede Seitenfläche zwei Seitenräume. Oder, wie de Vries es einfach ausdrückt: das S_5 oder Fünfzell wird von fünf Tetraedern begrenzt, die zu zweit ein Dreieck (also zusammen zehn Dreiecke), zu dritt eine Kante (also zusammen zehn Kanten) und zu viert einen gemeinsamen Eckpunkt (zusammen also fünf Eckpunkte) besitzen.

Etwas unheimlicher wird es uns, wenn wir hören, daß wir als Bewohner des R_3 zweier Diagramme bedürften, um den Bau des S_6 zu begreifen (S_6 ist Simplex der fünften Dimension). Eines müßte in einem vierdimensionalen Seitenraum, der im Fünfzell ist, und eines in einem dreidimensionalen Seitenraum (Tetraeder) eines solchen Fünfzells konstruiert und entsprechend in die niederen Dimensionen projiziert werden.

Noch einen kleinen Zauber wollen wir zeigen, bevor wir schließen: Wir sprachen eben beim Fünfzell davon, welche niederen Räume je zwei höhere Räume gemeinsam haben, d. h. einfacher, welche Schnittfigur sie miteinander bilden. Aus der gewöhnlichen Geometrie wissen wir, daß sich etwa zwei Ebenen in einer Geraden, zwei Körper in einer Ebene, ein Körper und eine Gerade in einer Geraden, ein Körper und eine Ebene in einer Ebene „schneiden"[1]. Da wir nun für die mehrdimensionale Geometrie ein allgemeines invariantes „Schnittgesetz" brauchen, hat man eine äußerst einfache Formel für dieses Problem aufgestellt. Es ist nämlich nicht nur wichtig, zu wissen, was für R_n einander schneiden, sondern auch, in welchem R_d sie einander schneiden. Und man ist sich heute darüber vollkommen klar, daß sich, falls die Dimensionszahlen n und m kleiner sind als die Dimensionszahl d[2]), folgende Beziehung ergibt:

$$(d + 1) = (n + 1) + (m + 1) - (mn + 1) \text{ oder}$$
$$d = n + m - nm,$$

[1]) Und dies alles innerhalb verschiedener „Räume".
[2]) Falls also zwei Figuren der Punktwerte $(n + 1)$ und $(m + 1)$ zum Schnitt kommen, wobei $d > m$ und $d > n$.

wobei nm die Dimensionszahl der neuen Schnittfigur und (nm + 1) ihr Punktwert ist. Ist d, n und m bekannt, dann ist nm = n + m — d.

Wir wollen zuerst in dem uns bekannten R_3 experimentieren. Unser d ist dann 3, eine Gerade 1, eine Ebene 2, ein Punkt 0. Also wird nm etwa für den Schnitt einer Ebene und einer Geraden im Raum nm = 2 + 1 — 3 = 0, also die Gerade schneidet die Ebene im Raum in einem Punkt. Zwei Ebenen im Raum folgen der Beziehung nm = 2 + 2 — 3 = 1, also sie schneiden einander in einer Geraden. Dabei muß aber (n + m) zusammen stets mindestens gleich d sein, weil sonst der Schnitt in einer niedrigeren Dimension stattfindet und es möglich wäre, daß sich die Figuren kreuzen. So erhalten wir für zwei Gerade im R_3 unser nm = 1 + 1 — 3 = —1. Im R_2 dagegen richtig nm = 1 + 1 — 2 = 0. Das Minus heißt stets, daß noch Freiheitsgrade zum Kreuzen da sind und daß ein Schnitt nicht erfolgen muß. Er kann erfolgen und wir erfahren seine Art nur aus einem niedrigeren R, wo der Schnitt dann in der Regel ein Punkt ist. Im R_4 schneiden einander eine Gerade und ein Körper nach nm = 1 + 3 — 4 = 0, also in einem Punkt. Zwei Ebenen, was wir uns ebensowenig vorstellen können, nach nm = 2 + 2 — 4 = 0, also auch in einem Punkt. Eine Ebene und ein Körper (R_3) nach nm = 2 + 5 — 4 = 1, also in einer Geraden. Zwei Körper schließlich, gemäß nm = 3 + 3 — 4 = 2, in einer Ebene. Eine Gerade und eine Ebene dagegen können einander im R_4 kreuzen. Denn nm = 2 + 1 — 4 = —1 usw. Das letzte Beispiel darf sofort in den R_3 reduziert werden, wo sich Ebene und Gerade gemäß nm = 2 + 1 — 3 = 0 in einem Punkt schneiden, was wir ja wissen.

Es gibt nun, ebenso exakt wie alles Bisherige, eine Lehre von den Polytopen (den Vielkörperern), die es uns gestattet, Neigungswinkel von Seitenflächen usw.[1])

---

[1]) Dabei können Gerade auf Räumen R_3 senkrecht stehen und noch andere spukhafte Dinge vorkommen.

zu berechnen. Wir können auch in jeder Dimension die Anzahl der regelmäßigen Überkörper oder Polytope feststellen, und wir erfahren, daß es im R_4 sechs regelmäßige Polytope, das reguläre Fünfzell, Achtzell, Sechzehnzell, Vierundzwanzigzell, Hundertzwanzigzell und Sechshundertzell gibt. Vom R_5 an dagegen gibt es in jedem R_5, R_6 ... R_n, wobei $n > 6$, nur mehr drei regelmäßige Polytope. Noch eine abschließende Bemerkung: Wir bewegten uns bisher bei unseren mehrdimensionalen Betrachtungen ausschließlich in einem ebenen, linearen, euklidischen Raum, was schon durch Ausdrücke wie Gerade, Ebene, Dreieck, Tetraeder (die wir ohne Beiwort gebrauchten) bestätigt wurde. Nun gibt es aber auch hier wieder Verallgemeinerungen nach allen Seiten. Riemann hat schon von beliebig dimensionalen Räumen sphärischen und pseudosphärischen Charakters gesprochen, und heute ist es Gemeingut der Mathematiker, daß Krümmung und n-Dimensionalität (wobei $n > 3$) zwei Bestimmungsweisen des Raumes sind, die sowohl für sich als vereint auftreten können. Wir deuten nur an, daß darüber hinaus der „Raum" wieder selbst nur eine Spielart höherer und umfassenderer Wesenheiten, der sogenannten n-dimensionalen „Mannigfaltigkeiten" ist, ein Gedanke, den schon Riemann im Jahre 1854 ausgesprochen hat. Unsere geometrische Welt, verschwistert mit höchster und abstraktester Algebra, mit Funktionen- und Invariantentheorie, beginnt sich stets schwindelerregender vor uns emporzutürmen. Und kein Mensch kann sagen, wieviel davon „Wirklichkeit", wieviel nur „Traum" ist. Aber auch der geometrische „Traum" folgt den Bahnen exaktester und strengster Logik — — —

Wir haben, so glauben wir, unser Versprechen erfüllt. Wen die Wehmut packt, daß wir diese Zauberreiche schon verlassen, der möge sich damit trösten, daß, wie schon erwähnt, etwa unsere mehrdimensionale Unterhaltung nur die ersten Anfangsgründe in einem euklidischen linearen R_d betraf. Das Studium der eigentlichen Geometrie liegt nach allen Richtungen vor uns! Und wir alle, der Verfasser und seine treuen Leser, wollen den großen und größten Geistern, unseren wahren Lehrern, danken, die in selbstloser, heroischer Arbeit eine Türe nach der anderen aufbrachen, um uns einen nie endenden Einblick zu gewähren in das magisch glitzernde Reich der Geometrie, in die Welt der reinen Formen, deren unerschöpfliche Harmonie uns arme Geschöpfe des R_3 einen schwachen Schimmer der Allmacht Gottes erahnen läßt.

EGMONT COLERUS

Vom Einmaleins zum Integral

MATHEMATIK FÜR JEDERMANN

155. Tausend

So muß man die Sache anpacken. So und nicht anders muß diese Wissenschaft dem Erwachsenen und dem Schüler nähergebracht werden.

Technik für alle

Der sich Laie nennt im Reiche von Zahl und Maß, zeigt sich als ein Meister naturgemäßer Pädagogik. So ist Colerus der erste, der ohne Voraussetzung der Schulmathematik in die Sphären des reinsten Denkens zu geleiten vermag.

Blätter für Schulpraxis und Erziehungswissenschaft

Es gibt noch immer eine große Anzahl von Menschen, die in der Schule die Überzeugung bekommen, daß sie konstitutionell nicht fähig seien, sich für Mathematik zu begeistern. Für solche wurde dieses Buch geschrieben, nicht durch einen Mathematiker, sondern durch einen Künstler der Worte. Das Buch ist verfaßt mit Meisterschaft der Sprache und Leichtigkeit der Pinselführung.

Mathematical Gazette, London.

PAUL ZSOLNAY VERLAG

EGMONT COLERUS

Von Pythagoras
bis Hilbert

GESCHICHTE DER MATHEMATIK
FÜR JEDERMANN

44. Tausend

Nach Beendigung Ihres Buches „Von Pythagoras bis
Hilbert" empfinde ich das Bedürfnis, Ihnen auszusprechen,
daß ich mich Ihnen aufrichtig zu Dank verpflichtet fühle
für die vielfache Anregung, Förderung und Belehrung,
die ich aus Ihren Schriften empfangen habe. Denn Sie
haben die seltene Eigenart, weitausschauende und tiefe
Gedanken mit möglichster Klarheit und zugleich mit
künstlerischem Geschmack zum Ausdruck zu bringen.
Ich bin überzeugt, daß Sie dadurch zugleich auch das
Verständnis und die Achtung der reinen Wissenschaft in
weitere Kreise tragen helfen.

Geheimrat Professor Dr. Max Planck

Nur Colerus hat die Gabe, wissenschaftliche Dinge so dar-
zustellen, daß sie jedermann versteht und begeistert wird.

Acht Uhr-Blatt, Nürnberg

PAUL ZSOLNAY VERLAG